AF640210

Wein in Südtirol

Geschichte und Gegenwart
eines besonderen Weinlandes

Wein in Südtirol

Geschichte und Gegenwart eines besonderen Weinlandes

Herausgeber
Konsortium Südtirol Wein

ATHESIA VERLAG

PROLOG

// Wein ist in Südtirol ein Stück Kultur, ein Stück Geschichte, ein Stück der Seele dieses Landes. Er prägt Mensch und Landschaft, Wirtschaft und Jahreslauf. Weinbau und Wein spiegeln die Geologie, die Böden und das Klima wider. Sie prägen Epochen, sind ein Lesebuch gesellschaftlicher Veränderungen, treiben die Entwicklung voran, beeinflussen Kunst, Kultur und Architektur. Sie befeuern den Innovationsgeist, lassen neue Ideen entstehen und gedeihen.

All diesen Wechselbeziehungen zwischen Weinbau, Land und Bevölkerung geht dieses Buch nach, das auf einer Idee fußt, die eine Gruppe engagierter Weinexperten geboren hat. Das Konsortium Südtirol Wein als Herausgeber hat für die Umsetzung dieser Idee namhafte Autoren gewonnen, Experten ihres Fachs, die uns einen Überblick und neue Einblicke geben – auch in ihre ganz eigenen Einschätzungen, Haltungen und Meinungen.

Die fünf großen Abschnitte dieses Buchs spiegeln dabei die Facetten des Weins wider: das Weinland Südtirol, die heimische Weingeschichte, die Entwicklung von Produktion und Konsum, die Weinkultur und nicht zuletzt die Weinwirtschaft und deren Player.

Ziel war, einen Überblick über Südtirols Weinwelt zu schaffen, der nichts oder doch zumindest nichts Wesentliches auslässt. Einen Überblick, der zeigt, was rund um das Kulturgut Wein war, was ist und was (wahrscheinlich) sein wird. \\

Andreas Kofler, Präsident Konsortium Südtirol Wein

INHALT

1.

Kleines Land, vielfältige Lagen
Raum und Natur

INHALT

2.

Lernen und Erfahrung sammeln: 2.500 Jahre lang

Weinbau im Wandel der Zeit

3.

Der lange Weg von der Rebe ins Glas
Produktion und Konsumation

4.

Mensch und Wein
Der Wein in Kunst, Kultur und Gesellschaft

5.

Hier lebt man Wein

Forschung, Beratung, Verbände

Südtirols Weinbaugebiete

// Vom mediterranen Süden mit Überetsch und Unterland über Bozen bis zu den nördlichsten Reben südlich der Alpen im Eisacktal. Oder das Etschtal hinauf an Meran vorbei in den rauen Vinschgau: Die Anbaugebiete in Südtirol haben ihre eigenen Bedingungen und eine nicht weniger individuelle Geschichte.

Der Grund für die außergewöhnliche Vielfalt in einer kleinen Weinbauregion ist in der Topografie Südtirols zu suchen. Die Lage in den Alpen bringt eine Vielzahl von Böden, Hangausrichtungen und Mikroklimata mit sich, die den Weinbau und dessen Entwicklung prägen.

Historisch bildet das Gebiet von Meran die Etsch entlang bis ans südliche Landesende das Herzstück des Weinbaulandes Südtirol. Noch heute liegen hier die größten Anbaugebiete, während der Vinschgau und das Eisacktal als Weinbaugebiete auf eine nicht ganz so lange Geschichte zurückblicken können. Trotzdem gilt:
Das Weinland Südtirol ist nur in der Gesamtheit seiner Anbaugebiete zu verstehen. Und, auch wenn's plakativ klingen mag, doch mehr als die Summe seiner Teile. \\

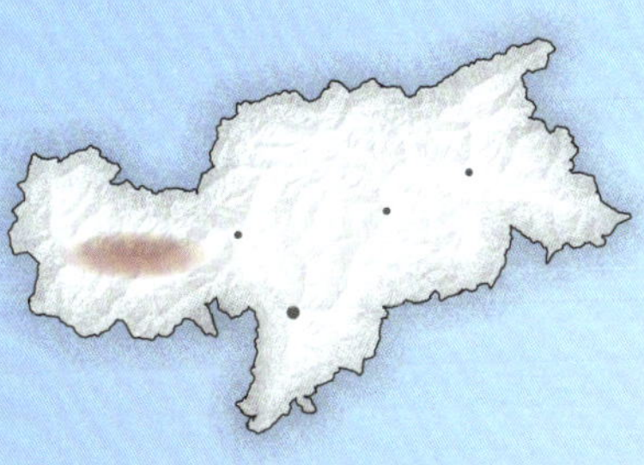

Vinschgau

Der Vinschgau ist mit etwas mehr als 80 Hektar Rebfläche das kleinste Anbaugebiet Südtirols. Das mag auch damit zusammenhängen, dass die Bedingungen für den Weinbau (und nicht nur) hier mitunter herausfordernd sind: mit steilen Terrassen an den Südhängen eines Tals, das als eines der trockensten im Alpenraum gilt.

Meran und das Burggrafenamt
Meran ist nicht nur das alte Herz Tirols, die Stadt und ihr Umland spielen auch in der Südtiroler Weinbaugeschichte eine zentrale Rolle. So hat Erzherzog Johann hier erste Versuche mit neuen Rebsorten unternommen. Noch heute sind Meran und das Burggrafenamt mit über 700 Hektar Rebfläche Schwergewichte im Weinland Südtirol.

Bozner Talkessel

Seit jeher gilt der Rebengürtel, der den Bozner Talkessel umrahmt, als eine Besonderheit. Auch heute noch liegt nur ein Drittel der über 700 Hektar Rebfläche von Bozen und Umgebung in der Talsohle, der Rest drückt sich an die Hänge rund um die Stadt – oder ziert die Hügel, von denen der St. Magdalener stammt.

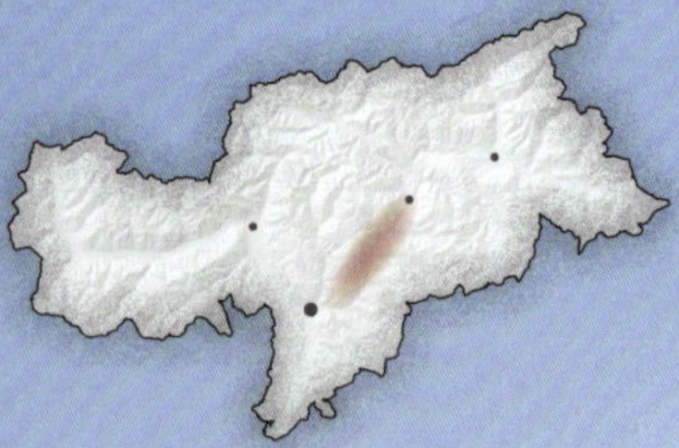

Eisacktal

Lange war das Eisacktal eine weiße Insel im Rotweinland Südtirol – und damit auch so etwas wie der Vorreiter einer Entwicklung, die mittlerweile das ganze Land erfasst hat. Weil das Klima im Eisacktal, dem nördlichsten Anbaugebiet südlich der Alpen, aber ein raues ist, stammen die hier angebauten Rebsorten aus dem Norden.

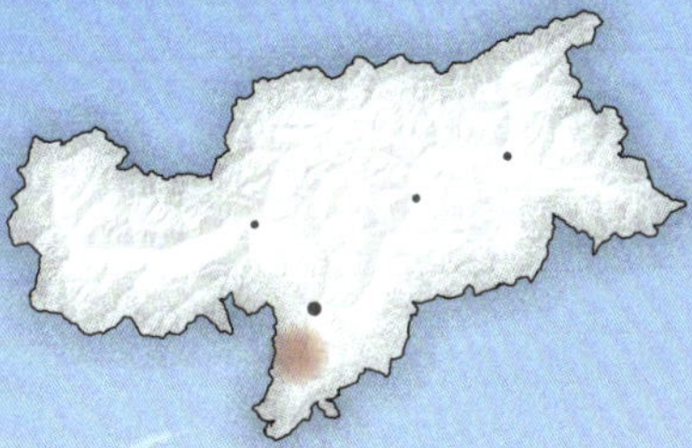

Überetsch

Etwa 200 Meter über der Etschtalsohle erstreckt sich südlich von Bozen das Überetsch, wo fast ein Drittel aller Rebflächen in Südtirol liegen. Das Herzstück dieses so wichtigen Anbaugebiets bildet der Kalterer See, dessen gleichnamiger Wein sich über die Jahre mehr als nur etabliert hat.

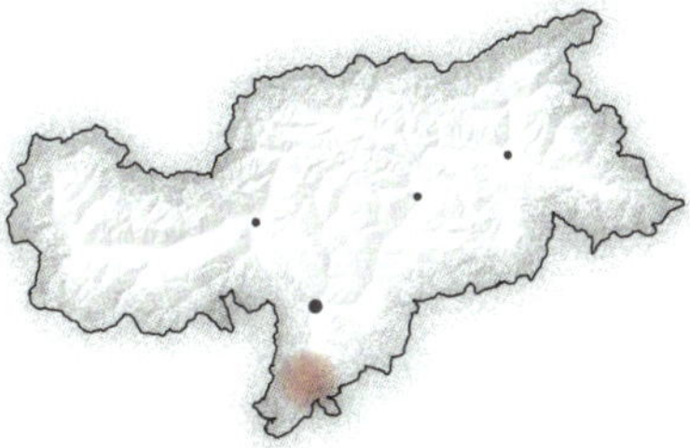

Unterland

Wie das Überetsch, der höher gelegene Nachbar, beherbergt auch das Unterland zwischen Leifers und Salurn ein rundes Drittel der Weinbaufläche Südtirols. Die hier angebaute Sortenpalette ist beachtlich, sie reicht von fruchtigen Weißweinen bis zum Blauburgunder.

Alpines Handwerk
Südtirol ist ein kleines Weinland, eines aber, das eine große Vielfalt aufweist. Der Grund dafür sind die Berge, die den Weinbau im Land prägen: von den Böden über das Klima bis hin zu Rebsorten, idealen Lagen und der Handarbeit, die im Südtiroler Weinbau noch heute dominiert.

1.

Kleines Land, vielfältige Lagen

Raum und Natur

Das Fundament des Südtiroler Weinbaus

Geologie und Böden

// Obwohl Südtirol ein kleines Weinbaugebiet ist, ist die Vielfalt an Böden enorm. Und sie prägt Reben und Wein. Auch deshalb lohnt ein Blick darauf, wie die Weinbauböden entstanden sind: in 20.000 Jahren, in denen monumentale Kräfte gewirkt haben, und mit Generationen um Generationen von Weinbauern, die das Ihre dazu beigetragen haben. Und es lohnt ein Blick darauf, welche Böden den Weinbau in den verschiedenen Anbaugebieten beeinflussen.

Martin Thalheimer

Südtirol weist aufgrund seiner Gebirgslage eine sehr vielfältig strukturierte Landschaft auf, wobei sich die Kontraste von den tief liegenden Talsohlen bis zu den schroffen Felsformationen der Hochgebirge erstrecken. Auch hinsichtlich der geologischen Beschaffenheit gibt es ein sehr breites Spektrum unterschiedlicher Gegebenheiten. Die Weinbauflächen Südtirols liegen bekanntermaßen in den klimatischen Gunstlagen von Eisacktal, Vinschgau, Etschtal und Unterland und dort vorwiegend auf Schwemm- und Murkegeln sowie auf Mittelgebirgsterrassen. ABB.1 Dazu zählen auch die Talkessel von Brixen, Meran und Bozen. In diesen Gebieten entstanden die Böden kaum durch Verwitterung von lokal anstehendem Muttergestein als vielmehr auf Substraten, die aus den abtragenden und formenden Kräften des Eises und des Wassers in der jüngsten geologischen Vergangenheit hervorgegangen sind. Deshalb spiegelt sich im Aufbau dieser Böden häufig die geologische Beschaffenheit eines weiteren Einzugsgebiets wider. Eine kurze Betrachtung der Geologie Südtirols auch über die Grenzen der eigentlichen Weinbaulagen hinaus ist daher für das Verständnis der Entstehung der Böden förderlich.

Südtirol präsentiert sich in einer groben Vereinfachung als geologisch zweigeteilt. Im nördlichen Bereich treten vor allem metamorphe Gesteine zutage. Dies sind Gesteine, die in ihrer Vergangenheit im Erdinneren durch Druck und Temperatur starke Umformungen ihrer kristallinen Strukturen erfahren haben. Im südlichen Bereich herrschen hingegen magmatische und sedimentäre Gesteine vor. Magmatische Gesteine entstehen aus dem Erstarren von Gesteinsschmelzen, während Sedimentgesteine auf die Verfestigung und Umformung von Ablagerungen unterschiedlichen Ursprungs zurückgehen. Die Grenzlinie zwischen diesen beiden großen Einheiten wird als „Periadriatische Naht" bezeichnet.

Zu den metamorphen Gesteinen zählen Gneise und Glimmerschiefer, die in weiten Teilen der nördlichen Landeshälfte vorherrschen, oder die im Brixner Gebiet häufigen Quarzphyllite. Ein bekanntes Beispiel magmatischer Formationen ist hingegen die Bozner Quarzporphyrplatte. Die weltbekannten Dolomiten wiederum bestehen aus einer vielfältigen Abfolge von Sedimentgesteinen. Grafik 1

Südtirol präsentiert sich in einer groben Vereinfachung als geologisch zweigeteilt. Im nördlichen Bereich treten vor allem metamorphe Gesteine zutage. Im südlichen Bereich herrschen hingegen magmatische und sedimentäre Gesteine vor.

Wo liegen die Ursprünge unserer Böden?

Während der Ursprung der metamorphen, magmatischen oder sedimentären Gesteine viele Jahrmillionen zurückliegt, fand die Ablagerung der in den Weinbaulagen vorherrschenden bodenbildenden Substrate in der jüngsten geologischen Vergangenheit der letzten 20.000 Jahre statt. Dies ist der Zeitabschnitt seit dem Höhepunkt des letzten Eiszeitalters bis zur Gegenwart. Während den großen Eiszeiten waren die Gletscher im Alpengebiet zu einem geschlossenen Eisstromnetz verschmolzen. Auch in Südtirol bedeckten die mächtigen Gletscherströme praktisch die gesamte Landschaft. Sie führten bei ihrer langsamen Fließbewegung große Mengen von Gesteinsschutt mit, der durch Reibung teilweise geschliffen und feinkörnig aufgemahlen wurde. Nach dem Abschmelzen der Gletscher blieben diese als Moränen bezeichneten Sedimente vielerorts in der Landschaft zurück. Abb. 2/3

In mehreren wärmeren Zwischenperioden und am Ende des Eiszeitalters kam es zum Rückzug der Eismassen und mächtige Schmelzwasserströme durchzogen die Täler. Dabei kam es zur Ablagerung mächtiger Schotterpakete. Diese fluviatilen Schotter weisen im Unterschied zu den Moränen eine deutliche Schichtung von Materialien verschiedener Korngrößen auf, während Moränensedimente meist aus einer feinkörnigen Grundmasse mit wahllos verteilten Fragmenten unterschiedlicher Größe bestehen. Die Ablagerungsformen von Gletschern und ihrem Schmelzwasser stehen oft in engem Zusammenhang und werden daher auch als fluvioglaziale Sedimente bezeichnet. Schotterpakete und Moränen stellen auf weiten Teilen der heutigen Weinbauflächen das Hauptsubstrat der Bodenbildung dar. In ihrer Zusammensetzung spiegeln sie das weite Einzugsgebiet der Gletscherströme oder der Fließgewässer wider und weisen daher zumeist eine große Vielfalt unterschiedlichster Gesteinstypen auf.

In der jüngsten geologischen Vergangenheit nach dem Ende der Eiszeit waren vor allem fließende Gewässer als Landschaftsbildner tätig. So entstanden im Bereich der Einmündung von Seitenbächen in die Haupttäler durch die Ablagerung von verfrachtetem Material zahlreiche Schwemmkegel. Da die Bäche dabei häufig verschiedene geologische

Grafik 1

Südtirols Geologie

Ein Land, viele Böden: Die großen geologischen Einheiten bilden das Fundament für die Böden, auf denen Südtirols Weine wachsen.

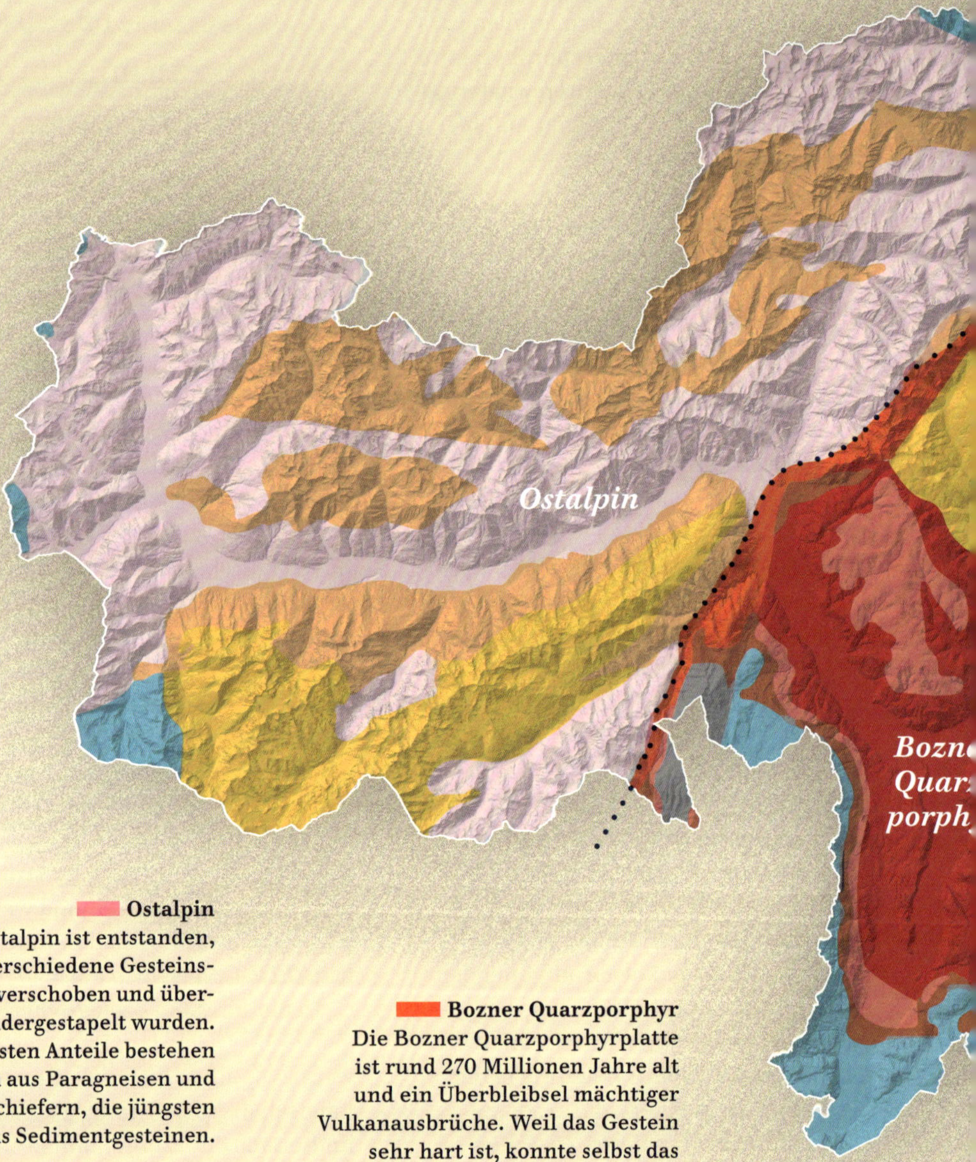

Ostalpin
Das Ostalpin ist entstanden, als sich verschiedene Gesteinsdecken verschoben und übereinandergestapelt wurden. Die ältesten Anteile bestehen vor allem aus Paragneisen und Glimmerschiefern, die jüngsten aus Sedimentgesteinen.

Bozner Quarzporphyr
Die Bozner Quarzporphyrplatte ist rund 270 Millionen Jahre alt und ein Überbleibsel mächtiger Vulkanausbrüche. Weil das Gestein sehr hart ist, konnte selbst das Hobeln der Gletscher in der Eiszeit ihm wenig anhaben.

Tauernfenster
Ein Auf und Ab haben die Gneise und Schiefer des Tauernfensters hinter sich. Am Boden eines Ozeans entstanden, wurden sie bei der Alpenbildung in die Tiefe gedrückt, veränderten dort ihre Struktur und lagen vor etwa 25 Millionen Jahren erstmals wieder frei.

Südalpin
Das Fundament des Südalpins besteht aus Gestein der Afrikanischen Kontinentalplatte. Auf diesem setzen unterschiedliche Schichten auf: solche, die als Korallenriffe entstanden sind, aber auch solche, die Vulkane an die Oberfläche befördert haben.

Kalkgestein
Die Dolomiten sind das wohl berühmteste Kalksteingebirge der Welt, ihr Ursprung liegt aber im Meer. Vor rund 240 Millionen Jahren begannen Organismen, darin Korallenriffe aufzubauen, die – als das Urmeer trockenfiel – als Gebirge in die Höhe ragten.

Legende

Amphibolit	Perm
Bündner Schiefer	Qurazphyllit
Kalkgestein	Bozner Quarzporphyr
Schiefer	„Untere Schieferhülle“
Gneis	Ergussgesteine
Granite	Werfener Schichten
Paragneis	Periadriatische Naht

Quelle: https://umwelt.provinz.bz.it/downloads/04_GSP.2021_Band_A.pdf

Grafik 1 – Südtirols Geologie

Ablagerungen durchquerten, sind in den Schwemmfächern meist Gesteine unterschiedlichen Ursprungs vorhanden. Besonders im Etschtal, Überetsch und Unterland befinden sich auf solchen Schwemmkegeln viele der klassischen Weinbaulagen. Nur ein kleiner Anteil der Weinbauflächen befindet sich auf Böden, die ausschließlich aus der Verwitterung von lokal anstehenden Gesteinen entstanden sind.

Was zählt für den Weinbau?

Böden entstehen im Laufe der Zeit aus einem bestimmten geologischen Ausgangsmaterial durch ein Zusammenwirken von Verwitterung, Stoffneubildung und Stoffverlagerung unter dem Einfluss von Klima, Vegetation und Landschaft. Dabei kann es zu wesentlichen stofflichen Veränderungen und zur Ausprägung neuer Merkmale kommen. Die wichtigsten Prozesse der Bodenbildung, die im Südtiroler Weinbaugebiet zur Entstehung der Böden in ihren unterschiedlichen Erscheinungsformen beigetragen haben, sind Humusanreicherung, Entkalkung, Verbraunung und Verlehmung. Auf sehr jungen Substraten, wie etwa auf Schwemmkegeln, befinden sich die Veränderungsprozesse zumeist noch in ihren Anfangsstadien.

Die Entkalkung der Böden aus ursprünglich kalkreichem Material ist auf die Unbeständigkeit von Calciumkarbonat in saurem Milieu zurückzuführen. Der säurebildende Einfluss des Bodenlebens und der Eintrag von Säurebildnern aus der Atmosphäre führen zur Lösung des Calciumkarbonats und zu dessen Verfrachtung durch das Sickerwasser. Im Laufe der Zeit kann es so zur völligen Entkalkung des Bodens kommen. Daraufhin kann der pH-Wert des Bodens durch die fehlende Pufferwirkung des leicht löslichen Calciumkarbonats vom alkalischen oder neutralen in den sauren Bereich absinken. Im sauren Milieu kommt es zur Verwitterung weiterer bislang stabiler Bodenminerale. Die Freisetzung und Oxidation von Eisenverbindungen bewirkt dabei die Braunfärbung der Böden, ebenso können aus den Produkten der chemischen Verwitterung neue Tonminerale im Boden entstehen. Dieser Vorgang der Tonanreicherung wird auch als Verlehmung bezeichnet. Derartige Veränderungen im Boden erfordern Zeiträume von Jahrhunderten oder Jahrtausenden und erfolgen an Standorten, die durch ihre geografische Lage von der Zufuhr von frischem, kalkreichem Material aus dem Hinterland abgeschnitten sind. Ein Beispiel dafür sind die Verwitterungsböden auf den Moränensedimenten in der Umgebung von Girlan.

Neben diesen natürlichen Veränderungsprozessen wirkt sich im Falle der landwirtschaftlichen und besonders der weinbaulichen Nutzung auch die langjährige Bewirtschaftung deutlich auf die Bodenbeschaffenheit aus. So führte der seit Generationen bei der Neuerstellung der Rebanlagen praktizierte tiefgründige Umbruch des Bodens zu einer Vermischung und Vereinheitlichung der Bodenschichten.

Die für den Weinbau vordergründigen Bodenmerkmale, die in vielfacher Hinsicht die Anbaueigenschaften eines Standorts bestimmen, sind die Bodenart, der Humusanteil, der Kalkgehalt, der Steingehalt und die Tiefgründigkeit. Die Bodenart ergibt sich aus dem Anteil der drei Korngrößen Sand, Schluff und Ton in der Feinerde. In Bezug auf die Bodenart handelt es sich bei den meisten Weinbauflächen um Böden mit geringen bis mäßigen Tongehalten. Die vorwiegend sandig-lehmigen bis lehmigen Böden sind auch aufgrund ihres Skelettanteils zumeist wasserdurchlässig und gut durchlüftet. Der Humusgehalt liegt aufgrund der seit Jahrzehnten praktizierten Dauerbegrünung meist im optimalen Bereich.

Der Gehalt an feinkörnigem Calciumkarbonat hängt vom Ausgangssubstrat ab

Abbildung 1
Natürlicher Querschnitt: Ein Schwemmkegel aus Kalkgesteinsschutt bildet das Fundament dieser Rebanlagen unterhalb des Mendelkamms.

Abbildung 2
Wie sich Böden mit zunehmender Tiefe verändern, darüber gibt ein Bodenprofil (hier jenes einer Moräne) Auskunft: auch im Weinbau.

Abbildung 3
Zahlreiche Weingärten in Südtirol wachsen heute auf dem, was die Gletscher der Eiszeit hinterlassen haben – im Bild eine unverwitterte Moräne mit typisch abgerundeten Steinen in einer feinkörnigen Grundmasse.

und verringert sich mit fortschreitender Verwitterung. Calciumkarbonat puffert die pH-Werte der Böden im neutralen bis alkalischen Bereich und wirkt stabilisierend auf die Bodenstruktur und auf die organische Substanz. Sehr hohe Gehalte können jedoch zu Problemen bei der Aufnahme einiger Nährstoffe führen. Aufgrund ihrer fast ausschließlichen Position in Hügellagen weisen die Südtiroler Weinbauböden durchwegs mittlere bis hohe Steingehalte auf. Hohe Steingehalte erschweren die Bearbeitung der Böden und begrenzen deren natürliche Fruchtbarkeit, was dem Weinbau jedoch nicht immer zum Nachteil gereicht. Dem entgegengesetzt wirkt die Tiefgründigkeit des Bodens, da mit zunehmender Tiefgründigkeit auch das für die tief wurzelnden Reben verfügbare Bodenvolumen ansteigt und somit auch die Speicherfähigkeit für Wasser und Nährstoffe.

Die Südtiroler Weinbauböden

Brixner Talkessel und Eisacktal

Bei Brixen weitet sich das Eisacktal zu einem weiten Talkessel. Dieser liegt in einem kristallinen Grundgebirge aus verschiedenen metamorphen Silikatgesteinen, die unter dem Begriff „Brixner Quarzphyllit" zusammengefasst werden. Der Brixner Quarzphyllit erstreckt sich in Richtung Süden noch bis etwa Waidbruck und wird dann vom Bozner Quarzporphyr abgelöst. Dem silikatischen Grundgebirge sind jedoch verbreitet eiszeitliche Sedimente aufgelagert, die auch das Brixner Becken umsäumen und die Grundlage der dortigen Weinbaulagen formen. Die Sedimente rühren von der Transporttätigkeit sowohl der Eismassen als auch ihres Schmelzwassers her und können daher lokal unterschiedliche Ausprägungen aufweisen. Die Weinbauflächen wurden aufgrund der Hanglagen im Laufe der Generationen zur besseren Bewirtschaftung häufig zu Terrassen umgeformt und weisen in ihrem Skelettanteil vorwiegend metamorphe Silikatgesteine auf.

> Die Anbaugebiete auf den Seitenhängen des mittleren und unteren Eisacktals liegen auf Moränensedimenten, Flussschottern und teilweise auf silikatischem Verwitterungsschutt.

Die Anbaugebiete auf den Seitenhängen des mittleren und unteren Eisacktals liegen ebenfalls auf Moränensedimenten, Flussschottern und teilweise auf silikatischem Verwitterungsschutt, der nördlich von Waidbruck dem genannten Quarzphyllit entstammt, südlich davon hingegen dem Bozner Quarzporphyr. Trotz der in diesen Gebieten anstehenden silikatischen Muttergesteine weisen die Böden in der Feinerde verbreitet feinkörniges Calciumkarbonat auf und entsprechend pH-Werte im neutralen bis leicht alkalischen Bereich. Die Präsenz des feinkörnigen Calciumkarbonats ist sicherlich auf den Einfluss der eiszeitlichen Ablagerungen zurückzuführen, zu deren Ursprungsgebiet auch die kalkreichen Formationen der Dolomiten zählen. Der Steingehalt der Böden ist örtlich sehr unterschiedlich, ebenso ihre Mächtigkeit, die von der Tiefe des unverwitterten, verfestigten Moränenkörpers oder des anstehenden Festgesteins bestimmt wird.

Bozner Talkessel

Das Grundgebirge des Bozner Talkessels und seiner weiteren Umgebung ist die mächtige Bozner Quarzporphyrplatte. Diese entstand durch ein ausgedehntes

Vulkansystem vor etwa 270 Millionen Jahren. Das Hauptsubstrat der Weinbauböden in den bekannten Weinbaulagen an den Hängen des Talkessels ist jedoch sehr viel jüngeren Ursprungs. Auch hier handelt es sich um fluvioglaziale Ablagerungen aus der Epoche der letzten Eiszeit, die bis vor etwa 12.000 Jahren andauerte. Terrassensedimente aus Flussschottern der letzten Zwischeneiszeit erreichen in der nördlichen Umgebung von Bozen eine größere Ausdehnung und bilden das Hauptsubstrat der Böden in den bekannten Weinbaulagen von St. Magdalena, St. Justina, Rentsch, Leitach und St. Peter. Die entsprechenden Böden weisen einen hohen Steingehalt auf, sind tiefgründig und gut durchlüftet, jedoch von eher bescheidenem Nährstoff- und Wasserhaltevermögen.

An den vom Tschögglberg zum Bozner Talkessel abfallenden Hängen treten verstärkt Moränen als Bodenbildner der Weinbaulagen auf. Diese weisen in der Feinerde einen etwas höheren Tonanteil auf und sind durch den Einfluss des Porphyrs teils rötlich gefärbt. Die Weinbauflächen im Talbereich liegen zum Großteil auf dem breiten und flachen Schwemmfächer der Talfer. Aufgrund unterschiedlicher Ablagerungsdynamiken wechseln sich feinerdige, steinarme Böden mit schotterreichen ab. Als Folge des fast ausschließlich silikatischen Einzugsgebiets der Talfer sind die abgelagerten Sedimente vorwiegend karbonatfrei. In allen Fällen handelt es sich um tiefgründige Böden von guter Wasserdurchlässigkeit.

Vinschgau

Im Vinschgau beschränken sich die Weinbauflächen auf die sonnenexponierten Steillagen am Fuße des Sonnenbergs oder auf die von den dortigen Seitenbächen aufgetragenen Schwemmkegel. In den steileren Hanglagen befinden sich die Reben häufig auf kleinräumig angelegten Terrassen. Das in diesen Bereichen vorherrschende metamorph-silikatische Muttergestein ist verbreitet von glazialen Sedimenten beeinflusst. Das Moränenmaterial stammt seinerseits aus einem hauptsächlich silikatisch geprägten Einzugsgebiet und weist daher nur geringe Karbonatanteile auf. Auch auf den Schwemmfächern findet sich in den Böden ein Gemisch von autochthonen Gesteinen und Moränenmaterial.

Die Böden können stark unterschiedliche Ausprägungen in Bezug auf Tiefgründigkeit und Steinanteil aufweisen. Besonders in den terrassierten Steillagen kann die Tiefgründigkeit vom anstehenden Muttergestein oder von verfestigten Moränensedimenten begrenzt sein, während auf den Schwemmkegeln die Tiefenentwicklung der Wurzeln kaum auf Hindernisse stößt. Aufgrund des geringen Kalkanteils im bodenbildenden Substrat liegen die pH-Werte der Böden vorwiegend im sauren Bereich. Der Tonanteil in den Böden ist allgemein gering.

Burggrafenamt

Im Bereich des Meraner Talkessels treffen die geologischen Formationen des Bozner Quarzporphyrs auf die metamorphen Gesteine des Ostalpins. Diese unterschiedlichen Muttergesteine werden jedoch auf einem großen Anteil der Weinbauflächen von eiszeitlichen Sedimenten überdeckt. Dies betrifft gleichermaßen die Anbauflächen auf den Hügellagen von Algund bis Schenna im Norden und auf den steil abfallenden Ausläufern des Tschögglbergs in der Gegend von Hafling im Westen sowie die steilen Rebhänge bei Marling und Tscherms im Südosten. Wenngleich die einzelnen Standorte durch unterschiedliche Exposition, Hangneigung und Oberflächenformung ein sehr vielfältiges Relief aufweisen, ist ihnen zumeist der Aufbau aus silikatisch geprägten, eiszeitlichen Sedimenten mit geringem Kalkanteil gemeinsam. Dementsprechend weisen die Böden häufig pH-Werte im sauren Bereich auf.

Kleinräumige Unterschiede zwischen den einzelnen Lagen ergeben sich auch in Bezug auf die Entwicklungstiefe der Böden. Diese wird häufig durch vom früheren Eisdruck verfestigtes Moränenmaterial begrenzt. Auch der Steingehalt der Böden ist sehr variabel. Der Anteil an Ton in der Feinerde ist fast durchwegs gering. Auf kleineren Flächen trugen auch Erosion und Materialverfrachtung durch Wasserläufe zum Entstehen von Böden bei, wobei diese in ihren Eigenschaften sowohl vom örtlichen Muttergestein als auch von erodierten Sedimentauflagen geprägt sein können.

Mittleres Etschtal

Im Bereich des Etschtals zwischen Meran und Bozen befinden sich die Weinbaulagen vorwiegend auf Schwemmkegeln, die von den seitlich einmündenden Bächen aufgeschüttet wurden. Naturgemäß spiegelt die Zusammensetzung der Böden dabei die geologischen Verhältnisse der jeweiligen Einzugsgebiete wider. Sowohl an der östlichen als auch an der westlichen Talseite wird das mittlere Etschtal von Formationen des Bozner Quarzporphyrs begleitet. Im Westen sind diesem jedoch die Kalk- und Dolomitgesteine des Mendelzuges aufgelagert. Entsprechend verfügen die Schwemmkegel bei Nals und Andrian über beträchtliche Kalkanteile, während die Böden auf den Schwemmfächern von Terlan und Siebeneich vorwiegend aus Porphyrschutt bestehen und aufgrund des geringen Kalkanteils tiefere pH-Werte aufweisen. Die Beeinflussung durch tonige und mergelige Sedimente aus dem höheren Schichtaufbau des Mendelzuges verleiht den Böden im westlichen Talbereich zudem höhere Tongehalte. Die Böden auf den Schwemmfächern sind durchwegs sehr tiefgründig und weisen allgemein hohe Steingehalte auf, die hangabwärts tendenziell zurückgehen. Auf beiden Talseiten befinden sich auch kleinere Rebflächen auf Mittelgebirgsterrassen, wo vorwiegend eiszeitliche Moränensedimente oder jüngerer Hangschutt als Bodenbildner auftreten und sich häufig auch vermengen, weshalb die Böden in ihrer Zusammensetzung und Entwicklungstiefe sehr variabel sind.

Überetsch

Die Weinbaulagen des Überetsch weisen aufgrund ihrer komplexen Entstehungsgeschichte eine besondere Vielfalt unterschiedlich geprägter Böden auf. Eine grobe Zweiteilung der Böden ergibt sich in Ost-West-Richtung. Im östlichen Bereich erstreckt sich die von den Gletschern geformte, sanft gewellte Hügellandschaft rund um Girlan, während die westliche Talflanke vorwiegend von kalkreichen Schwemmkegeln des Mendelgebirgszuges geprägt wird. Die Moränenlandschaft des östlichen Überetsch entstand, als die Gletscherströme der letzten Eiszeit mächtige, zwischeneiszeitliche Schotterpakete überformten und mit Moränen überdeckten. Dies geschah ebenso im westlichen Bereich entlang des Mendelzuges, doch wurden die eiszeitlichen Ablagerungen dort in der jüngeren geologischen Vergangenheit von Schwemmkegeln überlagert.

Die Moränen wiesen in ihrer ursprünglichen Form aufgrund der mit dem Eisackgletscher aus dem Dolomitenraum mitgeführten Fracht an Kalkgesteinen einen beträchtlichen Anteil an feinkörnigem Calciumkarbonat und eine fahlgraue Färbung auf. Die Verwitterung dieser Sedimente führte zur Verbraunung und Versauerung der Böden. Die Entwicklungstiefe der Böden ist sehr variabel und im Bereich der Hügelkuppen aufgrund des erosiven Abtrags häufig sehr gering. In den Mulden führte die Ansammlung von Feinerde hingegen zu sehr tiefgründigen Böden. Im Skelettanteil herrschen vom glazialen Transport abgerundete Silikatgesteine vor.

Die Weinbauböden auf den Schwemmkegeln am Fuße des Mendelkamms weisen generell hohe Kalkgehalte auf und sind durchwegs sehr tiefgründig.

Der Steingehalt, der von Kalk- und Dolomitgesteinen des Mendelzuges dominiert wird, ist im oberen Bereich der Schwemmkegel generell sehr hoch und nimmt hangabwärts bei abflachender Hangneigung zusehends ab. Die in der Gesteinsabfolge der Mendel vorhandenen tonreichen Sedimente verleihen den Böden auf den Schwemmkegeln ihre lehmige Bodenart und zudem ihre charakteristische rötliche Färbung. Die vergleichsweise hohen Ton- und Kalkgehalte wirken stabilisierend auf die organische Substanz. Die Humusgehalte sind daher durchwegs höher als bei Böden auf glazialen Sedimenten. Auf kleineren Flächen, vor allem im Bereich von Taleinschnitten, sind Böden auf zwischeneiszeitlichen Etschschottern anzutreffen. Im nördlichen Überetsch bilden auch feinsandige und tiefgründige Sedimente eines früheren Sees das Substrat der Bodenbildung.

Unterland

Die relativ komplexe Landschaftsstruktur des Unterlands bedingt auch bei den Böden örtlich stark unterschiedliche Ausprägungen. Ein wesentlicher Teil der Weinbaulagen befindet sich zu beiden Talseiten auf den ins Etschtal hineinragenden Schwemmfächern. Diese sind in ihren Bodeneigenschaften vorwiegend von kalkreichem Hangschutt geprägt. Auf der Höhe von Tramin und auf der gegenüberliegenden Talseite bei Neumarkt versinkt nämlich die Bozner Quarzporphyrplatte in den Untergrund und weicht den Kalk- und Dolomitformationen, die nach Süden hin fortan die Gebirgsflanken des Etschtales aufbauen. Dabei vorkommende tonreiche und leicht verwitterbare Zwischenlagen verleihen den Böden ihre lehmige Bodenart sowie ihre markanten Rottöne. Die Böden auf den Schwemmfächern sind sehr tiefgründig und weisen mit zunehmender Höhenlage steigende Skelettanteile auf.

Auf beiden Talseiten befinden sich auch höher gelegene Rebflächen auf glazial überprägten Hang- oder Terrassenlagen. Auch in diesen Gebieten dominiert kalkreicher, lehmiger Hangschutt, häufig vermengt mit Resten glazialer Sedimente. Die Tiefgründigkeit der Böden sowie deren Steingehalte sind in Abhängigkeit von den lokalen Entstehungsbedingungen sehr variabel. Im Unterland befinden sich einige Rebflächen auch auf Auenböden in der Talsohle des Etschtales, also in einer für den Südtiroler Weinbau sehr untypischen Position, die jedoch der Tradition der weiter südlich gelegenen Weinanbaugebiete entspricht. Auf diesen sehr steinarmen und tiefgründigen Standorten finden die Rebwurzeln auch Anschluss an das oberflächennahe Grundwasser.

Die relativ komplexe Landschaftsstruktur des Unterlands bedingt auch bei den Böden örtlich stark unterschiedliche Ausprägungen. Ein wesentlicher Teil der Weinbaulagen befindet sich zu beiden Talseiten auf den ins Etschtal hineinragenden Schwemmfächern.

Klimafaktoren, Reifegruppen und der Klimawandel

Der Einfluss des Klimas auf den Weinbau

// Das Klima, allen voran Temperatur, Licht und Niederschlag, prägt den Weinbau nachhaltig, wobei Südtirol aufgrund seiner Topografie unterschiedlichste Klimata auf engstem Raum aufweist. So finden sich hier gleich drei der fünf anerkannten Reifegruppen, grundsätzlich lässt sich aber festhalten, dass Südtirol am kühleren Rand der Verbreitung des Weinbaus liegt. Aber wie steht's um die Zukunft des Weinbauklimas in Südtirol?

Lukas Egarter Vigl, Simon Tscholl

Weinbau und Klima sind seit jeher eng miteinander verbunden, denn für einen erfolgreichen Weinbau und für die Produktion von hochwertigen Weinen braucht es neben dem richtigen Boden vor allem ein optimales Klima. Südtirol ist als Gebirgsweinbaugebiet ganz besonders von einem günstigen Zusammenspiel zwischen Anbaustandort und Klima abhängig. Der kleinsträumige Wechsel von Hangausrichtung, Hangneigung und Höhenlage führt nämlich zur Ausbildung unterschiedlichster klimatischer Bedingungen auf engstem Raum. Diese topografische und klimatische Vielfalt ermöglicht aber auch den Anbau vieler verschiedener Rebsorten und die Erzeugung von Weinen mit unterschiedlichen sensorischen und qualitativen Merkmalen.

Facettenreiches Gebirgsweinbaugebiet

Weinbau wird in Südtirol derzeit auf rund 5.750 Hektar überwiegend im Etsch- und Eisacktal zwischen 200 und 1.000 Meter Höhe betrieben und umfasst Standorte mit teilweise mildem, aber auch recht rauem Klima. Abb. 1 Frühreife Sorten, etwa Müller-Thurgau und Kerner, werden bevorzugt in Höhenlagen angebaut, während spät reifende Sorten wie Lagrein und Cabernet Sauvignon in

Gunstlagen in Nähe der Talböden vorkommen. Die Standorte zwischen 300 und 650 Meter Höhe sind den anspruchsvollen Burgunder-Sorten wie Ruländer, Weiß- und Blauburgunder oder den aromatischen Sorten wie dem Gewürztraminer und dem Sauvignon blanc vorbehalten.

Der fortschreitende Klimawandel der letzten Jahrzehnte setzt auch dem Weinbau in Südtirol zu: steigende Temperaturen, extreme Wetterereignisse und ein verstärkter Schädlingsbefall sind nur die ersten Vorboten dieser Entwicklung. In Südtirol konnte schon bisher ein Temperaturanstieg von deutlich über 1 Grad Celsius seit Anfang der 1990er-Jahre beobachtet werden und Klimamodelle sagen einen weiteren Temperaturanstieg von bis zu 3 Grad Celsius bis zum Ende dieses Jahrhunderts voraus. Tabelle 1 Damit wird es mit Sicherheit zu einer Veränderung der Anbaueignung der einzelnen Sorten und zu einer allgemeinen Verschiebung der Anbaugrenzen kommen, mit direkten Auswirkungen auch auf Umwelt und Gesellschaft. Schon heute dringt der Weinbau nämlich zunehmend in Regionen vor, die bislang anderen Kulturarten (z. B. der Grünlandwirtschaft) vorbehalten waren. Als Dauerkultur verändert er dabei das ökologische Gleichgewicht und das gewohnte traditionelle Landschaftsbild. Nutzungs- und Interessenkonflikte werden also wahrscheinlicher. Um diesen Entwicklungen rechtzeitig gegensteuern zu können, bedarf es geeigneter Anpassungsstrategien an den Klimawandel. Diese sind von strategischer Bedeutung, will man einen qualitativ hochwertigen, wettbewerbsfähigen und nachhaltigen Weinbau auch für künftige Generationen sichern.

Nr.	Stationsbezeichnung	Meereshöhe [m ü. d. M.]	Durchschnittstemperatur [°C]	Trend [°C]	Niederschlagsmenge [mm]	Gradtage Vegetationsperiode [°C]
1	Schlanders	695	10,8	0,9	572	1.332
2	Meran	329	12,2	1,7	810	1.648
3	Bozen	224	13,1	1,2	736	1.919
4	Vahrn (Brixen)	587	11,1	0,7	727	1.467
5	Barbian (Kollmann)	465	11,4	1,4	741	1.473
6	Auer	252	12,9	1,5	847	1.864
7	Völs am Schlern	840	10,16	1,8	806	1.235
	Durchschnitt	485	11,7	1,3	748	1.563

Tabelle 1
Temperatur- und Niederschlagsaufzeichnungen an ausgewählten Standorten in Südtirol für die Referenzperiode 1991–2020; Vegetationsperiode als Zeitraum zwischen April und Oktober definiert

Drei Klimafaktoren

Kaum eine andere Kulturpflanze reagiert auf klimatische Änderungen so empfindlich wie die edle Weinrebe. Um hochwertige Trauben auszubilden, braucht sie die richtige Temperatur, genügend Licht und eine ausreichende Menge an Niederschlag; alle drei Faktoren sind sehr stark von den naturräumlichen Gegebenheiten abhängig und die Summe dieser Parameter ergibt das Klima eines Anbaugebietes.

Der Klimafaktor Temperatur nimmt im Weinbau wohl die wichtigste Rolle ein, da er die gesamte phänologische Entwicklung bestimmt. Als Faustregel gilt, dass für einen erfolgreichen Anbau eine Durchschnittstemperatur in der Vegetationsperiode von mindestens 13 Grad Celsius gegeben sein muss. In einer Gebirgsregion wie Südtirol hängt die erreichte Durchschnittstemperatur eines Standortes maßgeblich von der Meereshöhe ab und nimmt im Mittel um ca. 0,6 Grad Celsius pro 100 Höhenmeter ab. Angesichts dieser deutlichen Höhenabhängigkeit der Temperatur ist es essenziell, Pflanzmaterial und Anbautechnik an die vorherrschenden Bedingungen anzupassen – ansonsten besteht die Gefahr, dass die Rebe ihren Vegetationszyklus nicht abschließen kann und die Trauben nicht ihre volle physiologische Reife erreichen. Neben der Temperatur während der Wachstumsphase spielt im Weinbau auch die Temperatur im Winter eine bedeutende Rolle. Dies trifft vor allem auf Grenzlagen zu, in denen Starkfrostereignisse auftreten und zu dauerhaften Schäden an den Rebstöcken führen können.

Darüber hinaus brauchen Weinreben ausreichend Sonnenlicht. Je nach Neigung und Ausrichtung des Geländes, Abschattung durch umgebende Landschaftselemente und Bewölkungsgrad können sich deutliche Unterschiede auf engstem Raum ergeben. Zwischen 1.200 und 1.500 Sonnenstunden während der Vegetationsperiode gelten als Grundvoraussetzung für den Weinbau, wobei diese Zahl zwischen verschiedenen Rebsorten leicht variiert. Die Sonneneinstrahlung spielt besonders in Regionen am kühlen Rand des Verbreitungsgebietes eine wichtige Rolle, da sie dort auf südexponierten Flächen mit zunehmender Neigung zu einem erhöhten Wärmegenuss führen kann und so die Anbautauglichkeit eines Standortes maßgeblich beeinflusst.

> Es ist essenziell, Pflanzmaterial und Anbautechnik an die vorherrschenden klimatischen Bedingungen anzupassen – ansonsten besteht die Gefahr, dass die Trauben nicht ihre volle physiologische Reife erreichen.

Schließlich benötigt die Weinrebe noch genügend Feuchtigkeit, um ihre Nährstoffe aus dem Boden ziehen zu können. Auch die benötigte Niederschlagsmenge ist allerdings ein breit diskutiertes Thema, hängt sie doch von einer Vielzahl von weiteren Standortfaktoren ab. Der jährliche Witterungsverlauf, die Bodenbeschaffenheit und die damit verbundene Wasserspeicherkapazität sowie die Möglichkeit der zusätzlichen Bewässerung erschweren eine genaue Erfassung der Minimalanforderungen. Tendenziell bevorzugt die Weinrebe ab der Blüte im Frühsommer eher wenig Niederschlag, daher sollte der Boden im Winter und im Frühjahr ausreichend einspeichern können. Mit zunehmender Traubenreife kann zu viel Regen die Qualität sogar negativ beeinflussen. Man muss davon ausgehen, dass bei Niederschlagsmengen von über 1.000 Millimetern pro Jahr aufgrund der häufigen Abschattung der Sonne durch Wolken, der erhöhten Blattnässe und den damit verbundenen Pilzkrankheiten kein ökonomisch rentabler Weinbau möglich ist. Umgekehrt kann kein oder nur sehr wenig Niederschlag während der Vegetationsperiode aber auch zu Wasserstress in den Pflanzen führen und die Photosynthese und andere wichtige Blattfunktionen beeinträchtigen.

Neben den drei erwähnten fundamentalen Klimafaktoren sind Wetterextreme weitere entscheidende Klimaereignisse, die die Anbaueignung bestimmen. Früh-, Spät- und Winterfröste, Starkregenereignisse, Tropentage/-nächte oder Hagelschlag sind nur einige der Beispiele, die dem Rebwachstum nachhaltig zusetzen und durch den Klimawandel vermehrt auftreten können. Hagelereignisse können beispielsweise zu verheerenden Schäden bis hin zu kompletten Ernteausfällen führen. Ähnliches gilt für Spätfröste im Frühjahr oder für frühe Wintereinbrüche im Herbst. Talböden gelten daher aufgrund ihrer Neigung zur Ausbildung von Inversionslagen und Kaltluftseen als weniger geeignet. Aber auch zu viel Wärme über einen längeren Zeitraum (z. B. bei Häufung von Tropentagen und -nächten) kann sich negativ auf das sensible Zucker-Säure-Verhältnis in den Trauben auswirken und zu Hitzeschäden und Qualitätsausfällen führen.

Wie gliedert sich Südtirol klimatisch?

Die Vegetationsperiode stellt zweifelsfrei den wichtigsten Abschnitt im Jahreszyklus der Rebe dar. In ihr vollzieht sie Austrieb, Blüte und Reife und zu deren Abschluss werden die physiologisch reifen Trauben geerntet. Ausreichend Zeit und entsprechend akkumulierte Wärme ist also ausschlaggebend für eine vollständige phänologische Entwicklung der Rebe. Wärmesummenverfahren sind daher ein guter Ansatz zur klimatischen Gliederung von Weinbauregionen. Sie basieren vielfach auf der Summe der Gradtage (GDD – Growing Degree Days) innerhalb einer Vegetationsperiode (1. April bis 31. Oktober). Ein Gradtag definiert sich dabei als Tagesmitteltemperatur minus der Basistemperatur – bei der Rebe 10 Grad Celsius. Unter diesem Temperaturschwellenwert wird kein vegetatives Wachstum angenommen und daher werden diese Tage im Gradtage-Verfahren nicht mitberücksichtigt. International wurden über die Jahrzehnte verschiedene Wärmesummen-Indexe entwickelt, wobei einer der ältesten und am weitesten verbreiteten bis heute der Winkler-Index aus dem Jahr 1974 ist.

$$WI = \sum_{1.\ April}^{31.\ Oktober} T_{Mittel} - T_{Basiswert}$$

Je nach erreichter Wärmesumme, können Weinbauregionen mithilfe des Winkler-Indexes in fünf Reifegruppen unterteilt werden, wobei Gruppe 1 für sehr kühle Anbauregionen und frühreife Sorten steht, während Gruppe 5 das Klima von sehr warmen Regionen und spätreifen Sorten beschreibt. Generell ist eine Region für den Weinbau geeignet, sobald sie in der 30-jährigen klimatologischen Referenzperiode den Indexwert von 850 Grad erreicht (Mindestwert der Gruppe 1) bzw. den Wert von 2.700 Grad nicht übersteigt (Höchstwert der Gruppe 5). Zudem wird Gruppe 1 in zwei Untergruppen, 1a und 1b, untergliedert. Damit wird gewährleistet, dass sehr frühreife Sorten wie hybride Sorten (PIWI) oder Lagen, die für die Produktion von Sektgrundweinen sehr früh gelesen werden müssen, in einer eigenen Reifegruppe (1a) geführt werden können. Im vorliegenden Kartenmaterial wird daher die Gruppe 1a farblich getrennt gekennzeichnet, da man dort davon ausgehen muss, dass ökonomisch rentabler Weinbau nur mit Einschränkungen betrieben werden kann.

In Südtirol kommen geografiebedingt derzeit gleich drei Reifegruppen vor. Abb. 2 Anbaugebiete der Gruppe 1 finden sich

Abbildung 1

Weinbauflächen und DOC-Gebiete in Südtirol heute

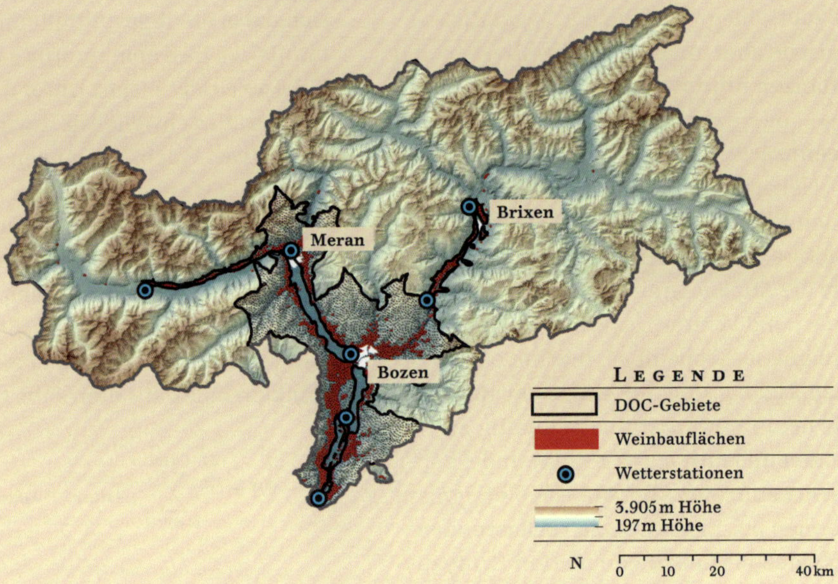

Neben den für den derzeit in Südtirol bestockten Flächen und den DOC-Gebieten zeigt diese Karte auch die Standorte der Messstationen des hydrographischen Dienstes (blau markiert) aus Tabelle 1.

Abbildung 2

Welche Gebiete eignen sich heute klimatisch für den Weinbau?

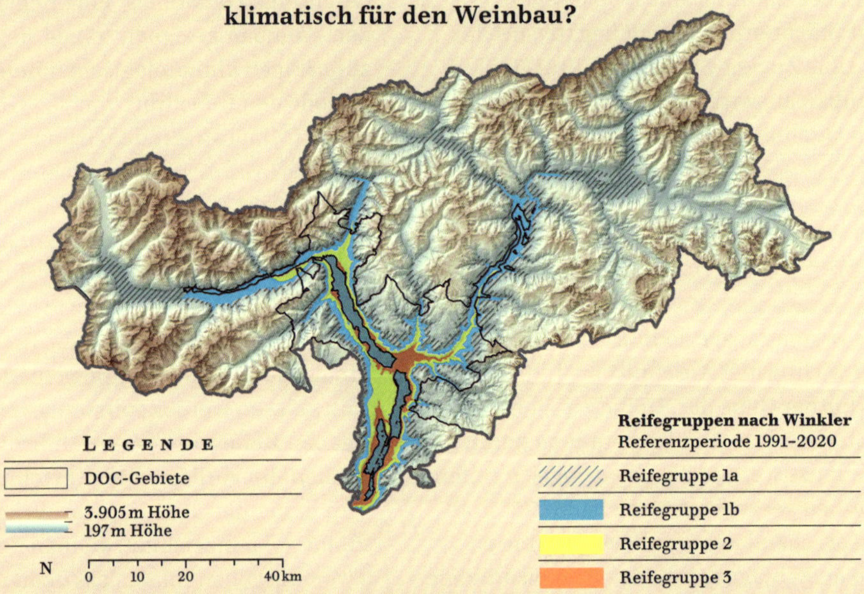

Die Antwort auf diese Frage gibt diese Karte, in der die Verteilung der Reifegruppen nach Winkler dargestellt ist. Die erhobenen Daten stammen aus dem Zeitraum 1991–2020.

Abbildung 3

Temperaturanstieg von 2,5 Grad Celsius bis 2100

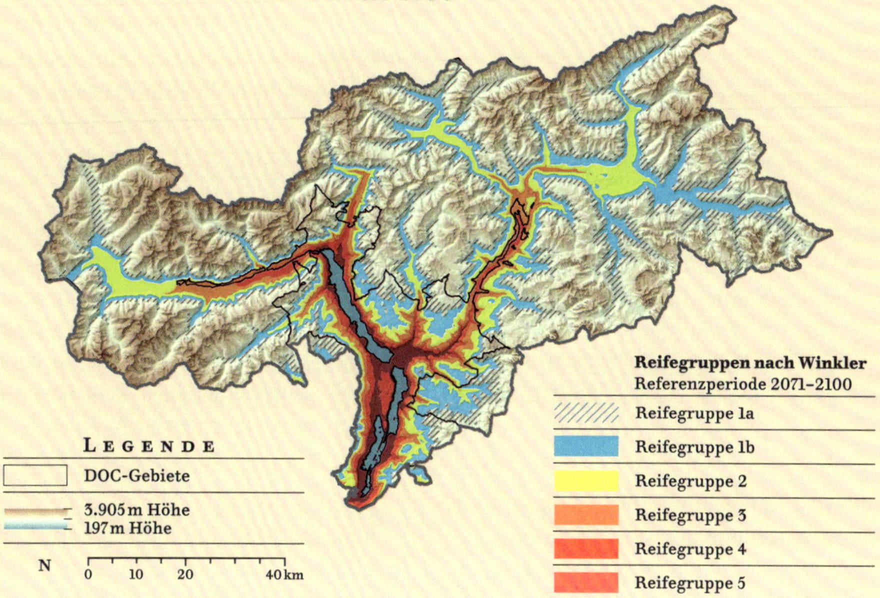

Die Verteilung der Reifegruppen wird sich mit dem Klima verändern, wie diese Übersicht über die Referenzperiode 2071–2100 zeigt. In dieser Darstellung geht man von einem Temperaturanstieg von rund 2,5 Grad Celsius gegenüber dem vorindustriellen Niveau aus.

Abbildung 4

Und wenn es noch heißer wird?

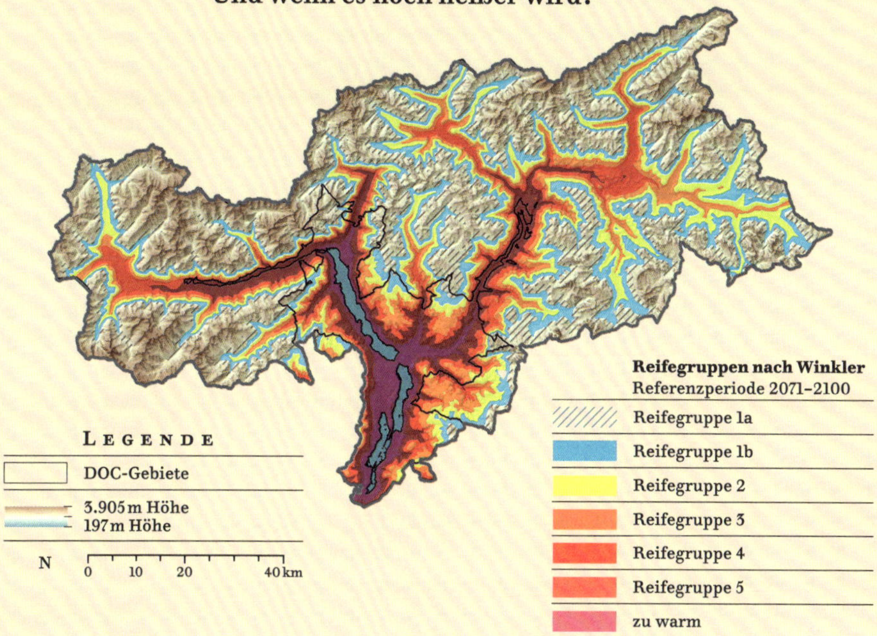

Die Verteilung der Reifegruppen ändert sich grundlegend, wenn man von einer Zunahme der Temperaturen um 4 Grad Celsius ausgeht. Die Zonen, in denen das Klima für den Weinanbau zu warm wird (pink markiert), weiten sich drastisch aus.

Quelle: Eigene Abbildungen der Autoren

überwiegend in Höhenlagen zwischen 700 und 1.000 Metern, etwa im südlichen Eisacktal, im Vinschgau oder im Unterland. In lokalen Gunstlagen und insbesondere auf sonnenexponierten Südhängen kann Weinbau auch noch in etwas höher gelegenen Standorten erfolgreich betrieben werden. Während der Vegetationsperiode erreichen auch nördlich gelegene Gebiete wie das südliche Wipptal und das Pustertal Wärmesummen, die eine Einordnung in Gruppe 1a erlauben würden. Dort ist es jedoch im Winter teilweise noch zu kalt bzw. ist davon auszugehen, dass es dort zu einer Häufung von frühen Wintereinbrüchen kommen kann. Die Gruppe 2 nimmt den größten Teil des Südtiroler Anbaugebietes ein und erstreckt sich überwiegend über die klassischen Anbaugebiete in den mittleren Höhen zwischen 300 und 600 Metern entlang des Etschtals (Terlan, Andrian, Nals), im Überetsch (Eppan, Kaltern) und im Bozner Unterland (Tramin, Montan). Lediglich in den wärmsten Lagen im Etschtal, rund um Bozen sowie im südlichen Unterland (Salurn, Kurtatsch, Kalterer See) werden die klimatischen Voraussetzungen für Gruppe 3 langfristig erreicht.

Bekanntlich haben die einzelnen Rebsorten unterschiedliche thermische Ansprüche, in denen sie sich am besten entfalten und können daher, zumindest näherungsweise, einer Reifegruppe zugeordnet werden. TABELLE 2 Die hybride Sorte (PIWI) Solaris fällt beispielsweise in Gruppe 1a. Da sie Zucker besonders schnell einlagern können, ist eine physiologische Reife auch unter sehr kühlen klimatischen Bedingungen gewährleistet. Frühreife Sorten wie Müller-Thurgau,

Reifegruppe	Wärmesumme	Beschreibung	Rebsorte (Auswahl)
zu kalt	<850°		nicht geeignet
Reifegruppe 1a	850°–1.111°	nur sehr früh reifende Sorten, meist Hybridsorten oder Sorten, die für die Sektgrundweinproduktion verwendet werden	Solaris
Reifegruppe 1b	1.111°–1.389°	früh reifende Sorten	Müller-Thurgau, Kerner, Zweigelt
Reifegruppe 2	1.389°–1.667°	früh bis mittelfrüh reifende Sorten	Weißburgunder, Blauburgunder, Sauvignon blanc, Gewürztraminer
Reifegruppe 3	1.667°–1.944°	mittelreife Sorten	Chardonnay, Merlot, Carbernet Sauvignon, Lagrein
Reifegruppe 4	1.944°–2.222°	spätreife Sorten	Sangiovese, Grenache, Syrah, Nebbiolo
Reifegruppe 5	2.222°–2.700°	sehr spätreife Sorten	Primitivo, Nero d'Avola, Palomino, Fiano
zu warm	>2.700°		nicht geeignet

Tabelle 2

Reifegruppen nach Winkler (1974): Rebsorten angepasst durch die Autoren an das Südtiroler Weinbaugebiet (für Reifegruppen 1–3)

Kerner oder Riesling dagegen werden in Gruppe 1b geführt. Sie benötigen Wärmesummen zwischen 1.100 und 1.300 Grad, um zur vollen Reife zu gelangen. In Gruppe 2 finden sich die weißen Sorten wie Weißburgunder, Chardonnay und Sauvignon blanc. Sie benötigen Standortbedingungen, die langfristig zwischen 1.300 und 1.600 Grad erreichen. Diese befinden sich zumeist in Hanglagen und profitieren dadurch von einem günstigeren Einfallswinkel der Sonne. Schließlich finden sich in der warmen Reifegruppe 3 (Wärmesummen zwischen 1.600 und 1.900 Grad) Lagrein, Merlot und Cabernet Sauvignon. Diese profitieren von einer verhältnismäßig geringeren Meereshöhe und von lokalen Wetterphänomenen wie dem Ora-Wind vom Gardasee.

Der mittlere Jahresniederschlag variiert in den Südtiroler Anbaugebieten zwischen rund 750 Millimetern pro Jahr im Raum Bozen und 850 Millimetern im Etschtal und Unterland und ist im Mittel ausreichend hoch für den Weinbau. Nur im Vinschgau, wo langfristig Werte um 500 Millimeter pro Jahr erreicht werden, kann es kritisch werden. Hier muss zusätzlich bewässert werden, in länger anhaltenden Trockenperioden trifft dies aber auch auf fast alle anderen Anbaugebiete zu. Daher haben in Südtirol mittlerweile die meisten Weinberge die Möglichkeit der zusätzlichen Bewässerung.

Die Sonnenscheindauer hängt sehr stark von Exposition, Hangneigung und Horizontalabschattung durch umliegende Landschaftselemente ab. Zudem spielt die Wolkenbedeckung eine wesentliche Rolle. In den klassischen Anbaugebieten in Südtirol werden im Mittel etwa 1.800 bis 1.900 Sonnenstunden pro Jahr erreicht, mit Spitzenwerten von über 2.200 Sonnenstunden, beispielsweise in Aldein. Damit zählt Südtirol zu den sonnenreichsten und klimatisch am meisten begünstigten Weinbauregionen der Ostalpen.

Klimawandel und Anpassungsstrategien

In Südtirol hat sich die mittlere Jahrestemperatur allein seit den 1990er-Jahren um mehr als 1 Grad Celsius erhöht, ein wesentlich stärkerer Anstieg als im globalen Mittel, für das derselbe Anstieg seit 1850 festgestellt wurde. Dies wird unwillkürlich zu Änderungen in der Charakteristik und Geografie des Weinbaus führen. Erste Anzeichen und Auswirkungen dieser Entwicklung sind bereits deutlich feststellbar. An den Zuckergradationen etwa, einem Temperatur-gesteuerten Reife- und Qualitätsparameter des Traubenmostes, ist eine Zunahme als Folge der erhöhten thermischen Bedingungen bereits deutlich abzulesen. Grafik 2 Wenngleich Südtirol bisher von den wärmeren Standortbedingungen profitiert hat (höhere Gradationen bedeuten alkoholreichere und fülligere Weine), ist davon auszugehen, dass mit einer weiteren Zunahme der Temperatur negative Auswirkungen auf die Weincharakteristik und Stilistik häufiger werden. Auch bei der Standortwahl für Rebneupflanzungen sind die Auswirkungen des Klimawandels bereits erkennbar. So wurden beispielsweise 2017 und 2018 deutlich mehr als 50 Prozent der Neu- oder Umpflanzungen auf über 500 Meter Höhe getätigt, 2018 lagen sogar 12 Prozent der Neuanpflanzungen in einer Höhe von über 800 Metern. Bemerkenswert, wenn man bedenkt, dass der Großteil der Weinbauflächen in Südtirol unter 500 Meter Meereshöhe liegt und Weinbau bis noch vor wenigen Jahren oberhalb von 800 Metern kaum vorstellbar war.

Auch für das restliche 21. Jahrhundert ist eine weitere Zunahme der Temperatur zu erwarten. Dabei ist die Entwicklung der nächsten Jahrzehnte eng an die vom Menschen verursachten Treibhausgasemissionen geknüpft. Gelingt es nicht, die definierten Klimaziele von Paris 2015 und Glasgow 2021 umzusetzen, ist die angestrebte Marke von 1,5 bis 2 Grad

Celsius Erwärmung gegenüber dem vorindustriellen Niveau nicht mehr einzuhalten. Laut dem sechsten Bericht des Weltklimarates (IPCC) würde sich dies neben der Temperatur auch auf weitere Klimavariablen wie Niederschlagsverhältnisse und Wetterextreme auswirken. Da die globale Erwärmung der letzten Jahre bereits nahezu 1 Grad Celsius beträgt, gehen die meisten Klimaszenarien bereits von einer Erwärmung von circa 2,5 Grad bis 2100 aus. Pessimistische Szenarien prognostizieren sogar eine Erwärmung über 4 Grad bis 2100, sofern keine spezifischen Klimaschutzmaßnahmen ergriffen werden.

Berechnet man nun mithilfe dieser beiden Szenarien den Winkler-Index, ergibt sich für den Südtiroler Weinbau das in den ABB. 3/4 gezeigte Bild. Im optimistischen Szenario würde sich Südtirol bis 2100 von einem überwiegend in Reifegruppe 2 befindlichen Anbaugebiet in ein Gruppe-3- und Gruppe-4-Gebiet entwickeln. ABB. 3 Weinbau würde also in allen Haupttälern und auf allen Höhen bis etwa 1.500 Meter möglich werden, wobei es zu Anpassungen im Sortenspektrum in den traditionellen Anbaugebieten kommen muss, da nicht mehr alle Sorten (z. B. Vernatsch am Kalterer See) die gewünschten Qualitäten erreichen. Im pessimistischen Szenario dagegen, das von einer Zunahme von über 4 Grad Celsius ausgeht, müsste das Sortenspektrum radikal umgestellt und an die neuen Gegebenheiten angepasst werden. ABB. 4 Südtirol würde also mit hoher Wahrscheinlichkeit von einem von weißen Sorten gekennzeichneten Gebiet zu einem Rotweinland werden, in dem spätreifende Sorten dominieren und tiefe Lagen unter 350 Metern für den Weinbau kaum mehr geeignet sind.

In diesem Zusammenhang spielen natürlich auch die Konsumenten eine wichtige Rolle: Akzeptieren sie auch andere Sorten aus Südtirol oder bevorzugen sie die traditionellen Sorten mit vielleicht etwas untypischem Geschmack und Stilistik? Zudem haben erhöhte Temperaturen Auswirkungen auf den Wasserhaushalt (durch eine erhöhte Verdunstung steigt auch der Wasserbedarf) und führen dadurch zu Nutzungskonflikten mit anderen wichtigen Wirtschaftssektoren, etwa der Energiewirtschaft. Auch kann die Verschiebung der Anbauflächen zu einer Zuspitzung von Interessenkonflikten innerhalb der Landwirtschaft führen: Spekulationen um das nutzbare landwirtschaftliche Grün werden wahrscheinlicher, was sich unter anderem auf die Preise von Grundstücken auswirken dürfte. Schließlich hat eine Verschiebung des Weinbaus auch eine ökologische Komponente. Als Dauerkultur verdrängt er den Lebensraum wichtiger Tier- und Pflanzenarten und kann sich negativ auf das sensible Ökosystem Boden auswirken.

Im Weinbau gibt es verschiedene Möglichkeiten, auf die Veränderungen zu reagieren, die durch den Klimawandel entstehen können. Man unterscheidet grundsätzlich zwischen kurz- und langfristigen Anpassungsstrategien. ABB. 5 Unter die kurzfristigen Strategien fallen sämtliche Kulturmaßnahmen im Weinberg, die in jährlicher Abfolge erfolgen und stark der saisonalen Witterung unterliegen, sowie Maßnahmen im Weinkeller, die nachträglich die Zusammensetzung des Traubenmostes verändern können. Dies beinhaltet beispielsweise das Erntemanagement (Anpassung des Erntetermins), den Pflanzenschutz (Zeitpunkt der Anwendungen) oder die Bearbeitung der Laubwand (Steuerung des Blatt-Frucht-Verhältnisses). Im Weinkeller betreffen die Maßnahmen sämtliche Verfahren für die Verbesserung der Weinstabilität, beispielsweise das Säuern des Mostes bei zu hohen ph-Werten. Langfristige Anpassungsstrategien hingegen beinhalten Maßnahmen, die an die physischen Standortfaktoren gekoppelt sind, allen voran Klima und Boden. Dabei spielen vor allem die richtige Auswahl der Exposition und der Meereshöhe der

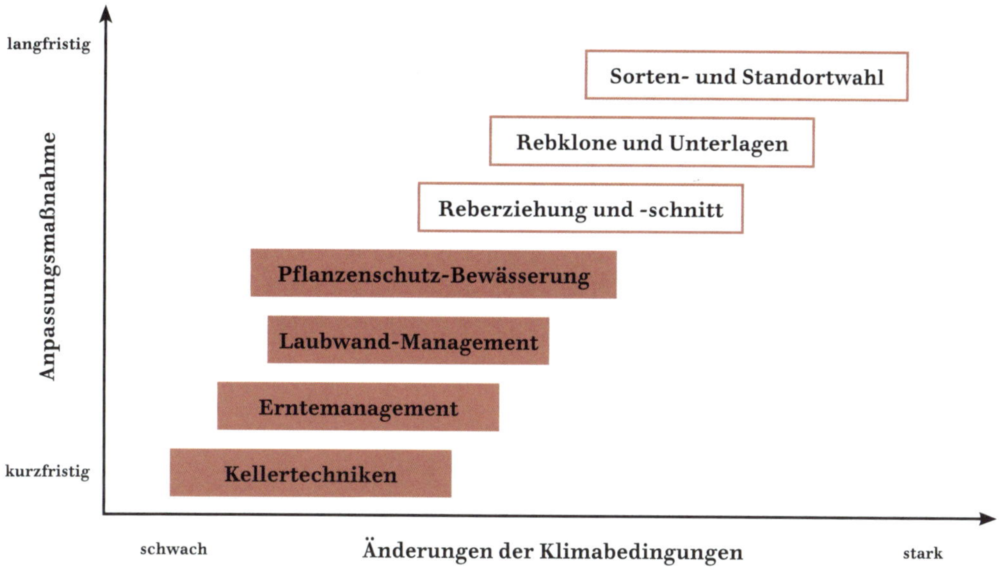

Abbildung 5
Je nachdem, wie stark sich das Klima verändert, sind kurz- und langfristige Strategien zur Anpassung notwendig. Die Darstellung zeigt, welche Anpassungsstrategien je nach Grad der Klimaveränderung zur Verfügung stehen.

Lage eine wichtige Rolle, aber auch die Auswahl von Sorten, Rebklonen und Unterlagen in Abstimmung mit den vorherrschenden Standortbedingungen. Schließlich fallen unter diese Kategorie auch sämtliche technische Hilfsmaßnahmen wie die Installation von Bewässerungssystemen oder Hagelschutznetzen. Welche der hier aufgezeigten Maßnahmen zur Anwendung kommen, hängt letztlich vom Grad und der Schwere der eintretenden Veränderungen ab. Leichte Änderungen der klimatischen Bedingungen können mit kurzfristigen Maßnahmen abgefedert werden, die meist auch weniger kostspielig sind. Bei Veränderungen um mehrere Grad Celsius dagegen müssen langfristige Maßnahmen ergriffen werden, die an die physischen Standortfaktoren gekoppelt sind.

Die Folgen der globalen Erwärmung auf den Weinbau sind also bereits deutlich spürbar und können sich positiv sowie negativ und dabei regional sehr unterschiedlich auswirken. Südtirol ist derzeit ein Anbaugebiet am kühleren Rand der Verbreitung des Weinbaus und hat bisher überwiegend von den wärmeren Bedingungen im Zusammenhang mit dem Klimawandel profitiert. Durch die sehr schnelle Erwärmung der vergangenen Jahrzehnte muss sich der Weinbau aber auch hierzulande ständig neuen Rahmenbedingungen anpassen. Dabei spielt Südtirols Lagen- und Sortenvielfalt eine entscheidende Rolle, ermöglicht diese doch das Ausschöpfen sämtlicher Anpassungsmaßnahmen. Für die Zukunft gilt also, das Rebsortenspektrum zu erhalten und weiter auszubauen und die topografische und klimatische Vielfalt, die Südtirols Weinbaulandschaft naturbedingt auszeichnet, bestmöglich und nachhaltig auszunutzen, auch unter Berücksichtigung möglicher sozio-ökonomischer und ökologischer Konfliktpotentiale.

\\

Grafik 2

Steigende Temperaturen, steigender Zuckergehalt

Welcher Trend zeigt sich beim Mostgewicht? Die Abbildung zeigt die Veränderungen der Gradation in °KMW (Zuckerangabe in Grad Klosterneuburger Mostwaage). Die Basis dafür bilden Erntedaten der Kellereien Nals Margreid, Tramin und Kurtatsch sowie die Temperatur am Standort Laimburg (angegeben als Gradtage des Winkler-Indexes).

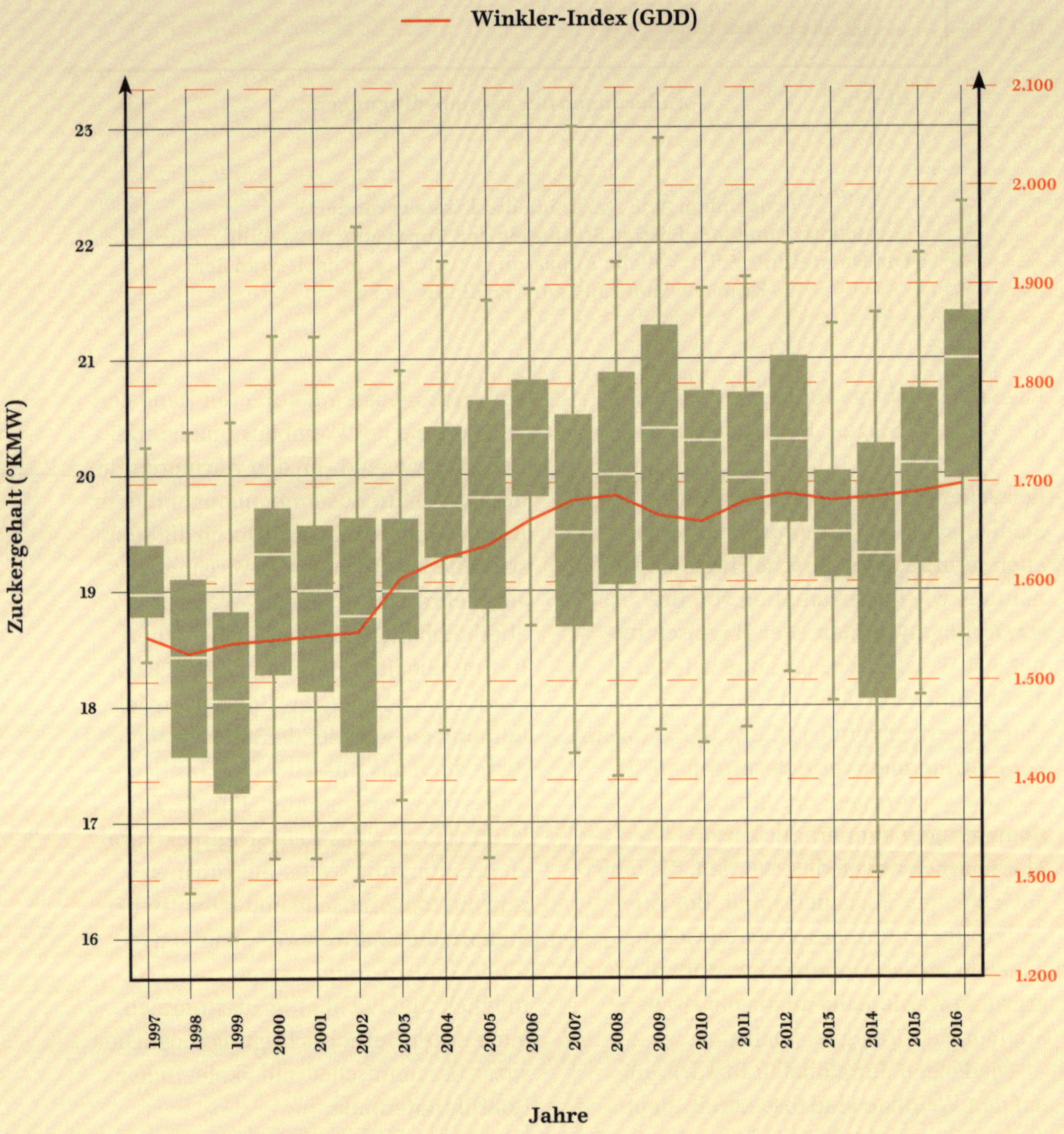

Quelle: Erntedaten der Kellereien Nals Magreid, Tramin und Kurtatsch. Temperaturmessdaten der Station Laimburg.

Immer höher: Neue Rebpflanzungen

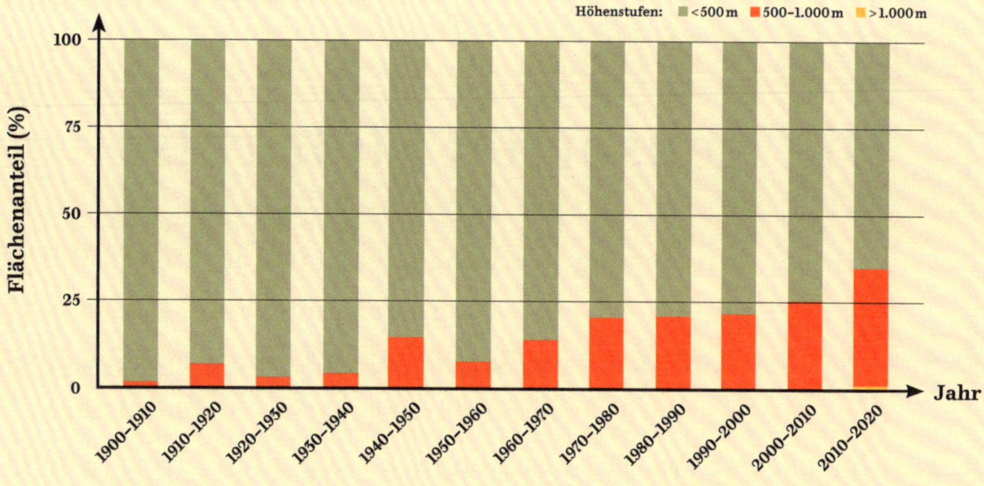

Das Weinbaugebiet in Südtirol klettert immer mehr in die Höhe. Das zeigt die Verteilung der Höhenstufen bei Neu- und Wiederbepflanzungen von Reben seit Anfang des 20. Jahrhunderts.

Quelle: Land- und Forstwirtschaftliches Informationssystem (LAFIS) 2020, Land Südtirol

Ernte: Immer früherer Start

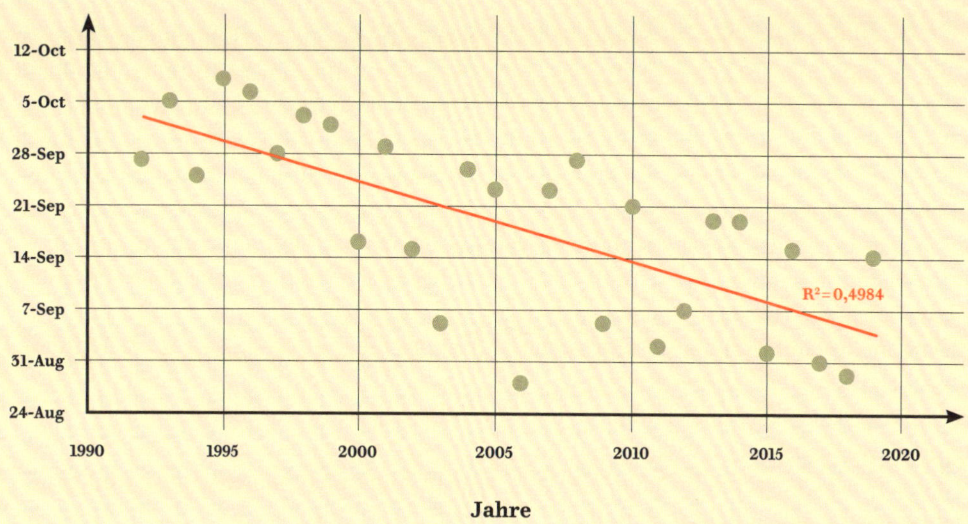

Erntetag in den letzten 25 Jahren von Sauvignon blanc in der „Lage Voglar“: In den frühen 1990er-Jahren fand die Ernte normalerweise Anfang Oktober statt, in den letzten Jahren dagegen bereits Ende August. Diese Grafik stammt nicht von den Autoren des Beitrags.

Quelle: Südtiroler Beratungsring

Grafik 2 – Auswirkungen eines sich ändernden Klimas

Einzige Konstante ist die Vielfalt

Die Rebsorten Südtirols

// Höhe, Ausrichtung, Neigung, Beschattung: In den Bergen gleicht kaum eine Weinbaulage der anderen. Deshalb hat sich in Südtirol über die Jahrhunderte eine außergewöhnliche Vielfalt an Rebsorten durchgesetzt – jede mit ihren Charakteristika, mit Stärken, Schwächen und Herausforderungen in Weinberg und Keller. Es lohnt deshalb ein genauerer Blick auf die Rebsorten: von den autochthonen über die in Südtirol angesiedelten bis zu den PIWI-Sorten.

Barbara Raifer

In Südtirol werden, wie kaum in einem anderen Weinbauland, viele verschiedene Rebsorten angebaut. Dies hängt mit der Lage in den südlichen Alpen zusammen. Die gut exponierten Talseiten des Etsch- und Eisacktales können teilweise vom Talgrund, ab etwa 200 Metern Meereshöhe, bis in Höhen von über 1.000 Metern für den Weinbau genutzt werden. Infolge der Klimaerwärmung der letzten Jahrzehnte wagen sich immer mehr Betriebe noch weiter in die Höhe. So findet man mittlerweile Rebanlagen bis auf und auch etwas über 1.100 Meter über dem Meer. Frühreifende PIWI-Sorten erlauben in besonderen Gunstlagen den Anbau sogar bis auf 1.300, ja im Extremfall bis 1.400 Meter. Um diesen unterschiedlichen klimatischen Bedingungen gerecht zu werden, braucht es früh-, mittel- und spätreifende Rebsorten.

Ob eine Lage für den Weinbau oder den Anbau einer bestimmten Sorte geeignet ist, hängt nicht allein von der Meereshöhe ab. Das Gelände im Gebirge weist je nach Ausrichtung, Neigung, Beschattung oder verschiedenen kleinräumigen Faktoren sehr unterschiedliche Klimabedingungen auf. Im Weinbau werden daher Klimaindexe zur Charakterisierung der Klimagunst einer Lage verwendet, wie z. B. die Wärmesumme GDD (Growing Day Degree). Für sie wird im Folgenden für die wichtigsten Rebsorten jener Bereich angeführt, in dem sich derzeit die mittleren 50 Prozent der Südtiroler Rebanlagen der jeweiligen Sorte befinden. Dieser mittlere Bereich charakterisiert die klimatischen Gegebenheiten des Hauptanbaugebietes der jeweiligen Sorte in Südtirol.

Bevor auf die einzelnen Rebsorten eingegangen wird, gilt es, eine weitere Besonderheit des Südtiroler Weinbaus aufzuzeigen. Im 19. und 20. Jahrhundert lagen die Absatzmärkte der Südtiroler

Weine vorwiegend in den nördlich angrenzenden, deutschsprachigen Gebieten. Hier war der angenehme, aber leichte Südtiroler Rotwein beliebt und bekannt. Erst in den 1980er-Jahren versuchten einige Pioniere, die Wertschöpfung im Weinbau zu verbessern, um die Zukunft der klein strukturierten, in mehrfacher Hinsicht mit den großen Weinbaugebieten der Welt nicht konkurrenzfähigen Südtiroler Weinbaubetriebe zu sichern. Tatsächlich gelang es, in wenigen Jahrzehnten den Südtiroler Weinbau neu auszurichten. Dabei veränderte sich der Sortenspiegel grundlegend. Mittlerweile ist diese Phase des Umbruchs weitgehend abgeschlossen.

Lange Jahre der Platzhirsch: Vernatsch

Synonyme:
Großvernatsch, Edelvernatsch, Schiava, Schiava grossa, Trollinger (in Deutschland)

DOC-Weine:
Kalterersee, Südtirol St. Magdalener, Südtiroler Vernatsch, Südtirol Meraner, Südtirol Bozner Leiten, Südtirol Vinschgau Vernatsch

Klimabereich der mittleren 50 Prozent der Anlagen in Südtirol: 1.540–1.810 GDD

Anbaufläche in Südtirol (Stand August 2023): 480 Hektar

Gemeinden mit den größten Anbauflächen (in Hektar): Bozen 118, Kaltern 96, Eppan 54, Tramin 51

Die Sorte Vernatsch war noch vor wenigen Jahrzehnten die dominierende Rebsorte des Südtiroler Weinbaus. Ihr Anbau ist von 3.572 Hektar im Jahr 1978 auf aktuell 480 Hektar zurückgegangen. Dies hat vor allem mit der nach wie vor unbefriedigenden Wertschöpfung der Vernatsch-Weine, aber auch mit den Anbaueigenschaften der Sorte zu tun. Vernatsch weist eine ausgeprägte Anfälligkeit für Oidium, den Echten Mehltau der Rebe, auf. Besonders bei der traditionellen Perglerziehung, die vor allem bei Vernatsch noch weit verbreitet ist, kann Oidium zum Problem werden, weil sich der Pilz unter dem Laubdach der Pergl, im wenig durchlüfteten, schattigen Ambiente, besonders gut entwickeln kann. Bereits Edmund Mach, der erste Direktor der Lehr- und Versuchsanstalt von San Michele all'Adige, weist in seiner Beschreibung des Weinbaus und der Weine Deutschtirols von 1894 darauf hin, dass der Vernatsch im oberitalienischen Raum ursprünglich weit verbreitet war, nach dem Auftreten des Echten Mehltaus (Mitte des 19. Jahrhunderts) aber stark an Anbaufläche verlor. In den wärmeren Anbaulagen war die Oidium-Bekämpfung so aufwendig geworden, dass man auf den Anbau der Sorte verzichtete.

Ein zweites Merkmal der Sorte sind die zum Teil sehr großen und schweren

> Ob eine Lage für den Weinbau oder den Anbau einer bestimmten Sorte geeignet ist, hängt nicht allein von der Meereshöhe ab. Das Gelände im Gebirge weist je nach Ausrichtung, Neigung, Beschattung oder verschiedenen kleinräumigen Faktoren sehr unterschiedliche Klimabedingungen auf.

Grafik 3

Je höher, desto weißer: Optimale Anbauhöhen

Schon allein wegen seiner Topografie ist Südtirol ein Weinland, in dem die unterschiedlichsten Rebsorten ideale Bedingungen vorfinden. Sieht man einmal von Hangneigung und -exposition sowie von lokal abweichenden Mikroklimata ab, kann man für die in Südtirol am weitesten verbreiteten

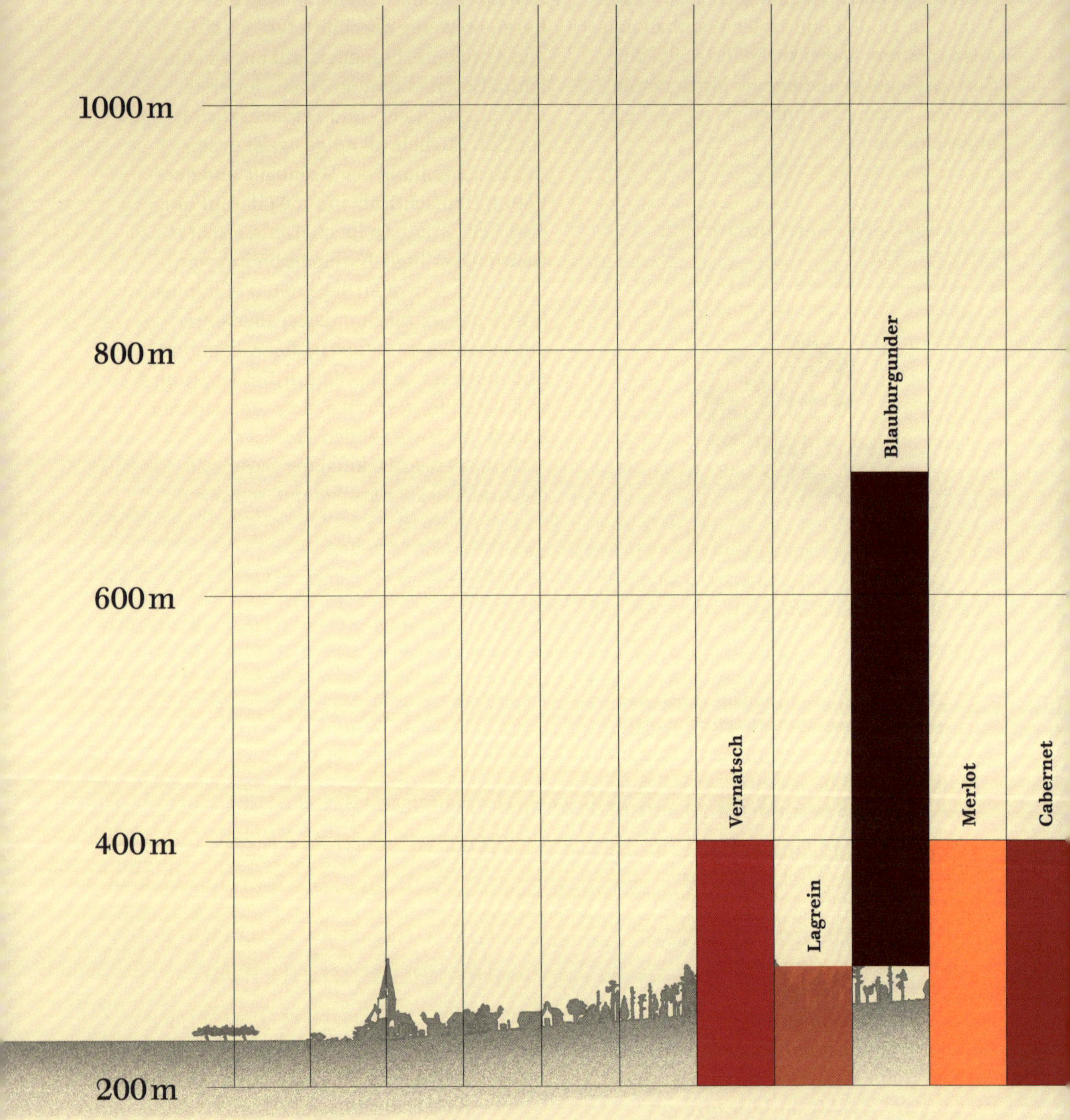

Rebsorten optimale Höhenlagen definieren. Was dabei selbst Laien auffällt, ist: Je höher, desto wohler fühlen sich die weißen Sorten und desto seltener werden rote. Das hat nicht zuletzt damit zu tun, dass man bei den Roten auf schwerere, gehaltvollere Weine zielt, während bei Weißweinen auch Säure und Frische zählen. Und diese ist nur zu erreichen, wenn die Durchschnittstemperaturen nicht zu hoch liegen und es ausgeprägte Temperaturschwankungen zwischen Tag und Nacht gibt.

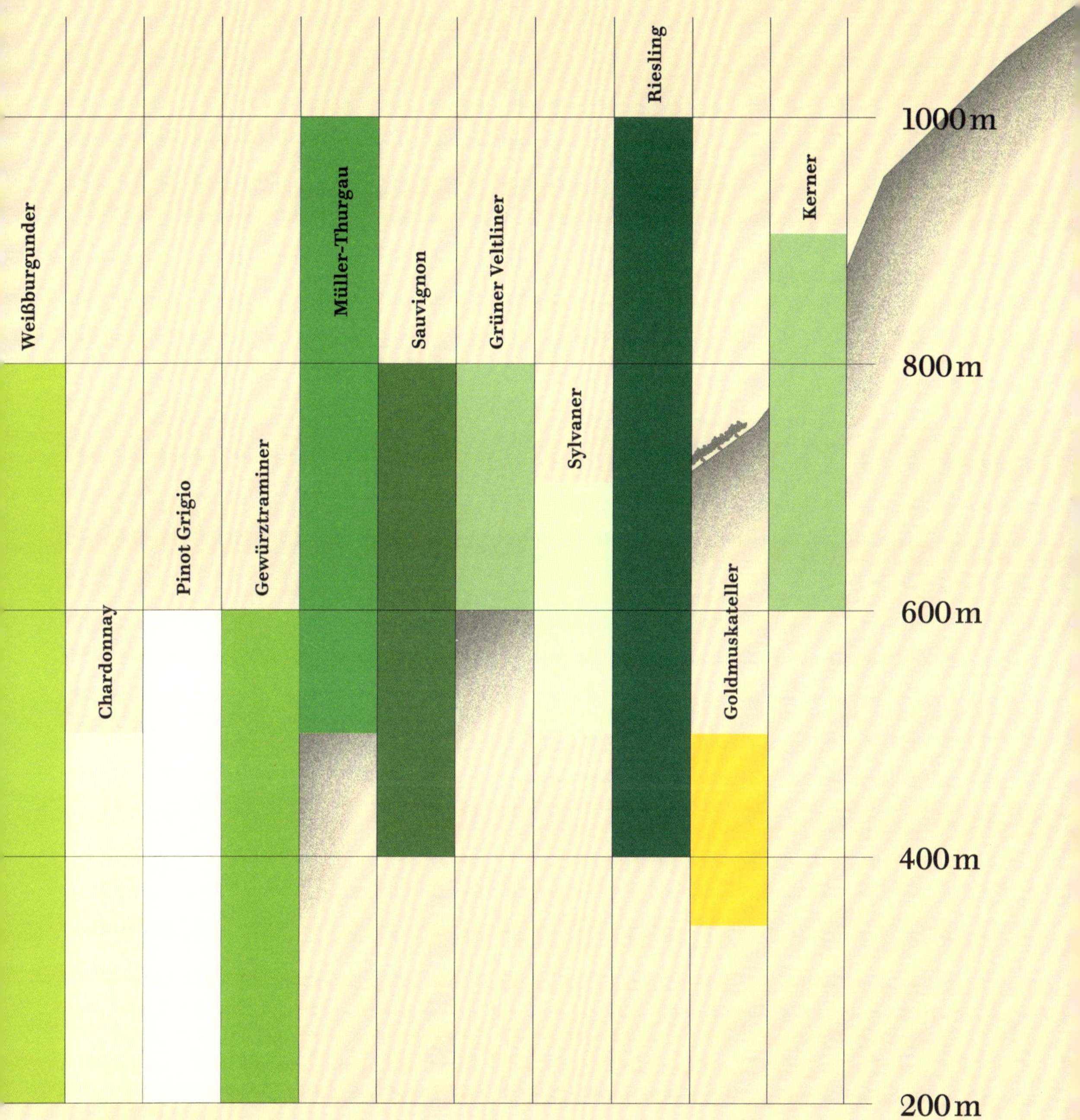

Grafik 3 – Je höher, desto weißer: Optimale Anbauhöhen

Trauben, die zu sehr großen Erträgen führen können. Es gilt daher, den Vernatsch bewusst im Wachstum einzubremsen, um gute Weinqualitäten zu erzielen. Nur auf eher kargen und trockenen Böden, die zu kleineren Trauben und Beeren führen, sind die Voraussetzungen dafür gegeben. Dort kann der Vernatsch erstaunlicherweise auch gut alterungsfähige Weine hervorbringen.

Neben dem Vernatsch waren bis vor wenigen Jahrzehnten in Südtirol noch zwei weitere eigenständige Sorten, der Mitter- und der Grauvernatsch im Anbau. Der früh reifende und säurearme Mittervernatsch findet heute infolge des Klimawandels in den traditionellen Vernatsch-Lagen kaum noch geeignete Anbaubedingungen vor. Grauvernatsch hingegen ist etwas unregelmäßig im Ertrag, qualitativ dem Vernatsch aber jedenfalls ebenbürtig. Als Tschaggelevernatsch wird eine Mutation der Sorte Vernatsch mit kleineren Trauben an meist auffallend langen Traubenstielen bezeichnet.

Laut den Autoren Robinson, Harding und Vouillamoz war der Vernatsch in der Vergangenheit nicht nur eine Sorte Oberitaliens, sondern ganz Westeuropas. Vor allem als Tafeltraube in Glashauskultur war Vernatsch unter der Bezeichnung „Black Hamburg“ einst eine begehrte Sorte. Zwei bekannte Relikte aus dieser Zeit sind noch erhalten: die berühmte große Rebe von Hampton Court in der Nähe Londons, die einst Trauben für die Tafel von Königin Viktoria lieferte, und die Rebe in den Terrassen von Schloss Sanssouci in Potsdam, die Friedrich II. von Preußen 1744 anlegen ließ. Auch in Südtirol wurde Vernatsch als Tafeltraube für den Frischkonsum vor allem im Rahmen von Traubenkuren in der Zeit des aufkommenden Tourismus im Lande genutzt. Die genetische Herkunft des Vernatsch, die Eltern und das genetische Umfeld, aus dem der Vernatsch und seine verwandten Sorten Mitter- und Grauvernatsch abstammen, konnte bislang nicht ermittelt werden.

Immer höher hinaus: Blauburgunder

Synonyme: Pinot Nero, Spätburgunder

DOC-Weine: Südtirol Blauburgunder, Südtirol Vinschgau Blauburgunder

Klimabereich der mittleren 50 Prozent der Anlagen in Südtirol: 1.430–1.590 GDD

Anbaufläche in Südtirol (Stand August 2023): 568 Hektar

Gemeinden mit den größten Anbauflächen (in Hektar): Eppan 164, Montan 71, Kaltern 68, Neumarkt 57

Die Sorte Blauburgunder wird in Südtirol in einem breiten Klimabereich angebaut. 75 Prozent der Anbaufläche weisen eine Wärmesumme von weniger als 1.590 GDD auf, die wärmsten Anlagen liegen um 300 Meter Meereshöhe bei Temperatursummen von etwa 1.780 GDD. Die höchstgelegenen und kühlsten Anlagen kommen nur knapp auf eine Wärmesumme von 1.100 GDD und werden meist für die Erzeugung von Sektgrundweinen genutzt. Bei Blauburgunder ist wie bei keiner anderen Sorte in Südtirol eine stetige Verlagerung in die Höhe zu erkennen.

Die Anbaufläche von Blauburgunder lag 1980 bei 220 Hektar, nahm dann bis 2000 nur sehr langsam zu und steigt seither, mit kurzen Unterbrechungen, kontinuierlich an. Dieser Trend hat nicht zuletzt damit zu tun, dass es gelungen ist, das Hauptproblem der Burgunder-Sorten im Anbau zu entschärfen. Weiß-, Grau- und Blauburgunder weisen von Natur aus eine sehr kompakte Traubenstruktur auf. In der Reifephase nimmt die Beerengröße durch die Zuckereinlagerung weiter zu, wodurch die Beeren zunehmend eingeengt werden und kleinere Verletzungen der Beerenschale entstehen können. Bei kühleren Bedingungen kann sich in der Folge Botrytis oder Graufäule ansiedeln, bei wärmeren führt die Bildung von Alkohol und Essig zur Essigfäule. Letztere kann in kurzer Zeit ganze Trauben vollständig befallen, wodurch sie für die Weinbereitung ungeeignet werden. Inzwischen wurden verschiedene Möglichkeiten entwickelt, um die Lockerbeerigkeit der Trauben bereits früh in ihrer Entwicklung zu fördern. Zudem sind Klone selektioniert worden, die weniger kompakte Trauben hervorbringen. Die Essigfäule hat dadurch ihren Schrecken verloren.

Molekularbiologische Untersuchungen an historischen französischen Traubenkernfunden ergaben, dass der Gewürztraminer ein Elternteil der Burgunder-Sorten ist. Die zweite Elternsorte konnte bisher nicht gefunden werden.

(Wahrscheinlich) Ein echter Südtiroler: Lagrein

Synonyme sind nicht bekannt.

DOC-Weine: Südtirol Lagrein, Südtirol Lagrein Kretzer

Klimabereich der mittleren 50 Prozent der Anlagen in Südtirol: 1.730–1.860 GDD

Anbaufläche in Südtirol (Stand August 2023): 533 Hektar

Gemeinden mit den größten Anbauflächen (in Hektar): Bozen 213, Kaltern 57, Tramin 41, Auer 36

Lange Zeit ging der Lagreinanbau in Südtirol infolge der starken Verbauung der typischen Lagreinlagen im Umfeld der Stadt Bozen zurück, seit dem Jahr 2000 steigt die Anbaufläche aber wieder kontinuierlich an. Infolge der Klimaänderung kann die Sorte inzwischen in den wärmsten Standorten des Landes auch außerhalb des Bozner Raums angebaut werden. Lagrein ist sehr wahrscheinlich eine autochthone Sorte Südtirols. Seit Jahrhunderten werden hier Lagreinweine erwähnt, während der Anbau der Sorte außerhalb Südtirols erst in neuerer Zeit eingesetzt hat. Die genetische Abstammung des Lagreins bestätigt seine mögliche Entstehung vor Ort, denn er ist aus einer Kreuzung der Sorten Mittervernatsch mit Teroldego entstanden. Mittervernatsch dürfte die älteste der hierzulande seit vielen Jahrhunderten verbreiteten Vernatsch-Sorten sein, Teroldego kommt aus der nächsten Nachbarschaft, dem Trentino.

Auch Lagrein ist eine stark wachsende Sorte, die sehr hohe Erträge hervorbringen kann. Er neigt aber bei eher starkem Wachstum und ungünstigen Witterungsbedingungen zur Blüte zu niedrigem Fruchtansatz. Infolge der Klimaerwärmung hat sich dieses Problem inzwischen etwas abgeschwächt. Trotz seines eher hängenden Triebwachstums wird Lagrein heute bevorzugt in Spaliererziehung angebaut, da die Trauben im Spalier leichter gesund zur vollständigen Reife gebracht werden können und dadurch bessere qualitative Voraussetzung mitbringen.

Die Sorte Lagrein weist Biotypen mit unterschiedlichen Traubenformen auf, so findet man Typen mit kleinen und andere mit sehr großen, solche mit stark geschulterten und andere mit kaum geschulterten Trauben. Bei den Selektionsarbeiten hat sich gezeigt, dass die Weinqualität aber kaum direkt von diesen Biotypen beeinflusst wird, sondern vielmehr von den unterschiedlich hohen Erträgen, die sie hervorbringen.

Lagrein ist die einzige Rotweinsorte Südtirols, die seit alters und auch heute noch zur Herstellung von Roséweinen genutzt wird. Diese werden traditionell als Lagrein Kretzer bezeichnet. Die „Kretze" war das Sieb, das zum Trennen des Mostes von den festen Bestandteilen der Beere benutzt wurde.

Stammmutter vieler erfolgreicher Sorten: Gewürztraminer

Synonyme: Traminer aromatico, international auch Savagnin Rose, Roter Traminer, Traminer

DOC-Weine: Südtirol Gewürztraminer, Südtirol Eisacktal Gewürztraminer, Südtirol Vinschgau Gewürztraminer

Klimabereich der mittleren 50 Prozent der Anlagen in Südtirol: 1.520–1.740 GDD

Anbaufläche in Südtirol (Stand August 2023): 633 Hektar

Gemeinden mit den größten Anbauflächen (in Hektar): Eppan 126, Tramin 114, Kaltern 92, Kurtatsch 51

Die Anbaufläche des Gewürztraminers hat zwischen 2000 und 2010 stark zugenommen und ist weiterhin leicht ansteigend. Bis herauf in die 1980er-Jahre war die Sorte zwar auch schon in ganz Südtirol vertreten, das Hauptanbaugebiet war dabei aber eindeutig das Südtiroler Unterland. Bei Gewürztraminer kann der Fruchtansatz besonders bei feucht-kalter Witterung zur Blüte ziemlich niedrig ausfallen. Kaltlufteinbrüche aus dem Norden, die selbst im Bozner Raum noch deutlich spürbar sein können, dringen in den Süden des Landes meist nur in abgeschwächter Form durch. Daher brachte der Gewürztraminer dort auch früher schon stabilere Erträge als weiter nördlich. Durch den erfolgten Temperaturanstieg ist dieser Zusammenhang inzwischen nicht mehr so deutlich spürbar.

Genetische und bioarchäologische Untersuchungen ermöglichen heute ein besseres Verständnis der Entwicklungsgeschichte der Rebsorten. So steht inzwischen fest, dass es sich bei den Sorten Savagnin, Traminer, Gewürztraminer sowie Rotem und Weißem Traminer genetisch immer um ein und dieselbe Sorte handelt, mit einzelnen kleineren Mutationen wie etwa bei der Beerenfarbe. Die ursprüngliche Form dürfte der Weiße Traminer gewesen sein. Es zeichnet sich weiterhin deutlich ab, dass der Traminer eine sehr alte Rebsorte ist, von der z. B. die Burgunder-Sorten, Sauvignon blanc, Sylvaner, Grüner Veltliner, Chenin, Petit Manseng oder Verdejo direkte erste Nachkommen sind und auf die in der Folge viele weitere unserer heutigen Sorten zurückgeführt werden können. Die Sorte Traminer hat als Stammsorte vielen Nachkommen ihre hervorragenden Qualitätsmerkmale weitervererbt und damit die hohe Weinqualität der europäischen Edelrebsorten entscheidend geprägt.

Wann aber sind diese vielen Kreuzungen des Traminers entstanden? Ein Traubenkernfund aus der Zeit um 1100 n. Chr. aus La Madeleine in Orléans an der Loire konnte als Traminer identifiziert werden und ein direkter, erster Verwandter des Traminers konnte auf das 1. Jahrhundert n. Chr. datiert werden. Fachleute erachten es daher für möglich, dass bereits die Römer die Rebsorte Traminer kannten und für ihre Verbreitung in ihren nördlichen Eroberungsgebieten gesorgt haben. Schließlich wies der Traminer, anders als die meisten der damals im Mittelmeerraum verbreiteten Rebsorten, bereits eine gewisse Kälteverträglichkeit auf. Haben die Römer ihn in den fünf Jahrhunderten ihrer Herrschaft

Gewürztraminer liegt im Trend:
Die Anbaufläche in Südtirol – hier eine Anlage in Tramin-Söll – ist in den 2000er-Jahren rasant gestiegen und nimmt immer noch leicht zu.

Egal, welche Rebsorte: Über Jahre war die Pergl *die* Erziehungsform in Südtirol.

in unserem Lande also auch hierher gebracht? Genetische Analysen historischer Traubenkerne könnten dazu nähere Erkenntnisse bringen und uns Einblicke in die Entwicklung der Rebsorten in unserem Land ermöglichen, von den Wildreben bis zu den domestizierten Sorten.

Ein weißer Pionier: Weißburgunder

Synonyme: Pinot Bianco, (international) Pinot Blanc

DOC-Weine: Südtirol Weißburgunder, Südtirol Vinschgau Weißburgunder und in der Cuvée Südtirol Terlaner mit einem Anteil von mindestens 50 Prozent

Klimabereich der mittleren 50 Prozent der Anlagen in Südtirol: 1.430–1.610 GDD

Anbaufläche in Südtirol (Stand August 2023): 603 Hektar

Gemeinden mit den größten Anbauflächen (in Hektar): Eppan 174, Kaltern 89, Terlan 42, Kurtatsch 32

Weißburgunder ist die einzige Weißweinsorte, die in Südtirol schon in den 1980er-Jahren eine ähnlich weite Verbreitung aufwies wie heute. Vor der Entwicklung Südtirols vom Rotwein- zum Weißweinanbaugebiet war der Weißburgunder mit Abstand die beliebteste Weißweinsorte im Land. Während Chardonnay, früher auch als „Gelber Weißburgunder“ bezeichnet, vor allem in den wärmeren Lagen vertreten war, wurde Weißburgunder, auch „Grüner Weißburgunder“ genannt, vor allem in den mittelhohen Lagen angebaut. Zentrum des Weißburgunderanbaus in Südtirol waren und sind auch heute noch die Reblagen in Eppan-Berg. Aber auch außerhalb dieses Kernanbaugebiets bringt Weißburgunder in vielen mittleren bis leicht höheren Gegenden Südtirols interessante Weine hervor. Versuche im Rahmen des Projekts „PinotBlanc“ am Versuchszentrum Laimburg haben letzthin gezeigt, dass Weißburgunder in Südtirol sich einem eher weiten Klimabereich anpassen kann und dabei immer noch ansprechende Weine hervorbringt. Die Aromatik der Weine verändert sich dabei von eher exotischen Aromen von Banane und Ananas in den wärmeren zu frischeren Aromen von Zitrus und Steinobst in den höheren Lagen.

Weißburgunder ist durch eine Farbmutation aus dem Blauburgunder entstanden und daher genetisch weitestgehend mit diesem identisch. Wie alle Burgunder-Sorten neigt Weißburgunder zu kompakten Trauben, wodurch einsetzende Fäulnis sich schnell auf die ganze Traube ausbreiten kann, und auch zur Entwicklung von Traubenwelke. Diese physiologische Störung scheint mit extremen Klimaschwankungen und Extremwetterereignissen zusammenzuhängen und kann derzeit nur durch vorbeugende Maßnahmen in Grenzen gehalten werden.

Vor der Entwicklung Südtirols vom Rotwein- zum Weißweinanbaugebiet war der Weißburgunder mit Abstand die beliebteste Weißweinsorte im Land.

Sorgenkind im Aufwind: Sauvignon

Synonyme: Sauvignon blanc

DOC-Weine: Südtirol Sauvignon

Klimabereich der mittleren 50 Prozent der Anlagen in Südtirol: 1.480–1.690 GDD

Anbaufläche in Südtirol (Stand August 2023): 493 Hektar

Gemeinden mit den größten Anbauflächen (in Hektar): Eppan 116, Kaltern 65, Terlan 52, Kurtatsch 36 und Bozen 37

Der Anbau dieser Sorte in Südtirol lag vor wenigen Jahrzehnten noch bei einigen wenigen Hektaren. Sie wurde kaum angebaut, da sie infolge der starken Virusverseuchung der wenigen alten Sauvignon-Bestände, die es seit Ende des 19. Jahrhunderts im Raum Terlan gab, nur sehr niedrige Erträge hervorbrachte. Erst durch das Pflanzen neuer französischer Klone zeigte sich, dass Sauvignon blanc nicht nur hervorragende Weine, sondern auch stabile Erträge liefern kann. Von da an nahm die Anbaufläche von Sauvignon blanc in Südtirol kontinuierlich zu.

Ein Nachteil dieser Sorte im Anbau ist die sehr hohe Anfälligkeit für die Esca-Krankheit, die direkt nicht behandelt werden kann. Nur durch den sogenannten sanften Rebschnitt und mit Ausfräsen und Entfernen von befallenen Stellen des mehrjährigen Holzes gelingt es, sie in Grenzen zu halten. Wie die Burgunder-Sorten ist auch Sauvignon blanc anfällig für das Auftreten der Traubenwelke.
Als Ursprungsland der Sorte Sauvignon blanc gilt das Weinbaugebiet an der Loire. Durch genetische Analysen konnte der Weiße Traminer als ein Elternteil des Sauvignons identifiziert werden, die zweite Elternsorte wurde bisher nicht gefunden.

Die vielen Gesichter des Weißweinlandes

Die meisten **Ruländer**-Anlagen Südtirols befinden sich in den wärmeren Hang- und Hügellagen und im Süden des Landes, in den Gemeinden Salurn, Margreid und Kurtinig auch in der Talsohle. Die Sorte ist zudem in mittelhohen Lagen zu finden und zum kleineren Teil sogar in hohen. Mit einer Gesamtfläche von 694 Hektar ist Ruländer derzeit die am meisten angebaute Weißweinsorte Südtirols. Ruländer, auch als Grauburgunder (italienisch „Pinot Grigio") bezeichnet, gehört zu den Burgunder-Sorten und ist eine Mutation des Blauburgunders, also genetisch mit diesem weitestgehend identisch.

Chardonnay wird in Südtirol auf 604 Hektar angebaut. Wie Ruländer findet man auch Chardonnay in warmen Anbaugebieten ebenso wie in mittleren und höheren Lagen des Weinbaugebiets. Bevorzugt wird Chardonnay aber in eher wärmeren Lagen angepflanzt, da die Sorte im Laufe der Reife die Säure langsamer abbaut als z. B. Weißburgunder und daher auch bei wärmeren Anbaubedingungen noch ein gutes Zucker-Säure-Verhältnis aufweist. Teilweise wird Chardonnay auch für die Erzeugung von Sektgrundweinen genutzt. Im Anbau bereitet gelegentlich die Anfälligkeit der Sorte für Oidium etwas Probleme. Besonders französiche Klone neigen zu eher kompakten Trauben und sind dadurch anfälliger für Fäulnis. Die italienischen Chardonnayklone haben sich tendenziell als etwas robuster und weniger fäulnisanfällig erwiesen. Genetisch entstammt der Chardonnay einer Kreuzung der Sorten Blauburgunder mit Heunisch und ist somit ein direkter Abkömmling der Burgunder-Sorten und ein Enkel des Traminers.

Niedrige Erträge, gute Qualität:
Dieser Zusammenhang gilt
bei Cabernet ganz besonders.

Die Sorte **Müller-Thurgau** wird in Südtirol in den hohen und kühleren Weinbaulagen ab einer Temperatursumme um 1.100 GDD angepflanzt. In diesen Lagen ist sie die bevorzugte Sorte für Betriebe, die neu in den Weinbau einsteigen, weil Müller-Thurgau selbst bei mäßiger Reife noch ansprechende Weißweine hervorbringt. In etwas zu warmen Lagen verlieren die Weine jedoch schnell an Typizität und Harmonie. Insgesamt ist die Anbaufläche der Sorte in Südtirol seit Jahren rückläufig, sie liegt derzeit bei 157 Hektar. Müller-Thurgau geht auf eine Kreuzung von Riesling mit der Tafeltraubensorte Madeleine Royale im Jahr 1882 durch Hermann Müller aus dem Thurgau zurück.

Einer Kreuzung aus dem Jahr 1929 von Vernatsch mit Riesling entstammt die Rebsorte **Kerner**. Sie wird in Südtirol derzeit auf 117 Hektar angebaut, und zwar klimatisch in noch etwas kühleren Lagen als Müller-Thurgau. Auch für den Kerner gilt, dass sich die Aromatik und Typizität der Weine in etwas zu warmen Lagen schnell verliert. Interessant für den Anbau von Kerner sind Lagen um und unter 1.400 GDD.

Die Anbaufläche des **Rieslings** in Südtirol liegt klimatisch im Bereich der etwas wärmeren Lagen der Sorten Müller-Thurgau, Kerner und Sylvaner bis hin zu den kühleren Weißburgunderlagen. Je wärmer die Lagen werden, umso schwieriger wird es, die Rieslingtrauben gesund zu einer angemessen guten Reife zu bringen und daraus qualitativ hochwertige Rieslingweine herzustellen. Gute Rieslinglagen sind in Südtirol daher eng begrenzt. Derzeit wird die Sorte auf 102 Hektar angebaut. Ein Elternteil des Rieslings ist der Weiße Heunisch, die zweite Elternsorte ist bisher nicht gefunden worden.

Goldmuskateller ist genetisch ein direkter Verwandter des Muscat blanc à petits grains, wobei dieser ein Elternteil der Sorte sein dürfte. Goldmuskateller, ein besonders robuster Vertreter der Muskatellergruppe, wird im

Je wärmer die Lagen werden, umso schwieriger wird es, die Rieslingtrauben gesund zu einer angemessen guten Reife zu bringen und daraus qualitativ hochwertige Rieslingweine herzustellen.

oberitalienischen Raum und auch in Südtirol schon seit Jahrhunderten angebaut. Da die Beeren selbst bei fortgeschrittener Reife kaum faulen, die Beerenschale nur sehr langsam etwas mürber wird und die Beeren in der Folge etwas Flüssigkeit verlieren, eignet sich Goldmuskateller auch für die Herstellung von Dessertweinen. Aktuell beträgt die Anbaufläche von Goldmuskateller in Südtirol 97 Hektar.

Der Anbau der Sorte **Sylvaner** beschränkt sich in Südtirol fast ausschließlich auf das Eisacktal, wo sie derzeit auf 68 Hektar angebaut wird. Klimatisch beansprucht die Sorte ähnliche Lagen wie Müller-Thurgau und Kerner, weist aber nicht ganz die Winterfestigkeit dieser Sorten auf. Der Sylvaner entstammt einer Kreuzung von Traminer mit der Sorte Österreichisch Weiß und dürfte historischen Quellen zufolge vor über 500 Jahren in Österreich entstanden sein.

Ebenfalls aus Österreich stammt die Sorte **Veltliner**. Früher wurde im Eisacktal auch der Frührote Veltliner angebaut, heute ausschließlich der Grüne Veltliner. Letzterer ist aus einer Kreuzung von Traminer mit der St. Georgenrebe, einer historischen österreichischen Sorte, hervorgegangen. Die aktuelle Anbaufläche von Veltliner in Südtirol liegt bei 27 Hektar.

Erfolgreiche Aufsteiger und Newcomer

Merlot wird in Südtirol auf 196 Hektar angebaut. Durch den Temperaturanstieg infolge der Klimaänderung findet die Sorte in Südtirol immer mehr gute Standorte, besonders in den tieferen, warmen Lagen am Fuße des Mendelgebirges findet Merlot zunehmend Verbreitung. Im Anbau gilt es, ein mäßiges Wachstum, angemessene, eher mäßig hohe Erträge und einen hohen Reifegrad der Trauben anzustreben, um das Qualitätspotential der Sorte zur Entfaltung zu bringen. Merlot ist genetisch ein Halbgeschwister von Cabernet Sauvignon und stammt von den Sorten Cabernet franc als Vater und der heute nicht mehr angebauten frühreifen Sorte Madeleine Noire de Charentes als Mutter ab.

Auch **Cabernet Sauvignon** mit derzeit 112 Hektar und **Cabernet franc** mit 51 Hektar Anbaufläche profitieren in Südtirol von den steigenden Temperaturen. Sie erreichen in den wärmsten Anbaugebieten inzwischen so gut wie alljährlich einen hohen Reifegrad und eine gute Polyphenolreife und somit die Voraussetzungen für hohe Weinqualität. Noch mehr als bei Merlot gilt es, bei den Cabernetsorten auf mäßige Wuchsstärke und Erträge zu achten. Cabernet Sauvignon kommt unter Südtiroler Bedingungen selbst bei anhaltender Trockenheit ohne Bewässerung gut zurecht, während die Sorte auf Wachstumsschübe vor allem später in der Vegetationsperiode mehr als andere Sorten mit physiologischen Störungen wie Stiellähme oder auch Traubenwelke reagieren kann. Cabernet Sauvignon entstammt einer Kreuzung der Sorten Cabernet franc und Sauvignon blanc und dürfte in der Gironde in Frankreich entstanden sein. Cabernet franc hingegen weist eine Verwandtschaft ersten Grades zu zwei baskischen Sorten auf und könnte ursprünglich aus Spanien kommen.

Schließlich zählt auch noch der **Rosenmuskateller** zu den Südtiroler DOC-Sorten, wenngleich seine Anbaufläche inzwischen auf unter 10 Hektar abgesunken ist. Dazu hat nicht zuletzt das Auftreten der Kirschessigfliege Drosophila suzukii beigetragen. Wie der Goldmuskateller ist auch der Rosenmuskateller ein direkter erster Verwandter des Muscat blanc à petits grains. Rosenmuskateller wird unter der Bezeichnung Muskat Ruza Porecki auch in Kroatien angebaut.

Neben den DOC-Sorten sind in Südtirol auch einige weitere Sorten zum Anbau zugelassen. Außer der früh reifenden Sorte Zweigelt, die in den höheren, kühleren Lagen in Südtirol auf 24 Hektar angebaut wird, verfügen diese Sorten jeweils über eine Anbaufläche von weniger als 10 Hektar. Zu diesen zählen Petit Manseng und Manzoni bianco, Portugieser, Petit Verdot, Syrah, Viognier, Tannat, Teroldego, Tempranillo und Diolinoir. Die früher hierzulande vertretenen Sorten Malvasier, Welschriesling und Carménère sind in den letzten Jahrzehnten aus dem Anbau fast gänzlich verschwunden.

Zum Anbau zugelassen sind ferner vier historische Südtiroler Rebsorten, nämlich Blatterle, Fraueler, Weißer Versoaln und Furner. Diese Sorten werden von einigen wenigen Betrieben nach wie vor gepflegt, angebaut, zu Wein verarbeitet und vermarktet, wobei Furner kaum reinsortig, sondern eher als Verschnittsorte in Buschenschankweinen zu finden ist.

Robuste Neuankömmlinge: PIWI-Rebsorten

Eine neue Sortengruppe hat sich in den letzten Jahrzehnten entwickelt, die sogenannten PIWI-Sorten. Dabei handelt es sich um Sorten mit erhöhter Pilzwiderstandsfähigkeit, also um Sorten, die gegen den Echten und Falschen Mehltau der Rebe weniger Pflanzenschutzbehandlungen brauchen, da sie über Abwehrmechanismen gegen diese Krankheiten verfügen. Im Idealfall weisen

Bei PIWI-Sorten handelt es sich um Sorten mit erhöhter Pilzwiderstandsfähigkeit, also um Sorten, die gegen den Echten und Falschen Mehltau der Rebe weniger Pflanzenschutzbehandlungen brauchen, da sie über Abwehrmechanismen gegen diese Krankheiten verfügen.

diese Sorten auch eine erhöhte Resistenz gegen die Schwarzfäule und den Roten wie auch den Schwarzen Brenner, also gegen die sekundären Pilzkrankeiten der Rebe auf. Entfallen die Pflanzenschutzbehandlungen weitestgehend über Jahre hinweg, können sich auch diese Krankheiten der Rebe wieder stärker entwickeln und zu großen Ertragsausfällen führen. PIWI-Sorten brauchen also mehrere Resistenzen, damit die Anzahl der Pflanzenschutzbehandlungen langfristig reduziert werden kann.

Das ist auch das Problem bei der Resistenzzüchtung der Rebe: In den neuen Züchtungen gilt es, mehrere Resistenzen aus Wildreben zu vereinen, zugleich soll die hohe Weinqualität der heutigen Edelrebsorten bewahrt werden. Noch vor vier, fünf Jahrzehnten glaubte man, dies sei nicht möglich. Erst die 1960 in Freiburg im Breisgau gezüchtete und 1992 in Deutschland zum Anbau zugelassene Rebsorte Merzling führte zu einem Umdenken. Seitdem wird in den alten wie auch in neuen Weinbauländern der Welt zunehmend in Rebzüchtung investiert und immer wieder kommen neue, verbesserte Sorten auf den Markt. Die heutigen Möglichkeiten der Molekularbiologie sind dabei eine wesentliche Hilfe, da Kreuzungen mit Resistenzen bereits beim ersten Austrieb der Sämlinge identifiziert und auch ideale Kreuzungspartner ermittelt werden können. Es könnte daher schon bald neue, verbesserte PIWI-Sorten geben. Derzeit sind in Südtirol folgende PIWI-Sorten zum Anbau zugelassen: Solaris, Bronner, Souvignier gris, Regent, Cabernet Cortis, Muscaris und Johanniter. Von diesen Sorten bewähren sich die weißen Sorten Solaris in den sehr hohen Anbaulagen und Souvignier gris in den mittleren Lagen unseres Weinbaugebiets besonders gut.

Grafik 4

Vom Rot- zum Weißweinland

In den letzten drei Jahrzehnten hat sich das Verhältnis zwischen Rot- und Weißweinen, genauer: zwischen den Flächen, die mit roten, und solchen, die mit weißen Rebsorten bestockt sind, genau umgekehrt. Fanden sich 1996 noch auf zwei Dritteln der Weinbauflächen rote Sorten, machen sie heute nur noch ein Drittel aus. Was zudem auffällt: Der Südtiroler Weinbau hat sich

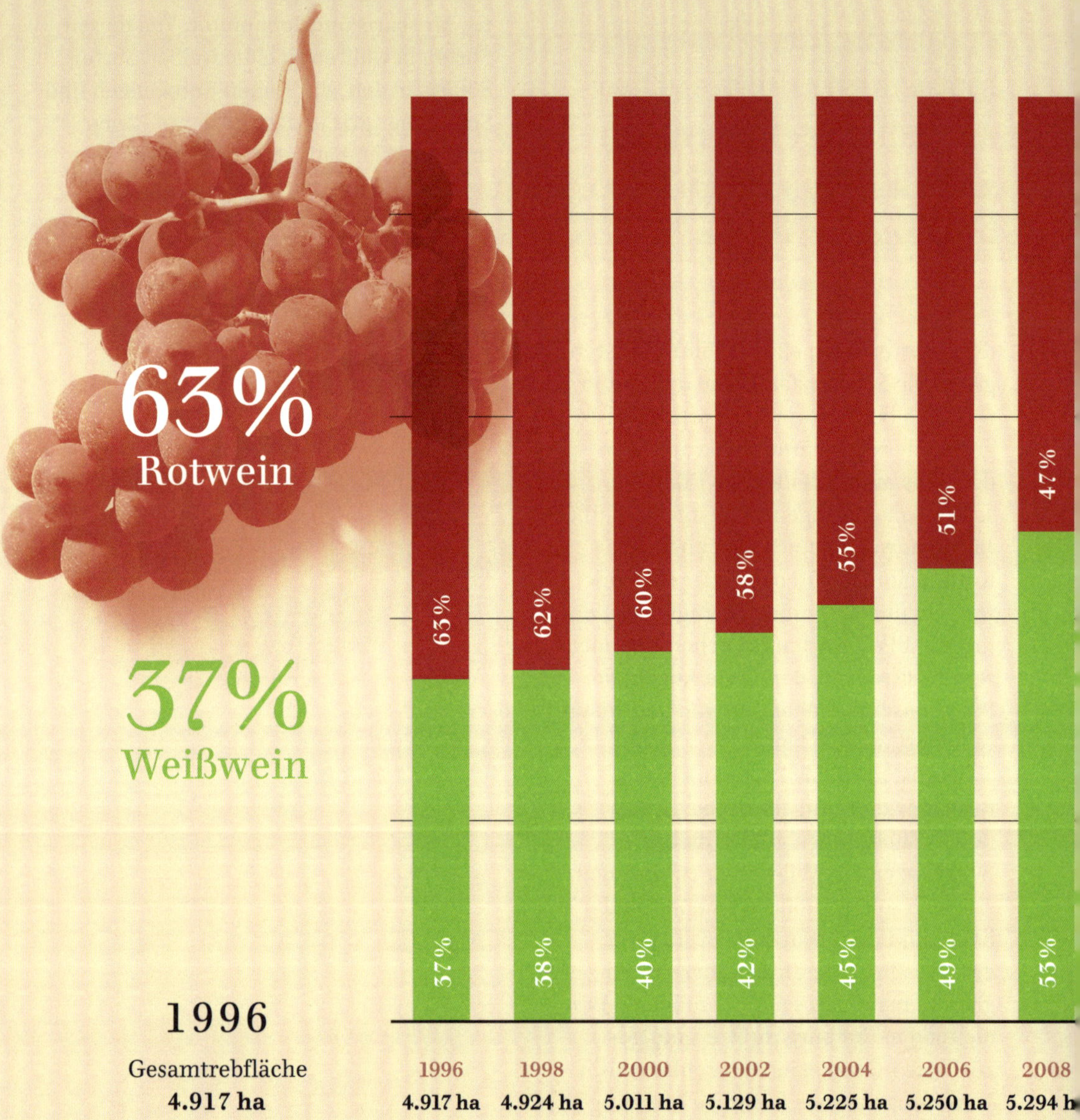

in den letzten Jahren aus einem Tief Ende der 1980er-, Anfang der 1990er-Jahre herausgearbeitet, die Rebfläche nimmt wieder kontinuierlich zu. Das ist zum einen der Abkehr von der Masse und der konsequenten Zuwendung zur Klasse zuzuschreiben, zum anderen der Tatsache, dass der Erfolg, den die Qualitätswende gebracht hat, den Obstbau als Alternative zum Weinbau nicht mehr ganz so verlockend erschienen ließ.

Quelle: Eigene Grafik auf der Grundlage der Daten des Landesamtes für Obst- und Weinbau

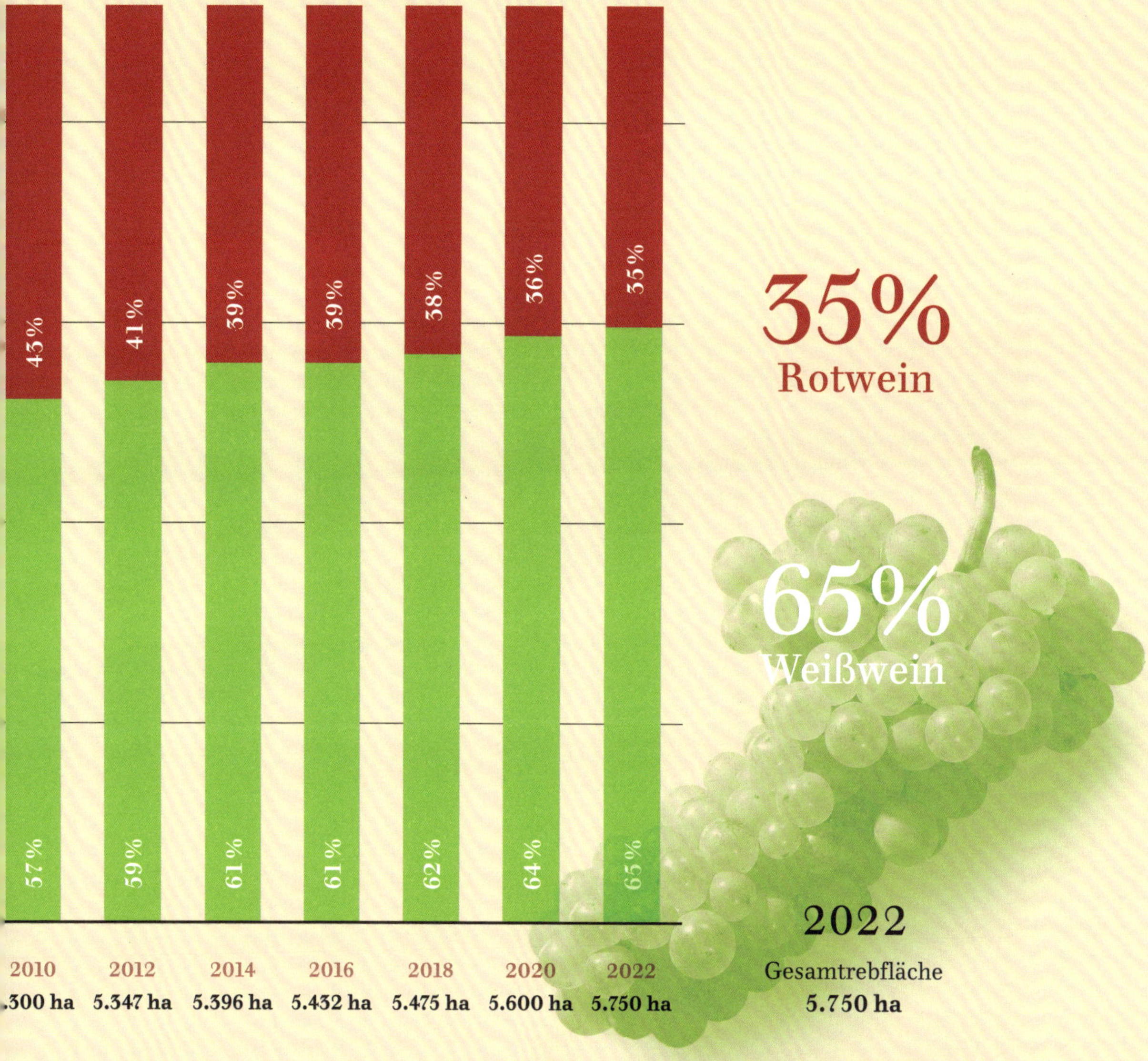

Grafik 4 – Die Rebsorten Südtirols

Grafik 5

Weniger Rot, mehr Weiß: der Sortenspiegel

Man braucht kein Weinexperte zu sein, um aus dieser Grafik gleich zwei der maßgeblichen Entwicklungen der letzten 30 Jahre im Weinland Südtirol ablesen zu können. Da ist zum einen der Wandel vom Rot- zum Weißweinland und in der Folge der Aufstieg zur wichtigsten Weißweinregion

Italiens. Da ist zum anderen aber auch die Abkehr vom Vernatsch, der über Jahrzehnte als Südtiroler Leitsorte galt – nicht zuletzt wegen der hohen Erträge. Weil diese heute nicht mehr gesucht, ja nicht einmal mehr erwünscht sind, ist der Sortenspiegel vielfältiger als früher. Das liegt daran, dass das Ziel nun ist, die für die jeweilige Lage am besten geeignete Sorte anzupflanzen. Schließlich gilt: Nur aus der optimalen Kombination von Lage und Sorte entstehen große Weine.

Quelle: Eigene Grafik auf der Grundlage der Daten des Landesamtes für Obst- und Weinbau

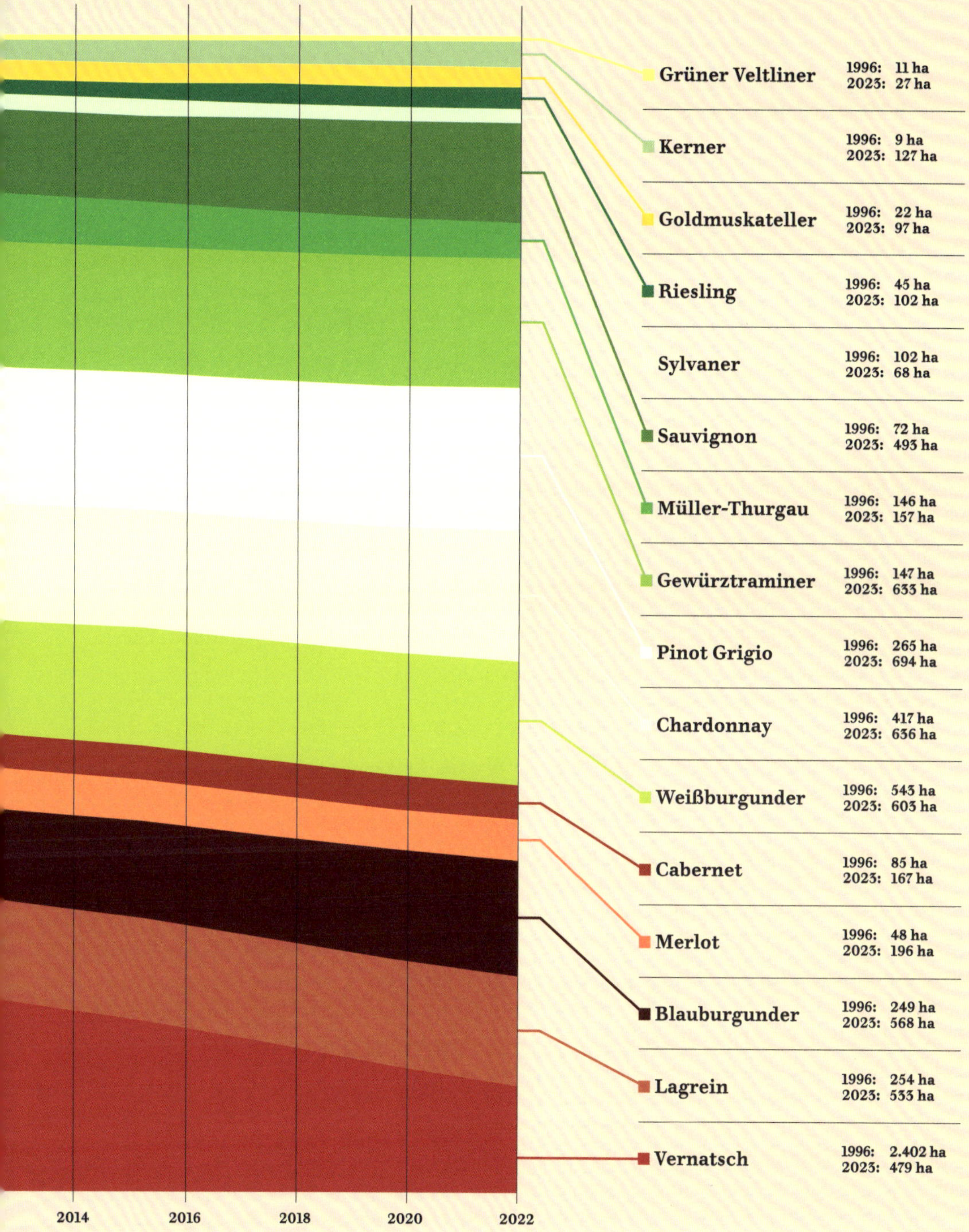

Grafik 5 – Weniger Rot, mehr Weiß: der Sortenspiegel

Eine der ältesten der Welt
Die Versoaln-Rebe in Prissian

// Vielleicht ist sie die älteste, vielleicht die zweitälteste Rebe der Welt, eines ist die Versoaln-Rebe vor den Mauern von Schloss Katzenzungen in Prissian aber ganz bestimmt: ein einzigartiges Zeugnis der Weinbaugeschichte. Und mit ihrem zwischenzeitlich mehr als 350 Quadratmeter großen Blätterdach ist sie auch ein Wunderwerk der Natur.

Irmgard Windegger

Zwei Reben in Europa machen sich den Titel der ältesten Weinrebe der Welt streitig: Da ist zum einen eine Rebe im slowenischen Maribor, zum anderen die Versoaln-Rebe vor Schloss Katzenzungen in Prissian. Diese hatte über Jahrzehnte noch einen weiteren Rekord inne: Sie war die größte Freilandrebe Europas. In ihrer besten Zeit bedeckte ihr Blätterdach über 350 Quadratmeter, was sie ihrem ehemaligen Besitzer Josef Unterholzner verdankt. Er wollte die größte Rebe des Dorfes sein Eigen nennen und hat sie daher viele Jahre nicht zurückgeschnitten. Stattdessen erweiterte Unterholzner das Traggerüst jährlich. Leider ist die uralte Rebe an Esca erkrankt, weshalb in den vergangenen 15 Jahren immer wieder Triebe entfernt werden mussten. Die Rebe verlor an Größe.

Die Trauben der Rebe vor Schloss Katzenzungen, für die 2006 die Gärten von Schloss Trauttmansdorff die Patenschaft übernommen haben, wurden anfangs in der Kellerei Nals Margreid verarbeitet, der daraus entstehende Wein in 0,35-ml-Fläschchen abgefüllt – jedes nummeriert und mit einer Urkunde versehen, die den Konsumenten garantierte, einen Fraueler der größten Weinrebe Europas in Händen zu halten. Allerdings erkannte man in den 1980er-Jahren, dass es sich nicht um die Sorte Fraueler, sondern um Versoaln handelt. Die

Zwei Reben in Europa machen sich den Titel der ältesten Weinrebe der Welt streitig: Da ist zum einen eine Rebe im slowenischen Maribor, zum anderen die Versoaln-Rebe vor Schloss Katzenzungen in Prissian.

Knorrig steht sie da, die alte Versoaln-Rebe in Prissian mit ihren zu einem großen Teil ausgehöhlten Ästen. Die Rebe ist vom Land Südtirol als Natur- und Kulturdenkmal ausgewiesen worden.

Die Versoaln-Rebe erkennt man zweifelsfrei an ihren ganz besonderen Blättern. Sie sind tief eingebuchtet und auf der Rückseite behaart.

Geschichte trifft Geschichte: die mächtige Versoaln-Rebe vor Schloss Katzenzungen in Prissian

Ihr Alter kann die Versoaln-Rebe in Prissian nicht verbergen. Überall nagt der Zahn der Zeit.

beiden autochthonen Südtiroler Rebsorten ähneln sich zwar, können aber an den Blättern unterschieden werden. Die Trauben sind mittelgroß mit mittelgroßen Beeren; diese werden bei der Reife sehr hell, oft fast durchscheinend. Es ist also kein Wunder, dass auch der Wein, der daraus gewonnen wird, hellstrohgelb, fast grün getönt ist, dazu fruchtig, fein und leicht säurebetont.

Der Name „Versoaln" kommt in den vorromanischen Flurnamen „Faxoal" oder „Frason" vor, könnte aber auch auf die Ernte am Steilhang hinweisen, wo man diese „versoaln" musste. So ist manchmal auch von „Verseiler" oder „Versoaler" die Rede. Nicht ganz geklärt ist auch die Frage nach dem exakten Alter der Rebe, die das Versuchszentrum Laimburg 2004 klären wollte. Prof. Martin Worbes von der Universität Göttingen bescheinigte der Rebe damals ein Alter von rund 350 Jahren. Eine genauere Altersdatierung anhand der Jahresringe ist allerdings nicht möglich, weil der Stamm und alle Seitentriebe hohl sind.

Trotzdem: 350 Jahre sind ein enormes Alter für eine Rebe. So hat die Versoaln-Rebe in Prissian die Reblaus und manch andere Bedrohung überlebt und zeigt sich als wurzelechte Rebe völlig vital und gesund. Die Rebe ist im Besitz der Familie Pobitzer und wird von der Laimburg bearbeitet (seit zwei Jahren biodynamisch), wo im Landesweinkeller auch der Versoaln ausgebaut und abgefüllt wird.

\\

350 Jahre sind ein enormes Alter für eine Rebe. So hat die Versoaln-Rebe in Prissian die Reblaus und manch andere Bedrohung überlebt und zeigt sich als wurzelechte Rebe völlig vital und gesund.

Qualität und genaue Verortung

Die Lagenabgrenzung als neuer Weg

// Eine optimale Abstimmung von Sorten und Lagen, weiter verringerte Erntemengen, eine noch höhere Qualität und nicht zuletzt eine genaue Verortung der Weine: All dies bringt die Einführung von nicht weniger als 86 Lagen im ganzen Land, die das Konsortium Südtirol Wein auf den Weg gebracht hat. Damit greift Südtirol eine Praxis in etlichen renommierten Weinbau-regionen der Welt auf – und zeigt, wohin die Reise geht.

Eduard Bernhart

Die Lagenabgrenzung hat Tradition. So gehört die exakte Zuweisung von Weinen zu ganz spezifischen Einzellagen im Burgund seit Jahren zur Weinkultur, Crus, also Lagenweine, sind von hier aus weltweit zum Begriff geworden. So gibt es in Österreich Lagenweine in der Wachau oder in Italien im Piemont, wo vor allem Barolo-Lagen erhoben und definiert worden sind.

Um das Lagenkonzept zu verstehen, muss man sich vor Augen halten, dass Weine von ihrem Umfeld geprägt sind: von Mikroklima, Niederschlägen, Sonneneinstrahlung, Böden, Meereshöhe und Hangneigung. Und auch die Wein(bau)-kultur spielt eine wesentliche Rolle und spiegelt sich letztendlich im Wein wider. All dies zusammengenommen ergibt das Terroir, das sich im modernen Weinverständnis aus dem Wein herausschmecken lassen sollte und ihm über eine dazu bestimmte Sorte eine eigene Persönlichkeit verleiht.

Diese Persönlichkeit wird durch klar umrissene Lagen garantiert. Weine aus einem klar umrissenen Anbaugebiet heben sich also von der Konkurrenz ab, erreichen ihr höchstes Qualitätspotential, garantieren Kontinuität, lassen einen klaren Bezug zum Terroir sichtbar werden und daher auch als Kommunikationsinstrument bestens nutzen. Schließlich sind Lagen anders als Marken keine willkürlich veränderbare, sondern gesetzlich anerkannte und daher klar definierte Größen.

Ein Blick zurück und einer nach vorn

Mit der Abgrenzung von Lagen tritt der Südtiroler Wein – wie schon so oft zuvor in der Geschichte – die Flucht nach vorn an, knüpft zugleich aber an das alte bäuerliche Lagendenken an, das im Zuge der Entwicklung in den Hintergrund gerückt war. So beginnt die Erfolgsgeschichte des Südtiroler Weins in den 1980er-Jahren und ist hauptsächlich dem verstärkten Anbau immer stärker nachgefragter internationaler Sorten zu verdanken, die den autochthonen Vernatsch verdrängen. Erst mit diesen Sorten war ein nationaler und internationaler Qualitätsvergleich möglich, was zu einer Bestätigung der hergestellten Qualität geführt hat. Ein solcher Erfolg wäre allein mit Vernatsch nicht möglich gewesen.

Nachdem alle Weinsorten spezifische Ansprüche für die Erzeugung von Qualitätswein benötigen, ist eine offizielle Lagenzuteilung in den Fokus gerückt. Nur Sorten, die in dazu geeigneten Lagen angebaut werden, erfüllen schließlich die Voraussetzungen für qualitativ herausragende Weine. Bis vor wenigen Jahren hat die Marktnachfrage die Auswahl der Sorten in Südtirol bestimmt. Die Lagenzuteilung war am Anfang der Erfolgsgeschichte noch kaum von Bedeutung, erst durch den Erfolg hat die Lagenzuteilung immer mehr an Bedeutung gewonnen.

Die Abgrenzung ist also ein Blick zurück und auch einer nach vorn. So offenbart der Blick zurück, dass damit ein seit Jahren laufender Prozess ein Ende fand. Angestoßen wurde dieser von der schon vor Jahren gewonnenen Erkenntnis, dass die Eigenheiten der Südtiroler Anbaugebiete gestärkt, ihre ganz eigenen Charakteristika noch unterstrichen werden müssen. Zugleich spielt Südtirol Wein den Konsumentinnen und Konsumenten gegenüber mit offenen Karten, was auch heißt, ihnen aufzuzeigen, wo ein bestimmter Wein seinen Ursprung hat. So gelingt es auch, bei Weinbegeisterten ein Wissen um die Besonderheiten unserer Anbaugebiete zu etablieren. Der Schlussstrich unter einem jahrelangen Prozess markiert damit zugleich und zuallererst den Beginn einer ganz neuen Entwicklung.

Einheit(en) in der Vielfalt

Diese Entwicklung ruht auch auf dem zweiten Standbein des Lagendenkens. Weil sich Lagen in ihrer Beschaffenheit voneinander unterscheiden, heißt dies auch, dass nicht jede Rebsorte an jedem Ort gleich gut gedeiht. So gibt es Lagen, auf denen seit Jahrhunderten ein und dieselbe Rebsorte angebaut wird, eben weil sie dort optimale Voraussetzungen vorfindet. Bei der Ausweisung von Lagen ging es also darum, optimale Lagen für ausgewählte Sorten abzugrenzen, um sicherzustellen, dass die Weine eine bestmögliche Identität entwickeln und herausragende Visitenkarten ihres Terroirs werden können.

Dass die Ausweisung von Lagen kein einfaches Unterfangen war, zeigt schon diese Erklärung. In Südtirol kam erschwerend hinzu, dass es sich um ein enorm vielfältiges Weinland handelt, in dem es – anders als in den meisten anderen Anbaugebieten – auf engstem Raum ganz unterschiedliche Anbaugebiete in unterschiedlichen Tälern auf unterschiedlichen Höhenlagen gibt. Und mehr als 20 Rebsorten noch dazu.

Die Lagenabgrenzung, die das Konsortium Südtirol Wein auf den Weg gebracht und die nach der Genehmigung im Landwirtschaftsministerium in Rom mit der Ernte 2024 gegriffen hat, war also auch der – überaus komplexe – Versuch, Einheit(en) in der Vielfalt des Weinlandes Südtirol zu finden und diese klar abzugrenzen.

Viele Disziplinen, ein Ziel

Die Frage ist nun: Wie lassen sich solch homogene Anbaugebiete überhaupt ausmachen? Die Grundlage der

Lageneinteilung bildet zum einen die Erfahrung der letzten 40 Jahre der Kellermeister und Weinbauern in den einzelnen Dörfern, zum anderen eine umfassende wissenschaftlich-analytische Arbeit, die ganz unterschiedliche Disziplinen einbezieht: die Landwirtschaft und die Önologie natürlich, aber auch die Klimaforschung, die Geologie oder die Geschichtswissenschaft. Auf der Grundlage der Erkenntnisse, die all diese Disziplinen beigesteuert haben, wurden Kriterien festgelegt, nach denen die in sich möglichst homogenen Lagen abgegrenzt wurden: Geografie und Morphologie etwa, das Mikroklima oder die geologische Entwicklung, die Merkmale der Böden und die Geschichte der Lage.

Wie komplex das alles ist, zeigt ein Blick auf die Datenquellen. So wurden zur genauen geografischen Abgrenzung Klima- und historische Landkarten ebenso ausgewertet wie Hillshade-Modelle, Datenreihen zu Sonneneinstrahlung und Beschattung, geologische Karten und Katastermappen, Flurnamenaufzeichnungen, Dokumente aus unterschiedlichsten Archiven, Bodenproben und georeferenzierte Daten von mehr als 26.000 Südtiroler Rebanlagen.

Das Ergebnis dieser Studien ist ebenso umfangreich wie beeindruckend: 86 Lagen, die ganz besondere Voraussetzungen für den Anbau bestimmter Sorten aufweisen. Die meisten dieser Lagen in einer einzigen Gemeinde finden sich in Kurtatsch und Eppan mit jeweils zehn, es folgen Kaltern und die Landeshauptstadt Bozen mit neun sowie Tramin mit sechs. Jeweils vier Lagen weisen die Gemeinden Margreid, Montan und Terlan auf, jeweils zwei befinden sich in Salurn, Neumarkt, Auer und Meran, mit je einer Einzellage scheinen die Gemeinden Kurtinig, Aldein, Karneid, Ritten, Tirol, Algund, Partschins, Naturns, Schlanders, Kastelbell-Tschars, Villanders, Klausen, Villnöß und Feldthurns in der Liste auf. Je eine Lage teilen sich schließlich die Gemeinden Kastelbell-Tschars und Naturns, Montan und Neumarkt, Pfatten und Kaltern, Eppan und Kaltern, Nals und Tisens, Meran und Tirol, Villanders und Klausen sowie Brixen, Vahrn und Natz-Schabs.

Tradition schafft Identität

Viele dieser Lagen weisen eine Weinbautradition auf, die Jahrhunderte zurückverfolgt werden kann, und zwar vor allem anhand der Dokumente, die sich in den Urbaren der Kirche und Klöster erhalten haben. Diese hatten ab dem Mittelalter weinbautechnisch das Sagen im Land, all ihre Anstrengungen im Weinbau wurden ebenso schriftlich festgehalten wie die Abgaben, die die klostereigenen Weinhöfe zu leisten hatten. Neben den Unterlagen aus den Archiven der Klöster belegt auch der Kataster, der in Südtirol in der zweiten Hälfte des 18. Jahrhunderts eingeführt wurde, die jahrhundertelange Tradition der Lagen. Im Kataster wurde aus steuerlichen Gründen einerseits die Zweckbestimmung festgehalten, andererseits verweist oft auch der überlieferte Flurname auf den Weinbau.

So manch eine Lage kann daher auf ein halbes Jahrtausend und mehr kontinuierliche Bewirtschaftung verweisen – und das prägt. Es ist demnach kein Wunder, dass alle ausgewiesenen Lagen eigene Identitäten entwickelt haben, und zwar nicht nur kulturelle, sondern auch geografische, wirtschaftliche und historische.

Was Südtirol als Land im Gebirge historisch besonders macht, ist die große Abhängigkeit der Landwirtschaft im Allgemeinen und des Weinbaus im Besonderen von den natürlichen Gegebenheiten und äußeren Einflüssen. So waren etwa die Tallagen sehr lange von Sümpfen durchzogen und damit für den Weinbau tabu. Die Berghänge in größeren Höhen waren ebenso für den Weinbau ungeeignet, weshalb sich die historischen Rebanlagen vor allem in den Mittelgebirgen ausgebreitet haben.

Weil es sich demnach nicht um flaches, einförmiges Land handelt, sind die Bedingungen von Lage zu Lage völlig unterschiedlich. So ändert sich auf wenigen Kilometern mitunter das gesamte Fundament des Weinbaus: die Böden, das Klima, die Höhenlage. Gerade darin liegt die Vielfalt des Weinlandes Südtirol begründet – und damit auch die Verschiedenheit der Lagen.

Die natürlichen Voraussetzungen führen außerdem dazu, dass die Südtiroler Lagen flächenmäßig meist vergleichsweise klein sind. Ausgedehnte Lagen mit homogenen Voraussetzungen gibt es in einem Gebirgsland wie Südtirol dagegen nicht. Zugleich stellt die natürliche Vielfalt sicher, dass die Lagen in Verbindung mit den jeweils dafür geeigneten Sorten eine sehr ausgeprägte Identität entwickelt haben, die sich von jener anderer Lagen klar unterscheiden lässt. Dies schafft eine Daseinsberechtigung für die Lagenabgrenzung und gibt ihr Substanz.

Weine mit Geschichte(-n)

Schon unser kurzer Abriss dazu, wie die Lagenabgrenzung vorgenommen wurde und welcher Analyseaufwand dahintersteckt, lässt erahnen: Die Abgrenzung war ein langer und steiniger Weg. Nach Jahren der Vorbereitung, der Sammlung von Daten und Dokumenten, der Sichtung von Archiven und Datenbanken und – auch das sei gesagt – der Diskussionen innerhalb der Weinwirtschaft konnte das Konsortium Südtirol Wein das entsprechende Ansuchen an das zuständige Landwirtschaftsministerium in Rom 2019 fertigstellen.

Das ministerielle grüne Licht folgte 2024 und war notwendig, weil die Lagenabgrenzung rechtlich einen weit höheren Stellenwert einnimmt als etwa eine private Marke. Auch darf die Lage ab der Ernte 2024 neben der Bezeichnung „Südtirol" und einem eigens ausgearbeiteten Lagen-Piktogramm auf den Etiketten all jener Weine geführt werden, die eine Reihe von Voraussetzungen erfüllen: Sie müssen aus einer der abgegrenzten Lagen stammen, aus einer Traubensorte gewonnen worden sein, die in den Bestimmungen für diese Lage vorgesehen ist, sowie alle Vorschriften in der Produktion eingehalten haben. Mit Letzteren stellt man sicher, dass die Lagenbezeichnung nicht nur eine geografische Verortung möglich macht, sondern zugleich als Qualitätsprädikat fungieren kann.

Die Nennung der Einzellage wird damit zu einem zentralen Kommunikationsinstrument auf dem Markt. Sie garantiert hohe Standards, lässt sich aber auch stets mit einer interessanten Geschichte rund um die Besonderheiten und Historie einer Lage verbinden. Damit wird man dem Anspruch der Konsumentinnen und Konsumenten gerecht, einen Wein im Glas zu haben, der eine Geschichte erzählt – am Gaumen, aber nicht nur dort.

Weine mit Persönlichkeit

Wichtig ist daher auch, dass die Qualitätsbestimmungen, die in der Lagenabgrenzung festgeschrieben sind, möglichst hohe Standards verlangen. Das gilt etwa für die Erntemenge, die bei Lagenweinen noch einmal 25 Prozent unter den ohnehin bereits niedrigen Mengen liegen, die in den DOC-Erzeugervorschriften festgeschrieben sind. Damit stellt man zuallererst sicher, dass bei Lagenweinen die Voraussetzungen gegeben sind, um sich durch ihren Charakter qualitativ von den Mitbewerbern abzuheben, und sich Weine entwickeln, die vor allem durch eines überzeugen: eine ganz eigene, klar definierte und geografisch verortete Persönlichkeit.

Grafik 6

Sorte trifft Terroir: Südtirols Lagen

Dass nicht alle Rebsorten überall gleich gut gedeihen, ist eine alte Erkenntnis. In Südtirol hat man daher in den vergangenen Jahren mit aufwendigen Analysen und historischen Recherchen eruiert, welche Lagen optimal zu welchen Sorten passen. Das Ergebnis der jahrelangen Untersuchungen waren 86 Lagen im ganzen Land, die ganz besondere Voraussetzungen für den Anbau jener Rebsorten aufweisen, die für jede einzelne dieser Lagen definiert wurden.

Quelle: C. G. Ferretti (GIR – Geo Identity Research)

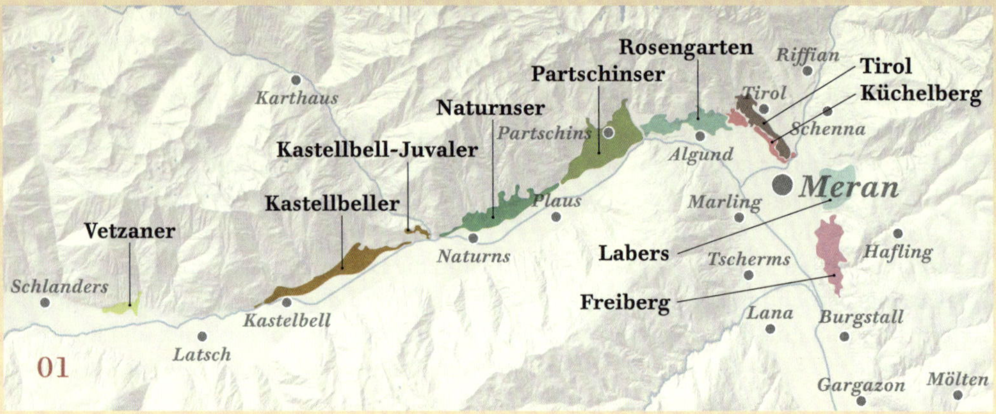

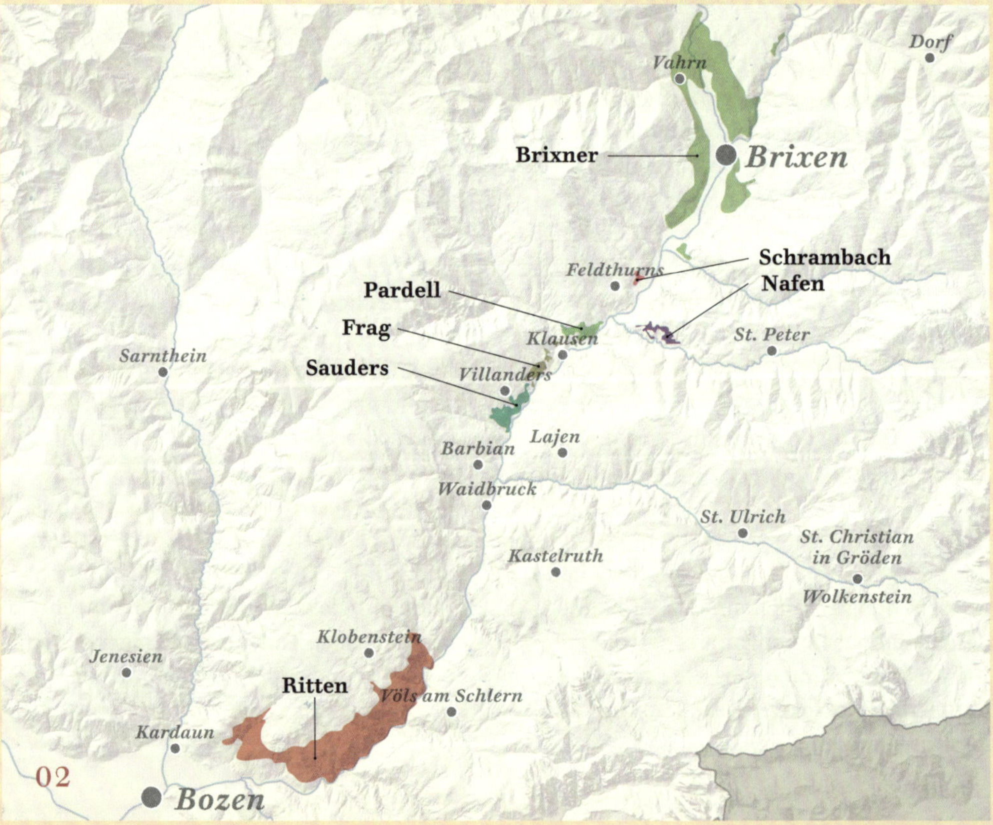

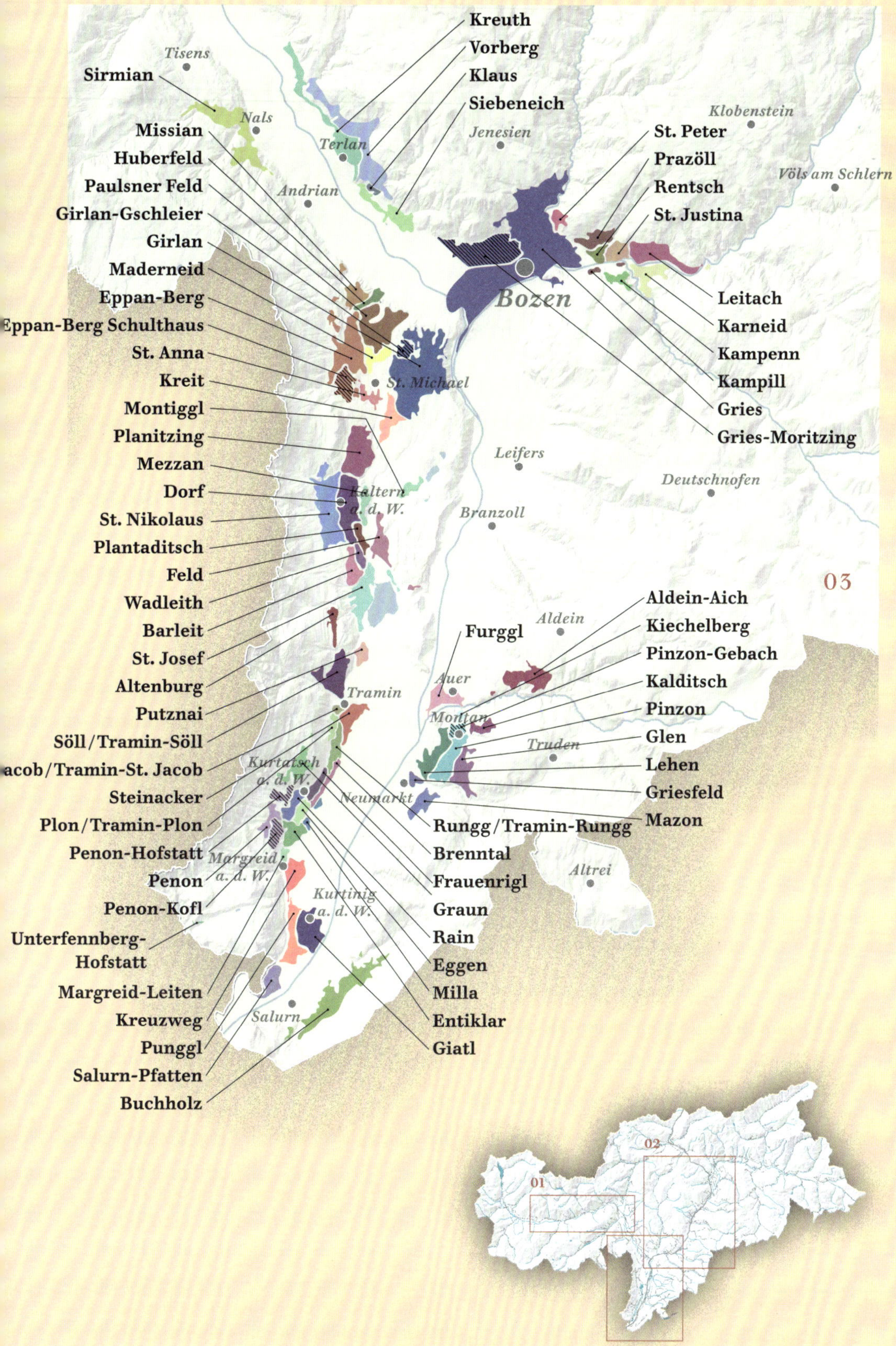

Grafik 6 – Sorte trifft Terroir: Südtirols Lagen

Gute Lagen, große Weine

Eine Analyse der idealen Kombinationen von Sorten und Lagen

// Für große Weine braucht es gute Lagen, schließlich sind Reben anspruchsvoll. Ideale Lagen erfüllen, was die jeweilige Sorte fordert, und bieten so die Grundvoraussetzung für gute Weine. Die Frage ist demnach: In welchen Lagen können die in Südtirol angebauten Sorten einen reinsortigen, hochwertigen Wein hervorbringen?

Peter Dipoli

Jede Rebsorte hat bestimmte Ansprüche an Klima und Boden. Das Qualitätspotential einer Sorte kann sich nur in Lagen entfalten, in denen diese Ansprüche erfüllt werden. In manchen Weinbaugebieten stehen deshalb Lagen und Lagenweine im Mittelpunkt. Bestes Beispiel ist das Weinbaugebiet Burgund, wo schon vor Jahrhunderten „Climats" abgegrenzt wurden – Grundparzellen, die von spezifischen geologischen und klimatischen Bedingungen bestimmt sind und es ermöglichen, das Beste aus einem Terroir herauszuholen, das sich durch die jeweilige Sorte ausdrückt.

Auch im Südtiroler Weinbau sind Lagen seit jeher präsent. Die Weinbauern und Kellermeister wissen sehr genau, wo sich eine Sorte besonders eignet und wo ein großer Wein wächst. Viele Lagenbezeichnungen sind im Volksmund überliefert und oft auch schon in den Urbaren des Mittelalters erwähnt. Es handelt sich dabei jedoch um reine Herkunftsbezeichnungen ohne Sortenbezug. Schließlich wurde ein großer Teil der in Südtirol angebauten Sorten erst Mitte des 19. Jahrhunderts von Erzherzog Johann über die k.k. landwirtschaftliche Gesellschaft von Tirol und Vorarlberg sowie die 1874 gegründete landwirtschaftliche Lehr- und Versuchsanstalt in San Michele eingeführt. Ihre Eignung für den Südtiroler Weinbau wurde in breit angelegten Feldversuchen geprüft, erst nach über einem Jahrhundert fanden sie allerdings im Zuge der Qualitätswende größere Verbreitung und verdrängten nach und nach den einheimischen Vernatsch. Erfreulicherweise werden die Erfahrungen und Erkenntnisse über die Ansprüche dieser Sorten an ihren Standort in den letzten Jahren immer mehr berücksichtigt. Leider spielen die Abfüllung und der Verkauf von reinen Lagenweinen in der Südtiroler Weinwirtschaft aber nur eine marginale

Rolle. Grund dafür ist, dass die meisten Genossenschaften und Weingüter, die zusammen über 90 Prozent des Traubenguts keltern, aus marktstrategischen Überlegungen den Verschnitt von Weinen bzw. Mosten aus verschiedenen Lagen der Abfüllung von Einzellagen vorziehen.
Die folgenden Erkenntnisse über die am besten geeigneten Lagen für die wichtigsten in Südtirol angebauten Rebsorten konnten nur durch die wertvolle Hilfe von Önologen, Kellermeistern und Weinbauexperten zusammengestellt werden. Dabei wurde wiederholt die einfache Frage gestellt: In welcher Lage kann eine in Südtirol angebaute Sorte einen reinsortigen und hochwertigen Wein hervorbringen? In Beantwortung dieser Frage wird im Folgenden versucht, so gut es geht, Gebiete einer gewissen Größe abzugrenzen, in denen man bereits eine langjährige Erfahrung mit der jeweiligen Sorte hat. Das schließt allerdings nicht aus, dass in einzelnen Weinbergen abseits dieser Gebiete eine Sorte ebenfalls erfolgreich angebaut werden kann.

Gewürztraminer

Die besonderen Eigenschaften des Gewürztraminers sind neben dem unverkennbaren Geschmack ein hoher Alkoholgehalt und eine extrem niedrige Säure. Nur Weine aus vollreifem Traubenmaterial haben das typische Aroma. Zu warme Lagen sind daher problematisch, weil eine verfrühte Lese auf Kosten der physiologischen Reife und somit der Aromatik geht. Durch den großen Verkaufserfolg des Gewürztraminers wurden in den letzten 40 Jahren zahlreiche Weinberge mit dieser Sorte bepflanzt, hauptsächlich als Ersatz für Vernatsch. Allerdings wurden dabei die Ansprüche des Gewürztraminers oft zu wenig berücksichtigt. Das in den letzten Jahren aufgetretene Esca-Problem sowie spürbare Ertragsrückgänge in älteren (ab etwa 15 Jahren) und höher gelegenen Anlagen sind der Grund dafür, dass der Gewürztraminer zuletzt weniger, aber dafür gezielt in geeigneten Lagen gepflanzt wird. Die besten Gewürztraminerlagen finden sich auf der orografisch rechten Talseite des Südtiroler Unterlands zwischen Söll bei Tramin und Kurtatsch. Lehmreiche Böden bringen den Charakter der Sorte am besten zum Ausdruck. Besonders herauszuheben sind, auch angesichts der Klimaerwärmung, die höheren und sonnigen Lagen von Söll, über Kolbenhof, Kastelaz und entlang der Bergseite der alten Rungger Straße Richtung Kurtatsch. Oberhalb von Kurtatsch finden sich ideale Bedingungen in der Lage Kehr.

Sauvignon blanc

Der Sauvignon war von Anfang an einer der Protagonisten der Erfolgsgeschichte der Südtiroler Weißweine. Bis Ende der 1990er-Jahre wurde er auch in tiefen und mittleren Lagen angepflanzt, mit dem Klimawandel und vor dem Hintergrund gesteigerter Qualitätsansprüche hat sich aber herausgestellt, dass zwischen 450 und 600 Meter Höhe die schönsten und komplexesten Weine erzeugt werden. Über 500 Meter Höhe ist aber eine ideale Sonnenausrichtung unbedingt notwendig, um eine komplette Reife zu garantieren. Auch kühle Lehmböden können die Reife verzögern und in schwierigen Jahren zu unreifen Tönen führen.

Im Unterland hat sich Penon über Kurtatsch als Sauvignon-Anbaugebiet etabliert. Die leichten, kalkhaltigen Schotterböden lassen die Weine hier sehr elegant und feingliedrig werden. Die Sorte bewährt sich außerdem nördlich von Kaltern in ähnlichen Höhenlagen oberhalb der Weinstraße bis ans nördliche Ende von Oberplanitzing. Hier wechseln sich Kalkschotter- mit Porphyrverwitterungsböden ab, was sich entscheidend auf die Stilistik auswirken kann. Nördlich von Oberplanitzing befindet sich die Großlage Eppan-Berg. Bedingt durch die Höhe und die Fallwinde vom Mendelgebirge sowie die kurze Sonneneinstrahlung ist diese Lage sehr kühl. In Frage kommen hier also eher tiefer gelegene Weinberge bis zu 500 Meter Höhe. In Girlan hat sich für den Sauvignon blanc die historische Lage Lafoi besonders hervorgetan.

Die Gemeinde Terlan hat für den Anbau von Sauvignon eine historische Bedeutung. Die sich stark erwärmenden Porphyrböden erfordern in den tiefen Dorflagen eine außerordentlich frühe Lese. Die Weinberge an den Hängen des Tschögglbergs oberhalb von 450 Meter Höhe bieten der Sorte dagegen beste Voraussetzungen. In der Nachbargemeinde Nals wird der Sauvignon auf den Schuttkegeln des Nalser und Sirmianer Bachs auf 350 Metern Höhe angebaut. Hier fällt der Erntetermin etwa eine Woche später an als in den Dorflagen Terlans. Gute Voraussetzungen findet die Sorte auch im Meraner Raum zwischen 500 und 600 Meter Höhe, also etwa oberhalb von Lana, Tscherms und Marling. Außerhalb dieser klassischen und bewährten Sauvignonlagen haben sich seit den späten 2000er-Jahren die Südhänge des Tierser Tals bei Völser Aicha als Anbaugebiet für Sauvignon hervorgetan.

Riesling

Unter den Mitte des 19. Jahrhunderts eingeführten weißen Sorten kam dem prestigeträchtigen Riesling ein besonderes Interesse zu. Den Durchbruch schaffte die Sorte allerdings erst ab den 1990er-Jahren, wobei die besten Rieslinge in Südtirol auf über 700 Meter Höhe wachsen. Besonders hat sich die Sorte im Eisacktal und im Vinschgau bewährt. Im Eisacktal finden sich die besten Lagen an den Südosthängen nördlich von Klausen bis Brixen und den Südwesthängen oberhalb des Brixner Talkessels auf 700 bis 800 Meter Höhe. In den höher gelegenen Weinbergen ist eine ausgeprägte Sonneneinstrahlung für die Traubenreife unerlässlich. Der Rieslinganbau im Vinschgau zerfällt dagegen in zwei klimatisch durchaus unterschiedliche Zonen. Am Naturnsner Sonnenberg ist es verhältnismäßig warm, geeignete Lagen finden sich daher zwischen 650 und 900 Meter Höhe, wobei ab 800 Metern eine ideale Ausrichtung Voraussetzung ist. Talaufwärts bis Vetzan liegt die Höhengrenze 100 Meter tiefer. Die Reife verzögert sich hier bedingt durch den kühlen klimatischen Einfluss der Seitentäler um mindestens zehn Tage. Im Eisacktal und Vinschgau findet der Riesling ideale saure Böden bestehend aus Gletschergeschiebe von Gneis und Schiefer vor. Auch im restlichen Weinbaugebiet Südtirols wird in ausreichend hohen Lagen ein sehr guter Riesling erzeugt. Die im Vinschgau und Eisacktal vorhandenen Bodenbedingungen sind aber nur vereinzelt anzutreffen.

Weißburgunder

Südtirol ist das mit Abstand größte Weißburgunder-Anbaugebiet in Italien. Weil die dichtbeerige Sorte sehr fäulnisanfällig ist, haben sich hohe Lagen bewährt, in denen der Weißburgunder später ausreift. Geeignete Lagen beginnen in Penon oberhalb von Kurtatsch ab 500 Meter Höhe und setzen sich den Hang entlang fort: über Barleit in der Gemeinde Kaltern und die Lage Berg in Eppan bis nach Sirmian oberhalb von Nals. In kühleren Lagen kann die Sorte zudem in Girlan und Schreckbichl mit Erfolg angebaut werden. Auch auf der östlichen Seite des Etschtals finden sich ab derselben Höhe beste Bedingungen, ausgehend von Terlan bis Freiberg im Burggrafenamt. Die bekannteste Lage für den Weiburgunder ist hier Vorberg oberhalb von Terlan. Im Vinschgau überschneiden sich die Weißburgunderlagen zum größten Teil mit jenen des Rieslings. Bei Naturns ist der Anbau bis auf 900 Meter Höhe möglich, westlich von Naturns endet das Anbaugebiet bei Vetzan auf 750 Metern, also etwas tiefer als jenes des Rieslings.

Grauburgunder

Der Grauburgunder ist wegen der enormen Nachfrage auf dem internationalen Markt die am meisten angebaute Sorte Südtirols geworden. Im Anbau ist sie bis auf eine gewisse Anfälligkeit für Fäul-

Die historische Lage Brenntal nördlich von Kurtatsch scheint bereits im Franziszeischen Kataster von 1858 auf.

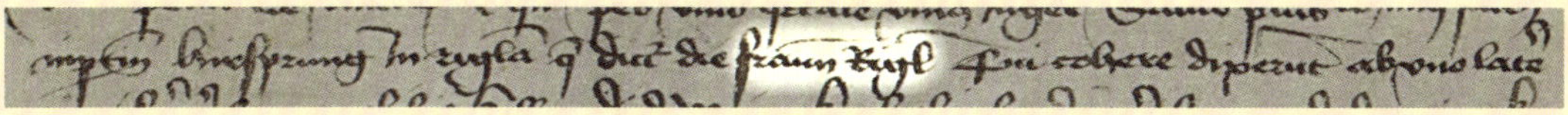

Schon im Jahre 1456 wird die Lage „Frauenrigl" erstmal in einer Notariatsurkunde erwähnt.

Musterbeispiel für eine klar abgegrenzte Lage: Mazon oberhalb von Neumarkt

nis nicht anspruchsvoll. Mit Erfolg wird Grauburgunder in der Talsohle und den mittleren Lagen des Unterlands angebaut, besonders hervorgetan hat sich die Lage Punggl südlich von Margreid. Höhere Lagen zeichnen sich durch einen entschieden niedrigeren Ertrag und mehr Säure aus, anders als bei anderen Weißweinsorten fallen die qualitativen Unterschiede aber nicht sehr stark aus. Auf dem Markt konnten sich deshalb Grauburgunder aus Höhenlagen nicht von jenen aus dem übrigen Anbaugebiet abheben. Wegen der hohen Produktionskosten wird deshalb in höheren Lagen meist anderen Sorten der Vorzug gegeben.

Chardonnay

Von den Südtiroler Weißweinsorten stellt der Chardonnay am wenigsten Ansprüche an den Standort. Sowohl in tiefen als auch in mittleren Lagen können schöne Weine erzeugt werden, in sehr hohen Lagen (über 600 Meter) eignet sich die Sorte für die Produktion von Sektgrundweinen. Die Bodenbeschaffenheit kann einen entscheidenden Einfluss auf den Charakter des Weins haben. Kalkschotterböden, etwa in Entiklar und in der Lage Kreuzweg in Margreid, bringen feine, elegante Weine hervor, während sie auf lehmhaltigen Böden körperreicher ausfallen. Im Gegensatz zu den restlichen Weißweinsorten verhilft der biologische Säureabbau, die Umwandlung von Apfel- in die mildere Milchsäure, dem Chardonnay zu seinem vollkommenen Ausdruck. In höheren Lagen steigt der Anteil der Apfelsäure in den Mosten, die Weine weisen deshalb in der Regel mehr Komplexität auf. Die Kombination von hohen Lagen und lehmhaltigen Böden finden sich etwa in Söll bei Tramin ab 500 Meter Höhe und in Eppan-Berg.

Kerner

Der Kerner hat seit Mitte der 2000er auf dem italienischen Markt wegen seiner Aromatik und Frische großen Erfolg. Da die Sorte früh reift, findet sie in den hohen Lagen Südtirols gute Voraussetzungen. Dem Eisacktal kommt im Anbau eine Vorreiterrolle zu, wobei die Erfahrung dort gezeigt hat, dass in den höchsten Lagen von 700 bis 900 Metern die besten Ergebnisse erzielt werden. In tiefen Lagen verlieren die Weine dagegen an Frische und werden zu alkoholisch. Was die Bodenbeschaffenheit betrifft, ist der Kerner nicht sehr anspruchsvoll, in der richtigen Höhe können deshalb auch in vielen anderen Lagen hervorragende Kerner wachsen, etwa in Graun oberhalb von Kurtatsch, in Kardaun und an den Hängen des Rittens.

Sylvaner und Grüner Veltliner

Sylvaner ist zwar für die gesamte kontrollierte Ursprungsbezeichnung Südtirol zugelassen, hat aber ausschließlich für die Unterzone Eisacktal Bedeutung. Die Sorte wurde dort schon 1857 bei der Seeburg in Brixen angebaut. Geeignet sind tiefere Lagen auf der Westseite des mittleren Eisacktals bei Klausen, wo das Vulkangestein Diorit der Sorte einen eigenen Charakter verleiht. Im Brixner Becken finden sich gute Lagen auf der östlichen Talseite. In beiden Fällen liegt die Höhengrenze bei etwa 650 Metern.

Wie der Sylvaner spielt der Grüne Veltliner auch nur in der Unterzone Südtirol Eisacktal eine Rolle. Insgesamt sind im Eisacktal aber nur 20 Hektar mit Grünem Veltliner bepflanzt. Aufgrund der kurzen Geschichte und der geringen Anbaufläche ist es schwer, ideale Lagen für diese Sorte auszuweisen. In jedem Fall bevorzugt die reich tragende Sorte tiefgründige Böden, Lagen in über 600 Meter Höhe sind nicht zu empfehlen.

Vernatsch

Der Vernatsch ist die meistangebaute autochthone Sorte Südtirols. Im Unterland findet er auf der westlichen Talseite beste Bedingungen in sonnigen Lagen zwischen 300 und 400 Metern, also zwischen Entiklar bei Kurtatsch und Rungg bei Tramin. Besondere Bedeutung hatte der Vernatsch in Kaltern, wo er seit

Anfang des 20. Jahrhunderts hauptsächlich über die Bezeichnung „Kalterersee" vermarktet wird. Die besten Lagen finden sich oberhalb der Weinstraße südlich des Dorfs bis zur Ortschaft St. Josef am See. In Girlan und Schreckbichl wachsen, bedingt durch die sauren Bodenverhältnisse und den höheren Lehmanteil, Vernatsch-Weine, die deutlich kräftiger und farbreicher sind. Als besonders wertvoll gelten hier die historische Lage Gschleier und die Weinberge am Osthang von Schreckbichl.

Besonderen Stellenwert für den Vernatsch hat das Gebiet von St. Magdalena bei Bozen. Das ideale Anbaugebiet liegt hier auf einer Höhe von 270 bis 450 Metern. Im südlichen Teil sind die Böden leichter, im nördlichen, bei Justina und Leitach, steigt der Lehmanteil. Die Weine sind hier säurebetonter, kräftiger und profitieren von einem längeren Ausbau. Die tiefsten Ausläufer des klassischen Gebiets im sogenannten Bozner Boden sind für den Vernatsch zu fruchtbar. Heute wird dort hauptsächlich Lagrein gepflanzt.

Lagrein

Auch der Lagrein ist eine der wenigen autochthonen Sorten Südtirols. Sie braucht warme, durchlässige Böden, weil nur diese auch in schwierigen Jahren eine vollständige Reife möglich machen, da sie nach Niederschlägen im Spätsommer und Herbst schneller trocknen und nicht so stark abkühlen. Außerdem erwärmen sich durchlässige Böden im Frühjahr schneller und bewirken einen früheren Austrieb. Bewährt haben sich seit jeher Lagen, in denen das Schwemmmaterial von Flüssen und Bächen einen lockeren Untergrund gebildet hat. In Folge der starken Nachfrage wurde Lagrein oft auch auf schweren Böden gepflanzt, konnte dort aber nur selten die gewünschte Qualität erreichen.

Dagegen finden sich im Bozner Becken großflächig Lagen mit idealen Bodenverhältnissen. Das Herzstück bildet Gries, das als bestes Anbaugebiet für Lagrein gilt. Die Böden werden hier durch die Ablagerungen der Talfer bestimmt, die bis nach Moritzing reichen, wo sich auch Ablagerungen des dortigen Bozner-Quarzporphyr-Massivs finden. Nordöstlich von Gries, am Bozner Boden, bietet dagegen das Schwemmmaterial des Eisacks gute Bedingungen. Durch die Nordwinde des Eisacktals ist es hier kühler als in den Grieser Lagen, was die Reife der Tannine beeinflussen kann. Weiter südlich in der Kaiserau, wo Eisack und Etsch zusammenfließen, sind die Böden durch den Einfluss der Etsch deutlich sandiger.

Im Unterland eignet sich für den Lagrein vor allem der Schwemmkegel des Schwarzenbachs in Auer. Besonders in den historischen Lagen Tschint, Raut, Peterstückel und in den höher gelegenen Weinbergen von Furggl sind beste Voraussetzungen gegeben. Die Ausläufer des Schwemmkegels sind dagegen nicht geeignet, da sie durch die Ablagerungen der Etsch zu tiefgründig sind. Auch in Neumarkt gibt es im Ortsteil Gries auf dem Schwemmkegel des Trudner Bachs gute Voraussetzungen für den Lagrein. Das Gebiet ist klar abgegrenzt, die nördlicher gelegenen Weinberge sind zu lehmig, Richtung Talsohle sind sie zu fruchtbar. Auf der gegenüberliegenden Talseite südlich von Kaltern wurde die Sorte wegen der großen Nachfrage oft gepflanzt, ohne deren Ansprüche zu berücksichtigen. Nichtsdestotrotz finden sich auch hier Lagen mit den notwendigen Bodenbedingungen, etwa auf den warmen Schotterböden von Entiklar.

Blauburgunder

Wegen seiner Anfälligkeit für Botrytis wurde Blauburgunder in der Südtiroler Weinbaugeschichte kaum angepflanzt, mittlerweile werden aber Qualitäten erreicht, die früher kaum vorstellbar waren. Das liegt zum einen an der Umstellung auf das Drahtrahmen-Erziehungssystem, Qualitätsklone und konsequente Ertragsreduktion. Zum anderen sind die klimatischen Voraussetzungen der Lage entscheidend. So profitiert die Sorte von höheren Lagen über 400 Meter Höhe mit ausgeprägten Temperaturschwankungen. Um den vollkommenen Ausdruck der Sorte zu erreichen, haben sich in Südtirol, wie im Heimatland Burgund, kalkhaltige Böden mit einem gewissen Lehmanteil als vorteilhaft erwiesen.

Die südlichste Lage, in der in Südtirol Blauburgunder angepflanzt wird, ist Buchholz oberhalb von Salurn. Die Weinberge finden sich in Südwest-, West- und Nordwest-Ausrichtung auf über 400 Metern unterhalb der Berghänge auf der östlichen Teilseite. Dadurch kommt die Sonne erst spät am Morgen zum Vorschein, die Lage bleibt besonders in der Reifezeit verhältnismäßig kühl. Die Böden bestehen aus kalkhaltigem Dolomitgestein gemischt mit Porphyr und einem hohen Lehmanteil. Auf derselben Talseite weiter nördlich befindet sich oberhalb von Neumarkt die bekannte Lage Mazon, deren Potenzial für den Blauburgunderanbau schon in der zweiten Hälfte des 19. Jahrhunderts erkannt worden war. Die Weinberge finden sich hier zwischen 300 und 450 Meter Höhe und sind nach Westen und Nordwesten ausgerichtet. Auch hier halten die steilen Berghänge in den Morgenstunden lange die Sonne ab. Allerdings sind durch den Klimawandel die tiefer gelegenen Weinberge für Blauburgunder in manchen Jahren fast zu warm. Als optimal gelten die Weinberge auf der Höhe des St.-Michael-Kirchleins, während höhere Weinberge in unmittelbarer Nähe des Waldrands sowie einzelne schlecht ausgerichtete Lagen etwas zu kühl sind. In Folge des Klimawandels werden diese kühlen Lagen in Zukunft wahrscheinlich eine Aufwertung erfahren. Die Böden sind lehmhaltig und setzen sich vor allem aus Kalk und Porphyr zusammen. Mazon gegenüber liegen die nach Südwesten ausgerichteten Weinberge von Glen. Diese Lage hat sich in den letzten Jahren als besonders wertvoll erwiesen. Glen liegt mit 400 bis 660 Metern etwas höher als Mazon, wobei der Erntetermin zwischen den höchsten und den tiefsten Weinbergen sehr stark variieren kann“. Die besten Ergebnisse liefern die Weinberge auf mittlerer Höhe mit hohem Lehmanteil. Im Weiler Pinzon, etwas unterhalb von Glen, ist es für den Blauburgunder teilweise zu warm, einzelne höhere und kühlere Weinberge bieten jedoch auch hier ideale Bedingungen.

Weiter westlich finden sich wertvolle Blauburgunderlagen im Überetsch, beginnend mit der historischen Lage Barleit oberhalb von Kaltern und dann am Fuß des Berges entlang bis Oberplanitzing. Nördlich von Oberplanitzing beginnt die Gemeinde Eppan, die über die größte Blauburgunderfläche Südtirols verfügt. Besonders geeignet sind die Weinberge der Großlage Eppan-Berg zwischen 400 und 550 Meter Höhe. Hier sind die Böden stark kalkhaltig, bis auf den südlichen Ausläufer der Lage ist auch der Lehmanteil sehr hoch. Zur Gemeinde Eppan gehört auch das Weindorf Girlan, in dem im Zuge der Qualtätswende des Südtiroler Weinbaus hervorragende Vernatsch-Lagen mit Blauburgunder bepflanzt wurden. Die Böden sind geprägt von Moränenablagerungen, weisen im Unterschied zu Eppan-Berg aber einen niedrigen pH-Wert auf. Die Weine sind daher farb- und tanninreich und sehr lagerfähig.

Im Vinschgau ist der Blauburgunder angesichts der kühleren klimatischen Verhältnisse die einzig geeignete edle Rotweinsorte. Dabei lassen sich wie beim Riesling zwei Zonen unterscheiden. Bei Naturns kann der Blauburgunder bis in 800 Meter Höhe angebaut werden. Weiter talaufwärts sollten dagegen 650 Meter nicht überschritten werden. Oberhalb von Kastelbell kann die Sorte nur selten ausreifen. Durch die sauren, durchlässigen Bodenverhältnisse unterscheiden sich die Vinschger Blauburgunder klar von den bereits erwähnten Lagen im Überetsch und Unterland, die meist körperreicher ausfallen.

Merlot

Die erste Erwähnung eines reinsortig abgefüllten Südtiroler Merlots geht auf 1930 zurück, als bei der 22. Ausgabe der „Mostra Mercato Provinciale Vini di Bolzano“ (Bozner Weinkost) von der Kellereigenossenschaft Andrian ein Merlot Kretzer Jahrgang 1929 ausgestellt wurde. Allerdings finden sich die idealen Merlot-Lagen längs der Südtiroler Weinstraße südlich von Kaltern bis zu den Margreider Leiten oberhalb von Margreid. Um den gewünschten Körper bzw. die gewünschte Fruchtsüße zu erreichen, sind in dieser Zone eine ideale Sonnenausrichtung (Süd, Südost, Ost), besonders aber ein hoher Lehmgehalt der kalkhaltigen Böden die wichtigsten Voraussetzungen. In den sehr warmen Lagen unterhalb der südlichen Weinstraße (250 Meter Höhe), etwa in der historischen Lage Brenntal, ist auch bedingt durch den Klimawandel ein Verschnitt mit Cabernet franc oder Cabernet Sauvignon empfehlenswert. In kühleren Lagen wie in der Margreider Leiten oder oberhalb der Weinstraße (Frauenrigl, Freising, Rungg) kann Merlot auch reinsortig ausgebaut werden. Bedeutende Merlot-Lagen finden wir auch in Siebeneich. Aufgrund der warmen Böden und des geringeren Lehmanteils unterscheiden sich die Weine deutlich von jenen des Unterlands.

Cabernet franc

Bis Mitte der 1980er-Jahre wurde von den Rebschulen die alte Bordeaux-Sorte Carménère irrtümlich als Cabernet franc angeboten. Erst durch die Einfuhr französischen Pflanzmaterials Anfang der 1990er-Jahre lernte man in Südtirol den „echten“ Cabernet franc kennen. Da diese Sorte in älteren Weinbergen auch in Mischsatz mit Cabernet Sauvignon und Carménère angebaut wurde, wurden die Weine meist unter der ungenauen Bezeichnung „Cabernet“ abgefüllt. Die Sorte reift etwas später als Merlot und kann in warmen Lagen reinsortig, aber auch im Verschnitt mit Merlot hochwertige Weine ergeben. Als ideale Anbauzone kann jene von Merlot, d.h. die mittleren Lagen südlich von Kaltern bis zu den Margreider Leiten, empfohlen werden. Auf lehmreichen Böden sollte aber dem Merlot der Vorzug gegeben werden.

Cabernet Sauvignon

Cabernet Sauvignon ist mit Sicherheit eine der edelsten Rotweinsorten. Bedingt durch ihre späte Reife wird sie in den letzten Jahren nur noch in den wärmsten Lagen am Osthang des Südtiroler Unterlandes empfohlen. Besonders geeignet sind hier einige Lagen südlich von Kaltern, von Castel Ringberg über den Weinberg Cor bis hin zur historischen Lage Putznai sowie einige weitere längs der Weinstraße zwischen Kurtatsch und Entiklar. Die Böden sollten eine leichte Struktur aufweisen, um bei starken Regenfällen Ende September und im Oktober ein frühes Abkühlen zu verhindern und dadurch eine vollständige Reife zu ermöglichen. Schwere Lehmböden sind aus diesem Grund zu vermeiden. In sehr kühlen bzw. späten Jahrgängen ist die Produktion von hochwertigem Cabernet Sauvignon in Südtirol nicht möglich.

Terroirgedanke bis ins Detail

Die Klassifizierung „Vigna – Weingarten“

// Mit der Möglichkeit, neben der geschützten Ursprungsbezeichnung auch den Namen eines Weingartens auf dem Etikett führen zu dürfen, verleiht man auch in Südtirol dem Terroirgedanken den gebührenden Nachdruck. Die Klassifizierung „Vigna – Weingarten“ erlaubt, die einzigartigen Charakteristika einer Kleinstlage bis hin zu einer einzelnen Parzelle besonders hervorzuheben. Die Unverwechselbarkeit jeder Einzellage ist somit festgeschrieben. Was dank eines vorausschauenden Südtiroler Winzers vor vielen Jahrzehnten begann, findet nun immer mehr Nachahmer.

Martin Foradori

Wein als ein überaus individuelles Produkt lebt von vielen Eigen- und Besonderheiten. Seine Prägung erfährt der Wein durch – wenn man vom Jahrgang absieht – zwei Faktoren. Zum einen nimmt der Winzer in Weinberg und Keller Einfluss auf das Wachstum der Trauben und auf ihren Ausbau. Zum anderen ist Wein aber ein Naturprodukt und der Einfluss des Winzers ist – wenn er nicht extrem manipulativ einwirkt – zwar ein wichtiger, aber doch nur ein untergeordneter, denn geprägt wird ein Wein vor allem durch das Terroir. Dieser sehr weinspezifische Begriff vereint all die besonderen Charakteristika des Ursprungs der Trauben, also das jeweilige Mikroklima, die Höhenlage, die Bodenbeschaffenheit und die Ausrichtung des Hanges.

Weil das Terroir von Gebiet zu Gebiet, ja sogar zwischen zwei angrenzenden Parzellen grundlegend verschieden sein kann und beim Wein, wie eingangs unterstrichen, die Individualität zählt, ist es für Winzer, die besonders mit dem Boden verwachsen sind, von großer Bedeutung, dass ein Wein Ausdruck seines Ursprungs ist. Der Verweis auf die Herkunft eines Weines wird zur zentralen Information für besonders aufmerksame Weinliebhaber.

Weltweit haben die namhaftesten Weine allesamt einen klar definierten geografischen Ursprung. Diese Herkunftsbezeichnungen sind strengstens und bis ins Detail geregelt. Der rechtliche Ansatz variiert dabei von Land zu Land: Während man in Italien auf die Ausweisung von großen Gebieten setzt, wird die Regelung der Herkunftsangabe etwa im Burgund schon 1935 festgesetzt. Bereits damals werden alle Weinberge der Region klassifiziert und die Besten davon mit dem Prädikat „Grand Cru“ versehen.

Südtiroler Crus

1987 nimmt Paolo Foradori das Burgund zum Vorbild und benennt zwei der Weine seines Weingutes J. Hofstätter in Tramin nach ihrem genauen Ursprung, nämlich nach den historischen Namen der Weinbergparzellen, aus denen sie stammen. Erstmals in Südtirol werden somit Weine nach ihrer eindeutigen Herkunft klassifiziert und der unverwechselbare Charakter des jeweiligen Weinbergs wird nicht nur im Wein selbst, sondern auch auf dem Etikett entsprechend sichtbar. Es ist dies die Geburtsstunde des Barthenau Vigna S. Urbano Blauburgunder und des Barthenau Vigna S. Michele Weißburgunder. Bereits 1959, zu Beginn seiner erfolgreichen Laufbahn als Winzer und Önologe des Familienweinguts, erkennt Paolo Foradori, dass einige seiner Weinberge Trauben von außergewöhnlicher Güte hervorbringen. Inspiriert von den Kartierungen der Weinberge im Burgund, erforscht er jahrelang akribisch altes Südtiroler Kartenmaterial und durchstöberte die historischen Grundbuchsauszüge aus der Zeit, als Südtirol noch Teil von Österreich-Ungarn war. Das Glück will es, dass einige Parzellen seines Weingutes bereits mit einem historischen Namen erfasst sind. Paolo Foradori setzt mit der Verwendung dieser Grundstücksnamen als Herkunftsbezeichnung auf dem Etikett seiner Weine einen Meilenstein in der Geschichte des Südtiroler Weinbaus und kann heute zu Recht als Vater der „Vigna – Weingarten“-Klassifizierung in unserem Land bezeichnet werden.

Jahrzehnte später schlagen einige Winzer in Südtirol einen ähnlichen Weg ein und machen sich dabei die staatliche Gesetzgebung zunutze, die schon seit Jahrzehnten die Ausweisung von „Vigna – Weingarten“-Kleinstlagen und -Parzellen sowie deren Eintragung in ein entsprechendes Verzeichnis vorsieht. Diese Eintragung erlaubt, die Bezeichnung „Vigna“ zusätzlich zur geschützten Ursprungsbezeichnung „Südtirol DOC“ auf dem Etikett zu führen.

Grundsätzlich gilt, dass das Ursprungsgebiet eines als „Vigna – Weingarten“ klassifizierten Weines im Sinne des Gesetzgebers nicht größer sein darf als 20 Hektar und ausschließlich „zusammenhängende, eindeutig identifizierbare und in einem genau abgegrenzten Gebiet liegende Rebflächen“ umfasst. Dabei ist „zusammenhängend“ so definiert, dass die einzelnen Flächen nicht mehr als hundert Meter voneinander entfernt liegen dürfen. Diese Definition ist insofern wichtig, als dass nicht etwa jeder historische oder traditionelle Namen auch als Weingarten eingetragen werden kann, wenn die Trauben für seine Weine aus mehreren verschiedenen, weiter auseinanderliegenden Parzellen stammen. Dieses enge geografische Korsett unterstreicht die besondere „Terroirverbundenheit“ des „Vigna – Weingarten“-Gedankens.

Historische und traditionelle Namen

Diese für Südtirol weitgehend neue Klassifizierung hat allerdings nicht nur eine geografische, sondern auch eine historische Dimension. Eingetragen werden dürfen althergebrachte Parzellennamen, die im historischen Hauptbuch des Grundbuchs oder in Katastermappen aus dem 18. Jahrhundert angeführt sind. Interessant ist dabei: Es kann durchaus vorkommen, dass historische Namen auch für zwei benachbarte Parzellen gelten, wenn diese zum Beispiel im Laufe der Zeit geteilt und an verschiedene Besitzer verkauft wurden.

Neben den historischen Parzellennamen dürfen auch traditionelle Namen von Rebflächen in das Verzeichnis der Weingärten aufgenommen werden. Der Antragsteller muss dafür den Nachweis erbringen, dass er diesen Namen bereits seit mindestens fünf Jahren kontinuierlich verwendet, ohne dabei den Zusatz „Vigna – Weingarten" im Etikett vermerkt zu haben.

Für einen als „Vigna – Weingarten" klassifizierten Wein ist der Ursprung der Trauben maßgeblich. Die Trauben müssen aus den entsprechenden Weinbergen stammen, werden separat vinifiziert und müssen entsprechend auch getrennt in den Weinregistern angeführt werden. Dadurch wird sichergestellt, dass auch wirklich jener Weinberg im Wein enthalten ist, der auf dem Etikett angegeben ist.

Ein steiniger Weg

Dass Südtirol nun eine „Vigna – Weingarten"-Regelung hat, ist keine Selbstverständlichkeit. Über viele Jahre verzögert das Land die Umsetzung der staatlichen Gesetzgebung in diesem Bereich, weil eine Akzentuierung bestimmter Weinberge als nicht sinnvoll erachtet wird. Die „Vigna – Weingarten"-Klassifizierung verstaubt in den Amtsschubladen. Einige engagierte Südtiroler Winzer werden nicht müde, immer wieder mit Nachdruck die große Wichtigkeit einer geografischen Herkunftsbezeichnung hervorzuheben, nicht zuletzt mit dem Verweis auf das Musterbeispiel Burgund oder auch auf das Elsass, das als eine der letzten französischen Weinregionen eine Cru-Klassifizierung vornimmt.

Das Beispiel Elsass ist dabei kein zufällig gewähltes. Vielmehr weist auch das Elsass – anders als andere französische Weinregionen – eine sehr dichte Struktur genossenschaftlich organisierter Kellereien auf und ist damit durchaus mit der Situation in Südtirol zu vergleichen. Die Angst, dass die „Vigna – Weingarten"-Klassifizierung in den Genossenschaften nur sehr schwer umgesetzt werden könnte, wird dadurch aus der Welt geschafft. Cru-Klassifizierungen sind auch im genossenschaftlichen Umfeld ein durchaus gangbarer Weg und ein Erfolgsmodell für mehr Individualität. Im Jahr 2012 schließlich verfasst das Land Südtirol ein entsprechendes Dekret, das die Einführung einer geschützten Ursprungsbezeichnung besiegelt.

Warum Weingärten?

Nach der Erklärung der „Vigna – Weingarten"-Klassifizierung stellt sich nun noch die klassische Frage nach dem Warum. Muss die Herkunft von Weinen derart spezifiziert werden? Reicht ein entsprechender DOC-Schutz nicht aus? Braucht es die kleinstmögliche Dimension eines Weinbergs? Diese Fragen sind nur zu beantworten, wenn man sich den Trend zu immer individuelleren Weinen einerseits und die Besonderheit des Weinlandes Südtirol andererseits vor Augen hält. Diese Besonderheit der Südtiroler Weinkultur liegt in ihrer Vielfalt. Sie kann nicht als Ganzes vermittelt werden, denn einen Südtiroler Musterwein zu kreieren, ist weder machbar noch sinnvoll. Deshalb hat die Weinbauregion Südtirol auf lange Sicht nur eine Überlebenschance, wenn man ins Detail geht, wenn man also unter anderem die klimatischen und geologischen Eigenheiten der jeweiligen Lage, des jeweiligen Weinbergs erkennt und man imstande ist, diese auch im Wein spürbar zu machen und zu kommunizieren. Nur so sind wir besonders, nur so sind wir einzigartig, nur so sind wir unverwechselbar, nur so kann man uns nicht mit anderen Weinbaugebieten vergleichen.

Abschließend noch ein Wort zur Rolle des Winzers in der Südtiroler „Vigna – Weingarten"-Regelung: Während für einzelne Lagen (siehe eigenes Kapitel dazu) auch die Rebsorten gesetzlich festgeschrieben sind – für jede Lage bis zu fünf –, gibt es für

„Vigna – Weingarten"-Weine keine Einschränkung diesbezüglich, weil diese Klassifizierung nicht der Südtiroler, sondern der nationalen italienischen Gesetzgebung unterworfen ist. Es liegt demnach in der Erfahrung des Winzers, die richtige Rebsorte für seinen Weingarten zu wählen. Auch wenn sich also die „Vigna – Weingarten"-Klassifizierung durchaus wie ein geografisch klar definiertes Korsett lesen lässt, gibt schlussendlich doch auch die Individualität des einzelnen Winzers den „Vigna – Weingarten"-Weinen die besondere Note.

\\

Die Weinbauregion Südtirol hat auf lange Sicht nur eine Überlebenschance, wenn man ins Detail geht, wenn man also unter anderem die klimatischen und geologischen Eigenheiten der jeweiligen Lage, des jeweiligen Weinbergs erkennt und man imstande ist, diese auch im Wein spürbar zu machen und zu kommunizieren.

Von den Rätern bis zum Lagenwein ist es ein weiter Bogen, den die Weingeschichte in Südtirol spannt. Über die Jahrhunderte wechseln die Verantwortlichen, die Philosophien, der Erfolg – und der Einfluss, den die Weinwirtschaft auf Landschaft und Gesellschaft ausübt. Nur so manches Werkzeug, allen voran das Rebmesser, ändert sich kaum.

2.

Lernen und Erfahrung sammeln: 2.500 Jahre lang

Weinbau im Wandel der Zeit

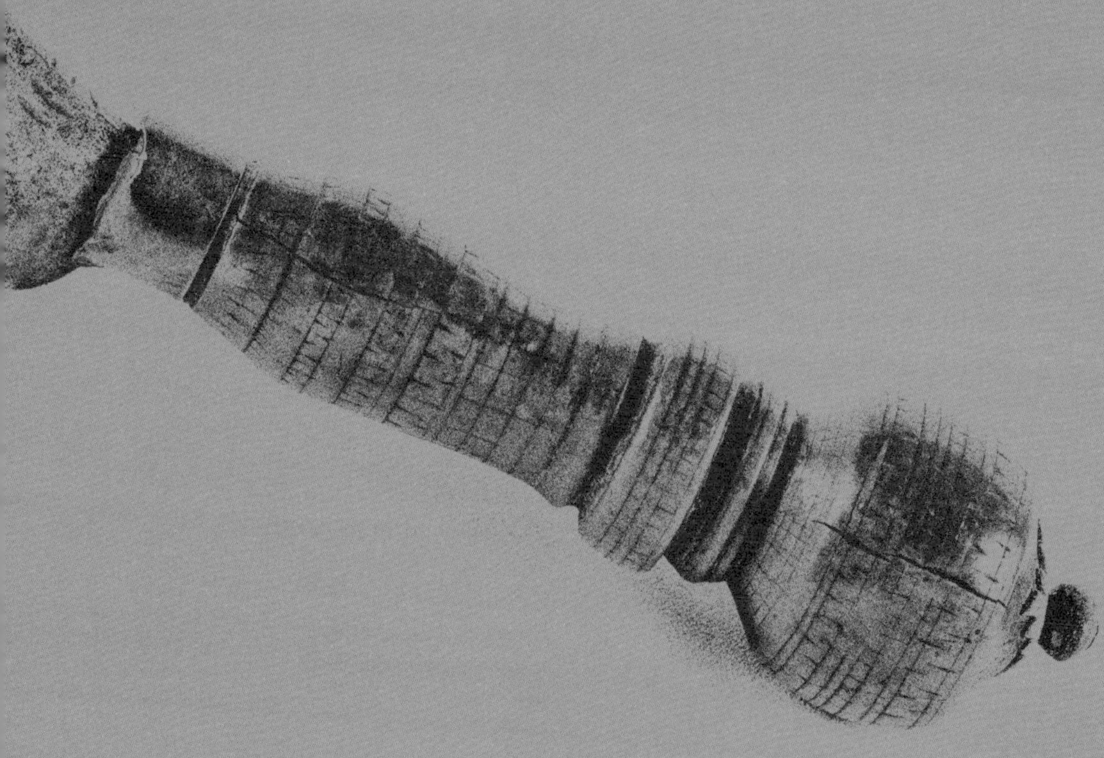

Zeremonialgetränk und Statussymbol

Die Räter und der Wein

// Weintraubenkerne von gezüchteten Reben, Rebmesser aus Eisen, Siebe, Schöpfkellen und die Anlage von Weinbergen belegen: Schon um die Mitte des 1. Jahrtausends v. Chr. betrieben die Räter Weinbau. Wein war für sie ein besonderes Getränk, seinem Genuss kam eine hohe symbolische und zeremonielle Bedeutung zu. Zudem war er Statussymbol der Elite und ein deutlicher Beweis dafür, wie eng die Räter mit dem Mittelmeerraum vernetzt waren.

Catrin Marzoli, Hubert Steiner

Die Wilde Weinrebe (*vitis vinifera ssp. sylvestris*) hat sich nach der letzten Eiszeit, also ab 10.000 v. Chr. in Europa ausgebreitet. Im Alpenraum kam sie nicht großflächig, sondern vorwiegend als Kletterpflanze in Auwäldern vor. Anhand von Pollenprofilen, die vom Institut für Botanik der Universität Innsbruck untersucht wurden, kann sie im Raum Nord- und Südtirol bereits ab der Jungsteinzeit im 6. Jahrtausend v. Chr. zwar regelmäßig, jedoch nur in geringer Zahl nachgewiesen werden.

Der älteste Beleg stammt aus Villanders: In einer Siedlung der frühen Jungsteinzeit (zweite Hälfte des 6. Jahrtausends v. Chr.) sind Kerne der Wilden Weinrebe belegt. Wilde Weintrauben wurden auch in der Kupferzeit gesammelt und verzehrt. Weintrauben der Wilden Rebe ergänzen zudem in der Bronzezeit (2. Jahrtausend v. Chr.) den Speiseplan. Entsprechende Belege konnten für die Pfahlbausiedlungen im Trentino, etwa in Fiavè/Judikarien oder am Ledrosee, erbracht werden. Funde von Kernen wilder Weintrauben stammen aus einer Siedlung in Feldthurns und in Pfatten aus der älteren Eisenzeit (erste Hälfte des 1. Jahrtausends v. Chr.).

Die ältesten Nachweise von Weinanbau stammen aus dem Nahen und Mittleren Orient und gehen auf das Neolithikum zurück, also auf das 6. und 5. Jahrtausend v. Chr. Im italischen Raum wurde Wein vermutlich erstmals zwischen der Mittleren und Späten Bronzezeit (zweite Hälfte des 2. Jahrtausends v. Chr.) produziert. Die „Wein-Kultur", die sich im westlichen Mittelmeerraum verbreitete, ist im Wesentlichen griechischen Ursprungs. Zeugnis davon legen in der Eisenzeit, im 1. Jahrtausend v. Chr., zahlreiche Gegenstände ab, die beim Konsum des Weines seitens einer aufsteigenden Führungsschicht eingesetzt wurden.

Archäobotanische Reste deuten darauf hin, dass im heutigen Oberitalien zwischen Ligurien und Venetien im Zeitraum von der Endbronzezeit bis zum Ende des 7. Jahrhunderts v. Chr., wenn nicht sogar noch länger, vor allem noch wilder Wein genutzt wurde. Die kultivierte Rebe und Geräte für den Weinanbau sind in diesem Raum erstmals in einigen Fundkontexten aus dem 7. bis 5. Jahrhundert v. Chr. nachgewiesen.

Traubenkerne und erste Fässer

Im Trentino sowie in Süd- und Nordtirol entstand im Laufe des 6. Jahrhunderts v. Chr. unter starken mediterranen Einflüssen die Fritzens-Sanzeno-Kultur, deren Träger die Räter waren. Die in der Poebene siedelnden Etrusker und auch die Veneter übten großen Einfluss auf die alpinen Gruppen aus. Die Häuser der Räter waren durch ein in Trockenmauertechnik errichtetes Untergeschoss gekennzeichnet, zu dem ein aufwendig gebauter, auch winkelförmiger, manchmal durch Steinplatten abgedeckter Zugang führte. Das Obergeschoss wurde in Holzbauweise gebaut, das Dach mit Schindeln gedeckt. Den hohen bautechnischen Standard und Komfort belegen u. a. Holzfußböden und Wandvertäfelungen.

Im Inneren dieser Häuser haben sich mehrfach verkohlte organische Funde erhalten, die Einblicke in die Ernährungsgrundlagen der damaligen Bewohner geben. In einer der bedeutendsten Siedlungen der jüngeren Eisenzeit im Südtiroler Raum in Stufels/Brixen konnten erstmals Kerne der kultivierten Weintraube (*vitis vinifera ssp. vinifera*) nachgewiesen werden. In den Brandschichten mehrerer Häuser des 5./4. Jahrhunderts v. Chr. (Haus III/Grabung 1909, Stufels/Elvaser Straße, Obere Schutzengelgasse/Russo) wurden im Rahmen archäologischer Ausgrabungen neben verkohlten Getreideresten und Hülsenfrüchten auch Weintraubenkerne sowohl der Wilden Weinrebe als auch, wenn auch in geringerer Anzahl, der kultivierten Weinrebe geborgen.

Besondere Bedeutung kommt der Untersuchung eines eisenzeitlichen Hauses in Brixen-Roßlauf im Jahr 2002 zu. Im Untergeschoss des durch Brand zerstörten Hauses aus der ersten Hälfte des 5. Jahrhunderts v. Chr. blieben die verkohlten Überreste von sieben Fässern sowie eines Bottichs erhalten. ABB. 1 Die aus Lärchenholz gefertigten Dauben waren ursprünglich mit mehreren Holzreifen umschlossen. Hinweise auf Holzfässer liegen zudem vom Piperbühel (Klobenstein) vor. Der Beleg von Holzfässern führt zum berühmten Zitat von Plinius d. Ä. (Nat. Hist. XIV, 132), der berichtet, dass im Alpenraum (*„circa alpes“*) hölzerne Fässer mit Reifen zur Lagerung und zum Transport von Wein verwendet wurden.

Hinweise auf verkohlte wilde und kultivierte Weintrauben bzw. Einlagerung und

In den Brandschichten mehrerer Häuser des 5./4. Jahrhunderts v. Chr. wurden im Rahmen archäologischer Ausgrabungen neben verkohlten Getreideresten und Hülsenfrüchten auch Weintraubenkerne sowohl der Wilden Weinrebe als auch, wenn auch in geringerer Anzahl, der kultivierten Weinrebe geborgen.

Abbildung 1
2002 wurde im Brixner Stadtteil Roßlauf das Untergeschoss eines rätischen Hauses freigelegt. Darin wurden auch die verkohlten Überreste von sieben Fässern und eines Bottichs gefunden. Ihr Alter: rund 2.500 Jahre.

Abbildung 2
Kein Weinbau ohne Reber: Schon in der jüngeren Eisenzeit nutzte man das Rebmesser – hier ein eisernes, das in Siebeneich entdec worden ist – als wichtigstes Werkzeu im Weinbau. An seiner Form hat sicl seither wenig geändert.

Abbildung 3
Wohl von den Venetern übernehmen die Räter die „Situlenkunst“, in Bronzeblech getriebene Verzierungen und Darstellungen. Auf dieser rund 2.500 Jahre alten Bronzeziste aus Eppan sind Bilder eines Opferzuges erhalten.

Abbildung 4

Der Wein im Mittelpunkt: Auf einem in Sanzeno am Nonsberg gefundenen Bronzeblech erkennt man neben einer Reihe von Figuren auch ein großes Mischgefäß, aus dem Wein geschöpft wird.

Darstellung nach Lucke/Frey 1962

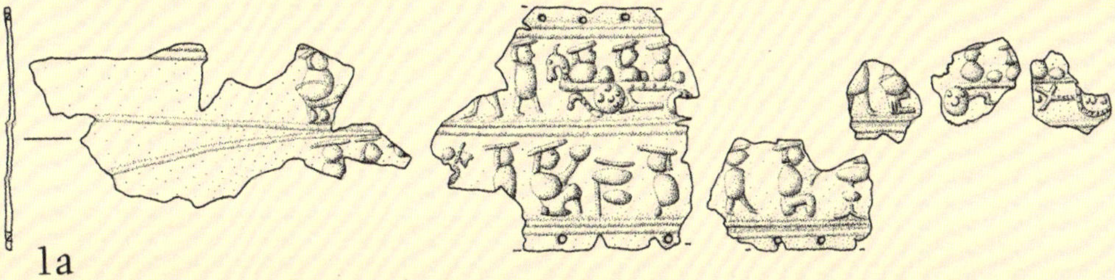

Abbildung 5

Getrunken, und zwar wahrscheinlich Wein, wird auch in einer auf einem Bronzeblech festgehaltenen Szene. Das Blech wurde in einem Grab in der Nähe der Laimburg gefunden. Neben der Trinkszene (unten) zeigt es auch eine Wagenumfahrt (oben).

Darstellung nach Dal Ri 1992

Abbildung 6

Mitte des 4. Jahrhunderts v. Chr. wurde ein etruskisches Gefäß gefertigt, auf dem diese Trinkszene festgehalten ist. Gefunden wurde es bei Ausgrabungen in Auer.

Darstellung nach Roschmann 1756

Verzehr von Weintrauben liegen zudem in Häusern aus dem 4.–1. Jahrhundert v. Chr. vor (Leifers/Reif, Leifers/Galizienstraße, Klobenstein/Piperbühel, Siebeneich/ Nr. 12/Grabung 1985). Weintrauben der wild wachsenden Weinrebe wurden auch in höheren Lagen nachgewiesen, so etwa in der späteisenzeitlichen Siedlung in Lajen auf 1.000 Metern über dem Meer.

Wie wurde aus Trauben Wein?

Alkoholische Getränke konnten auch mit den Früchten der Wilden Weinrebe *(vitis vinifera ssp. sylvestris)* und anderen fermentierten Früchten hergestellt werden. Wild wachsende und gezüchtete Weintrauben wurden in vorgeschichtlicher Zeit als Obst gegessen oder zu Saft verarbeitet. In getrockneter Form wurden sie auch über einen längeren Zeitraum haltbar gemacht. Die Früchte der Rebe wurden in der jüngeren Eisenzeit, im 4. Jahrhundert v. Chr., auch gegart: Verbrannte Weintrauben aus dem Kultplatz von Siebeneich, deren verkohltes Fruchtfleisch sich erhalten hat, belegen ein langsames Garen in Keramikbehältern unter geringer Sauerstoffzufuhr.

Die bisher gewonnenen archäologischen Befunde deuten darauf hin, dass der Weinbau im Südtiroler Raum um die Mitte des 1. Jahrtausends v. Chr. im Entstehen begriffen war. Im Rahmen vielschichtiger Beziehungen wurde Wein durch die rätische Oberschicht in dieser Zeit vermutlich auch aus dem Süden importiert. Spezifische Werkzeuge belegen jedoch auch den lokalen Weinbau. Zur Herstellung von Fässern, zum Aushobeln und Glätten von Dauben dienten „Fassschaber"; zum Bearbeiten von Hohlformen wurden Dechseln eingesetzt. Fässer und Bottiche (Rosslauf/ Brixen, Piperbühel/Klobenstein, Nomi/ Rovereto) wurden im Rahmen archäologischer Grabungen geborgen, allein können sie allerdings noch nicht als Beleg für Weinbau bzw. für die Lagerung von Wein herangezogen werden. Direkte Hinweise auf den lokalen Weinbau liefern eiserne Rebmesser, die in zahlreichen jüngereisenzeitlichen Siedlungen nachgewiesen werden konnten. Abb. 2 Das Rebmesser ist für den Weinbau von großer Bedeutung, zumal der Ertrag an den Weinstöcken nur durch den fachgerechten Schnitt gewährleistet ist. Der älteste bisher im Südtiroler Raum archäologisch, also im Zuge einer Grabung freigelegte eisenzeitliche Weinberg um die Mitte des 1. Jahrtausends v. Chr. liegt vermutlich in Leifers/Galizienstraße: Der leicht abfallende Hang des Schuttkegels wurde durch parallel angelegte Trockenmauern terrassiert. Es wurde angenommen, dass die Fläche für den Weinbau angelegt und genutzt wurde.

Antike Autoren berichten wiederholt über den rätischen Wein, etwa Porcius Cato der Ältere (gest. 149 v. Chr.), Strabon (63 v. Chr. – nach 23 n. Chr.), Catull (um 84 v. Chr. – nach 55 n. Chr.) und Plinius d. Ä. (23/24 – 79 n. Chr.), doch beziehen sich diese Quellen auf ein Gebiet, das nicht jenem des heutigen Südtiroler Raumes entspricht, sondern auf weiter südlich gelegene Zonen, die im 2. und 1. Jahrhundert v. Chr. bereits unter starkem römischen Einfluss standen.

Und wie wurde Wein getrunken?

Ab dem späten 6. Jahrhundert v. Chr. erfolgt ein beträchtlicher geistiger Einfluss der Mittelmeerwelt auf die Bewohner des rätischen Raumes, wo gleichzeitig die lokale Fritzens-Sanzeno-Kulturgruppe entsteht. Zu den bedeutendsten kulturgeschichtlichen Errungenschaften zählt neben der Übernahme der Schrift von den Etruskern auch die in szenische Bilder gefasste Bildsprache, die sogenannte Situlenkunst, die einen engen Kontakt der Räter zu den Venetern bezeugt. Abb. 3 Bei dieser „Kunst" handelt es sich um in Bronzeblech getriebene Verzierungen

Abbildung 7

Auch bronzene Schöpfkellen deuten darauf hin, dass die Räter Wein tranken. Diese mit rätischen Schriftzeichen versehene Kelle wurde in Moritzing entdeckt.

Darstellung nach Steiner 2002

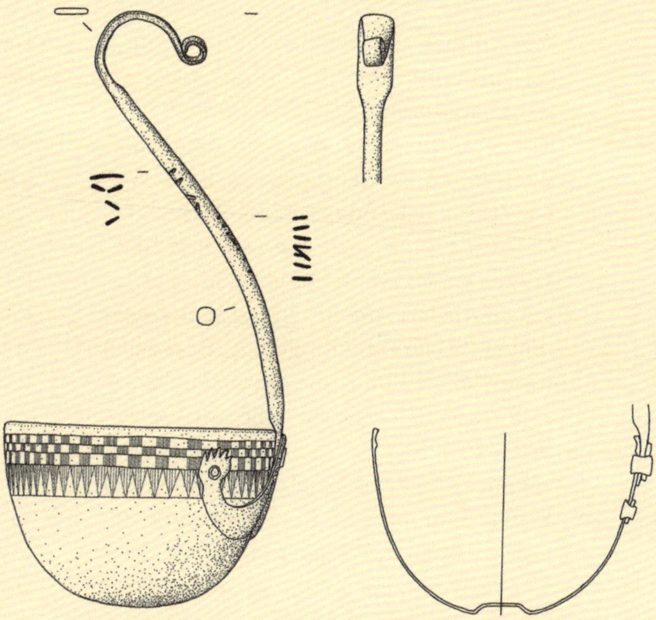

Abbildung 8

Getrunken wurde Wein bei den Rätern wohl aus verzierten Schalen wie diesen, die im Rahmen einer Ausgrabung in Siebeneich gefunden worden sind.

Abbildung 9

In Siebeneich kamen die Überreste einer attischen Kylix mit der Darstellung eines geflügelten Eroten ans Tageslicht. Sie stammt wohl aus der ersten Hälfte des 4. Jahrhunderts v. Chr.

vornehmlich von Gefäßen. Situlen wurden nicht nur importiert, sondern auch lokal hergestellt. Die Darstellungen wie Kriegeraufmärsche, Wagenumfahrten, Wettrennen, Zweikämpfe, musische Wettbewerbe, Jagd-/Pflugszenen, Beischlaf, Opferzug, Tanz sowie eben auch Trinkszenen geben zweifellos ein höfisches Leben wieder, zudem symbolische Bilder und kultische Handlungen. Auftraggeber waren lokale Eliten, die durch die Darstellungen den eigenen Lebensstil zelebrieren wollten, bei dem nach mediterranem Vorbild das Bankett und auch das Symposium mit dem Konsum von Wein eine wichtige Rolle spielten.

Die Trinkszenen nehmen in der Bilderwelt einen wichtigen Raum ein: Auf einem Bronzeblech aus Sanzeno und aus einem Grab in Pfatten ist jeweils ein Diener/eine Dienerin dargestellt, der/die den Wein aus einem Kessel schöpft und ihn einer sitzenden Person hohen Ranges überreicht. Abb.4/5 Das auf den Situlen dargestellte prestigeträchtige Trinkgeschirr wie Situlen, Schöpfkellen aus Bronze, das häufig mit Schriftzeichen bzw. kultisch magischen Zeichen versehen war, wurde in lokalen Werkstätten nach südlichen Vorbildern hergestellt. Daneben bezogen die Räter exquisites Trinkgeschirr auch aus dem etruskischen Raum, wie etwa die bronzenen Henkel-Attaschen von großen Gefäßen, Kratere genannt, aus Siebeneich (spätes 4., frühes 3. Jahrhundert v. Chr.) und Auer (Mitte 4. Jahrhundert v. Chr.) belegen. Der Wein wurde im Krater, auch als „king of the symposium set" bezeichnet, mit Wasser gemischt: Vor der Verteilung an die Teilnehmer des Symposions wurde er, um ihn von den Gewürzen zu reinigen, gesiebt. Die figuralverzierte Henkel-Attasche aus Auer nimmt in deutlicher Weise Bezug zum Thema Wein: Mehrere mit der Weinlese beschäftigte Satyrn umgeben eine sitzende Figur, der eine Weinschale gereicht wird. Abb.6 Vermutlich handelt es sich dabei um Dionysos, den griechischen Gott des Weines. Kostbares, beim Symposium eingesetztes Trinkgeschirr wurde sogar aus Griechenland importiert.

Das Trinkgeschirr kommt im Bereich der jüngereisenzeitlichen Fritzens-Sanzeno-Kultur sowohl in Siedlungen und in Gräbern als auch an Kultplätzen vor. Abb.7 In den Siedlungen von Eppan/Putzer Gschleier, Siebeneich, Riffian, Pfatten, Stufels oder Fai della Paganella stellte es den Besitz der lokalen Elite dar. In den Gräbern von Siebeneich, Moritzing und Pfatten bringen die für den Konsum des Weines eingesetzten Utensilien als Teil der Grabausstattung eine repräsentative Selbstdarstellung bzw. den hohen Status des Verstorbenen über den Tod hinaus zum Ausdruck.

Wein in Heiligtümern

Am Brandopferplatz vom Pigloner Kopf aus der Kupferzeit (3. Jahrtausend v. Chr.) wurden den Gottheiten neben anderen Sammelfrüchten Weintrauben der wild wachsenden Rebe geopfert. Eine ganz besondere Stellung nimmt unter den Brandopferplätzen jener von Siebeneich ein. Abb.8 Im jüngereisenzeitlichen Kultplatz wurde ein griechisches Trinkgefäß, eine attische Kylix vom Typ Stemless, geborgen. Sie zeigt im Innenbild die Darstellung eines geflügelten Eroten umgeben vom Motiv des laufenden Hundes. Die rotfigurige Kylix ist einer attischen Werkstatt der ersten Hälfte des 4. Jahrhunderts v. Chr. zuzuschreiben. Die zahlreich nachgewiesenen Omphalosschalen, die Schalen mit Standring, die Krüge, die geborgenen Schöpfkellen sowie auch die attische Kylix belegen das rituelle Trankopfer, das Libationsopfer, im Rahmen dessen man den Gottheiten einen Teil des Festgetränkes, wohl des Weines, spendete, wie es etwa auch auf der rotfigurigen Kylix aus dem Museo Nazionale von Tarquinia wiedergegeben ist. Abb.9

Weintraubenkerne, Tassen und Schalen, das *Simpulum* (die Schöpfkelle), das Sieb, die Krüge sowie die attische Importkeramik bezeugen am Kultplatz von Siebeneich das infolge der Trankopfer erfolgte Symposion, das gemeinschaftliche Trinken nach mediterranem Vorbild, das den eigenen ideologischen Vorstellungen angepasst wurde, so wie es auf den Situlen dargestellt ist. Die Trinkgefäße, von Angehörigen der lokalen Eliten verwendet, dokumentieren die vielfältigen und engen Handelskontakte der rätischen Oberschicht mit dem mediterranen Raum.

Die Verkehrsachse entlang des Etsch- und wohl auch des Eisacktales gelangte im 5./4. Jahrhundert v. Chr. zu großer Bedeutung. Luxusgüter, Trinkgeschirr und Wein aus dem Süden erreichten auch die keltischen Fürstensitze nördlich der Alpen. Die zentralen Siedlungen von Stadlhof/Pfatten, Siebeneich/Terlan und Stufels/Brixen dürften als Etappenstationen unter der Kontrolle der lokalen Eliten einen wesentlichen Anteil an der Abwicklung des überregionalen Handels gehabt haben. Im Rahmen der Handelskontakte erreichten das Gebiet der Fritzens-Sanzeno-Kultur nicht nur Importgüter aus dem Süden, sondern auch prägende Einflüsse aus dem griechischen, etruskischen und venetischen Raum: im Alltagsleben, in der Landwirtschaft (wie beim Anbau der gezüchteten Weinrebe), im Geistesleben und im Bereich des Kultes.

Die Verkehrsachse entlang des Etsch- und wohl auch des Eisacktales gelangte im 5./4. Jahrhundert v. Chr. zu großer Bedeutung. Luxusgüter, Trinkgeschirr und Wein aus dem Süden erreichten auch die keltischen Fürstensitze nördlich der Alpen.

Spuren aus fast zwei Jahrtausenden

Von den Römern bis ins 18. Jahrhundert

// Nach den Rätern sind es die Römer, die den Weinbau in Südtirol voranbringen – vermutlich, denn eindeutige Beweise fehlen. Die Beweislage ändert sich erst rund 1.000 Jahre später, als man beginnt, die Entwicklung des Weinbaus schriftlich festzuhalten: samt Beschreibungen der Rebsorten, Anweisungen für die Arbeit im Weinberg und dem Nachweis, dass Tiroler Weine, die sogenannten Etschweine, auch in den Kellern des Adels nicht fehlen durften.

Helmuth Scartezzini

Wein für den Eigenbedarf wurde in Südtirol schon in vorrömischer Zeit hergestellt, ein Aufschwung während der römischen Besetzung wird zwar angenommen, die Beweislage ist aber dürftig. So werden im Privatmuseum „Zeitreise Mensch" in Kurtatsch zwei Fundstücke verwahrt, die auf die Römerzeit verweisen. Das eine ist ein Fragment eines steinernen Presstisches mit randnahen Kanülen, das andere ein wannenförmiges Pressbett mit einer Ausflussrinne. Abb.2 Im Südtiroler Weinbaumuseum in Kaltern findet sich zudem ein Stück Rebholz, datiert auf 100 bis 400 n. Chr. Abb.3

Auf römischer Spurensuche

Das Gebiet an Etsch und Eisack war von den Römern nach der Einnahme 15 v. Chr. nie umfassend kolonisiert, dafür aber mit Militärstraßen, Kastellen, Wegstationen, Gutshöfen und bescheidenen Veteranensiedlungen erschlossen worden. Vermutlich gab es Garnisonen bei Bozen und Meran sowie *vici*, also Dörfer, in denen römische Beamte und das Militär angesiedelt waren, in Neumarkt, St. Pauls, Nals, Partschins und Brixen (Stufels). Eine intensivere Landwirtschaft kann für das Überetsch und auf den Schuttkegeln des Etschtales angenommen werden, die

Talsohle war dagegen versumpft und mit Auwäldern bedeckt. Bei den Römern war es üblich, dass Veteranen nach ihrem 20-jährigen Heeresdienst im Umland von Kastellen landwirtschaftliche Güter überlassen bekamen. Diese Gehöfte (*praedia*) sind durch Ausgrabungen an der Via Claudia Augusta im Etschtal bis hinauf auf den Reschenpass sowie am rechten Ufer in Kaltern, Eppan, Unterrain, Andrian, Nals und Marling belegt. Was noch fehlt, ist der Nachweis von Betriebsgebäuden zur Weinerzeugung, wie er für Mezzocorona südlich der Landesgrenze vorliegt. Bei Ausgrabungen kam dort eine ländliche Siedlung mit hofartigen Betriebsgebäuden aus dem 1.–4. Jahrhundert n.Chr. ans Tageslicht, dazu zahlreiche Traubenkerne, verkohlte Holzreste von Rebstöcken sowie Reben-Schnittholz.

Südtiroler Begriffe für Anbau, Gerüste und die Arbeit im Weinberg

Mundart	lateinisches Lehnwort	Bedeutung
Batill	betulla	Rebenstecher, schädlicher Rüsselkäfer
firmen	firmare	Zurechtschneiden der Weidenruten zum Rebenbinden
Gfinnen	confinium	Bodenstreifen zwischen Perglreihen für Unterkultur
Gossen	cossus	schädliche Raupe des Traubenwicklers
Guntanell	contabulare	Fuß- und Firststangen des Perglgerüsts
Kammerle	camera	Raum zwischen zwei Perglsäulen
Manail	manile	dünne Stützstäbe für Jungreben
Marzan	margo	Querstangen des Perglgerüsts
Mortitsch	morticinus	Stockaustriebe am alten Holz
passeln	passum	eingetrocknet
Pataun, Punt	pontone	Perglgerüst (Meraner Raum, Vinschgau)
Pergl	pergula	Gerüst der Dachlauben (Bozen, Eisacktal)
profen	profundere	Absenken von Rebtrieb für neuen Rebstock
Rasl	rasilis	Setzling der Rebe
Rigel	regula	abgegrenzte Örtlichkeit
Saltner	saltuarius	Weingartenhüter
spigeln	spica, specula	ährenlesen oder ausspähen
Stellaun	Stilus	dünne Latten des Pataundachs
Waal	acquale	Bewässerungsrinne
Wimmat	vindemia	Weinlese
wimmen	vindemiare	Trauben ernten

Südtiroler Begriffe für Anbau, Gerüste und die Arbeit im Weinberg

Mundart	lateinisches Lehnwort	Bedeutung
Ganter	canterius	Fassunterlage
Gonzal	congius, congialis	Tragbutte (50 Liter)
Kastlet	castellus	längliches Maischefass (10–14 Hektoliter) auf Transportwagen
Lagl	lagoena	plattgedrücktes Fass zum Saumen oder für Gebinde von ½ Yhre
Lauer	Lura	Trichter
Pazeide	batiacum	dreieckiges Schöpfgefäß mit Handgriff, auch Flüssigkeitsmaß
Pipp	Pipa	Zapfhahn
Priel, Preil	prelum	Pressbalken (Baum) der Weinpresse
Sechter	sextarius	Holzkübel mit Handgriff (40 Liter)
Spinell	spina	Holzzapfen zum Verschließen bei Kostprobe aus dem Gärfass
Spund	puncta	Verschlusszapfen am Holzfass
Sulfer	sublenare	seitliche Stützsäule der Baumpresse (Torggl)
Torggl	torculum	Baum- oder Spindelpresse, auch für „Ansetz" (Torgglraum)
torgglen	torquere	Maische oder Trester auspressen
Yhrn, Yhrne	urna	Flüssigkeitsmaß (ca. 70–120 Hektoliter je nach Ortschaft) für Wein oder Maische
Zumm	cymbium	Tragbutte (= Gonzal)

Eine deutliche Hinterlassenschaft aus dieser Epoche stellen die sogenannten Prädialnamen dar, aus denen sich die heutigen Namen einiger Weinorte ableiten. Eppan, Girlan, Missian, Andrian, Terlan, Prissian, Schenna und Riffian etwa beziehen sich auf die Namen (Appius, Cornelius, Messius, Andrius usw.) der Besitzer des jeweiligen Landgutes. Selbiges gilt auch für die Städtenamen von Bozen und Meran. Ebenso reicht die mundartliche Terminologie des Weinbaus größtenteils auf die lateinische Volkssprache zurück, wie dies Franz Tumler bereits 1924 nachgewiesen hat. Sie gilt als einzigartig für den deutschen Sprachraum und rührt nur vereinzelt aus rätischer Herkunft (Praschlet, Patitsche) her, während ein Großteil der frühen Weinbaubegriffe vulgärlateinische Lehnwörter sein dürften, besonders solche, die den Anbau und das Stützgerüst der Reben sowie Geräte der Kellerwirtschaft bezeichnen. Dies lässt darauf schließen, dass es etwa das Perglgerüst und die Torggl (Baumpresse) schon zur Römerzeit gab.

Abbildung 1

1620 fertigt Matthias Burglechner die „Aquila Tirolensis“ an, die berühmte Landkarte Tirols in Form eines Adlers. Die weinbaulichen Szenen auf der Karte zeigen, welche Bedeutung der Weinbau in Südtirol schon damals hat.

Abbildung 2

Dass schon zur Zeit der Römer in Südtirol Trauben ausgepresst wurden, beweist nicht nur das Torgglbett aus dieser Zeit, das im Museum Zeitreise Mensch in Kurtatsch ausgestellt ist. Auch der Begriff „Torggl“ ist ein lateinisches Lehnwort.

Abbildung 3

Ein verkohltes Stück Rebholz aus der Römerzeit ist einer der wenigen handfesten Beweise dafür, dass man schon damals in Südtirol Kulturreben angebaut hat. Es wurde mitten im heutigen Ortszentrum von Kurtatsch gefunden.

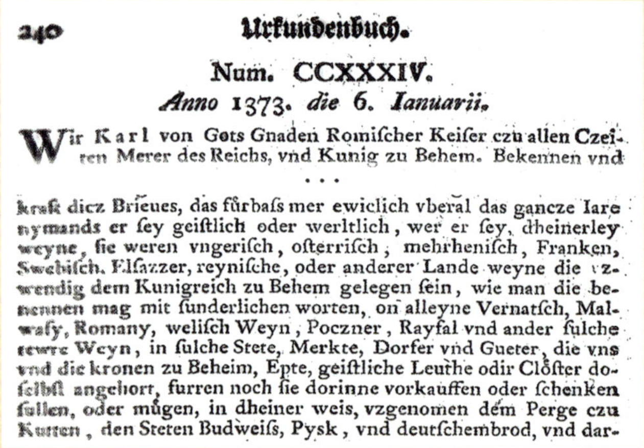

240 Urkundenbuch.

Num. CCXXXIV.

Anno 1373. *die* 6. *Ianuarii.*

Wir Karl von Gots Gnaden Romischer Keiser czu allen Czeiten Merer des Reichs, vnd Kunig zu Behem. Bekennen vnd

...

kraft dicz Brieues, das fürbass mer ewiclich vberal das gancze Iare nymands er sey geistlich oder werltlich, wer er sey, dheinerley weyne, sie weren vngerisch, osterrisch, mehrhenisch, Franken, Swebisch, Elsazzer, reynische, oder anderer Lande weyne die vzwendig dem Kunigreich zu Behem gelegen sein, wie man die benennen mag mit sunderlichen worten, on alleyne Vernatsch, Malwasy, Romany, welisch Weyn, Poczner, Rayfal vnd ander sulche tewre Weyn, in sulche Stete, Merkte, Dorfer vnd Gueter, die vns vnd die kronen zu Beheim, Epte, geistliche Leuthe odir Clöster doselbst angehort, furren noch sie dorinne vorkauffen oder schenken sullen, oder mugen, in dheiner weis, vzgenomen dem Perge czu Kutten, den Steten Budweiss, Pysk, vnd deutschembrod, vnd dar-

Abbildung 4

Im Urkundenbuch über Kaiser Karl IV. von 1783 findet sich auch dessen Edikt von 1373, mit dem er Weinbauern in Böhmen vor Billigimporten zu schützen versucht. Eine Ausnahmegenehmigung für die Einfuhr nach Prag gibt es nur für „teure Weyn“, unter denen auch der Vernatsch oder der „Poczner“ namentlich angeführt sind.

Erste schriftliche Hinweise

Während die Entwicklung des Weinbaus in Südtirol in und nach der Römerzeit anhand von Indizien und indirekten Bezügen nachvollzogen werden muss, stammen erste spezifische Angaben zum Tiroler Weinbau aus dem ausgehenden Mittelalter.

Während die Entwicklung des Weinbaus in Südtirol in und nach der Römerzeit anhand von Indizien und indirekten Bezügen nachvollzogen werden muss, stammen erste spezifische Angaben zum Tiroler Weinbau aus dem ausgehenden Mittelalter. Den Beginn macht eine Weinrechnung von 1490 des Klosters Tegernsee mit dem Hinweis: „An der Etsch sind mancherlei Weinreben als Muskateller, Vernetzer, Lagreiner, die seien die besten; Pfefferwein (Peverella, Pfeffertraube, *Anm. d. Verf.*), Heunisch, Madruschen (unbekannte Sorte, *Anm. d. Verf.*), Schlafen (Gschlafene, *Anm. d. Verf.*), Verdolen (Versoaln, *Anm. d. Verf.*), die sein die letzeren oder schlechteren.“ Auch sollte der Verwalter auf die Qualität der Zinsweine achten, es durften also nicht Gschlafene, Heunische und Puntwein aus anderen Weingärten untergemischt werden. Vielmehr musste guter Lagrein gestellt werden. In Bezug auf die Besitzungen des Klosters wurde Wein aus Lana als Sommerwein eingestuft, während jener aus Planitzing als Winterwein galt. Als Sommerweine wurden dabei jene bezeichnet, die erst im Sommer trinkreif waren, vermutlich infolge ihres erhöhten Säuregehaltes oder wegen des Gerbstoffanteils. Als Winterwein galt dagegen Wein, der den folgenden Sommer nicht überstand.

In seiner in Versform verfassten Beschreibung „Der Fürstlichen Grafschafft Tyrol Landtreim“ von 1558 geht Georg Rösch von Geroldshausen, ein Innsbrucker Regierungsbeamter, der in Sterzing begraben liegt, auch auf die landwirtschaftlichen Erzeugnisse ein. Er zählt den roten Brixner Sommerwein, den Trienter Vergärner und als einzige Rebsorte den Lagrein, sodann die Lagenbezeichnungen Traminer, Eppaner, Leitacher, Kalterer, Girlaner, Missianer, Montaner, Planitzinger, Rieder (Bozen?), Grieser, Ackpfeifer (Lana) und St. Gotthartswasser (Wein in Mezzocorona?) auf. Der Schreckbichler und Roter Isera sollen im Etschtal als die besten gegolten haben. Zusätzlich führt er Kräuterweine aus Rosmarin, Zungenfarn, Wacholder, Schlehen, Alant, Salbei, Nelken, Ingwer und Wermut sowie gekochten Süßwein an. 1620 berichtet dann Matthias Burglechner, dass viele Tausend Yhren Wein (1 Yhr entsprach in Bozen rund 78 Litern, andernorts auch mehr) ausgeführt wurden. „Der Weine Farben und Sorten sind vielerlei, von den roten hat der Brixner Most den Vorzug, von den weißen jene von Tramin und Leitach“, schreibt Burglechner. Abb. 1

Ein mit Wein reich gesegnetes Land

Eine aufschlussreichere Landesbeschreibung liefert Marx Sittich von Wolkenstein-Trostburg in seiner „Chronik von Tirol“, entstanden um 1600. Die Beschreibung bezieht sich auf die damaligen Gerichte als territoriale Verwaltungseinheiten, allerdings fehlen die Abschnitte für Meran und den Vinschgau. Nach Wolkenstein ist Tirol reich mit Wein gesegnet, der wegen seiner Qualität und der „Lieblichkeit beim Trinken“ auch exportiert wird. Der Weinbau beginnt bei Brixen und erstreckt sich längs des Eisacks und der Etsch bis Borghetto. In Brixen sind es rote Weine, in Bozen der Leitacher und Grieser, während Wolkenstein den Missianer und Traminer als „starke" Weine beschreibt. Der Autor gibt zudem Weinbewertungen ab, so ob Sommer- oder Winterwein vorliegt, viel oder weniger erzeugt wird und das Gebiet Wein ausführt. So schreibt er für Kaltern, dass „2.000 wagen zu gemain verkauft" worden seien, demnach 2.000 Fuder zu 622 Liter. Nur ab und zu finden rote Weine Erwähnung, woraus abzuleiten ist, dass vorherrschend noch Weißwein erzeugt wurde. Neben den genannten Lagenbezeichnungen wird auch der Montaner und der Kalterer Seewein angeführt, zudem finden sich Sortenangaben wie Lagrein, Gschlafene, Heunisch, Muskateller, Pfeffertraube und eigenartigerweise Trollinger (für Teroldego?). Für das Gericht Kurtatsch listet Wolkenstein etwa auf, dass in Söll guter Sommerwein oder Traminer wachse, in Rungg guter Traminer und guter Rotwein, davon aber nur wenig. In Entiklar gebe es vortrefflichen Traminer und roten Wein, in Kurtatsch selbst wachse ein guter Traminer, in Penon nur Sommerwein – wenn auch ein ziemlich guter. Für Margreid verweist Wolkenstein auf drei unterschiedliche Traminer, Vernatsch gelte als gewöhnlicher Winterwein und auch rote Sorten seien vorhanden. Kein Weinbau finde sich schließlich in Graun sowie Ober- und Unterfennberg.

Eine interessante Deutung lässt die Beschreibung Wolkensteins für Aichholz (Roverè della Luna) zu. Dort sei der Aichholzer Lagrein dem Traminer in seiner Güte gleich, er werde nur anders genannt. Zudem wachse im Ort auch ein guter Rotwein. Daraus ergibt sich, dass „Lagrein" Anfang des 17. Jahrhunderts noch für einen Weißwein stand, während „Traminer" als Lagenbezeichnung von Margreid bis Söll verwendet wurde. Wolkenstein, ein für seine Zeit weit gereister Ritter, erwähnt auch Spezialweine wie Kräuter- und Süßweine, die an keinem anderen Ort erzeugt würden und deshalb im Ausland gefragt seien. Der Autor schreibt, dass Kräuterweine im November mit Alant, Gewürznelken, Ingwer, Salbei oder Senf versetzt und auch „gesottene", also erhitzte, Weine erzeugt worden seien. Durch die Erhitzung der Jungweine wurde der Gärungsverlauf gezielt gestoppt, um die Weinsüße zu erhalten.

> Nach Wolkenstein ist Tirol reich mit Wein gesegnet, der wegen seiner Qualität und der „Lieblichkeit beim Trinken" auch exportiert wird. Wolkenstein, ein für seine Zeit weit gereister Ritter, erwähnt auch Spezialweine wie Kräuter- und Süßweine, die an keinem anderen Ort erzeugt würden und deshalb im Ausland gefragt seien.

Einblick in den Weinberg

Aus derselben Epoche liegen für den Weinhof Anreiter in Moritzing/Bozen aufschlussreiche Urkunden vor. Wie Hubert Gasser aufzeigt, war der Hof 1633 durch das Fürstbistum Brixen von Hans Georg Anreiter erworben worden. Eine Betriebsbeschreibung von 1780 gibt für das Gut fünf Hektar Weinbau und Acker an, schon sehr viel früher sind aber die weinbaulichen Pflegemaßnahmen an den Bedingungen an den Baumann abzulesen,

Abbildung 5

Es sind vor allem sprachliche Spuren, die die Römer im Südtiroler Weinbau hinterlassen haben. Für einen Artikel aus dem Jahr 1905 macht man sich sogar die Mühe, die Geräte mit Bezeichnungen lateinischen Ursprungs grafisch festzuhalten. Erschienen sind Darstellung und Artikel – warum auch immer – in der Zeitschrift des Deutschen und Österreichischen Alpenvereins 1905/06.

der zu Martini (11. November) 1643 seinen Dienst antrat. So sollte um Georgi (23. April) das Erdreich von den Rebzeilen (mit der Haue) herausgehauen und um Pfingsten wiederum zugeschöpft werden. Um Jakobi (25. Juli) war der Boden erneut mit der Haue (gegen den Unterbewuchs) zu bearbeiten, um Micheli (29. September) mussten die Rebzeilen „zugehäufelt" werden. Der Rebschnitt sollte – falls keine „scharfen" Winde wehen – im März erfolgen oder alternativ bald nach der Lese. Die Reben sollten bis Mariä Verkündigung (25. März) angebunden sein, sie waren zur rechten Zeit zu „schabigen" und anzuheften, auch „auszubrechen", damit Sonne und Luft durchzustreifen vermöge. Zeitig abzuklauben, seien die „Batillen" (Rebenstecher) und anderes schädliches Ungeziefer.

Besonders interessant ist die Auflistung der Sorten am Betrieb, die zumindest für das Bozner Weinbaugebiet repräsentativ sein dürfte. Genannt werden Liechtheinisch, also Weißer Heunisch, Kholheinisch (Blauer Heunisch?), Goltpör (Goldbeere), Gaißaugen (Geisaugen, eine Tafeltraube?), Hurlacherin (lokale Sortenbezeichnung, Hurlach ist ein Ansitz in Bozen), Schwarzer Lagrein (Blauer Lagrein), Weislagrein (Weißer Lagrein), Hörtling (Härtling), Edler Vernätsch (Großvernatsch), Schwarz Vernätsch (Kleinvernatsch), Schwarze Schlafen (Gschlafene), Pratweinpör (Brater), Puznising (Putzscheere?), Muscatel (Muskateller), Pfefferweinpör (Pfeffertraube) sowie Frauenweinpör (Fraueler?). In der Urkunde hinzugefügt wurden die Sorten, die für den fürstbischöflichen Wein zu verwenden waren: bei den Weißen Hurlacherin, Weislagrein, Muskatell und Frauenpör, bei den Schwarzen (Blauen) Kholheinisch, Schwarz Lagrein und Schwarz Schlafen.

„Adelige" Tiroler Weine

Tiroler Weine waren in der Neuzeit an den Höfen zahlreicher Adeliger gefragt.

Tiroler Weine waren in der Neuzeit an den Höfen zahlreicher Adeliger gefragt. So hielten die Herzogshöfe in München und Graz verschiedene Tiroler Weinprovenienzen. Und in den Kellerverzeichnissen der Habsburger Kaiser finden sich fortwährend Weine aus Tirol.

So hielten die Herzogshöfe in München und Graz verschiedene Tiroler Weinprovenienzen. Und in den Kellerverzeichnissen der Habsburger Kaiser finden sich fortwährend Weine aus Tirol. Das ist indes kein Wunder, wird doch ausdrücklich berichtet, wonach der Kaiser und seine weibliche Gefolgschaft Weißwein aus Friaul und Roten aus Tirol bevorzugten. Ebenso hielt der König von Preußen in seinem Keller Tiroler Wein. Welcher Wein aus Tirol geliefert wurde, ist in einer Weinbestellung von Erzherzog Ferdinand II. für seinen Hof in Graz zu entnehmen. Betroffen waren die Weinsorten Leitacher, Traminer, Grieser sowie Weißer und Roter Vernatscher, zudem Kräuterweine mit Alant, Ingwer, Gewürznelken, Rosmarin und Wermut, alle mit Leitacher Most aus Bozen angesetzt. Die „Vergärner" scheinen indes bereits in der zweiten Hälfte des 17. Jahrhunderts den Vorzug erhalten zu haben. Entsprechend resultieren im Kellerinventar von Erzherzog Sigmund Franz in Innsbruck für das Jahr 1665 über 1.100 Yhren Vergärner (Weißer und Roter Grieser, Meraner, Weißer und Roter Traminer, Weißer und Roter Trientner, Weißer und

Roter Missianer u. a.) gegenüber nur rund 240 Yhren Höpfwein (Traminer, Meraner).

In einer Anleitung für den deutschen Kaufmann von 1766 werden Tiroler Weine ebenso wie in anderen Handbüchern dieser Zeit als Etschweine bezeichnet. Hervorgehoben werden dabei die Rotweine, die sehr dunkel seien, mit einer ins Violett fallenden Farbe, und einen besonderen Nachgeschmack zeigten. Allerdings könnten sie nur vier, fünf Jahre gelagert werden. Im 18. Jahrhundert werden die roten Etschweine als „lieblich" bezeichnet, als beste galten Traminer und Marziminer (Marzemino aus Rovereto), gefolgt von den Brixnern und den Weinen aus der Gegend um Bozen. Bevorzugt zu beziehen seien sie an den zwei Bozner Jahresmärkten (Mitfasten und Ägydi), aber auch in Augsburg seien sie erhältlich, heißt es in der Anleitung für den deutschen Kaufmann.

Aufstehen, Krone richten, weitermachen

Das für den Weinbau turbulente 19. Jahrhundert

// Über Jahrhunderte hatte sich der Weinbau in Südtirol bedächtig entwickelt. Das ändert sich im 19. Jahrhundert schlagartig. Neue Erfordernisse am Weinmarkt, neue Schädlinge und Krankheiten und nicht zuletzt neue Rebsorten krempeln die gesamte Weinwirtschaft um und stellen sie auf eine völlig neue Basis. Diese ist (sozial) breiter und fußt auf der Wissenschaft, die erstmals systematisch Einzug in die Weinwelt hält. Allerdings nicht ohne Rückschläge und Neuanfänge.

Helmuth Scartezzini

Um die Mitte des 18. Jahrhunderts präsentiert sich Tirol noch agrar-feudal strukturiert. Einen ersten Umbruch für die Landwirtschaft bringen erst die Maria-Theresianischen Reformen. So war für die bäuerliche Bevölkerung zuerst das Höfegesetz von 1750 mit der Unteilbarkeit der Güter von Bedeutung, ebenso das 20 Jahre später erlassene Patent des geschlossenen Hofes, womit die Unteilbarkeit des landwirtschaftlichen Betriebes erwirkt wurde. Allerdings blieb die Realteilung in den Hauptweingebieten im Überetsch und Unterland noch bis ins 20. Jahrhundert erhalten. Eine zweite Zäsur bringen die Ideen der Aufklärung, die Anfang des 19. Jahrhunderts auch die Landwirtschaft erfassen. Eine Folge ist die Auflösung der Abhängigkeit der Weinbauern von den Grundherren, die 1848 per Reichsgesetz festgeschrieben wird. Damit fällt die Abgabe des Zehents oder anderer Zinsleistungen weg. Als zweite Folge orientiert man sich nun auch in der Landwirtschaft immer stärker an wissenschaftlichen Erkenntnissen.

Auch deshalb erhebt Johann Jakob Staffler in den 1830er-Jahren die produzierte Weinmenge. Für ganz Tirol kommt er auf 451.000 Hektoliter, wobei die ergiebigsten Mengen im Bezirk Bozen (79.100 Hektoliter), Kaltern (62.150) und Meran (38.400) anfielen. Noch rund drei Jahrzehnte zuvor war man auf 316.000 Hektoliter für Gesamttirol gekommen. Vermutlich hatte sich die bayerische Übergangsherrschaft positiv auf den Absatz ausgewirkt und Neuanlagen

Abbildung 1

Kleine Wesen, große Schäden: Die Reblaus sucht ab den 1870ern den Weinbau in ganz Europa heim, in Südtirol kann man einen Befall bis Anfang des 20. Jahrhunderts hinauszögern – und ist danach gut vorbereitet: auch aufgrund weitreichender Aufklärungsarbeit.

Abbildung 2

Um die Reblaus zu bekämpfen, wurde das sogenannte Kulturalverfahren angewandt. Dabei wurde Schwefelkohlenstoff einmal jährlich – meist nach der Lese – mit solchen Schwefelkohlenstoffspritzen in den Boden injiziert. Und das in 25 bis 40 Zentimeter Tiefe.

hervorgerufen. Allerdings spricht Beda Weber in seinem „Reisehandbuch durch Tirol", erschienen 1842, bei insgesamt 481.400 Hektoliter Weinproduktion nur von unbedeutenden Ausfuhrmengen, der meiste Wein werde im Land selbst konsumiert. Aus dieser Zeit gibt es auch eine Angabe von 55.300 Jauch (10.175 Hektar) Weinbaufläche in ganz Tirol.

Verlässliche Daten stammen aus einer statistischen Erhebung des k.k. Ackerbauministeriums in Wien, die sich auf das Jahr 1870 beziehen. Sie kommt für den Weinbaubezirk Bozen (Überetsch und Unterland eingeschlossen) auf 4.267 Hektar Weinbaufläche, für den Kreis Meran auf 1.764 Hektar, für Brixen auf 272 Hektar. Südtirol zählte damit insgesamt 6.303 Hektar Weinbaufläche, ganz Tirol kam auf 11.106 Hektar. Die Mostmengen wurden für Bozen mit 161.000 Hektolitern angegeben, für Meran mit 97.000, für Brixen mit 4.700 Hektolitern. Auffallend ist, dass die Anbaufläche in Tirol in den folgenden Jahren stetig ausgeweitet wird und bis 1908 auf 22.870 Hektar steigt. Selbiges gilt naturgemäß auch für die Weinmenge, die im selben Zeitraum von rund 400.000 Hektolitern auf rund eine Million steigt.

Tirols Weinwirtschaft stellt sich neu auf

Die ersten drei Jahrzehnte des 19. Jahrhunderts sind politisch turbulent, für die Weinwirtschaft in Südtirol aber durchaus lukrativ. So brachten die Kriegsjahre unter französischer, bayerischer und italienischer Fremdherrschaft hohe Gewinne, weshalb die Rebflächen in der Talsohle Schritt für Schritt ausgedehnt wurden. Allerdings ging die Steigerung der Produktionsmenge auf Kosten der Qualität und führte über kurz oder lang zu einer Überproduktion. Zugleich stand die fortwährende Abhängigkeit von den Weinhändlern einer Verbesserung der Weinkultur im Wege. So beklagen sich die Weinbauern, dass die Anlieferung der verschiedensten Trauben aus verschiedenen Lagen „zu Gemischen von mittelmäßigen Erzeugnisse verarbeitet und vertrieben" würden. Vor diesem Hintergrund wird 1838 die „k. k. Landwirtschaftsgesellschaft von Tirol und Vorarlberg" gegründet. Über das „Wochenblatt" des Vereins sollte die Bauernschaft über die neuesten Erkenntnisse zu Düngung, Schädlingsbekämpfung, Ertragssteigerung und bessere Anbaumethoden informiert werden. Filialvereine wurden in Bozen (als „Kreis an der Etsch") im April 1838 sowie für das Pustertal im selben Jahr gegründet.

Eine der treibenden Kräfte hinter der Gesellschaft war Erzherzog Johann, der schon 20 Jahre zuvor in der Steiermark eine Landwirtschaftsgesellschaft aus der Taufe gehoben hatte. Er hatte damals in Pickern bei Marburg ein Weingut erworben, in dem er sortenreine Anlagen mit neuen Rebsorten (u. a. Welschriesling, Sylvaner, Blauburgunder, Weißburgunder, Ruländer, Riesling, Traminer) schuf und diese separat ausbaute. Das Beispiel des Erzherzogs fand vielfach Nachahmung und die Entwicklung in Bozen und Umgebung verlief ähnlich. Abb. 3 Auch hier legten Pioniere Sortenversuche an, zwischen 1841 und 1845 entstand dafür ein Pflanzgarten in Bozen. 1844 hatte Erzherzog Johann zudem das Gut St. Valentin in Eppan-Berg übernommen, 1845 erwarb er Schloss Schenna, 1852 den angrenzenden Ansitz Thurn. In all seinen Weingütern setzte der Erzherzog auf neue Rebanlagen, Sorten und die für damals neue, niedere Erziehungsform.

Der anfängliche Schwung der k. k. Landwirtschaftsgesellschaft – der Mitgliederstand der Filiale Bozen wuchs bis 1843 auf 342 – erlahmte nach 1848 zusehends, auch weil man es unterlassen hatte, die bäuerliche Bevölkerung einzubeziehen. Zwar wurden Sortenversuche und Rebschule aufrechterhalten, letztendlich wurde die Gesellschaft 1869 aber vom „Landwirtschafts- und Gartenbauverein" (samt Fachblatt und angestellten

Abbildung 3

Neue Sorten, neue Impulse:
Ab Mitte des 19. Jahrhunderts ist es vor allem Erzherzog Johann von Österreich, der dem Südtiroler Weinbau mit neuen Sorten eine gänzlich neue Entwicklungsrichtung aufzeigt. In kunstvollen Darstellungen – hier die zeitgenössischen der Grazer Biedermeier-Künstler Vinzenz und Konrad Kreuzer – wurden den Bauern (v. l. o.) Blau- und Weißburgunder, aber auch Weißer Heunisch und Gelber Muskateller vorgestellt.

Abbildung 4
Charakteristischer Farbtupfer: Mit Kupferpräparaten ging man im 19. Jahrhundert (und lange danach) gegen eine ganze Reihe von Rebkrankheiten vor. Die blau eingefärbten Stützen alter Pergln sind ein Überbleibsel der Kupferbehandlungen.

Abbildung 5
Er schafft es, nicht nur Wissenschaft und Praxis zu verknüpfen, sondern auch zwei Sprachgruppen: Edmund Mach, der erste Direktor der landwirtschaftlichen Fachschule in San Michele.

Abbildung 6
Er sollte als „Schwefelapostel" in die Südtiroler Weinbaugeschichte eingehen: Ludwig von Comini-Sonnenberg, der in den 1850ern in seinen Anlagen dem Echten Mehltau mit Schwefelbehandlungen zu Leibe rückt, diese Behandlungen eingehend erläutert und auch andere dazu auffordert, seinem Beispiel zu folgen.

Abbildung 7
Rund um Schloss Rametz in Meran-Obermais legt Friedrich Boscarolli in den 1860ern neue Riesling-, Blauburgunder- und Traminer-, später auch Cabernet-Anlagen an. Er setzt damit nicht nur auf neue Rebsorten, sondern auch neue Akzente.

Wanderlehrern) und 1884 vom „Obst-, Wein- und Gartenbauverein Bozen" abgelöst.

1864 kommt erneut Schwung in die Neuformierung des Weinbaus in Tirol, als der Tiroler Landtag mit der Debatte zur Errichtung einer landwirtschaftlichen Schule beginnt. Fünf Jahre später kauft das Land dafür das ehemalige Kloster San Michele an, in dem unter Führung von Edmund Mach die „Landwirtschaftliche Landesanstalt in St. Michele an der Etsch" eingerichtet wird. ABB.5 Von Anfang an legt Mach dabei Wert auf eine enge Verbindung von Schule, Versuchsstation und Praxis und leistet so einen wesentlichen Beitrag dazu, die rückständigen Verhältnisse in Tirols Weinbau und Kellerwirtschaft bis Ende des Jahrhunderts zu beheben und sie auf eine gehobene Stellung in der Monarchie zu bringen.

Neue Feinde, neue Waffen

Anfangs sind es vor allem tierische Schädlinge, die den Weinbauern Sorge bereiten. Rebstecher („Batill"), die Raupen des Traubenwicklers („Gossen"), Maikäfer („Zullen"), Spinnmilben, Rebendreher, Wanzen (Blattruscheln), Rebenschildläuse: Wo möglich, wurden diese Schädlinge gefangen, abgeklaubt oder abgebürstet. Diese Lage ändert sich mit dem Auftreten der ersten bedeutenden Pilzkrankheit, dem Echten Mehltau, Oidium oder Traubenfäule. Sie wurde aus Nordamerika nach Europa eingeschleppt und 1850 zum ersten Mal in Südtirol entdeckt, und zwar in einem Weingut am Bozner Boden. Schon im Jahr darauf greift die Krankheit derart um sich, dass im Juli in Bozen die Gnadenmutter in feierlicher Prozession getragen wird, an der sich 13.000 Gläubige beteiligten. Handfester ging Ludwig von Comini-Sonnenberg an die Bekämpfung der Krankheit. ABB.6 Nach ersten erfolglosen Versuchen mit nassem Schwefel versucht es Comini mit dem Eintauchen der Trauben in Leim- oder Eierwasser und kommt danach auf die Schwefelbestäubung zurück. Im „Bozner Wochenblatt" vom 27. Mai 1857 ruft er die Weinbauern zum Schwefeln der Reben auf und gibt auch die notwendigen Anleitungen. Nur: Zu wenige Bauern folgen seinem Rat, ein neuerlicher Befall 1859 führt daher zu einem fast vollständigen Ertragsausfall. Nur jene, die eine Schwefelbestäubung vorgenommen hatten, konnten eine gute Ernte einfahren und dank eines auf das Fünffache gestiegenen Weinpreises hohe Erlöse erzielen. Immer mehr Bauern folgten daraufhin Comini, ab 1862 pendelten sich die Weinpreise wieder ein und ab 1865 konnten auch die Erträge durch den allgemeinen Schwefeleinsatz wieder auf ein normales Niveau gesteigert werden.

Die nächste Plage für die Reben stellte sich 1880 mit dem Auftreten des Peronosporapilzes ein. Anfänglich trat die Krankheit nur in tiefen Lagen und erst im Herbst auf, in den Jahren 1883/84 verschlimmerte sich die Lage allerdings dramatisch. An der Landesanstalt San Michele wurden deshalb Versuchsreihen zur Bekämpfung gestartet, bei denen sich Kupferkalkbrühe als bestes Mittel zur Vorbeugung der Krankheit herausstellte. ABB.4 Allerdings waren die Weinbauern auf das Ausbringen flüssiger Mittel nicht vorbereitet, sodass eigene „Spritzer" mit ihren Geräten von Hof zu Hof gingen. Danach wurden von Handwerkern im Land Rückentragspritzen entwickelt, die über eine Pumpe manuell betätigt wurden. Als Folge der Peronosporabekämpfung ab 1888 unterblieb der Getreide- oder Gemüseanbau unter wie zwischen den Pergln.

Ebenfalls aus Amerika nach Europa eingeschleppt wurde die Reblaus. ABB.1 In den 1870er-Jahren breitet sie sich rasant in ganz Europa aus; in Tirol versucht man, sich durch eine Einschränkung des Pflanzenverkehrs (1875), die Überwachung der Weinberge und Pflanzschulen (ab 1879) sowie ein Verbot der Einfuhr ausländischen Rebmaterials

(1890) zu schützen. Zudem hatte die Versuchsanstalt 1885 damit begonnen, heimische Rebsorten auf gegen die Reblaus widerstandsfähige Reben aus Amerika aufzupfropfen. Ziel war, den Rebbestand zu erneuern, denn bis dahin standen die anfälligen europäischen Reben auf eigener Wurzel. Allerdings konnte man durch all diese Maßnahmen den Reblausbefall nicht verhindern. Im Juli 1901 wurde der erste Befall in Meran gemeldet, allerdings kam man nach eingehenden Untersuchungen zum Schluss, dass die Laus die Reben bereits mindestens zehn Jahre zuvor befallen hatte. Bekämpft wurde die Reblaus anfangs durch das „Kulturalverfahren", Injektionen von Schwefelkohlenstoff in den Boden. Abb. 2 Weil dieses allerdings sehr kostspielig war, sollte es nur in der Übergangsphase zum Einsatz kommen, bis sämtliche Weingärten mit amerikanischen Unterlagen neu erstellt worden waren.

Qualitätsstreben verlangt neue Rebsorten

Das Traubensortiment umfasste im 19. Jahrhundert verbreitet Rotweinsorten aus der Vernatsch-Gruppe, in abnehmender Reihenfolge Kleinvernatsch, Großvernatsch (Edelvernatsch) und Grauvernatsch. Es folgten verbreitet Gschlafene, Lagrein, Edelschwarze und vereinzelt Schwarzer Brater, Teroldego, Marzemino und Furner. Weißweinsorten kamen insgesamt auf etwa 20 Prozent, dabei dominierten Weißvernatsch und Blatterle, daneben vereinzelt Weißterlaner, Muskatblatterle, Pfeffertraube, Fraueler, Heunische, Weiße Brater, Gelber und Weißgelber Muskateller sowie Versoaln und Weißer Lagrein. Das Bestreben, den Weinbau qualitativ zu verbessern, begann mit der Einfuhr von Rebsorten aus renommierten Weinbaugebieten. Der Blick wandte sich dabei vor allem in den Rheingau und nach Frankreich, wobei den Anfang das Eisacktal macht. So verpflanzten um 1829 fortschrittliche Weingutsbesitzer „Rheinreben" nach Brixen, die sich durch Ausdauer und Fruchtbarkeit bewährten. Es handelte sich um den Gelben Ortlieber, auch „Elsässer" genannt, und vermutlich zeitgleich Weißen Elbling. Allerdings haben sich die beiden neuen Sorten nicht bewährt, schon um die Jahrhundertwende wuchsen im Tal vorherrschend andere Sorten.

Nach ihrer Gründung 1838 nimmt sich auch die k. k. Landwirtschaftsgesellschaft der neuen Sorten an. So werden aus Mailand und Chambery (Savoyen) die Burgunder Rebe (Weißburgunder?), Bordeaux noir (vermutlich Cabernet), Borgougne noir (Blauburgunder), Aleatico, Malaga (Tafeltraube?), Teinturier (Färbertraube) und verschiedene Chasselas (verschiedene Gutedelarten) bezogen. Aus Rüdesheim am Rhein kamen der Weiße Riesling und der Gelbe Orléans. Auf der Zentralversammlung des Vereins 1840 berichtet die Filiale Bozen von den Sortenversuchen, die man auf einem gepachteten städtischen Grund durchführt. Im Versuchsgarten stand seit 1842 ein Dutzend der bekannten Rebsorten Deutschlands, bis 1845 kamen weitere Sorten aus dem In- und Ausland dazu, während im Bozner Weingut von Anton von Ingram mit französischen Rebsorten experimentiert wurde. Gesucht wurden vor allem frühreife, farbintensive Rotweinsorten und Tafeltrauben.

Neben diesen Versuchen wurden – schon wesentlich zielführender – auch neue Rebanlagen angelegt, etwa durch Karl von Zallinger, der 1840 in St. Georgen in Bozen Riesling, Traminer und Blauburgunder gepflanzt hatte. Um 1847 folgte dann Erzherzog Johann im Ansitz St. Valentin in Eppan-Berg mit Rebanlagen von Traminer und Ruländer. Aus seinen Erfahrungen in der Steiermark dürften auch Weißburgunder, Riesling und Sylvaner mitgebracht worden sein. Mit dem Begriff „Stra(h)ler" bezeichnete man im Überetsch ein Gemisch aus diesen

Sorten. Der Name rührt von „Strareben“ (auch „Steckelereben“) her, womit damals Reben bezeichnet wurden, für die man die niedere, aus dem Rheinland bekannte Erziehungsform gewählt hatte. Auch am Thurnerhof in Schenna dürfte der Erzherzog ab 1852 – neben Gelbem Orléans – auf diese Sorten gesetzt haben. Als weitere Pioniere zählen in Bozen Alois Bauer, Erzherzog Rainer (mit Welschriesling) sowie Heinrich und Ignaz von Giovanelli. In Brixen war es dagegen Franz von Guggenberg, der von 1850 bis 1857 Tastversuche von Riesling, Traminer, Weißburgunder, Sylvaner, Mosler, Orléans, Sauvignon, Blauburgunder, Portugieser, Früh-Blauburgunder, sogar Cabernet franc, Kadarka und Wildbacher durchgeführt hat. Der Riesling vom Ansitz Seeburg errang in der Folge besondere Beachtung. In Meran setzte Friedrich Boscarolli auf Schloss Rametz ab 1863 mit seinen Anlagen von Blauburgunder, Riesling und Traminer, später mit Cabernet neue Akzente. Abb. 7 Zu den Pionier-Weingütern im Raum Meran zählten zudem Schloss Lebenberg in Tscherms sowie die Schlossgüter von Vernaun, Goyen, Brandis und Trauttmansdorff. Und aus den ersten Weinverkostungen in Bozen gehen zusätzliche Weingutsbesitzer aus dem Überetsch, in Nals, Tramin und Siebeneich als Pioniere hervor. Es könnte durchaus sein, dass einzelne dieser innovativen Weinproduzenten die zweijährige „Praktische Schule für Weinbau und Obstzucht“ in Klosterneuburg besucht haben und nach deren Eröffnung 1860 von der dortigen Rebschule Edelreiser von Riesling, Traminer und Blauburgunder bezogen haben.

Eine besondere Entwicklung nahm der Weinbau im Eisacktal. Nach wiederholten Winterfrösten 1879/80 wandte sich der Brixner Gemeindeverwalter an die Landesanstalt San Michele. Edmund Mach empfahl daraufhin, sicher ausreifende Sorten wie Weißburgunder, Ruländer, Sylvaner, Riesling, Welschriesling, Veltliner rot und grün, Gutedel, Zierfahndler und von den Rotweinsorten Blauburgunder, Müllerrebe, St. Laurent, Gamay und Blaufränkisch. Portugieser war im Tal bereits bekannt. Schnittreben dafür konnten aus San Michele bezogen werden. Als einer der ersten griff Johann Huber, „Völkl“ aus Elvas, den Vorschlag Machs auf und pflanzte diese Sorten an. Der Weinbaupionier, Multifunktionär und Genossenschaftler versorgte danach Brixen und Umgebung mit entsprechenden Schnittreben. Seit damals sind die Sorten Sylvaner, Ruländer und Veltliner im Eisacktal im Anbau, der Weißweinanbau trat an die Stelle des Rotweins. Weitere Empfehlungen der Versuchsanstalt galten den warmen Lagen des Etschtals, für die man zu Bordeauxsorten (Cabernet, Merlot, Petit Verdot) riet. Auch der weiße Sauvignon hat sich nach einer Empfehlung der Anstalt 1886 im Etschtal (Terlan) angesiedelt. Zudem dürfte Rosenmuskateller seinen Ausgang aus den Weingärten der Anstalt genommen haben, nachdem diese Weinsorte auf den Bozner Frühjahrsweinmärkten ab 1905 über Jahre hinweg nur von dort beschickt worden war.

Das heutige zugkräftige Sortiment an Weinen in Südtirol rührt also von den Anfängen vor rund 150–170 Jahren her. Allerdings ist es keine lineare Entwicklung, die damals ihren Ausgang nimmt, fehlen Ende des 19. Jahrhunderts doch der Wille zu und die wirtschaftliche Notwendigkeit einer Umstellung des Sortiments. Noch war die Absatzlage für den Tiroler Rotwein zu gut, weshalb die Anlagen mit den neuen Sorten um die Jahrhundertwende wieder größtenteils verschwinden – nicht zuletzt im Gefolge des Wiederaufbaus im Zuge der Reblausbekämpfung.

\\

Krisen, Kriege und ein Paradigmenwechsel

Die Weinwirtschaft von 1900 bis heute

// Die Südtiroler Weinwirtschaft erlebt in den ersten Jahrzehnten des 20. Jahrhunderts so ziemlich alles: einen frühen Aufschwung, ein Reblaus-bedingtes Umdenken, aber auch Kriege und Krisen. In alledem kennt man damals nur ein Ziel: mehr produzieren. Gerade dieses Denken stürzt die Weinwirtschaft in den 1980ern aber in eine tiefe Krise, aus der nur ein Weg führt: ein Paradigmenwechsel und die konsequente Konzentration auf Qualität.

Eduard Bernhart

Betrachtet man die Entwicklung der Südtiroler Weinwirtschaft im 20. Jahrhundert und danach, kann man drei Epochen unterscheiden. Da sind zum Ersten die Jahre bis zum Ausbruch des Ersten Weltkriegs, in denen die Reblaus die Südtiroler Winzer in Bedrängnis bringt, sie aber in vielerlei Hinsicht auch zu einem Umdenken zwingt. Was folgt, sind zum Zweiten die Jahrzehnte bis herauf in die 1980er-Jahre, die – trotz aller politischen und gesellschaftlichen Umbrüche im Land (und nicht nur) – von einem Weiter-so geprägt scheinen. Und von einem Ziel: mehr, mehr und immer mehr.

Die Zäsur folgt erst mit der Krise, in die die Weinwirtschaft mit dieser Politik der Masse in den 1980er-Jahren schlittert. Während die über Jahrzehnte ausgetretenen Pfade immer weiter in diese Krise hineinführen, wechseln ein paar mutige Pioniere auf neue Wege. Und diese bieten tatsächlich das, was man sich von ihnen erhofft: einen Ausweg. Mehr noch: Es sind diese neuen Wege, vor allem das Streben nach Qualität, das die Südtiroler Weinwirtschaft Schritt für Schritt nicht nur aus der Krise heraus-, sondern in die Weltspitze hineingeführt haben.

Schlechter Start ins neue Jahrhundert

Doch beginnen wir, wie es sich für einen Rückblick gehört, am Anfang – und der ist alles andere als rosig. Während nämlich das 19. Jahrhundert mit einem stetigen Wachstum des Weinbaus in Südtirol ausklingt, beginnt das 20. mit einem

Paukenschlag. 1901 wird in einem Weinberg in Meran ein Reblausbefall gemeldet. Es ist dies für Südtirols Weinbauern eine zwar niederschmetternde Nachricht, es ist aber auch eine, die man seit Jahren erwartet. Und eine, auf die man sich gut vorbereitet hat. So funktioniert in diesen Jahren bereits ein engmaschiges Überwachungsnetz und auch amerikanische und damit Reblaus-resistente Unterlagen sind schon da.

Selbst die Behörden der Doppelmonarchie sind gewappnet und gewähren großzügige Hilfen. Sollte ein Weinbauer mindestens ein Viertel seines Ertrags wegen eines Reblausbefalls einbüßen, konnte er mit einer vollständigen Abschreibung der Grundsteuer rechnen. Sogar zehn Jahre lang wurde diese Steuer erlassen, sollte der Weinbauer den befallenen und gerodeten Weinberg neu errichten – selbstverständlich auf resistenten Unterlagen. Und falls dies alles nicht reichen sollte, um den Winzer aus dem finanziellen Schlamassel zu ziehen, wurde ein auf 20 Jahre angelegtes Darlehen gewährt: zinsfrei, versteht sich.

Während das 19. Jahrhundert mit einem stetigen Wachstum des Weinbaus in Südtirol ausklingt, beginnt das 20. mit einem Paukenschlag. 1901 wird in einem Weinberg in Meran ein Reblausbefall gemeldet.

Reblaus-bedingte Erneuerung

Während die Reblaus also andere Weinregionen in Existenznöte bringt, ist Südtirol auf den Schädling gut vorbereitet. Dazu kommt, dass der Befall sich nicht explosionsartig verbreitet, sondern nur langsam und wie ein Flickenteppich. So hält sich das System der Südtiroler Weinwirtschaft auf den Beinen und kann sich sogar bis zu einem gewissen Grad erneuern. Das gilt vor allem für zwei Bereiche: die Sortenauswahl und den Anbau. Letzterer war im 19. Jahrhundert noch von Mischkulturen geprägt, neben, unter und zwischen den Reben wurden also noch andere Kulturpflanzen gezogen. Diese bunten, uneinheitlichen, oft genug chaotischen Kulturflächen verschwinden im Zuge der Reblaus-bedingten Neuordnung nach und nach, der reine Rebsatz tritt an ihre Stelle.

Damit geht auch eine Spezialisierung der Bauern einher, die nun nicht mehr ein bisschen Wein-, ein bisschen Alles-Bauern sind, sondern sich meist allein auf den Traubenanbau konzentrieren. Zugleich wächst durch diese Entwicklung auch die Rebfläche in Südtirol, und zwar stetig. In den mehr als 40 Jahren von 1870 bis 1913 nimmt die Weinbaufläche im Land um fast 50 Prozent auf 10.500 Hektar zu, die produzierte Weinmenge steigt auf 340.000 Hektoliter jährlich.

Der zweite Bereich, der Reblaus-bedingt eine Neuordnung durchläuft, ist die Sortenauswahl. So wird Anfang des 20. Jahrhunderts der Großvernatsch zu Südtirols Leitweinsorte. Er verdrängt zunehmend die alten, für Südtirol über Jahrhunderte prägenden Lokalsorten. Schon lange vor der Reblauskrise wurde dagegen eine dritte Neuerung eingeleitet, die Südtirols Weinwirtschaft für die nächsten Jahrzehnte (und bis heute) grundlegend prägen würde. So werden in den 1890er-Jahren die ersten genossenschaftlich organisierten Kellereien gegründet, mit denen sich die Bauern ein gewisses Maß an Unabhängigkeit erkämpfen,

Anfang des 20. Jahrhunderts wird der Großvernatsch zu Südtirols Leitweinsorte. Er verdrängt zunehmend die alten, für Südtirol über Jahrhunderte prägenden Lokalsorten.

Unabhängigkeit vor allem von den großen Handelskellereien, von denen die Südtiroler Weinbauern lange Jahre abhängen. Während man in Andrian, Terlan und Neumarkt vorangeht, ziehen bis 1914, bis zu den verhängnisvollen Schüssen in Sarajevo also, 13 weitere Gemeinden nach. Auch dort entstehen Kellereigenossenschaften, die bis zum Ersten Weltkrieg die Verarbeitung von fast einem Fünftel der Traubenproduktion in Südtirol übernehmen.

Neuer Staat, neue Zeit

Wie für alles in Südtirol (und nicht nur) bedeutet der Erste Weltkrieg auch für die heimische Weinwirtschaft eine Zäsur. Während der Weinbau weniger vom Krieg und dessen Folgen betroffen ist, muss der Weinabsatz auf neue Beine gestellt werden. Um die Tragweite zu verstehen, muss man einen Blick auf die Verteilung der Zielmärkte des Südtiroler Weins vor dem Ersten Weltkrieg werfen. So wurden Südtiroler Weine – vor allem die Roten – zu mehr als der Hälfte in Tirol (vor allem in Südtirol) verkauft, weitere fast 30 Prozent gingen in die anderen österreichischen Länder, also nach Wien, Salzburg, in die Steiermark, nach Niederösterreich (einer der wenigen Weißwein-Abnehmer) und Kärnten. Die verbleibenden rund 15 Prozent wurden dagegen exportiert, und zwar in die Schweiz und nach Deutschland.

Der Blick auf die Absatzmärkte zeigt: Nach der Zerschlagung der Donaumonarchie und der Annexion Südtirols durch Italien lagen diese allesamt im Ausland – mit Ausnahme des lokalen, sprich Südtiroler Marktes. Der ist auch nach dem Neustart im neuen Staat das wichtigste Standbein der Weinwirtschaft, rund die Hälfte des gesamten Weins wird hier abgesetzt. Die andere Hälfte wird dagegen neu verteilt. So kommt der Schweiz als Absatzmarkt in den 1920er-Jahren eine immer größere Bedeutung zu, aber auch der Verkauf in das Vaterland – vor allem nach Tirol, Vorarlberg und Salzburg – kommt wieder in die Gänge, auch wenn dieser nun unter der Rubrik „Export“ verbucht werden musste.

Schwieriger gestaltet sich das Erschließen zusätzlicher Märkte, vor allem des neuen Inlandsmarktes in Italien. Hier ist die Konkurrenz sehr viel größer und härter, als sie auf dem österreichischen Markt war, von einem Diktieren von Preisen und Bedingungen kann keine Rede sein. Deshalb müssen die Südtiroler Produzenten anfangs auch Federn lassen. Auch wenn der Absatz daher bald nach Krieg und Annexion wieder ins Rollen kommt, fallen die Erlöse doch geringer aus als noch vor dem Krieg. Durch die gesteigerte Exportquote fallen nun Zölle stärker ins Gewicht, neue Märkte müssen mit aufwendigem Marketing erst erobert werden und wenn dies einmal gelungen war, wirkten sich Konkurrenz- und Preisdruck auf den Erlös aus.

Magere Zwischenkriegsjahre

Die Zwischenkriegsjahre waren für Südtirols Weinwirtschaft demnach hart. Zu sinkenden Erlösen kamen ausgedehnte Schäden durch den Reblausbefall. Weil es den Bauern an Liquidität mangelte, blieb zudem die Erneuerung der Anlagen aus, was sich wiederum auf die Erträge auswirkte. Und weil dies alles noch nicht genug zu sein schien, machten auch noch die faschistischen Behörden den Weinbauern das Leben schwer, indem sie das gesamte Netz an Hilfs-, Unterstützungs- und Beratungsorganisationen kappten. Viele der eingespielten Organisationen wurden zwar durch gesamtstaatliche ersetzt, diese arbeiteten allerdings weit weniger effizient und hatten stets auch politische Ziele vor Augen.

Gerade in den 1930er-Jahren wird die Krise des Weinbaus dann spürbar, auch weil es für die Bauern eine Alternative gibt. Erstmals werden systematisch Reben gerodet und durch Apfelplantagen ersetzt. Am Ende des Jahrzehnts registrieren die faschistischen Behörden eine Rebfläche von gerade noch 8.757 Hektar, seit Ausbruch des Ersten Weltkriegs waren also rund 1.800 Hektar verloren gegangen.

Allerdings bringen die 1930er-Jahre auch eine durchaus positive Entwicklung in Form des Weingesetzes von 1931. In diesem sind erstmals „Typenweine" vorgesehen, die gesetzlich zu schützen sind. In Südtirol fallen der St. Magdalener, der Kalterer, Meraner, Terlaner und Grieser Lagrein unter diesen gesetzlichen Schutzschirm, ihre Ursprungsgebiete werden abgegrenzt, wodurch ein Missbrauch der Marke wenn schon nicht ausgeschlossen, so doch zumindest unter Strafe gestellt werden konnte. Anders als bei den DOC-Bestimmungen war die Abgrenzung des Ursprungsgebiets allerdings eine rein geografische, auf die Weinqualität nahm das italienische Weingesetz keinen Einfluss.

Und wieder ein Neuanfang

Insgesamt war die Lage der Südtiroler Weinwirtschaft also bereits angespannt, bevor die Welt erneut in einen Krieg gezerrt wurde. Dieser verschlimmerte die Situation noch einmal, doch auch der Neuanfang nach dem Krieg litt noch unter den Defiziten, die man in zwei Zwischenkriegsjahrzehnten eingefahren hatte. So ist es kein Wunder, dass die Rebfläche in Südtirol auch nach dem Krieg weiter abnimmt, und zwar um rund zehn Prozent bis Anfang der 1950er-Jahre.

Wichtig ist in diesen Jahren, dass man den Weinexport wieder ins Rollen bringt, auch dank zwischenstaatlicher Verträge, die den grenzüberschreitenden Austausch mit der Schweiz, vor allem aber mit Tirol und Vorarlberg erleichtern. Dadurch wird der Absatz gesichert, trotzdem ist der Druck von Seiten des Obstbaus weiter spürbar. Immer mehr Flächen werden umgestellt, vor allem im Burggrafenamt prägen nun nicht mehr Pergln, sondern in Reih und Glied stehende Apfelbäume das Landschaftsbild. Aufgrund der weitreichenden Umstellung der Kulturen umfasst die Rebfläche in Südtirol 1970 gerade noch 5.400 Hektar, also etwas mehr als die Hälfte der Fläche, die das Zwischenhoch in den ersten Jahren des 20. Jahrhunderts beschert hatte.

Richtet man den Blick ausschließlich auf die Daten der 1950er-, 1960er- und 1970er-Jahre, scheint es fast so, als wolle man den Verlust an Fläche durch einen

Aufgrund der weitreichenden Umstellung der Kulturen umfasst die Rebfläche in Südtirol 1970 gerade noch 5.400 Hektar, also etwas mehr als die Hälfte der Fläche, die das Zwischenhoch in den ersten Jahren des 20. Jahrhunderts beschert hatte.

enorm gesteigerten Hektarertrag ausgleichen. Hinter dieser Entwicklung steckt allerdings mehr. Da ist zum einen das stetig steigende Know-how im Anbau, zum anderen lässt aber auch der Fortschritt in Pflege, Pflanzenschutz, Düngung und Bewässerung die Erträge in die Höhe schnellen. Dies ist auch dem Wiederaufbau von Ausbildung, Beratung und Versuchswesen zu verdanken, die nach dem Niedergang in den faschistisch und zentralistisch geprägten Zwischenkriegsjahren wieder ihre fundamentalen Rollen in der Weinwirtschaft übernehmen. Und schließlich ist die Anfang des Jahrhunderts begonnene Sortenumstellung in Südtirol nun abgeschlossen, die dafür gesorgt hat, dass Lagrein und Vernatsch (und damit potentiell ertragreiche Sorten) den Ton angeben. Weiße Sorten spielen bis herauf in die 1970er-Jahre übrigens nicht nur die zweite Geige, sondern gerade einmal die fünfte oder sechste. Ihr Anteil am Gesamtertrag beläuft sich damals auf weniger als 20 Prozent.

Erste (verordnete) Qualitätsbemühungen

Möchte man die Entwicklung der Südtiroler Weinwirtschaft nach dem Ende des Zweiten Weltkriegs und bis herauf in die 1970er-Jahre kurz beschreiben, genügt dafür der Vergleich zweier Zahlen aus den Jahren 1913 und 1970. Hatte man 1913 auf 10.500 Hektar Rebfläche noch 340.000 Hektoliter Wein hergestellt, waren es 1970 490.000 Hektoliter auf 5.400 Hektar. Der Hektarertrag war demnach in sechs Jahrzehnten von etwa 32 auf fast 91 Hektoliter angestiegen. Was aus heutiger Sicht logisch erscheint: Unter solchen Erträgen musste die Qualität leiden. Dazu kam, dass die Südtiroler sich nicht nur als Weinhersteller verdingten, sondern auch und vor allem als Weinhändler. So überstieg die Weinexportmenge die eigene Produktion um weit mehr als das Doppelte, was daran lag, dass man zum einen die guten Beziehungen in die Schweiz, nach Österreich und Deutschland nutzte, um zusätzlich zum heimischen auch italienischen Wein gewinnbringend abzusetzen. Zum anderen wurden Südtiroler Weine gnadenlos mit billigen Weinen aus anderen Regionen verschnitten, um Menge zu machen. Und damit Umsatz.

Dazu passend, aber aus heutiger Sicht kurios ist, dass die Kellereigenossenschaften, die heute einen so großen Einfluss auf die Südtiroler Weinwirtschaft haben, in der gesamten ersten Hälfte des 20. Jahrhunderts zwar wachsen und gedeihen, dies allerdings noch im Schatten der Weinhändler tun. Selbst 1966 verarbeiten die Handelskellereien – wenn auch nur noch knapp – mehr als die Hälfte der in Südtirol anfallenden Trauben. Sehr viel deutlicher lässt sich das Übergewicht der Händler in den ersten Jahrzehnten des 20. Jahrhunderts indes am Export ablesen. Dieser wurde in den 1960er-Jahren noch zu fast 90 Prozent von den Handelsbetrieben abgewickelt, was auch damit zusammenhängt, dass neben Südtiroler Wein auch auswärtiger über die Grenzen hinaus gehandelt wurde.

Dem fatalen Trend hin zu immer größeren Mengen gegengesteuert wurde zunächst von unerwarteter Seite. 1963 wurde vom italienischen Staat ein Weingesetz auf den Weg gebracht, das jenes aus den 1930ern ersetzen sollte und mit dem Weine kontrollierten Ursprungs (DOC) eingeführt wurden. Das Konzept an sich ähnelt jenem aus den 1930ern, erstmals wird der geschützte Ursprung aber auch mit Qualitätsvorschriften verknüpft. Diese werden mit einer sensorischen und chemischen Analyse untermauert. Die sensorische Prüfung ist Voraussetzung für DOC-Weine, für Südtirol wird die dafür zuständige Kommission bei der Abteilung Landwirtschaft der Handelskammer Bozen angesiedelt. So sollte das Kürzel DOC nicht nur eine geografische Abgrenzung erlauben, sondern für den Konsumenten auch die Funktion

Dem fatalen Trend hin zu immer größeren Mengen gegengesteuert wurde zunächst von unerwarteter Seite. 1963 wurde vom italienischen Staat ein Weingesetz auf den Weg gebracht, das jenes aus den 1930ern ersetzen sollte und mit dem Weine kontrollierten Ursprungs (DOC) eingführt wurden.

eines Qualitätssiegels übernehmen. So gibt es für jeden DOC-Wein eine per Ministerialdekret festgelegte Erzeugungsvorschrift, in der Auflagen für die Sortenzusammensetzung, die Rebfläche, den Anbau, die Erntemenge und die Verfahren zur Verarbeitung der Trauben festgeschrieben sind. Nur Weine, die diese Auflagen erfüllen, dürfen die jeweilige international geschützte geografische Ursprungsbezeichnung tragen.

Bis diese Erzeugungsvorschriften allerdings greifen konnten, vergingen einige Jahre. So war der Kalterersee Anfang der 1970er der erste Südtiroler Wein, der das Kürzel DOC tragen durfte, es folgten bis Mitte des Jahrzehnts St. Magdalener, Meraner, Eisacktaler und Terlaner, vor allem aber DOC Südtiroler mit der zugehörigen Sortenbezeichnung (1975). Die Erzeugungsvorschriften zeitigen in Südtirol gleich zwei einschneidende Folgen, die sich beide auf die Mengen auswirken: auf die erzeugten ebenso wie auf die gehandelten. So musste man im Handel umdenken, weil billige Verschnitte nun nicht mehr unter geschützten Markennamen bzw. Herkunftsbezeichnungen gehandelt werden durften.

Was dagegen die erzeugten Mengen betrifft, so legten die Erzeugungsvorschriften nun erstmals einen Höchstertrag der Trauben je Flächeneinheit fest. Dies hatte drastische Auswirkungen. Schon bei den ersten Ernten nach Inkrafttreten der neuen DOC-Vorschriften gingen etwa die Mengen beim St. Magdalener um fast die Hälfte zurück, beim Kalterersee immerhin noch um ein rundes Viertel. Dies, obwohl – immer aus heutiger Sicht – die Erntemengen in den Erzeugungsvorschriften der 1970er-Jahre immer noch vergleichsweise hoch angesetzt waren.

Zuerst die Krise, dann die Chance

Anfangs ist es also die öffentliche Hand, die ein Mehr an Qualität einfordert – zumindest von Erzeugnissen, die man gesetzlich gegen Plagiate schützt. Allerdings sind die Hürden, wie bereits erwähnt, relativ niedrig angesetzt, einen spürbaren Qualitätsschub bringen Weingesetz und Erzeugungsvorschriften zunächst nicht. Für diesen braucht es das, was es immer braucht, um ein Umdenken anzustoßen: eine Krise, und zwar eine tiefgreifende.

Eine solche erfasst den Südtiroler Weinbau Anfang der 1980er-Jahre, zunächst aufgrund eines Zusammenbruchs der Preise. Im Großhandel wurde Wein nun 40 Prozent billiger gehandelt als noch ein paar Jahre zuvor, was vor allem die Südtiroler Produzenten/Händler hart traf. Sie verkauften ihr Produkt (meist kombiniert mit jenem aus anderen Regionen) schließlich nicht in Flaschen, sondern im Tank. Dieser Entwicklung versuchte man anfangs noch, mit dem alten Rezept beizukommen: Weil der Umsatz gleich Preis mal Menge ist und die Preise fielen, musste man eben weiter an der Mengenschraube drehen. Aus mittlerweile nur mehr 5.160 Hektar Reben (zum Großteil

Mit dem Ziel, Weine für das Premiumsegment zu erzeugen, gibt nun der Keller den Takt vor, während sich der Weinbau nach diesen Vorgaben richtet.

Vernatsch) quetschte man in „guten" Jahren 600.000 Hektoliter Wein. Der Hektarertrag war damit auf über 115 Hektoliter gestiegen.

Die einfache Logik, sinkende Preise durch steigende Mengen auszugleichen, greift Anfang der 1980er-Jahre allerdings nicht mehr. Im Gegenteil: Die Preise sinken weiter, der Vernatsch, den man in rauen Mengen auf den Markt kippt, verliert rasant an Ansehen (und damit an Wert). Und weil man wertvollere Sorten, allen voran Gewürztraminer und Blauburgunder konsequent in Literflaschen verkauft, stürzt man auch mit diesen immer tiefer in die Krise und zieht das Image des Südtiroler Weins mit nach unten. Zudem ist die Reduzierung der Weinbauflächen in der Talsohle und zum Teil auch in der Hanglage auch auf die guten Erlöse im Obstbau zurückzuführen. Erst in den letzten Jahrzehnten konnten die Hanglagen aufgrund ihres großen Potentials wieder für den Weinbau zurückerobert werden.

Der Paradigmenwechsel

Mitte der 1980er-Jahre ist damit klar: Ein Weiter-so kann es nicht geben. Trotzdem braucht es ein paar Unerschrockene, die vorangehen und zuallererst auf neue Sorten setzen – auf neue Sorten, die eigentlich auch in Südtirol alte sind. Zugleich hört man auf, alle Lagen über einen Kamm zu scheren und konsequent die Sorten auf die dazu geeigneten Lagen abzustimmen, um optimale Ergebnisse zu erzielen und im Bewusstsein, für diese Weine höhere Preise erwirtschaften zu können. Mit dieser Erkenntnis einher geht eine Umstellung Südtirols vom Rot- zum Weißweinland und ein Rückgang des bis dahin dominierenden Vernatschs von 60 auf rund 20 Prozent. Und mehr noch: Weil man um den Einfluss der Erntemenge auf die Traubenqualität weiß, setzt man erstmals darauf, Mengen gezielt zu verringern – weit unter die von den Erzeugungsvorschriften vorgegebenen Hektarerträge.

Zum ersten Mal in der Geschichte der Südtiroler Weinwirtschaft folgt die Kellerwirtschaft also nicht mehr dem Weinbau. Im Gegenteil: Mit dem Ziel, Weine für das Premiumsegment zu erzeugen, gibt nun der Keller den Takt vor, während sich der Weinbau nach diesen Vorgaben richtet. Es ist demnach nichts weniger als ein Paradigmenwechsel, den Südtirols Weinwirtschaft in der zweiten Hälfte der 1980er- und in der ersten Hälfte der 1990er-Jahre durchläuft.

Dieser Paradigmenwechsel ist auf allen Ebenen spürbar. So erreicht die Rebfläche in Südtirol 1994 mit knapp 4.700 Hektar ihr historisches Tief, seit damals wächst sie stetig. Dazu ist der Weinbau heute ein anderer als noch in den 1980er-Jahren: Rebflächen sind begrünt, werden tropfbewässert und die Bekämpfung von Reb- und Traubenkrankheiten erfolgt gezielt auf der Grundlage wissenschaftlicher Erkenntnisse. Gedüngt wird vorsichtig, auf Stickstoff meist ganz verzichtet. Und statt der traditionellen Pergl dominiert heute das Spalier. Ähnliche Umwälzungen sind auch im Keller zu beobachten, wo die Südtiroler Kellermeister es zu einem – international anerkannten – hohen Qualitätsniveau gebracht haben.

Das Ergebnis der Südtiroler Weinrevolution beeindruckt. Weltweit spielen Südtiroler Weine heute in der Spitze mit, neben den klassischen Absatzmärkten konnten neue erschlossen werden. Die

Diversifizierung einerseits und – insbesondere – die Qualitätsfixierung verleiht der Weinwirtschaft Stabilität und hat sie sogar weitgehend schadlos durch die Pandemie geführt. Der Weg, der Mitte der 1980er-Jahre eingeschlagen wurde, war demnach ein mehr als erfolgreicher. Auch deshalb wird er konsequent weitergegangen und die Vision, die ihm zugrunde liegt, sogar noch weitergedacht. So genügt der Weinwirtschaft heute nicht mehr nur die Qualität des Produkts, man setzt auch immer stärker auf die Qualität der Produktion. Und das bedeutet wiederum: Die Südtiroler Weinwirtschaft strebt nach umfassender Nachhaltigkeit. Dieses Streben dient dem Sektor als Perspektive der nächsten Jahre. Ganz im Sinne der Pioniere. Ganz im Sinne der Winzer. Und ganz im Sinne der Gesellschaft.

\\

Die Diversifizierung einerseits und – insbesondere – die Qualitätsfixierung verleiht der Weinwirtschaft Stabilität und hat sie sogar weitgehend schadlos durch die Pandemie geführt.

Guter Wein aus dem Süden

Weingüter süddeutscher Klöster in Südtirol

// Wohl bis ins 8. Jahrhundert reicht der Grundbesitz süddeutscher Klöster in Südtirol zurück. Ein beträchtlicher Teil davon betraf Weingärten im Bozner Raum, im Etschtal, in der Meraner Gegend und im Vinschgau, die Wein für die Messe, für den Unterhalt der Klöster und den Verkauf in den Schenken liefern sollten. Fast 1.000 Jahre lang bleiben die Güter im Besitz der Nachbarn, nur die Organisation und die Bearbeitung verändern sich stetig.

Josef Nössing

Als der hl. Ulrich von Augsburg dem Kloster St. Gallen einen besonderen Gefallen tun wollte, schickte er den Mönchen ein großes Fass Bozner Weines. Dabei stürzte das von mehreren Ochsengespannen gezogene Fuhrwerk in eine Schlucht, der Heilige wirkte allerdings ein Wunder, sodass Fuhrleute und Fass unversehrt blieben. Abgesehen von ihrem relativen Wahrheitsgehalt weist die Legende nach, dass der Bozner Wein nördlich der Alpen bereits zu Lebzeiten des hl. Ulrich (923–973) bestens bekannt war und Augsburg einen besonderen Bezug zu den Bozner Weingärten hatte. Sogar noch älter als diese Legende ist die erste urkundlich belegte Nachricht von Bozner Weingütern in der Hand von Klöstern und kirchlichen Einrichtungen Süddeutschlands. So übergab ein gewisser Quarti(nus) dem Kloster Innichen 827 neben zahlreichen Gütern vom Inn- bis ins Etschtal auch Weingärten in Bozen-Moritzing. Damals gehörte das ursprünglich selbständige Stift Innichen bereits dem Bistum Freising.

Wohl schon früher hatte Freising in der Bozner Gegend so viel Besitz erworben, dass der Trienter Bischof meinte, dagegen einschreiten zu müssen. Er „hat schlecht beraten in Bozen Weingüter des Bischofs von Freising besetzt", wie es in der entsprechenden Urkunde heißt. Seine Klage vor dem königlichen Gericht wurde indes gleich zweimal abgewiesen, weil die Freisinger nachweisen konnten, dass sie mehr als 30 Jahre in Besitz der Weingüter waren.

Anfänge im 9. Jahrhundert

Der Freisinger Weingutbesitz um Bozen reicht also mindestens in die 20er-Jahre des 9. Jahrhunderts oder sogar bis ins 8. Jahrhundert, die Zeit der bayerischen

Landnahme, zurück. Um 830 verzeichnet das churrätische Reichsgutsurbar Weingüter im Etschtal, und zwar im Burggrafenamt in Nals und bei Morter im mittleren Vinschgau. Damit dehnt sich der Rahmen kirchlicher Anstalten, die in Südtirol Weingüter besitzen, über den altbayerischen Raum hinaus nach Westen aus und erfasst auch den schwäbisch-alemannischen Raum. Neben dem Churer Bischof und Klöstern desselben Bistums treten sehr früh das Bistum Augsburg und seit dem 12. Jahrhundert das nördlich des Bodensees gelegene Kloster Weingarten als bedeutende Weingutsbesitzer in Südtirol auf.

Dabei gibt vor allem das Bistum Augsburg, das seit dem Hochmittelalter zu den größten Gutsbesitzern in Süd- und Nordtirol zählt, Rätsel auf. Zwar spielt die Legende des hl. Ulrich schon im 10. Jahrhundert, erst in der zweiten Hälfte des 11. Jahrhunderts wird aber erstmals ein Weingartenbesitz dokumentiert. So schenkte Bischof Embrico seinem Domkapitel zwischen 1063 und 1067 ein Weingut in Nals und vier Höfe mit Weintransportdiensten in Mölten. Da der Bischof gegen Ende des 11. Jahrhunderts auch noch das Kloster St. Ulrich und Afra in Augsburg mit Bozner Weingütern beschenkt haben soll, ist davon auszugehen, dass das Bistum Augsburg ähnlich lang im Besitz seiner Güter war wie Freising.

Neben dem Churer Bischof und Klöstern desselben Bistums treten sehr früh das Bistum Augsburg und seit dem 12. Jahrhundert das nördlich des Bodensees gelegene Kloster Weingarten als bedeutende Weingutsbesitzer in Südtirol auf.

Schon im 10. Jahrhundert zeigt sich also an, was im 13. und 14. Jahrhundert offensichtlich wird: Das Bistum Augsburg wird zum bedeutenden und mächtigen Grundbesitzer in Bozen, der hier längere Zeit auch eigene Gutsverwalter unterhält, die auf Maierhöfen sitzen und einen hohen gesellschaftlichen Rang erreichen. Der bischöfliche Augsburger Maierhof befand sich bis zum Ende des Mittelalters beim landesfürstlichen Turm, der um 1600 zum Kapuzinerkloster umgebaut wurde. Danach zog der Augsburger Maier dem landesfürstlichen Amtssitz in die Bindergasse nach und richtete sich diesem gegenüber im heutigen Gasthaus „Weißes Rössl“ ein.

923 schenkt Chorbischof Gotabert der bischöflichen Kirche Salzburg Güter – darunter auch Weingüter – in Mölten und Terlan. Zwischen 930 und 931 übergibt die „edle gottgeweihte Frau“ Himildrud dem Erzbischof Odalbert von Salzburg neben Gütern im Unterinntal „ad Bauzanum hobam unam cum vineis“ und zwischen 996 und 1000 ein Adeliger namens Gerolt dem Kloster St. Emmeram in Regensburg „vineam (...) in Pauzana valle“. Damit wird der geografische Rahmen der Klöster mit Weingärten in Südtirol sichtbar. Der Bogen spannt sich von Regensburg im Osten über den Bodensee im Westen bis in die Schweiz und erreicht mit Eichstätt den nördlichsten Punkt.

Ähnlich wie für Freising und Augsburg verhält es sich mit den Klöstern Tegernsee und Benediktbeuern. Die Gründungszeit beider Klöster reicht ins 8. Jahrhundert zurück und dort ist wohl auch der Ursprung ihres Weingartenbesitzes zu suchen. So berichten die Chroniken von Benediktbeuern (um 1055 und 1115) von Güterschenkungen bayerischer Adeliger an das Kloster – und von deren Verlusten. Darunter befinden sich auch

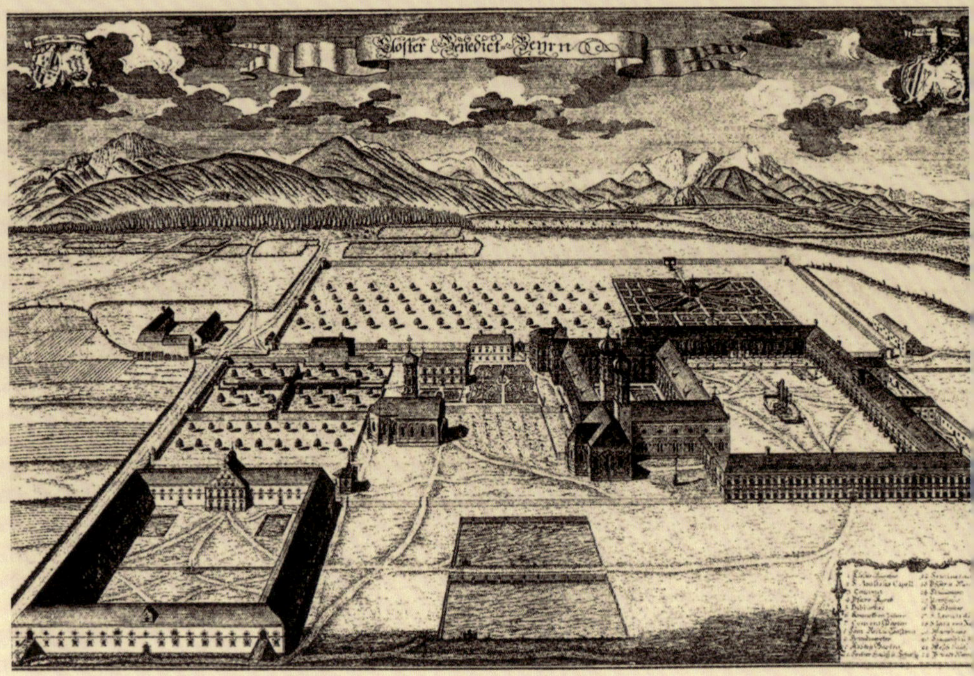

Das oberbayerische Kloster Benediktbeuern verfügte bereits um die erste Jahrtausendwende über Weinbauflächen in Südtirol. Auskunft darüber gibt eine Urkunde, die ausgerechnet über den Verlust von „in Bozan preciosa vineta“ berichtet – von wertvollen Weinbergen in Bozen also.

Von Klosterhand zu Klosterhand ging der Marklhof in Girlan (hier in einer Darstellung Ende des 19. Jahrhunderts). Das gesamte 18. Jahrhundert über hatte hier die Prämonstratenserabtei Steingaden in der Diözese Augsburg das „Paurecht“, während die Grundherrschaft das Kloster Unser Lieben Frauen der geschlossenen Pforte in Bozen-Gries ausübte. Seit 1938 steht der Marklhof dagegen im Besitz des Augustiner-Chorherrenstifts Neustift.

„in Bozan preciosa vineta". Auch im Kloster Tegernsee beklagt man um 1030 den Verlust von 40 Wagenladungen, also 240 Hektoliter Wein aus Bozen, was auf eine große Fläche Weinäcker schließen lässt.

Die Kirche und der süddeutsche Adel

Wie am Beispiel Gerolts gesehen, gab es viele Adelige, die der noch jungen Kirche Bayerns Stiftungen zukommen ließen. Teils entsprangen sie dem Bedürfnis, sich das Seelenheil zu sichern, teils erfüllten sie den Wunsch der Erhaltung des Familienandenkens oder der Sicherung des Familienvermögens, denn im Falle öffentlich-rechtlicher Ungnade drohte die Konfiszierung der Güter. Auch bei den vielen Rivalitäten zwischen hohen Adeligen war der Familienbesitz nicht selten hohem Risiko ausgesetzt. Durch Übergabe an die Kirche konnte zumindest die Gebergeneration ihren Lebensstandard erhalten und im Schutze der Kirche weiterleben.

Wein gedeiht bekanntlich nur in klimatisch geeigneten Gegenden, als religiöses Kultgetränk musste er nach der christlichen Missionierung aber, wenn auch nur in geringen Mengen, überall vorrätig sein. Dazu sahen Klöster und Domstifte für ihr Personal und besonders die Kranken stets Wein als Getränk vor, während überschüssiger Wein in den Klosterschenken verkauft wurde. So trug die Kirche als Kultinhaberin und beispielgebende Gastgeberin zur Verbreitung des Weins im Früh- und Hochmittelalter wesentlich bei und hatte von Anfang an großes Interesse an Weingütern und einer eigenen Weinproduktion. Der deutsche Hochadel kam diesem kirchlichen Bedürfnis entgegen, nicht zuletzt weil er sich von den Gütern in den Randgebieten leichter trennte. Und dazu gehörten auch wertvolle Rebgärten in Südtirol.

Die ältesten, allerdings etwas unsicheren Adelszuwendungen wurden bereits erwähnt: jene im 8. Jahrhundert für Benediktbeuern und Tegernsee sowie in der ersten Hälfte des folgenden Jahrhunderts die Schenkung des Quarti(nus) für Innichen. Letzterer war ein eingesessener Adeliger und nicht ein Angehöriger der neuen Landesherren aus Bayern, was für länger bestehende Besitz- und Weinbautraditionen an der Eisackfurche spricht. Die Schenkungen dauern jedenfalls durch das ganze Mittelalter fort; sie werden zwar bescheidener und seltener, versiegen aber nie.

Bis zum Jahr 1200 können zahlreiche Hochadelsfamilien als Schenker erhoben werden. Unter allen war die Herzogsfamilie der Welfen die prominenteste, die im Vinschgau, im Burggrafenamt und um Bozen als großzügige Schenker von Weingärten anzutreffen ist. Daneben sind die Herzöge von Andechs, die oberbayerischen Grafenhäuser Ebersberg, Falkenstein, Scheyern und Valley, die niederbayerische Grafenfamilie Moosburg, die Grafen Kelmünz aus Mittelfranken, die Grafen Lechsgemünde aus Schwaben und die Grafen Sulzbach von Oberpfalz zu nennen. Und auch die einheimischen Grafen von Tirol, Eppan, Morit-Greifenstein und die am Nonsberg beheimateten Grafen von Flavon gehören dazu.

Zahlreiche Geber deuten auf viele Beschenkte und tatsächlich stoßen wir in den schriftlichen Unterlagen des Früh- und Hochmittelalters auf eine Vielzahl von Empfängern. So kommen bei einer Durchsicht des Tiroler Urkundenbuches bis zum Jahr 1253 folgende Klöster, Domstifte und Bistümer als Weingutsbesitzer oder Bezieher von Weinzinsen und Weinzehenten an den Tag: die Bistümer bzw. Domkapitel von Regensburg, Freising, Salzburg, Eichstätt, Augsburg und Chur, die Klöster bzw. Stifte St. Emmeran in Regensburg, St. Andreas und Neustift bei Freising, Au bei Wasserburg am Inn, St. Kastulus in Moosburg, Attel, Rott am Inn, Herrenchiemsee, Tegernsee, Seeon, Baumburg, Weihenstephan, Bernried, Biburg, Dießen, Polling,

Der älteste Weingartenbesitz des Klosters Benediktbeuern in Bozen soll nach klosterinternen Chroniken in die Gründungszeit um 740 zurückreichen.

Ebersberg, Habach, Kühbach, Schäftlarn, Steingaden, Scheyern, Wessobrunn, Weyarn, Irrsee, Rottenbuch, St. Magnus in Füssen, Benediktbeuern, Ottobeuren, St. Ulrich und Afra in Augsburg, Weingarten und St. Johann in Müstair. Im 14. und 15. Jahrhundert kommen noch die Klöster Beuerberg, Beyharting, Ettal und Andechs dazu. Dabei sind die Klöster des Tiroler Inntales St. Georgenberg, Wilten und Stams noch nicht erwähnt; auch Marienberg im obersten Vinschgau, Sonnenburg und Innichen im Pustertal sowie das im 16. Jahrhundert in Innsbruck errichtete Jesuitenkloster sind dazuzuzählen, weil in der Nähe dieser Klöster kein Wein wächst und sie ihren Wein daher aus südlicheren Weingärten bezogen. So kommen wir auf sechs Bistümer bzw. Domkapitel und 43 Klöster, die sich über Weingärten in Südtirol freuen konnten.

Bayerns Standbeine in Südtirol

Es ist unmöglich, über alle Inhaber von Weingütern in Südtirol zu berichten. Deshalb werden in diesem Beitrag die Klöster Schäftlarn, Benediktbeuern und Tegernsee sowie Füssen und Weingarten beispielhaft herausgegriffen. Das bis ins 8. Jahrhundert zurückreichende Kloster Schäftlarn im Landkreis München erhielt erst im 12. und 13. Jahrhundert reiche Besitzungen in und um Bozen sowie in Nals, Missian und Kaltern. Die Grafen von Valley und deren Ministerialen, Bischof Otto II. von Freising und Freisinger Ministerialen, die Grafen Morit- Greifenstein, die Grafen von Eppan und deren Ministerialen trugen hauptsächlich zur Gütervermehrung des Klosters bei. Durch Arrondierungsgeschäfte wurde der Güterbestand zusätzlich erweitert, sodass aus den Angaben im Urbar von 1313 allein in Gries bei Bozen, wo sich das Zentrum und die große Mehrheit der Weingärten befand, vorsichtig geschätzt mit 12 Hektar Weingärten und einem Ertrag für das Kloster aus der Halbpacht von ca. 90 bis 150 Hektolitern jährlich zu rechnen ist. Durch den Ankauf aller Güter des Klosters Neustift bei Freising im Bozner Raum im Jahre 1337 wird der Besitzstand verdoppelt. Diesen Weingartenbesitz kann das Kloster bis zur Säkularisation nicht nur halten, sondern noch ein wenig vergrößern. So geht aus dem Kataster von 1780 eine Gesamtfläche von 26 Hektar hervor.

Der älteste Weingartenbesitz des Klosters Benediktbeuern in Bozen soll nach klosterinternen Chroniken in die Gründungszeit um 740 zurückreichen. Von einem Niedergang zwischen dem 9. und 11. Jahrhundert konnte sich das Kloster wieder erholen und strebte im 12. Jahrhundert eine Erweiterung und Abrundung seines Weingartenbesitzes an, in Bozen (Bozen Dorf und Rentsch) allerdings weniger als in der Meraner Gegend (Riffian, Tirol, Mais). So wurde der Poschenhof in Untermais im Spätmittelalter zum wirtschaftlichen Zentrum, wie aus dem Rechnungsbuch aus den Jahren 1491 bis 1500 hervorgeht:

- Auf diesem Hof wird die Gesellschaft samt Pferden untergebracht und verköstigt, die zur Erntekontrolle im Herbst von Benediktbeuern angereist kommt.
- Als Gastgeschenk erhält der Poschenbauer ein Paar „pauschuch“ (zur Feldarbeit geeignete Schuhe), zwei Säcke, einen Hut und ein Messer.

- Sieben Höfe und Weingärten sind im Raum Meran vermerkt, die mehrheitlich zu Halbpacht und vereinzelt zur Abgabe einer festgelegten Menge vergeben waren.
- Die jährlichen Ernteerträge weisen große Schwankungen auf. Sie betragen am Poschenhof von 1492 bis 1508 zwischen 1,57 und 17,3 Hektoliter, 1492 in ganz Meran 44 Hektoliter.
- Zur Deckung der klostereigenen Bedürfnisse wurden 1492 in der Meraner Gegend von Weinhändlern und Bauern nochmals 64,4 Hektoliter dazugekauft.

Die Weingärten des Klosters Tegernsee in Bozen gehören zum ältesten klösterlichen Fernbesitz. Nach anfänglicher Zentrierung seiner Interessen auf Bozen (Bozen Dorf, Quirein und Pfarrkirchenbereich) verlegte das Kloster den Schwerpunkt in den Meraner Raum (Lana) und erwarb auch in Eppan (Planitzing) und Kaltern Weingüter. Um 1500 umfasste der Besitz des Klosters Tegernsee in Südtirol 27 Hektar, davon waren 18,2 mit Reben bepflanzt (Andreas Otto Weber).

Mit den Klöstern Weingarten und Füssen betreten wir schwäbisch-alemannisches Gebiet. Beide Klöster verdanken den Kern ihres Weingutbesitzes in Südtirol der Großzügigkeit der welfischen Herzogsfamilie, deren Verwandten und adeliger Klientel. Füssen besaß zunächst nur in Plars bei Algund fünf Weinhöfe, wurde aber im Spätmittelalter und in der Neuzeit großzügig von den Grafen von Tirol gefördert. Das Benediktinerkloster Weingarten ist schon seit dem ausgehenden 11. Jahrhundert im Vinschgau, in Mais, Lana, Ulten und Nals begütert. Allerdings hatte das Kloster seine Südtiroler Güter in der Mitte des 16. Jahrhunderts mit der Stamser Pfarrei Leutkirchen im Allgäu eingetauscht. Da dieser Tausch unbefriedigend blieb, kam es zu Auseinandersetzungen zwischen den beiden Klöstern, bis sich Weingarten entschied, den Tausch rückgängig zu machen und mit dem Benediktinerkloster Füssen zu verhandeln (1693–1697). Zunächst ging es um eine Verpfändung, aus der schließlich ein endgültiger Verkauf wurde, mit dem das Kloster Füssen seinen Gutsbesitz in Südtirol verdoppeln konnte. Mit weiteren Abrundungen im 18. Jahrhundert stand es an der Spitze jener süddeutschen Klöster, die in Südtirol Weingärten besaßen (Simon Terzer).

Besitzungen, Privilegien und harte Arbeit

Über 1.000 Jahre – und wenn die Säkularisation keine Zäsur gesetzt hätte, vermutlich noch länger – waren zahlreiche Weingärten Südtirols im Besitz süddeutscher kirchlicher Einrichtungen. Diese hielten indes nicht all ihre erworbenen Weingärten auf ewig fest, es gab auch Bewegung im Besitzbestand, etwa durch Abstoßungen, weil das zuständige Kloster in wirtschaftliche Schwierigkeiten geriet und die Bewirtschaftung immer schon schwierig war. Zu den allergrößten ökonomischen Hemmnissen zählte die Entfernung der Güter vom Besitzer. Der Transport des Weines vom Produktionsort zum auf der anderen Seite der Alpen gelegenen Eigentümer gestaltete sich nicht nur kostspielig, sondern auch wegen der Wegverhältnisse gefahrenreich. Auch die Kontrolle über die betriebswirtschaftliche Führung und die agrarische Leitung der Gutsverwaltungen in der Ferne darf nicht unterschätzt werden. Trotz aller Schwierigkeiten haben zehn bayerische Prälatenklöster 24 Weingüter in Südtirol als ihren Weingartenbesitz bis zur Säkularisation um 1800 beibehalten (Dietmar Stutzer).

Einen wesentlichen Beitrag dazu leisteten die Zollprivilegien, die seit dem 13. Jahrhundert sowohl vom Kaiser als auch von den Landesfürsten Tirols und Bayerns gewährt wurden. Nach der Aufstellung der Tiroler Zollstätten aus dem Jahr 1383 passierten aufgrund vorgewiesener Zollprivilegien 295 Wagenladungen oder 1.327 Hektoliter bayerischer Klosterwein zollfrei die Tiroler Pässe. Dazu kamen noch zahlreiche Fuhren, die das Maß der Zollprivilegien überstiegen und daher verzollt werden mussten. Manche Klöster führten bei guten Erntejahren die doppelte Menge aus. Und auch die Tiroler Klöster und Stifte – St. Georgenberg, Stams, Sonnenburg, Marienberg – führten 52 mit Wein beladene Wagen oder 234 Hektoliter frei an den Zollstätten vorbei. In der Neuzeit geraten diese Stützungsmaßnahmen immer mehr in die Kritik der Verwalter; trotz zahlreicher Versuche, sie zu streichen, gelang es etlichen Klöstern aber, ihre von den Tiroler Landesfürsten gewährten Zollprivilegien bis ins 18. Jahrhundert hinein zu erhalten. Erst mit den neuen Mautordnungen ab Mitte dieses Jahrhunderts wurden auch diese Privilegien beseitigt.

Bewirtschaftet wurden die Weingüter in den ersten Jahrhunderten nach den Regeln der zuständigen kirchlichen Anstalt. Untertanen, meist Leibeigene, die entweder bloße Arbeiter waren oder ein Stück Grund auf Zeitpacht erhalten hatten, verrichteten die Arbeit in den Weingärten. Ein Mair am Ort beaufsichtigte und organisierte die Arbeit in den Weinbergen, während zur Weinlese im Herbst der Vorsteher der kirchlichen Anstalt, d.h. ein Dompropst oder ein Abt auch ein Vertreter mit mehreren Mitbrüdern erschienen, um den Ablauf der „Wimmet“ (Weinlese) zu beobachten und die Ablieferung des Mostes zu verzeichnen. Beim Mair fanden sie Unterkunft und Verpflegung. Nebenher vergewisserten sie sich bei einer Versammlung aller ihrer Untertanen über den Zustand der Güter, der Abt sprach Recht bei Streitigkeiten und schlichtete Konflikte nach außen. Danach organisierte diese Delegation den Transport des Mostes/Weines über die Alpen.

Eine erstaunliche Leistung stellt der Transport des Weines mit Ochsengespannen und Saumtieren über die Alpen dar, wobei Distanzen von 360 (Augsburg) und 400 Kilometern (Regensburg) zurückzulegen waren.

Mit dem Erstarken der Tiroler Landesherrschaft und der damit verbundenen besseren Rechte für die bäuerliche Bevölkerung mussten sich auch die ausländischen Kirchen und Klöster an die in der Tiroler Landesordnung festgeschriebenen Rechtsgewohnheiten halten. Schon vorher verschwand auf den Klosterbetrieben die Unfreiheit, das Pachtrecht, in der Regel Halbpacht in den Weinbergen, wurde erblich. Die Delegation zur Weinlese erschien aber bis zum Ende, auch weil diese Aufgabe von den zuständigen Klostermitgliedern gerne angenommen und sogar als Erholungsreise erlebt wurde. Anstatt der mächtigen Mair beaufsichtigte in der Neuzeit ein Mönch, den die Kirchen und Klöster mit größeren Weingütern entsandten, das Jahr hindurch die Arbeit der Weinbauern. Zusätzlich oder anstelle des Mönches hatten die Klöster in der Neuzeit einheimische Agenten als Interessenvertreter vor Ort. In zahlreichen Berichten informierten diese den Abt oder den Kellermeister über den Zustand der Güter, die Ernteaussichten, den Wein- und Grundstückmarkt. Verschiedene Mitglieder der großen Bozner Handelsfamilie Zallinger und der bekannten Überetscher Weinhändler Brigl haben solche Aufgaben wahrgenommen.

Eine erstaunliche Leistung war der Transport des Weines über weite Distanzen – immerhin liegen zwischen Augsburg und Bozen heute noch 360, zwischen Regensburg und Bozen 400 Kilometer. Entsprechend verlangte der Transport konkretes Wissen um die Haltbarkeit der Ware und die Organisation der Transportmittel auf dem weiten Weg. Die älteste Aufzeichnung über einen solchen Transport über die Alpen finden wir schon im frühen 9. Jahrhundert in einem Besitzverzeichnis des Klosters Staffelsee, in dem von Weintransportdiensten wohl von Bozen nach Augsburg die Rede ist. Im eingangs erwähnten Wunder Bischof Ulrichs wird der Wein in Fässern auf großen, von mehreren Ochsengespannen gezogenen Wägen transportiert. Diese Transportart wird beibehalten, daneben wurden häufig Saumtiere eingesetzt. Und schließlich wurden für den Transport des Weines alle möglichen schiffbaren Wasserwege genutzt. Wie auch immer aber der Transport erfolgte: Er wurde von eigenen Bauerngütern an der Wegstrecke geleistet, die entweder ganze Wagenladungen über eine bestimmte Wegstrecke bringen oder etliche Saumtiere für diesen Dienst stellen mussten. Im 14. und 15. Jahrhundert wurde dieser Dienst dann in Geldleistungen umgewandelt, die kirchlichen Institute beauftragten private Fuhrunternehmer mit dem Weintransport oder organisierten ihn mit eigenen Wagen und Gespannen.

\\

Steckelerebe, Pergl und Guyot

Die Entwicklung der Erziehungssysteme

// Über Jahrhunderte dominierte die Pergl das Bild in Südtirols Weingärten. Allerdings war sie nie die einzige Erziehungsform. So war im Eisacktal die „Steckelerebe“ vorherrschend und so mancher Pionier wollte dem Spaliersystem auch im Rest des Landes zum Durchbruch verhelfen. Anfangs gegen Widerstände, lange Zeit erfolglos, letztendlich aber nachhaltig. Seit den 1990er-Jahren hat das Spaliersystem die klassische Pergl verdrängt – auch weil der Fokus immer mehr der Qualität gilt.

Paul Hafner

Für die Unterstützung der Rebe gibt es eine Vielzahl an Erziehungsformen, fast jedes Anbaugebiet kann mit Eigenheiten aufwarten. Für Südtirol ist diese Eigenheit eine Dachlaubenerziehung, die Pergl, die das Bild der Südtiroler Weinlandschaft in den letzten Jahrhunderten maßgeblich geprägt hat. Eine Ausnahme bildet nur das nördliche Eisacktal, wo die Strareben vorherrschend waren, die in anderen Landesteilen als „Steckelebau“ bezeichnet wurden. Im 19. Jahrhundert gab es erste Bestrebungen, den Steckelebau südtirolweit einzuführen, Mitte des 20. Jahrhunderts versuchte man sich auch an anderen neuen Erziehungssystemen, aber erst ab etwa 1990 begann eine zügige Umstellung von der Pergl auf weltweit etablierte Spaliersysteme. Mittlerweile hat die Flächenausdehnung von Spalieranlagen die Pergl bei Weitem überholt.

Ein Südtiroler Klassiker: die Pergl

Dass in Südtirol bereits vor Christi Geburt Weinbau betrieben wurde, ist belegt. Mit welchem System die Reben in vorchristlicher Zeit erzogen wurden, lässt sich allerdings nicht genau nachvollziehen. Wie auch in anderen Gebieten mit genügend Holzvorkommen sind die Reben in unserer Region vermutlich schon sehr früh mit der Unterstützung von Pfählen oder eines Holzgerüstes erzogen worden. Bereits zur Römerzeit dürfte die Pergl, also die Laubenerziehung in Rätien und

Einfache Pergl

Pergl mit Armele

Bogen

Doppelpergl **Ackerpfinne**

Pergln und Bogen sind eine Dachlaubenerziehung. Das System besteht aus vertikal im Boden eingesetzten Pfählen. In einer Höhe, die es erlaubt, darunter durchzugehen bzw. durchzufahren, sind Querverbindungen aus Holz und Längsverbindungen aus Draht (ehemals Holz) angebracht.

Illustrationen nach Skizzen von Irmgard Windegger

Die erste Spaliererziehung als Holzrahmenbau wird in Südtirol 1526 schriftlich erwähnt, damals noch unter dem Begriff „Glasuren". Später läuft diese Art der Erziehung unter dem Namen „Lassier".

damit auch in Südtirol bestanden haben. Einige römische Agrarfachleute, vor allem Comunella (1. Jahrhundert n. Chr.), vermerken in ihren Schriften, dass in den Provinzen Roms Reben auf „pergulae" angebaut werden. Erstmals erwähnt wird eine Reblaube in Südtirol in einer von Ladurner-Parthanes zitierten Urkunde aus dem Jahr 1274. In dieser wird ein Weingarten in Niedermais (Meran) mit fünf Bögen, *quinqe arcus*, benannt, der von Altumnus von Schenna an das Kloster Stams verkauft wurde. Der Begriff „Pergln" scheint in einer Verleihungsurkunde über den Hof „Pundleit in Velthurns" 1386 erstmals auf.

In den letzten Jahrhunderten war die Pergl, die auch als „Pataun" oder „Punt" bezeichnet wird, die vorherrschende Erziehungsform im Südtiroler Weinbau. In den Hanglagen gab es fast ausschließlich die einfache Pergl, in den flachen Lagen und in der Ebene waren die Varianten Halbbogen und Bogen vorherrschend. Bis vor etwa 60, 70 Jahren gab es vielerorts auch noch die Ackerpergl. Dabei wurden die Reben in weiten Abständen voneinander gepflanzt und auf der sogenannten Doppelpergl erzogen, der freie Zwischenbereich, „Ackerpfinne" genannt, wurde für den Anbau verschiedener Feldfrüchte oder als Grünland genutzt. Die Ackerpergl ist bis auf einzelne Überbleibsel völlig verschwunden.

Der Gegenentwurf zur Pergl: Glasuren und Strabau

Die erste schriftliche Nennung einer Spaliererziehung als Holzrahmenbau, „Glasuren" genannt, geht auf 1526 zurück. Michael Gaismayr empfiehlt sie im Entwurf seiner Landesordnung zur Sanierung der versumpften Etschauen. Man solle, schrieb er darin, „die Weingärten zu Glasuren machen, rott Lagrein darynn anlegen". Der Begriff „Glasuren" oder auch „Lassier", ist rätischen Ursprungs und geht auf das Wort „tlesura" zurück, mit dem

> Einen ersten ernsthaften Anlauf zur Forcierung des Steckelebaus außerhalb des Eisacktals gab es um 1830. Unter dem Einfluss von Erzherzog Johann entstanden in der Meraner Gegend Anlagen auf Spalieren, an denen neu eingeführte französische Sorten, etwa Burgunder, erzogen wurden.

ein Begrenzungs- oder aufrechter Rand bezeichnet wurde.

Eine sehr alte Erziehungsform, die es auch in Südtirol gab, ist ein niedriger Pfahlbau mit nur 50–60 Zentimeter Höhe. Dieses als „Strabau" bezeichnete System war lange Zeit im Eisacktal vorherrschend, sein Name ist auf die Strahölzer zurückzuführen, die als dünnste Holzteile beim Brückenbau Verwendung fanden. Der Rebstock wurde an Einzelpfählen befestigt, das einjährige Fruchtholz am Rebstock auf Zapfen oder kurze Ruten zurückgeschnitten. In anderen Landesteilen wurden die Strareben als „Steckelereben" bezeichnet, ein Begriff, der später auch für klassische Spalier-Erziehungsformen mit einem Holz- oder Drahtrahmen übernommen wurde. Die nun deutlich längeren Pfähle wurden mit Holzlatten, später mit Draht entlang der Reihe verbunden. An den Latten bzw. Drähten wurden die grünen Rebtriebe befestigt. Während „Lassier" als ursprünglicher Name für die Rahmenerziehung schon lange nicht mehr in Gebrauch ist, wird der Begriff „Steckelereben" von der ältesten Weinbauern-Generation zum Teil auch heute noch verwendet.

War in Südtirol bis in die 1990er-Jahre maßgebend: die Perglerziehung

Spalieranlagen haben die Pergl vielerorts abgelöst, hier eine Gewürztraminer-Anlage mit Blick auf das St.-Georg-Kirchlein in Bozen.

Während in Hanglagen einfache Pergln angelegt wurden, war (und ist in manchen Orten immer noch) die Bogenerziehung landschaftsprägend.

Traditionelle Weinsorte,
traditionelle Erziehungsform:
Lagrein wächst hier auf
einer Pergl.

Meisterwerke: Auch in St. Anton/Bozen setzte man noch in den 1930er-Jahren auf den klassischen Bogen in Holzbauweise.

Was ist besser? Steckelebau contra Pergl

Einen ersten ernsthaften Anlauf zur Forcierung des Steckelebaus außerhalb des Eisacktals gab es um 1830. Unter dem Einfluss von Erzherzog Johann entstanden in der Meraner Gegend Anlagen auf Spalieren, an denen neu eingeführte französische Sorten, etwa Burgunder, erzogen wurden. Deutliche Empfehlungen zur Umstellung auf den Steckelebau gab es dann zwischen 1860 und 1865. Die Weinbauschule Klosterneuburg bei Wien unter Direktor Freiherr von Babo drängte auf eine Umstellung der Weingärten, um die Holzbestände in den schon „durchlichteten Wäldern" zu schonen und Kosten zu sparen. Im Klosterneuburger Fachblatt „Weinlaube" wurde 1872 ein Kostenvergleich zwischen Pergl und Pfahlbau angestellt. Die Holzkosten für ein Joch (5.800 Quadratmeter) beliefen sich damals beim Steckelebau auf 138 bis 180 Kronen, für den Bau einer Pergl musste mit 400–450 Kronen, also fast dem Dreifachen gerechnet werden.

Erste Neuanlagen zeigten, dass der Steckelebau in puncto Qualität der Pergl zwar überlegen war, aber deutlich weniger Traubenertrag brachte. Nicht zuletzt deshalb war die Stimmung allgemein gegen die neue Erziehungsform gerichtet, auch wenn ihre Vorteile für höhere Lagen in verschiedenen Berichten hervogehoben wurden, so auch im „Volksblatt" am 5. März 1862: „In neuerer Zeit hat man in mehreren Ortschaften des Etschthales eine neue Behandlung der Reben verflucht, nämlich den sog. Steckelebau. Damit soll Holzersparniß und edlere Güte des Weines bezweckt werden. Ganz besonders scheint dieser Bau für höher gelegene Neubepflanzungen sich zu eignen und einträglich zu sein. Einen kräftigen Beweis liefert unter anderem ein Stück Weinberg dieser Anlage über dem gräflich v. Enzenberg'schen Schlosse Kampan zu Kaltern. Jeder, welcher mit der Lage der Weinberge in jener Gegend etwas vertrauter ist, weiß, welch' ein saurer und herber Wein nach der heutigen allgemein üblichen Behandlung gewonnen wird. (...) Graf Enzenberg erhielt aber in den letzten zwei Jahren von seinem Steckelebau einen Wein rother und weißer Farbe von solcher Güte, daß er den Erzeugnissen in den besten Lagen am Kalterer-See und um Tramin würdig zur Seite stand. (...) Die Einwürfe, welche man gegen den Steckelebau macht, sind von so wenig Bedeutung, daß ich in sie hier näher einzugehen nicht der Mühe werth finde. Indem der Gewinn so klar auf der Hand liegt soll man es nicht unterlassen, mit der altherkömmlichen Rebenbehandlung am geeigneten Platze zu brechen und den Steckelebau einzuführen."

Es gab also damals schon qualitätsbewusste Visionäre als Fürsprecher für den Steckelebau, wie auch aus einem Bericht der Zeitung „Tiroler Stimmen" von 1861 hervorgeht. Dieser Artikel bezieht sich auf den Steckelebau von Graf Trauttmansdorff in Meran und betont: „Der Versuch übertraf alle Erwartung. Das gewonnene Erzeugniß war ein kostbarer, feuriger Flaschenwein, zum Verkaufe in die Ferne ganz geeignet. (...) Diese neue Art und Weise des Weinbaues muss zum Durchbruche kommen, wenn der Etschländer Wein noch Handelsartikel bleiben soll." Allerdings gab es auch gegensätzliche Haltungen, vor allem von jenen, die es nicht schafften, hochwertige Weine

> Noch in den 1970ern galt die Pergl in Südtirol als Maß aller Dinge, auch weil sie für hohe Erntemengen, allen voran bei Vernatsch und Lagrein, besonders gut geeignet war.

entsprechend zu vermarkten. Auch das belegt ein Bericht, der am 17. Oktober 1865 in den „Tiroler Stimmen“ erschienen ist: „Allein das Haupthinderniß, daß der Steckelebau nicht immer mehr eingeführt wird, ist wieder kein anderes als der Mangel an Absatz des Weines. Der Steckelebau macht die Erzeugung sehr feiner werthvoller Weine möglich; allein für diese fehlt es im Lande am Publikum und an Geld. Des Volks Getränke können feine Weine nie werden, ausführen kann man sie auch nicht, also vermindert sich die Luft für derartige Erzeugung.“

Ende des 19. Jahrhunderts wurde es leiser um die Frage der Erziehungssysteme. Die Reblaus brachte riesige Probleme im Anbau, wobei auch die Meinung vertreten wurde, die Reben auf Steckelebau würden stärker vom Schädling befallen. Dies konnte allerdings eindeutig widerlegt werden. In der Folge bremsten die beiden Weltkriege eine Weiterentwicklung der Umstellung von Erziehungsformen. Der Steckelebau hatte es demnach nicht im Ansatz geschafft, die Pergl zu verdrängen. Bis zur Jahrtausendwende sollten Pergln und Bögen im Südtiroler Landschaftsbild noch die Vorherrschaft haben.

Ein gleich doppeltes Umdenken

Mit der Einführung des Drahtbaus und etwas später der Betonsäulen wurde das Problem des extrem hohen Holzbedarfs für die Weinberge deutlich reduziert. Bereits 1879 gab es in einigen Gemeinden des Etschtals einzelne Anlagen mit einem Drahtbau. Dabei wurden die Querlatten auf dem Pergldach durch Drähte ersetzt. Gleich mehrere Anlagen mit Drahtbau entstanden 1888/89 in Kurtatsch, da nach einem schweren Schneedruck viele Anlagen zerstört waren und neu aufgebaut werden mussten.

Ab 1900 wurden dann die hölzernen Querlattungen zunehmend schnell durch Eisendrähte ersetzt. Ein nächster Schritt

> Niedrigere Ertragsziele und der Anspruch auf sehr gesundes Lesegut gaben neben der besseren Bearbeitungsmöglichkeit den Ausschlag für den Wechsel des Erziehungssystems hin zur Spaliererziehung.

war, die Holzpfähle durch mit Eisen verstärkte Betonsäulen zu ersetzen. 1920 wurden dazu erste Versuche gemacht. Die Haltbarkeit der neuen Säulen ließ allerdings zu wünschen übrig. Erst um 1960 gelang es, ausreichend stabile Säulen aus Schleuderbeton herzustellen.

Nach wie vor galt die Pergl in Südtirol als Maß aller Dinge, auch weil sie für hohe Erntemengen, allen voran bei Vernatsch und Lagrein, besonders gut geeignet war. Bei einem hohen Vernatsch-Anteil von mehr als zwei Dritteln der Fläche bis in die 1970er-Jahre und einem zumeist noch hohen Ertragsziel war es nicht verwunderlich, dass andere Erziehungssysteme auf nur wenig Interesse stießen. Trotzdem gab es ab den 1960ern Versuche mit neuen Systemen, um vom aufwendigen Perglbau wegzukommen und mit einer einfacher aufgebauten Erziehung die Handarbeitsstunden zu reduzieren. Trotzdem standen von damals 5.450 Hektar Weinbaufläche weniger als 150 Hektar Reben auf Spalier.

Anfang der 1970er-Jahre entstanden erste Anlagen mit dem Casarsa-System, einer Erziehungsform aus dem Friaul, die als äußerst interessant galt. Als Stützgerüst war ein Drahtrahmen mit nur zwei Drähten ausreichend. Ein Rebkordon wurde am unteren Draht auf ca. 1,50 Zentimetern entlanggezogen. Am Kordon wurden dann kurze Fruchtruten (Strecker) angeschnitten. Für die Ebene und leichte Hanglagen schien diese Erziehungsform besonders gut geeignet zu sein. In den folgenden Jahren wurden 40 bis 50 Hektar mit dieser Erziehungsform angebaut. Für die Hauptsorte Vernatsch war das System allerdings nicht geeignet und so hielt sich auch die Ausdehnung der Casarsa-Erziehung in Grenzen.

Anfang der 1980er-Jahre gab es ein Umdenken, auch weil es zu starken Einbrüchen am Weinmarkt kam, insbesondere bei Vernatsch. In der Folge wurde Vernatsch gerodet und verstärkt auf Weißweinsorten umgestellt. In vielen Betrieben wurden nun auch die Zielmengen zurückgeschraubt. Vorreiterbetriebe erstellten nun viele ihrer Neuanlagen auf Spalier. Auf breiterer Front begann die Umstellung von der Pergl auf Spalier dann ab Mitte der 1990er-Jahre. Nur bei den Sorten Vernatsch und Lagrein hing man hinterher, wobei es bei Letzterem die Klosterkellerei Muri-Gries war, die als großer Lagreinbetrieb die Umstellung auf Spalier forcierte.

So hat sich das Bild der Reblandschaft in den letzten 25 Jahren stark verändert. Etwa 80 Prozent der Weinberge sind heute mit Spalieren besetzt. Niedrigere Ertragsziele und der Anspruch auf sehr gesundes Lesegut gaben neben der besseren Bearbeitungsmöglichkeit den Ausschlag für den Wechsel des Erziehungssystems hin zur Spaliererziehung. Die Umstellung ging mit der positiven Entwicklung des Südtiroler Weinbaus und dabei vor allem der Weinqualität einher und lässt deshalb das lachende Auge bei Weitem überwiegen, wenn auch der eine oder andere mit etwas Wehmut auf das Schrumpfen der jahrhundertealten Kultur der Perglerziehung blickt.

\\

Auf breiterer Front begann die Umstellung von der Pergl auf Spalier dann ab Mitte der 1990er-Jahre. Nur bei den Sorten Vernatsch und Lagrein hing man hinterher.

Deutsch? Italienisch? Oder doch ein bisschen von beidem?

Einflüsse auf Weinbau und Önologie in einer Grenzregion

// „De bono vino theotonico et non latino“ wurde 1293 als Pachtzins für ein Stück Land oberhalb von Bozen festgeschrieben, guter deutscher Wein also, nicht welscher. Die Unterscheidung zwischen beiden, sogar zwischen einer „deutschen“ und einer „welschen“ Weinlese, hält sich in Südtirol über Jahrhunderte. Und doch: Was nach strikter Trennung klingt, war in der Grenzregion Tirol mehr ein Aufsaugen von Einflüssen aus dem Norden wie aus dem Süden – schon immer.

Ivo Maran, Stefan Morandell

Bald nach ihrer Gründung im 1. Jahrtausend n. Chr. erwarben zahlreiche bayerische Klöster Weingärten in Südtirol. Auch Kloster Tegernsee besaß Weinberge in Bozen und Lana und erbte im Jahr 1183 einen stattlichen Weinhof in Oberplanitzing bei Kaltern. Im Jahr 1479 schreibt der Tegernseer Abt Konrad Ayrinschmalz in seinem „Büchlein über das Pflanzen von Bäumen“ genaue Anweisungen zum Weinausbau nieder. Sie sind uns bekannten, ähnlichen Texten aus der Zeit im önologischen Gehalt weit voraus. So wird im Abschnitt „Wie herbe Weine aus Tramin geklärt werden“ – modern formuliert – eine Eiweiß- mit anschließender Bentonitschönung beschrieben. Auch wird bei der Gärung von faulen oder nachgelesenen Trauben der Einsatz von Trockenhefen empfohlen, während zur Haltbarmachung des Weines das Ausräuchern der leeren Fässer mit Schwefel und anschließendem Befüllen angeraten wird. Eine Überschwefelung war dadurch eigentlich nicht möglich. Durch den Schwefel behielt der Wein nach dem ersten Abstich auch den sortentypischen Duft. Von Tegernsee gibt es folgerichtig auch eine sehr frühe Nennung von Rebsorten in Südtirol und eine Reihung nach ihrer Qualität.

Zum Vergleich war in Frankreich das allgemeine Weinschwefeln noch um 1600 nicht üblich. Olivier de Serres macht darauf aufmerksam, dass in Deutschland Weine geschwefelt würden und dadurch auch 30 Jahre haltbar wären. In einer Handschrift aus dem Umkreis von Ulrich von Lichtenstein, die vor einigen Jahren im Ferdinandeum in Innsbruck entdeckt und zwischen 1497 und 1518 verfasst wurde, wird die Weinschwefelung hingegen nicht erwähnt. Ulrich war im Jahr 1479 für die Einkelterung des Domkapitels von Trient in Tramin verantwortlich und von 1493 bis 1505 Bischof von Trient. Auch in einer Südtiroler Sammelhandschrift, die 1532 verfasst wurde und sich nach dem Exlibris von 1572 im Besitz von Leopold von Trauttmansdorff befand, wird das Schwefeln nicht erwähnt. In einem Manuskript aus dem Jahr 1555, das Christan Strasser gehörte und sich in einem Kalterer Adelsarchiv erhalten hat, wird hingegen auch das Weinschwefeln beschrieben. Dies könnte darauf hinweisen, dass die internen Tegernseer Anweisungen vielleicht auch einem kleinen Kreis im Umfeld des Klosters bekannt waren.

Es werden zwei Weinlesen unterschieden, jene für die Gschlafenen oder Welschen und die darauffolgende für Lagrein oder Deutsche.

Was ist deutscher Wein? Und was „welscher“?

Die Tiroler Landesordnung von 1532 gibt einen ersten Anhaltspunkt, worin sich deutscher Wein vom welschen unterschied. Im Artikel, der die Weinlese (Wymmat) festlegt, steht, dass „der Wymmat zway sein / als Gschlafen / das man nennt Welsch / das ee zeitig wirdt / und das recht Wymmat / das man nennt Lagreyn / oder Teutsch / das später zeitig wird“. Es werden also zwei Weinlesen unterschieden, jene für die Gschlafenen oder Welschen und die darauffolgende für Lagrein oder Deutsche. Mit Lagrein ohne nähere Zusatzbezeichnung hat man einen damals weit verbreiteten, heute im Anbau verschwundenen weißen Lagrein bezeichnet, dessen Most abgepresst und möglichst als Süßwein ausgebaut wurde.

Die Gschlafene, eine Rebsorte aus dem Umfeld der Familie der „schiave“, wurde ursprünglich nach italienischer (welscher) Art auf den Schalen vergoren. Diese Unterscheidung von „Teutscher“ und „Welscher“ verschwindet um 1600 und es wurde versucht, auch aus den Gschlafenen durch Mostfiltration einen Süßwein herzustellen. Gegen Ende des 16. Jahrhunderts verdrängen zunehmend die roten die bis dahin vorherrschenden weißen Rebsorten.

Michael Gaismayr, der charismatische und später ermordete Anführer der Bauernaufstände, hat in einer visionären Landesordnung von 1526 vorgeschlagen, in der Ebene roten Lagrein anzubauen und ihn auf den Schalen zu vergären, so wie es im Welschland üblich sei. Aus dem Welschland kamen damals aber andere Signale. Im Jahr 1564 erschien die erste Auflage von Agostino Gallos „Le dieci giornate della vera Agricoltura“. Gallo beschreibt darin, wie sich mit der Eroberung Mailands durch den französischen König Ludwig XII. die Mode der hellen Weine, der „vini clareti“ (vin clairet, claret) durchgesetzt hat. Dabei wurde auch die bisher übliche Gärungszeit

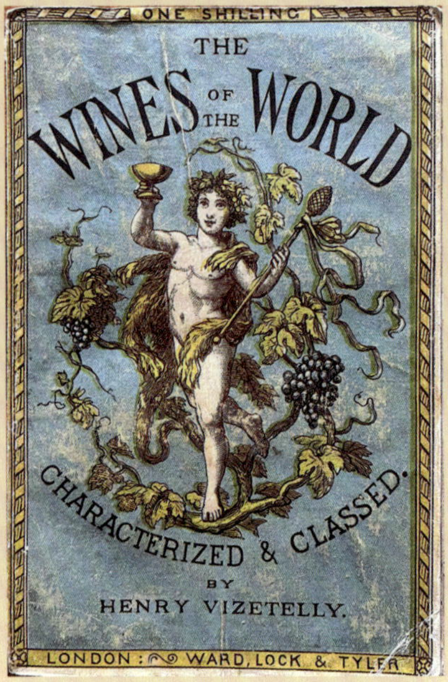

Ein schlechtes Zeugnis stellt der Engländer Henry Vizetelly den Südtiroler Weinen im Zuge der Weltausstellung in Wien 1873 aus. Die Roten aus dem Trentino seien ihren nördlichen Nachbarn weit überlegen, schreibt Vizetelly in seinem Buch „The Wines of the World".

Sortenauswahl, Schwefelung, Weinfilter: Agostino Gallo beschrei in seinem 1564 erschienenen Buch „Le dieci giornate della vera Agricoltura" die neuesten Entwicklungen in der Weinwelt.

In Deutschland würden Weine geschwefelt, während dies in Frankreich anscheinend noch nicht üblich war. Darauf macht Olivier de Serres in seinem Werk aufmerksam, das Anfang des 17. Jahrhunderts erscheint.

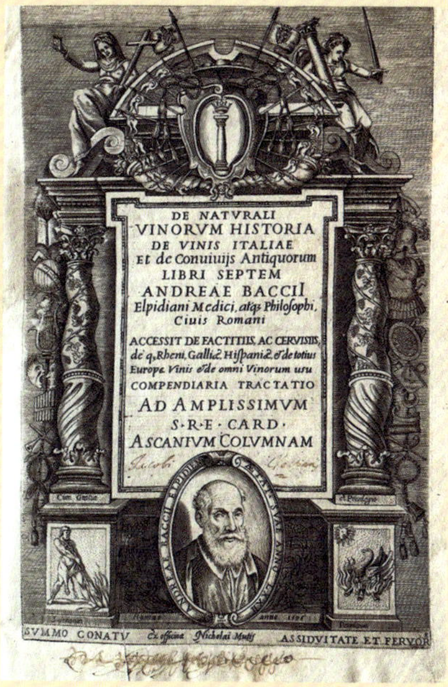

Andrea Bacci schreibt 1596, dass um den Gardasee die Mostfiltration üblich war. Dadurch blieben die Weine länger süß und wurden nach Deutschland exportiert.

Schon in der Tiroler Landesordnung von 1526, ein Jahr nach dem Bauernaufstand unter Michael Gaismayr, werden zwei Weinlesen unterschieden. Die Gschlafene oder Welsche wurde zuerst gelesen und auf den Schalen vergoren. Der weiße Lagrein oder Teutsche wurde abgepresst und als Süßwein ausgebaut.

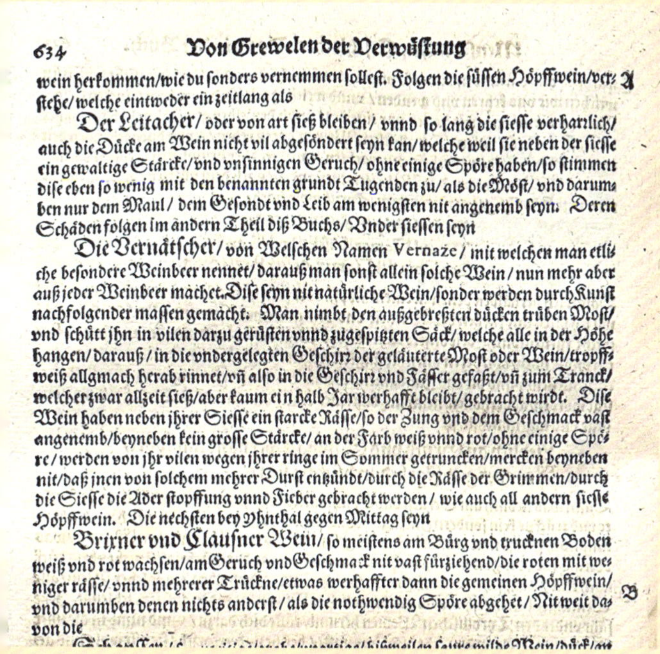

634 **Von Grewelen der Verwüstung**

wein herkommen/wie du sonders vernemmen sollest. Folgen die süssen Höpffwein/versteh/ welche eintweder ein zeitlang als

Der Leitacher/ oder von art sieß bleiben/ vnnd so lang die siesse verharrlich/ auch die Dücke am Wein nicht vil abgesöndert seyn kan/ welche weil sie neben der siesse ein gewaltige Stärcke/ vnd vnsinnigen Geruch/ ohne einige Spöre haben/ so stimmen dise eben so wenig mit den benannten grundt Tugenden zu/ als die Möst/ vnd darumben nur dem Maul/ dem Gesondt vnd Leib am wenigsten nit angenemb seyn. Deren Schäden folgen im andern Theil diß Buchs/ Vnder siessen seyn

Die Vernätscher/ von Welschen Namen Vernaze/ mit welchen man etliche besondere Weinbeer nennet/ darauß man sonst allein solche Wein/ nun mehr aber auß jeder Weinbeer machet. Dise seyn nit natürliche Wein/ sonder werden durch Kunst nachfolgender massen gemacht. Man nimbt den außgebreßten dücken trüben Most/ vnd schütt jhn in vilen darzu gerüsten vnnd zugespitzten Säck/ welche alle in der Höhe hangen/ darauß/ in die vndergelegten Geschirr der geläuterte Most oder Wein/ tropffweiß allgmach herab rinnet/ vñ also in die Geschirr vnd Fässer gefaßt/ vñ zum Tranck/ welcher zwar allzeit sieß/ aber kaum ein halb Jar werhafft bleibt/ gebracht wirdt. Dise Wein haben neben jhrer Siesse ein starcke Rässe/ so der Zung vnd dem Geschmack vast angenemb/ beyneben kein grosse Stärcke/ an der Farb weiß vnnd rot/ ohne einige Spöre/ werden von jhr vilen wegen jhrer ringe im Sommer getruncken/ mercken beyneben nit/ daß jnen von solchem mehrer Durst entzündt/ durch die Rässe der Grimmen/ durch die Siesse die Ader stopffung vnnd Fieber gebracht werden/ wie auch all andern siesse Höpffwein. Die nechsten bey Ynnthal gegen Mittag seyn

Brixner vnd Clausner Wein/ so meistens am Bürg vnd trucknen Boden weiß vnd rot wachsen/ am Geruch vnd Geschmack nit vast fürziehend/ die roten mit weniger rässe/ vnnd mehrerer Trückne/ etwas werhaffter dann die gemeinen Höpffwein/ vnd darumben denen nichts anderst/ als die nothwendig Spöre abgehet/ Nit weit davon die

Hyppolitus Guarinoni beschreibt 1610, wie aus verschiedenen Rebsorten mit Hilfe der Mostfiltration süßer „Vernatscher“ hergestellt wurde. Der Name, schreibt er, leite sich vom italienischen „Vernacce“ ab, einer weißen Rebsorte, aus der im Mittelalter ein berühmter Süßwein hergestellt wurde.

der Weine von 25 bis 30 Tagen auf drei bis vier Tage verkürzt. Gallo empfiehlt außerdem die Anpflanzung der roten Vernatsch-Reben: „Ancora sono buone per piantar le schiave nere grosse di grano: percioche abondano di uve, che fanno vino assai, benche sia debole, & fumoso; ma migliora accompagnandola co'l cropello." Weiters beschreibt Gallo auch die Verwendung des Schwefels zur Konservierung des Weines und erstmals einen Weinfilter, der die aufwendige Herstellung von Süßweinen erleichtern soll.

In Südtirol wurde erst durch die Autorität Erzherzog Johanns in weiten Kreisen anerkannt, dass ein Haupthemmnis für die Weiterentwicklung des Weinbaues die damals vorherrschenden Rebsorten waren.

Die Übernahme italienischer Innovationen

Der Einfluss von Agostino Gallo wird schon 1596 bestätigt. So schreibt Andrea Bacci in seinem berühmten Werk über die Weine aus Gallos Heimat Brescia: „Dove producono delle ottime Vernacce, delicatissime di colore, odore e sapore che, emule dei Greci che si producono a Roma, ... e sono trasportati a Milano ed in Germania ..." Und weiters: „Nella medesima estensione di colline vi sono i preziosi vini detti comunemente Sclavi o Schiavi, emuli dei Chiaretti di Francia." Auch bemerkt er, dass um Verona Weinfilter in Verwendung seien, durch die die bisher übliche Trocknung der Trauben auf Stroh zur Herstellung von Süßweinen entfalle.

Im Jahr 1610 beschreibt Hippolytus Guarinoni in seinem Werk „Die Grewel der Verwüstung menschlichen Geschlechts" den Gebrauch dieser Weinfilter auch in Südtirol. Er erwähnt, dass die bisher für die Süßweinherstellung üblichen „Vernacce" durch andere Rebsorten ersetzt wurden. Man konnte nach Guarinoni diese im deutschen „Vernatscher" genannten Weine nun künstlich mit Hilfe eines Weinfilters herstellen. Er beschreibt ihn so, wie es schon Gallo und Bacci taten. Der Most oder gärende Wein wurde damit filtriert, wodurch er anscheinend ein knappes halbes Jahr süß blieb. Guarinoni selber hingegen propagierte die auf den Trestern vergorenen Weine, die „Spöre", also Tannine zeigten. Nur diese erachtete er, wenn in Maßen getrunken, als der Gesundheit förderlich.

Gebremster Fortschritt

Die prachtvollen Überetscher Ansitze aus dem 17. Jahrhundert lassen vermuten, dass dieses für den Südtiroler Weinhandel insgesamt erfolgreich gewesen sein muss. Offensichtlich wurden die „vini clareti", in Südtirol „Vergerner" genannt, und die süßen „Vernatscher" in den wichtigen Märkten nördlich der Alpen gut verkauft, eine önologische Weiterentwicklung schien daher wohl auch nicht notwendig. In Frankreich und dessen wichtigem Markt England machte hingegen um 1700 der „new french claret" Furore. Auch im Burgund wurden die Gärzeiten wieder länger und länger.

Die Folge war, dass die Weinpreise in Beaune, im Gegensatz zu jenen von Bozen und Stuttgart, zu steigen begannen. Interessanterweise scheint um 1695 auch Frankreichs König Ludwig XIV. aus Gesundheitsgründen seinen großen Konsum von Champagne-Weinen auf alte Burgunder umgestellt zu haben, wie es

Hugh Johnson beschreibt. Die Abnehmer von Tiroler Weinen honorierten dagegen die Bemühungen nicht, deren Qualität zu heben. So schreibt Augustin Nagele, Propst des Klosters in Gries bei Bozen und Autor der ersten Monographie über den Weinbau in Tirol, 1808, dass „die Käufer den Unterschied zwischen einem mittelmässig, und vorzüglich guten Wein allzu wenig bezahlen, und immer von einem so wie vom andern auf einen beinahe gleichen Preis andringen, ohne zu wissen, daß die Zubereitung eines spezial guten Weins ungleich mehrere Kosten und Arbeit erfordern".

Rückstand und (späte) Aufholjagd

Das Werk von Nagele wurde wegen der Kriegsereignisse von 1809 nicht gedruckt. Auch Jahrzehnte später schien dafür in maßgebenden lokalen Kreisen kein Interesse da zu sein und Versuche einiger fortschrittlicher Geister hierzu scheiterten. Dagegen wurde 1808 in München ein Aufsatz geschrieben und in Rovereto in italienischer Sprache gedruckt. Er entstand aus einer Diskussion zwischen zwei Weinproduzenten, einem aus Tirol und einem aus Franken. Mit einem Hinweis auf das damals aktuelle Werk von Chaptal mit dem Titel „Sur l'Art de faire le Vin" wird in einfacher Sprache beschrieben, welche Fehler in der aktuellen Weinproduktion gemacht würden und wie es am Rhein und in Frankreich besser gemacht werde. Im Trentino scheint das Werk Früchte getragen zu haben, denn bei der großen Weinverkostung auf der Weltausstellung in Wien 1873 waren die roten Weine des Trentino jenen aus Südtirol in ihrer Qualität weit überlegen, wie der Engländer Henry Vizetelly in seiner Beschreibung der Weine der Weltausstellung festhält.

In Südtirol wurde erst durch die Autorität Erzherzog Johanns in weiten Kreisen anerkannt, dass ein Haupthemmnis für die Weiterentwicklung des Weinbaues die damals vorherrschenden Rebsorten waren. Um 1844 begann Johann daher, edlere Rebsorten nach Tirol einzuführen. Ein weiteres Hemmnis war die mangelnde Keltertechnik. Durch die Weinbauschule in San Michele bekam Tirol 1873 eine international anerkannte Institution, die neben der Grundlagenforschung auch die Hebung des Niveaus im lokalen Weinbau und der Keltertechnik im Blickpunkt hatte. Als bisher letzter Schritt zur Hebung der Südtiroler Weinkultur begann sich ab den 1980er-Jahren auch der Weinmarkt zu ändern. Er ermöglicht es seitdem den Südtiroler Winzern, für Spitzenprodukte auch entsprechende Preise zu erzielen.

\\

Verkaufs-Bedingungen.

Die Preise verstehen sich ab Bozen per Kasse mit 2 % Skonto oder 3 Monate Ziel.

An mir unbekannte Auftraggeber erfolgt die Lieferung per Nachnahme.

Die Fässer stelle ich leihweise bei, doch steht es mir frei, selbe in Rechnung zu stellen, sobald sie nicht innerhalb 3 Monaten oder in schlechtem Zustande, frachtfrei zurückgesendet werden.

Zahlungen sind entweder durch die Postsparkasse, Konto Nr. 5205, oder an von mir bevollmächtigte Personen zu leisten.

Wein-Fässer sind **sofort** nach der Entleerung rein auszuwaschen, gut **austrocknen** zu lassen und dann mit einem **Schwefelschnittchen einzubrennen.** Wo solche nicht erhältlich sind, bin ich gerne bereit, dieselben per Post gratis zu senden.

Es wird dringend ersucht, die leeren Fässer nicht herumliegen zu lassen, sondern solche **sofort franko** zurückzusenden.

Gegründet 1845

Weingroßhandlung
Branntweinbrennerei und
Essigfabrik

Franz Innerebner

BOZEN (Südtirol)
Telegramme: Franz Innerebner
Telephon Nr. 11

Gegründet 1845

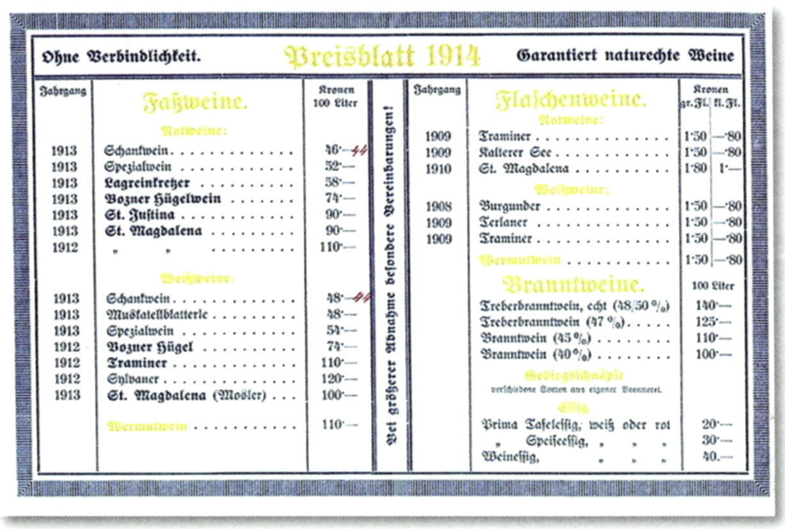

Ohne Verbindlichkeit. Preisblatt 1914 **Garantiert naturechte Weine**

Bei größerer Abnahme besondere Vereinbarungen!

Jahrgang	Faßweine.	Kronen 100 Liter
	Rotweine:	
1913	Schankwein	46·— 44
1913	Spezialwein	52·—
1913	**Lagreinkretzer**	58·—
1913	**Bozner Hügelwein**	74·—
1913	**St. Justina**	90·—
1913	**St. Magdalena**	90·—
1912	„ „	110·—
	Weißweine:	
1913	Schankwein	48·— 44
1913	Muskatellblatterle	48·—
1913	Spezialwein	54·—
1912	**Bozner Hügel**	74·—
1912	**Traminer**	110·—
1912	Sylvaner	120·—
1913	**St. Magdalena** (Mosler)	100·—
	Wermutwein	110·—

Jahrgang	Flaschenweine.	Kronen gr. Fl.	Kronen kl. Fl.
	Rotweine:		
1909	Traminer	1·50	—·80
1909	Kalterer See	1·50	—·80
1910	St. Magdalena	1·80	1·—
	Weißweine:		
1908	Burgunder	1·50	—·80
1909	Terlaner	1·50	—·80
1909	Traminer	1·50	—·80
	Wermutwein	1·50	—·80
	Branntweine.	100 Liter	
	Treberbranntwein, echt (48/50 %)	140·—	
	Treberbranntwein (47 %)	125·—	
	Branntwein (45 %)	110·—	
	Branntwein (40 %)	100·—	
	Gebirgsschnäpse verschiedene Sorten aus eigener Brennerei.		
	Essig		
	Prima Tafelessig, weiß oder rot	20·—	
	„ Speiseessig, „ „ „	30·—	
	Weinessig, „ „ „	40.—	

St. Magdalener, Traminer, Kalterersee: Dass es sich um die Klassiker des Südtiroler Weinbaus handelt, beweist auch dieses Preisverzeichnis der Bozner Weingroßhandlung Franz Innerebner aus dem Jahr 1914.

Südtirols Aushängeschilder

Die vier berühmtesten Markenweine

// Es ist die Vielfalt, die das Weinland Südtirol in all seinen Facetten prägt. Und doch haben es vier Markenweine geschafft, zu Aushängeschildern der Südtiroler Weinwirtschaft zu werden. Dass sie alle ein Stück Südtirol im Namen tragen, ist daher weit mehr als ein Zufall. Es ist ein Symbol dafür, wie eng die Südtiroler Weinwirtschaft mit diesen Weinen verknüpft ist …

… oder doch zumindest war. Schließlich ist einer der Weine, der (Weiß-)Terlaner, in den Wirren der Zeit weitgehend verlorengegangen, während die drei anderen Südtirols Weinwelt auch heute noch prägen: der Gewürztraminer, der St. Magdalener und der Kalterersee. Wie sie sich entwickelt haben, welche Geschichte und Geschichten hinter ihnen stecken, zeigen die folgenden vier Kapitel. Und sie zeigen auch: Nicht alles, was auf den ersten Blick offensichtlich erscheint, ist es auch. \\

Ein Dorf, zwei Weine
Gewürztraminer und Weißer Lagrein

// Schon seit dem 12. Jahrhundert ist Tramin ein Weindorf. Nur: Sein Fundament ruht nicht – wie vielfach noch angenommen wird – auf dem Gewürztraminer, der den Namen der Gemeinde in die Welt hinausgetragen hat, sondern auf dem Weißen Lagrein. Es ist also an der Zeit, dem wenig bekannten Vorfahren ein Denkmal zu setzen und mit einigen Mythen rund um seinen weltberühmten Nachfolger aufzuräumen.

Roland Zwerger

Als ältester Nachweis für Weinbau im Gebiet von Tramin ist die Ausstattung des Stiftes St. Michael a. d. Etsch um 1144/45 mit einem Hof in Rungg anzusehen. Wein wird zwar nicht genannt, wurde aber noch im 19. Jahrhundert gezinst. Die Keller, von denen im Vertrag von 1214 über den Bau der Burg auf Kastelaz die Rede ist, ergeben ohne Weinbau kaum einen Sinn. Ausdrücklich Weißwein aus Tramin wurde dem Bischof von Trient 1247, 1303 und 1307 gezinst. Im Jahre 1272 übernahm Graf Meinhard II. von Tirol den Hof zu Petragrossa und drei Teile des Wein- und anderen Zehnten in Tramin und ließ sich vom Bischof damit belehnen. Seine und seiner Nachfolger Rechnungsbücher dokumentieren zwanzig Jahre Handel mit Traminer Wein. Danach wurden zwischen 1294 und 1314 insgesamt 222 Fuhren Traminer Wein nach Regensburg, Augsburg, Füssen, Passau und Ingolstadt oder weiter geliefert. Eine Rebsorte ist in diesen Büchern noch nicht genannt.

Der erste Beleg für die für Tramin mindestens 300 Jahre lang wichtigste Sorte, den Weißen Lagrein, findet sich in einer Bozner Urkunde aus dem Jahre 1318. Lagrein wird auch in einem 1379 in Tramin verfassten Testament genannt. Laut Urbar von 1382 bezog der Adelige Friedrich von Greifenstein aber „Hawpt wein" aus der Traminer Gegend. Hauptwein ist auch einer der Punkte in den Privilegienbestätigungen der Fürstbischöfe 1516, 1541 und 1620 für Tramin. Schließlich schreibt die „Ordnung des Wein Zaichens" von 1535 für Tramin vor, „das hinfüran (...) alle Tramynner Haubtwein, ausgenommen die, so der Briesterschaft vnd dem Adl zuegehören, mit dero von Tramyn Petschad vnnd Secret (...) bezaichent (werden sollen), damit nit annder Wein für Tramynner Haubtwein verkauft“ werde. Auch vom „Zedl“ ist noch die Rede. Dasselbe Dorfbuch führt zu den Jahren 1598, 1599, 1621 bis 1625 sowie 1629 bis 1632 die Preise für „Tramynner“ oder „Tramynner Wein“, nie aber für Hauptwein an. Hingegen besagen Eintragungen von 1513, 1530 und 1532, dass die Herren Langenmantel und Spaur ihren Wasserzins in „Weissen Lagrein Tramynner wein“ zu zahlen schuldig waren. Diese Beispiele zeigen: In Tramin wurden die Begriffe „Traminer“, „Traminer Hauptwein“ und „Weißer Lagrein Traminer Wein“ synonym verwendet.

„Gueter Traminer Lagarein“

Auf einem Irrtum beruht die verbreitete Annahme, der mittelalterliche Wein aus Tramin habe hauptsächlich aus Muskateller bestanden: Der Humanist Johannes Antonius Campano meint in einem Brief von 1471 nicht Tramin, sondern Teramo in den Abruzzen, wo er seit 1463 Bischof war. Auch die in diversen alten Lexika vertretene Ansicht von der Bedeutung des Marzemino für Tramin hält einer Untersuchung nicht stand.

Weißen Lagrein dagegen kaufen die bereits genannten Brüder Langenmantel mehrfach in Girlan, Kaltern, Oberplanitzing und Neumarkt ein – wohl nicht für den Eigenbedarf. Für sie als Adelige galt die Kennzeichnungspflicht ihres Traminer Weines, eine frühe Form der kontrollierten Ursprungsbezeichnung, nicht. 1515 haben Lazarus Langenmantel und zwei weitere Traminer allerdings wegen Einfuhr fremder Weine nach Tirol Strafe bezahlt. Besonders bemerkenswert ist, dass laut Weinzinsregister des Tiroler Landesfürsten von 1595 Caspar in der Maur von Gütern hinter dem Strelhof in Kurtatsch wie auch J. Ph. in der Maur sowie G. Gauns Erben von Margreid „gueten Traminer Lagarein“ aus Tiroler Gebiet in den landesfürstlich-Tiroler Amtskeller zu zinsen hatten, der mitten im bis 1779 hochstiftisch-Trientnerischen Gericht Tramin lag.

Primärquellen und Literatur belegen das Vorkommen von Weißem Lagrein in Bozen, Gries, Kardaun, St. Michael/Eppan, Girlan, Frangart, Kaltern, am Kalterer See, in Planitzing, Oberplanitzing, Leifers, Montan, Glen, Neumarkt, Salurn, Terlan, Schenna, Marling und Neustift (dort „teutscher Wein“). Bemerkenswert ist die 1557 formulierte Verpflichtung der Pächter des Hitthöfls in Leifers, „jährlich 100 guet Traminersteckler (zu) stoßen“.

Von Einzelfunden abgesehen, sind Rechnungen des Tiroler Landesfürstlichen Amtes Stetten in Tramin aus dem 16. Jahrhundert die ergiebigste Quelle. Sie weisen Bernhard Reichart und die vier Innsbrucker Wirte Hans Senng, Mathias Spenesberger, Paul Gässler und Wolfgang Atlmair für 1550 als Käufer von 141 Yhren Wein um 600 Gulden aus. Im gleichen Jahr werden Georg Widemann und Adam Reuter aus Reichenhall 344 fl. berechnet. Der Salzburger Hans Han bezahlt 200 fl. Freising, Wasserburg und Rosenheim in Oberbayern sind 1551, Kundl, Kolsaß, Rattenberg und Söll 1558 Ziel von Traminer-Weinfuhren. Es fällt auf, dass 1573 beim mit Abstand höchsten Preis von 35 fl. pro Fuder außer Hans Greyl von Miesbach, der zehn erwirbt und dafür 340 fl. zahlt, die meisten zwei oder gar nur ein Fuder kaufen. Das größte Geschäft wird 1593 (oder 1579?) mit Blasy Winckhler aus Kössen abgewickelt, der für 17 Fuder 459 fl. ausgibt. Übrigens hat man sich – besonders mit römischen Ziffern – oft verrechnet. Aus der Literatur ist bekannt, dass der Traminer auf dem Ulmer Weinmarkt und in Nördlingen gehandelt wurde. Details dazu kennt der Verfasser dieses Beitrags leider nicht.

Edmund Mach, Direktor der Landwirtschaftlichen Lehranstalt in St. Michael a. d. Etsch, schrieb noch 1894: „In der Meraner Gegend und im Vintschgau finden wir noch da und dort den Weiss-Lagrein.“ Er nennt ihn für die Orte Lana, Marling und Montan als Hauptgrundlage für die Produktion von Weißwein.

Für die Zeit vor seiner Einführung durch Erzherzog Johann von Österreich um die Mitte des 19. Jahrhunderts gibt es keinen Nachweis für den (Gewürz-)Traminer in Südtirol.

Dass die als „Weißer Lagrein“ angesehene Traube der ursprünglichen Sorte entspricht, wird von den Fachleuten des Versuchszentrums Laimburg wegen der geringen Qualität bezweifelt.

Der Gewürztraminer hat in den letzten Jahrzehnten in Südtirol eine beeindruckende Entwicklung erfahren. So hat sich die Anbaufläche allein seit Beginn der 1980er mehr als vervierfacht.

Leider hat weder der von oberhalb Lana stammende Weiße Lagrein das Potenzial für einen guten Wein noch offenbar der 2007 in das Nationale Register der Rebsorten aufgenommene Lagarino bianco. Er wird im Cembratal und um Pergine in geringem Ausmaß angebaut. Die Bezeichnung „Chegarèl" ist wenig schmeichelhaft, und wegen seiner hohen Säure wird er zur Sekt- und Schnapsproduktion sowie zum Verschneiden anderer Sorten, aber nicht zur Kelterung eines reinsortigen Weines verwendet. Beide Fälle legen die Vermutung nahe, dass es sich nicht um den alten Weißen Lagrein, sondern um eine Verwechslung handelt.

Die Anfänge des Gewürztraminers

Ausdrücklich „traminer stoeck" und nicht die eines der vielen Synonyme werden in einem Dokument des Klosters Bebenhausen bei Stuttgart vom 4. August 1483 genannt. Das ist der älteste bekannte eindeutige Nachweis der Sorte Traminer im deutschen Sprachraum. Im 16. Jahrhundert gibt es dann in verschiedenen Gegenden Deutschlands schon mehrere, allerdings wurde ein älterer Beleg für die Bezeichnung Gewürztraminer als jener Bassermann-Jordans von 1794 aus Forst in der Rheinpfalz bisher nicht gefunden. Erzherzog Johann von Österreich, der auf seinem Gut Pikern bei Marburg (Maribor) schon ab 1822 Erfahrung gesammelt hatte, zeigte sich 1850 beim Besuch in St. Valentin in Eppan über das Gedeihen der Traminer und Ruländer sehr erfreut. Was erstaunt: Trotz der Verortung im Namen kann das Anpflanzen der Sorte auf heutigem Traminer Gemeindegebiet erst 1867 bis 1869 am Freisingerhof nachgewiesen werden.

1890 präsentierte Josef von Elzenbaum „Traminer W(eiß) 1887" auf der Ausstellung in Wien. Dem Winterfrost 1890/91 fielen bei ihm angeblich nur fünf Prozent der 10- bis 20-jährigen Niederbau-Traminer zum Opfer, während es in St. Pauls und Obermais 80 Prozent und in Tramin bei den roten Sorten 40 bis 60 Prozent waren. Wenn von Elzenbaum 1894 in St. Petersburg eine Sorte Wein ausstellte, darf man deshalb annehmen, dass es sich um (Gewürz-)Traminer handelte.

Eine Erfolgsgeschichte

„Mit dem Gewürztraminer haben wir uns am Anfang ziemlich schwergetan", erinnert sich der ehemalige Kellermeister der Kellereigenossenschaft Tramin, Erich Kaufmann. Durch die Fusion mit Neumarkt-Montan sei man auf 1.400 Hektoliter Gewürztraminer gekommen, danach seien die Flächen allerdings zurückgegangen – „bis zur Renaissance zu Beginn des neuen Jahrtausends", so Kaufmann, der anfügt: „Ich hätte damals nie geglaubt, dass es der Gewürztraminer einmal so weit bringt." Betrug die Anbaufläche von Gewürztraminer 1979 südtirolweit erst 146,2 Hektar – davon in Tramin 24,2 und in Neumarkt 26,2 –, so belief sie sich laut Weinbaukartei zum Jahresende 2022 auf 627 Hektar und lag damit 122 Hektar vor Vernatsch und nur 58 Hektar hinter der Spitzensorte Ruländer an absolut zweiter Stelle.

Die Entwicklung ist allerdings nicht nur eine quantitative. Auch qualitativ hat sich der Gewürztraminer etabliert und einen festen Platz unter den von den nationalen und internationalen Weinführern mit Topnoten bewerteten Weinen erkämpft. Nicht zuletzt durch diese Auszeichnungen ist der italienische Markt für Südtiroler Weißwein richtig erschlossen worden. Mit dem Rückgang der einstigen Leitsorte Vernatsch verschwindet weitgehend auch die Pergl und macht dem Guyot-System Platz. Die Weinbauern aber erhalten trotz früher unvorstellbarer Ertragsbeschränkungen einen Lohn, der sie für ihre Mühen mehr als nur entschädigt.

\\

Vom Massenprodukt zum Charakterwein

Der Kalterersee

// Schon im 14. Jahrhundert wird Wein vom Kalterer See erstmals erwähnt, allerdings stellt man erst gute 300 Jahre später von Weiß- auf Rotweinanbau um. Seit damals wechseln sich Lob und Tadel für den Kalterersee ab. Er wird zum Exportschlager, dann minderwertiges Massenprodukt, bleibt lange aber ein fester Bezugspunkt in der Südtiroler Weinwelt. Heute versucht der Kalterersee, seinen Platz im Umfeld unterschiedlichster Weiß- und Rotweinsorten wieder neu zu finden.

Ivo Maran, Stefan Morandell

Von ersten Weingärten am Kalterer See gibt es schriftliche Nachweise, die aus der Zeit unmittelbar nach Abtretung des Westufers 1273 an den Grafen von Tirol stammen. Graf Meinhard zwang damals den Bischof von Trient, das Gebiet zwischen Tramin und Kaltern abzutreten. Weil er im Kirchenbann war, ließ er seine Frau Elisabeth, Witwe des Stauferkönigs Konrad IV., mit den Rodungsrechten belehnen. Angebaut wurden weiße Trauben und es wurde offensichtlich versucht, den schon bekannten Wein aus Tramin zu imitieren, der von den Bischöfen von Trient für die Märkte nördlich der Alpen produziert wurde und dessen Produktion und Verkauf streng kontrolliert wurden.

Zwei Ereignisse halfen, für den ursprünglich nur „Seewein" genannten Wein ein eigenes Profil zu entwickeln. Zum einen kam im 16. Jahrhundert mit der Eroberung Mailands durch Ludwig XII. die Vorliebe für helle, trockene Rotweine aus Frankreich nach Italien. Zum anderen wurde das Weinbaugebiet bald nach 1600 durch drei neue große Weinhöfe am Nordwestufer des Kalterer Sees erweitert. Dies beschleunigte die Umstellung der Produktion von weißem Süß- auf trockenen Rotwein. Und der Erfolg blieb nicht aus: Viele der alten Adels- und Bürgerhäuser in Kaltern stammen aus dem 17. Jahrhundert und zeugen vom Aufschwung durch den Weinhandel.

Die Suche nach einem eigenen Charakter

Erste schriftliche Aufzeichnungen über die typischen Rebsorten am Kalterer See mit Nennung der verschiedenen

Hundert Jahre,
aber eine andere Welt:
das Kalterersee-Anbaugebiet
in den 1920er-Jahren

Bei Weinverkostungen im 19. Jahrhundert wird der Kalterersee als heller Wein beschrieben, der seine Vorzüge im jungen Alter zeigt.

Vernatsch-Sorten finden wir um 1800. Damals begann man, sich genauer mit den Rebsorten zu beschäftigen und sie als einen wesentlichen Qualitätsfaktor für den Wein zu erkennen. Bei Weinverkostungen im 19. Jahrhundert wird der Kalterersee als heller Wein beschrieben, der seine Vorzüge im jungen Alter zeigt. Allerdings wird erst in den 1920er-Jahren erstmals intensiv über die Typizität des Kalterersees diskutiert. Anlass waren Reklamationen aus dem Schweizer Markt. Wie wichtig dieser war, zeigt eine Untersuchung von 1933, nach der die Südtiroler einen Marktanteil von 25 Prozent hatten. Der St. Magdalener und der Kalterersee waren davon die bekanntesten und zudem relativ teure Marken.

Um die Weinqualität gegen unlautere Konkurrenz von außerhalb, aber auch innerhalb Südtirols abzusichern, gab es Versuche, die beiden Marken schützen zu lassen. Dies fand große Unterstützung nicht nur von Arnold Becke, dem letzten österreichischen Kellereiinspektor in Südtirol, sondern auch von Arturo Marescalchi, dem damals bekanntesten Önologen Italiens, Mitglied des Parlaments und späteren Unterstaatssekretär im Landwirtschaftsministerium. Manche Weinproduzenten hofften dabei, den allgemeinen Begriff „Tiroler Wein“ schützen zu können, unter dem man auch die vom Markt gewünschten größeren Mengen liefern konnte. Aufgrund der politischen Ereignisse war daran aber bald nicht mehr zu denken. Die Verwendung deutscher Namen und insbesondere die Bezeichnung „Tirol“ wurde Mitte der 1920er-Jahre in Südtirol verboten.

1931 wurden in einem Ministerialdekret die Produktionsgebiete des „San Maddalena“ und des „Lago di Caldaro“ abgegrenzt. Diese erste Abgrenzung des Produktionsgebietes für Kaltererseewein umfasste 64 Hektar, eine Fläche, wie sie seit dem 17. Jahrhundert bestand und die damals im Mittel eine Gesamtproduktion von 3.600 Hektoliter Wein, also einen Ertrag von 56 Hektolitern pro Hektar erbrachte.

Der Weg zum Massenprodukt

Diese Mengen reichten spätestens ab den 1950er-Jahren nicht mehr aus, als die Nachfrage auch in Deutschland anstieg. Auf dieses Problem antwortet der Südtiroler Weinbau mit einer Massenproduktion, die Mitte der 1950er-Jahre beginnt. So zeigen auch die offiziellen Daten zum Weinexport ab 1955 einen starken Anstieg. Luis von Dellemann, ab 1958 Kellermeister der Kellereigenossenschaft Andrian, erinnert sich, dass der durchschnittliche natürliche Alkoholgehalt der Weine damals bei 8,1 Volumenprozent lag, was auf Erntemengen beim Großvernatsch um 300 Dezitonnen pro Hektar zurückzuführen war. Diese wurden durch übermäßigen Einsatz von Kunstdünger und Bewässerung ermöglicht. Die Moste wurden aufgezuckert und nach der Gärung mit Lagrein und Montepulciano aufgebessert. Die Weine seien dann, so von Dellemann, „nicht so schlecht“ gewesen und aufgrund der hohen Nachfrage problemlos verkauft worden.

Ähnliches gilt für die Weine aus Kaltern. So lag der mittlere Zuckergehalt der Vernatsch-Maische in der Ersten Kellereigenossenschaft Kaltern 1958 bei 14,5 Klosterneuburger Grad. Auch wenn viele Weine damals unter an Tirol anklingenden Fantasienamen auf den Markt kamen, wird die Massenproduktion doch mit dem Kalterersee assoziiert. 1963 etwa wurden 267.780 Hektoliter Wein, also fast die Hälfte der Gesamtproduktion, als Kalterersee exportiert. Diese Mengen konnten weder im Produktionsgebiet nach dem Typenweingesetz von 1931 noch den daran angrenzenden Gemeinden erzeugt werden, was bei den Diskussionen um die Festlegung der kontrollierten Ursprungsbezeichnung „Kalterer" und „Kalterersee" regelmäßig für Streit sorgte. Und solange es keinen kontrollierten Ursprungsschutz für Weine gab, wurden im Ausland sogar günstigere spanische Weine als Kalterersee auf den Markt gebracht.

Streit um das Ursprungsgebiet

Der Etikettenschwindel spricht auch dafür, wie beliebt der Kalterersee in den 1960er-Jahren in Deutschland war. 1962 kamen 89 Prozent der Trinkweine, die deutsche Importeure aus Italien bezogen, aus Südtirol, davon waren rund 45 Prozent Kalterer bzw. Kalterersee. Der Anteil der Nachbarprovinz Trient am Gesamtexport nach Deutschland betrug hingegen nur drei Prozent. Als 1963 in Italien begonnen wurde, die kontrollierte Ursprungsbezeichnung einzuführen, kam es daher bei der Festlegung des Produktionsgebietes für den Kalterersee zu jahrelangen heftigen Diskussionen. Die Schutzgenossenschaft Kaltern wollte das Gebiet auf Kaltern und die angrenzenden Gemeinden Eppan, Pfatten, Tramin und Kurtatsch begrenzen, während eine Lobbygruppe um Weinhändler in Neumarkt eine Ausdehnung des Produktionsgebietes auf Gemeinden links der Etsch forderte.

Der dritte Vorschlag kam aus dem Trentino und sah vor, dass auch dort in einigen Gemeinden Kalterersee produziert werden dürfe. Schließlich sei es nicht möglich, die als Kalterer oder Kalterersee verkaufte Menge Wein allein im historischen Ursprungsgebiet zu produzieren. Und eine gewisse „Tradition" war den Trentinern auch nicht abzusprechen. Kellereiinspektor Arnold Becke hatte schon 1922 festgehalten, dass es ein offenes Geheimnis sei, dass aus dem Trentino viel Wein unter den klangvollen Namen Südtiroler Marken speziell in die Schweiz ginge. Allerdings gab es im Trentino durchaus auch kritische Stimmen, die nicht glücklich waren, auf den „Kalterer" zu setzen und die Zukunft des Trentiner Weinbaus im Aufbau einer eigenen Marke sahen. Der Streit zog sich letztlich über Jahre hin und wurde schlussendlich erst 1989 vom Europäischen Gerichtshof entschieden.

Dass das Anbaugebiet für Kalterersee vom ursprünglichen Gebiet und seinen angrenzenden Gemeinden auf die linke Etschtalseite um Neumarkt und einige Gemeinden im Trentino ausgedehnt worden ist, sei auf die Uneinigkeit in Südtiroler Weinwirtschaftskreisen zurückzuführen. Davon sind der an den Verhandlungen beteiligte ehemalige Sekretär der Bozner Handelskammer Jakob Lezuo und Kellermeister Luis von Dellemann gleichermaßen überzeugt. Beide Erweiterungen hingen zusammen, die eine sei ohne die andere nicht möglich gewesen. Für von Dellemann war dies „der größte Fehler der Südtiroler Weinwirtschaft". Letztlich haben sich nicht die Produzenten durchgesetzt, die an einen zwar leichten, aber nur beschränkt verfügbaren, soliden Wein mit eigenem

1962 kamen 89 Prozent der Trinkweine, die deutsche Importeure aus Italien bezogen, aus Südtirol, davon waren rund 45 Prozent Kalterer bzw. Kalterersee.

„Der echte Deutsche mag keinen Dipaulischen leiden, doch seine Weine trinkt er gern", notiert ein Gast um die Jahrhundertwende auf einer Postkarte, die die bekannte Weinstube von Baron Josef Di Pauli, der Weingüter und eine Kellerei in Kaltern besaß, in der Nähe der Wiener Oper zeigt. Di Pauli war kurze Zeit Handelsminister und jene Persönlichkeit, die nach Werner Walch den Kalterersee in der Hauptstadt des Kaiserreichs bekannt gemacht hat.

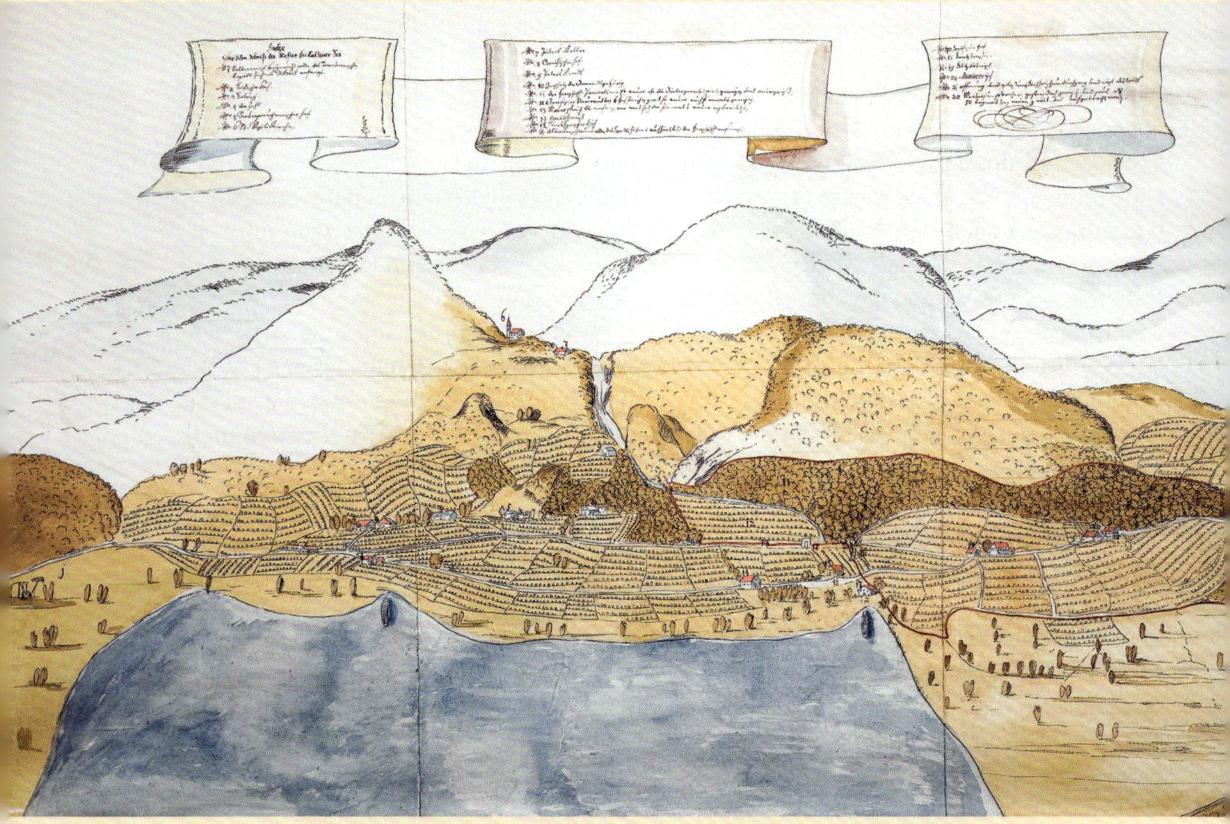

„Index über disen Abriß der Refier bei Kalterer See" ist diese Übersicht über den am See liegenden Teil das Kalterer Weinanbaugebiets betitelt.
Das Bild ist rund 400 Jahre alt und noch vor dem Bau von Schloss Ringberg entstanden.

Gemalte Kopie aus dem Südtiroler Weinmuseum in Kaltern, das Original liegt im Ferdinandeum Innsbruck

Charakter geglaubt hatten. Durchgesetzt haben sich jene, die die zeitweilig große Nachfrage nach einem günstigen Konsumwein mit klingendem Namen ausnutzen wollten und nicht längerfristig an das Image des Südtiroler Weines dachten.

Der Weg aus der Krise

Anfangs waren allerdings zahlreiche Südtiroler Privatkellereien und Genossenschaften mit der Massenproduktion und dem Zukauf von Weinen aus dem Süden ökonomisch erfolgreich. An ihre Lieferanten konnten sie höhere Traubenpreise bezahlen, was zu einer Kettenreaktion führte, der sich nur wenige Produzenten entziehen konnten. Die Ausweitung des Produktionsgebietes für Kalterersee in das Trentino und dessen Image als Massenprodukt war damit nicht aufzuhalten. Erst eine Absatzkrise in den 1980er-Jahren brachte bei vielen die Einsicht, dass mit dem Kalterersee, wenn überhaupt, nur als Nischenprodukt auf Dauer eine ausreichende Wertschöpfung für Südtiroler Winzer erzielt werden könne.

In den vergangenen Jahrzehnten haben deshalb einerseits engagierte Produzenten durch eine Ertragsreduktion, andererseits Kellermeister durch ausgefeilte Keltertechnik die Weinqualität enorm gehoben, auch wenn Weine aus Vernatsch-Trauben, wie es der Kalterersee ist, mit klassischen Rotweinen nicht mithalten können. Man sollte sie deshalb als eigenständige Weine sehen, deren Charakter eine gewisse Leichtigkeit zeigt und damit eine schöne Trinkbarkeit aufweist. Wenn man sich auf sie einlässt, können sie manchmal neben einer wunderbaren Blume in der Nase auch eine überraschende Tiefe zeigen.

Erst eine Absatzkrise in den 1980er-Jahren brachte bei vielen die Einsicht, dass mit dem Kalterersee, wenn überhaupt, nur als Nischenprodukt auf Dauer eine ausreichende Wertschöpfung für Südtiroler Winzer erzielt werden könne.

Ein waschechter Bozner
Der St. Magdalener

// Obwohl es um Bozen seit mehr als 1.000 Jahren Weinberge gibt, taucht die Bezeichnung „St. Magdalener“ erst vor rund 200 Jahren auf. Seit damals hat sich viel getan. Aus dem Fasswein der 1950er, 1960er und 1970er, der bis zu 90 Prozent in der Schweiz abgesetzt wurde, ist in den letzten 40 Jahren ein gefragter Tropfen geworden. Was geblieben ist, ist indes das landschaftsprägende Bild der Weinberge auf den Hügeln um Bozen.

Helmuth Scartezzini

Besiedelt wurden die Hügel von St. Magdalena schon in prähistorischer Zeit, auch der Weinbau um Bozen hat eine lange Geschichte. Er ist 855 erstmals urkundlich belegt und es waren wohl Siedler aus Bayern, die die Hänge um das Bozner Becken in Weinberge verwandelt haben. Auch deshalb tragen hier die meisten Weinhöfe Namen mit deutschen Wurzeln.

Danach ist es die Kirche, die den Weinbau im Gebiet des heutigen St. Magdaleners vorantreibt. Bischof Heinrich I. von Trient tauscht etwa vor 1070 Weinberge in „Placidelle“ und an den Ufern des Rivelaunbachs (Rentsch) mit dem Stift Ebersberg. Im Gegenzug gab's ein „schönes und korrektes Messbuch, ein Lektionarium und ein Antiphonarium“. Und auch im 12. Jahrhundert tauchen Weingüter in „Placidelle“ in der Ausstattung des Stifts Weyarn und in einer Schenkung ans Brixner Domkapitel auf.

Wo liegt „Placidelle“?

Das romanische „Placidelle“ steht für einen kleinen ebenen Platz. Als Flurnamen entwickelt es sich zu Placedell, Plazöl und schließlich Prazöll weiter. Dabei unterschied man noch im 16. Jahrhundert zwischen Plazol und Plazöl, bis ins 18. Jahrhundert zwischen Brazoll und Brazöll. St. Justina lief damals unter Brazoll, St. Magdalena unter Brazöll und der Wein unter der Bezeichnung „Prazöller“. Johann Jakob Staffler verweist im Buch „Tirol und Vorarlberg“ von 1839 darauf, dass die Weine von Rentsch, St. Magdalena, Fagen, Guntschna und Moritzing sehr beliebt seien. In der Ausgabe von 1846 führt Staffler aus, dass der Wein von Prazöll im Viertel St. Magdalena meist in Flaschen abgezogen werde. Es handle sich um einen edlen, feurigen Wein, „der als Luxusgetränk aufgestellt wird“.

Verlangen Sie stets ein Ursprungszeugnis unserer Genossenschaft!

mit vorzüglicher Hochachtung

St. Magdalena-Weinbauern-Genossenschaft
Reg. Gen. m. b. H., gegr. 1923
St. Magdalena bei Bozen

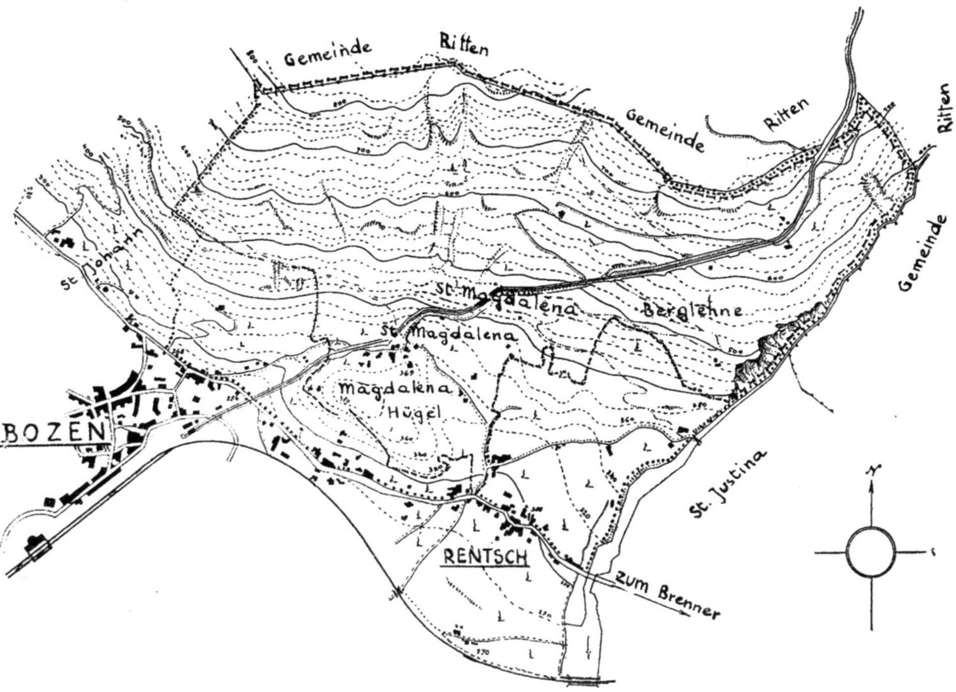

.... Grenzen der St. Magdalena-Weinbauern-Genossenschaft von 1923

1949 veröffentlicht die „St. Magdalena-Weinbauern-Genossenschaft“ auf „vielfach geäußerten Wunsch unserer werten Kundschaft“ nicht nur eine Liste der Höfe, die zur Genossenschaft gehören, sondern auch eine Skizze des Anbaugebiets des „echten St. Magdalena-Weines, welcher nur in unserem Genossenschafts-Gebiete wächst“.

Drei Fässer, eine Traube und der Rosengarten: Kein Geringerer als Albin Egger-Lienz ist der Urheber der ersten Schutzmarke des St. Magdaleners.

Den Eingang zum Eisacktal verschließen jene Bozner Hügel, deren Weinberge – hier in einem Bild aus dem Jahr 1929 – einen der wichtigsten Markenweine Südtirols hervorgebracht haben (und immer noch hervorbringen): den St. Magdalener.

Auch Bergmeister weist in seiner „Topographie der Stadt Bozen“ (1854) auf den Wein von den Hügeln in Rentsch und St. Magdalena hin, der „Prazöller“ sei dabei der geschmackvollste. Und in seiner Sammlung „Die Weinproduktion in Österreich“ (1873) schreibt Joseph von Braitenberg: „Für den Bezirk Bozen stammten die besten Weine aus Bozen selbst, aus Gries, Dorf, St. Justina, St. Magdalena, Leitach, Rentsch. Letztere kommen unter der Ortsbezeichnung in den Handel.“

Der St. Magdalener wird zum Aushängeschild

Günstige Absatzverhältnisse sorgen zu Beginn des 20. Jahrhunderts für eine Zunahme der Weinbauflächen, und zwar auch im Gebiet von Prazöll. Aus zwei Abhandlungen aus dem Jahr 1924 („Der Weinbau auf den Leiten von Prazöll“ von Karl Felix Wolff und „Der Weinbau auf den Leiten von St. Magdalena, St. Justina und Leitach“ von Josef Andreatta) ergibt sich eine vollständige Übersicht der Produzenten. So umfasste das Gebiet von St. Magdalena 36 Weinhöfe und Traubenproduzenten mit einer Maischemenge von 4.000 Hektolitern, die rund 3.000 Hektoliter Wein ergaben. Das Viertel St. Justina bestand aus 23 Weinhöfen mit 40 Hektar und 2.000 Hektoliter Maische, Leitach zählte 36 Weinhöfe (plus deren drei auf Rittner Gemeindegebiet) mit 57 Hektar und – aufgrund von Neuanlagen – nur 2.900 Hektoliter Maische.

Die Artikel geben auch einen Überblick über die Abnehmer der Maische. Die beiden größten mit je 1.000 Hektolitern waren die Weinhändler H. Mumelter & Söhne sowie Alois Lageder. Es folgen Matthias Wenter (Waldgries, 700 Hektoliter), Heinrich Lun und Gruber-Wenzer (je 600 Hektoliter) sowie Friedrich von Ferrari (500 Hektoliter). Dazu kamen die Händler Carli (Nals) und Brigl (Girlan) sowie Schweizer Importeure von Wein und Maische mit bedeutenden Mengen (gut 4.000 Hektoliter). In Summe hatte das Gebiet also ein Potential von 6.000 bis 7.000 Hektolitern Wein.

Das Bedürfnis nach Schutz

Eine erste offizielle Anerkennung der besonderen Stellung des St. Magdaleners gab es 1941 im Zuge der Weinpreisregulierung. Das Bozner Aushängeschild wurde dabei in die oberste Kategorie „Extra“ eingereiht und stand damit gleichauf mit Barolo und Barbaresco. Der Chianti fand sich dagegen in der darunterliegenden 1. Kategorie – gemeinsam mit den Rotweinen von St. Justina, St. Peter, Leitach, Guntschna und Tramin.

Über lange Jahre bestimmte der Schweizer Absatzmarkt die Entwicklung des St. Magdaleners, bis zum Ersten Weltkrieg gibt es einen wahren Exportboom. Dieser hatte allerdings auch Schattenseiten in Form einer Streckung des St. Magdaleners mit anderen Südtiroler Weinen. Um diesem Missbrauch entgegenzuwirken, gründeten die Produzenten in St. Magdalena 1923 eine Schutzgenossenschaft mit dem Namen „St. Magdalena-Weinbauern-Genossenschaft“ und grenzten ihr Gebiet ab. Die Organisation sollte darüber wachen, dass unter dem Namen St. Magdalena nur Wein in den Verkehr gebracht wurde, der tatsächlich aus den abgegrenzten Rebflächen stammte. Dazu wurde der geografische Name „St. Magalena-Wein“ gesetzlich geschützt. Auch ließ man eine von Albin Egger-Lienz entworfene Schutzmarke registrieren, die drei Fässer, eine Traube und im Hintergrund den Rosengarten zeigte.

Jene von St. Magdalena gilt als erste Schutzvereinigung in Italien, ihr Schutz wirkte, Absatz und Preise entwickelten sich zufriedenstellend. Schon 1930 brachte aber das Gesetz zum Schutz der „Typenweine“ eine Erweiterung des St. Magdalener Gebiets mit sich, obwohl sich die Weinbauerngenossenschaft dagegen zur

Das nun größere Herkunftsgebiet und die fehlende Kontrolle der Bezeichnung „St. Magdalener“ sorgen dafür, dass die Exportmengen steigen und steigen. 1972 erreichen sie mit 79.000 Hektolitern einen Höchststand.

Wehr setzte. Dank der gesetzlichen Öffnung konnten nun Weine aus St. Justina, Leitach, St. Peter und Teilen von Rentsch unter der Zusatzbezeichnung „Typenwein St. Magdalena“ in den Handel gebracht werden. Das eigentliche Ursprungsgebiet durfte dagegen die Bezeichnung „classico“ führen.

Steigende Mengen, steigender Export

1950 beträgt die Produktionsmenge des St. Magdaleners 15.000 Hektoliter, während – zum Vergleich – der Kalterersee damals auf 25.000 Hektoliter kommt. Auf Druck der Händler und Schweizer Importeure willigt die Schutzgenossenschaft 1960 ein, die Nachbargebiete St. Peter, St. Justina und Leitach aufzunehmen, das Anbaugebiet wächst von 82 Hektar in St. Magdalena um 117 Hektar in den umliegenden Anbaugebieten. Wenige Jahre später werden auch Guntschna, St. Georgen und Sand, insgesamt 102 Hektar, in das Erzeugungsgebiet eingegliedert. Die Produzenten der neuen Gebiete mussten sich dabei verpflichten, die Bestimmungen der Schutzgenossenschaft einzuhalten. Die Schutzmarke blieb allerdings weiter den Produzenten des St. Magdalener Kerngebietes vorbehalten.

Das nun größere Herkunftsgebiet und die fehlende Kontrolle der Bezeichnung „St. Magdalener“ sorgen dafür, dass die Exportmengen steigen und steigen. 1972 erreichen sie mit 79.000 Hektolitern einen Höchststand, diese Menge ist aber mit Vorsicht zu genießen. Schließlich wurden nur die Angaben der Exportbetriebe erfasst. Dass also auch immer St. Magdalener drin war, wo St. Magdalener draufstand, ist zweifelhaft.

Offizielle Anerkennung

1971 erfolgt die Anerkennung der kontrollierten Ursprungsbezeichnung „St. Magdalener“. Dabei kommt es noch einmal zu einer Erweiterung des Produktionsgebietes um Teile der Gemeinden Terlan (34 Hektar), Jenesien (1), Ritten (47), Karneid (45) und Bozen (30) auf insgesamt 458 Hektar. Auch das „klassische“ Ursprungsgebiet wird im Zuge der Anerkennung größer. Es umfasst seit damals neben St. Magdalena auch St. Peter, St. Justina, Leitach und Teile von Rentsch. Mit der Anerkennung der Ursprungsbezeichnung geht auch eine Qualitätsoffensive einher. So schränken die DOC-Erzeugungsvorschriften die Erntemengen auf 12,5 Tonnen pro Hektar Trauben ein. Diese Reduzierung zieht eine Verdoppelung des Preises nach sich, der auch in den Folgejahren weiter steigt – auch dank einer stabilen Nachfrage. So gehen von insgesamt 38.700 produzierten Hektolitern weiterhin 90 Prozent in die Schweiz.

1973 wurde die Weinbauerngenossenschaft in das „Freiwillige Konsortium für den Schutz der Weinproduktion St. Magdalena“ umgewandelt, seit damals gilt auch eine neue Schutzmarke. Seine anfängliche Kontrolltätigkeit (Lesekontrollen, sensorische Kontrollen für das Schutzzeichen, stichprobenartige sensorische Kontrollen der abgefüllten Flaschen am Markt) verschob sich allerdings hin zu Imagepflege, Werbung und Präsentationen.

Wandel ab den 1980ern

Eine Neuausrichtung kommt in den 1980er-Jahren. Damals gehen die Exportmengen in die Schweiz zurück, der Verkauf von Fasswein stockt. Diese Entwicklungen zwingen die Produzenten, auf Flaschenabfüllung umzusteigen und den heimischen Markt zu bedienen. Zugleich geht im ganzen Land der Anbau von Vernatsch drastisch zurück. Obwohl auch im St. Magdalener Gebiet die untersten, vor allem aber die höchsten Anbaugebiete auf andere Rebsorten umgestellt werden, avanciert der St. Magdalener zum häufigsten Vernatsch-Wein auf den Weinkarten im Land.

Auffallend ist, dass die größeren Kellereibetriebe, Genossenschaften wie Weinhändler, noch länger an der Abfüllung in Literflaschen festhalten. Erst 2010 wird diese Praxis auf Drängen des Schutzkonsortiums aufgegeben. Zugleich beleben die Selbstvermarkter des Kerngebietes das Erscheinungsbild und setzen eine kräftigere und doch saftige Stilistik durch. Und obwohl die Anbaufläche von Vernatsch (und untergeordnet von Lagrein) für die Produktion des St. Magdaleners in den letzten Jahren auf knapp 160 Hektar mit einer Jahresmenge von 10.000 bis 12.000 Hektoliter geschrumpft ist, ist doch eines geblieben: der Blick auf die Reblandschaft an den Hängen um die Stadt Bozen.

\\

Eine Neuausrichtung kommt in den 1980er-Jahren. Damals gehen die Exportmengen in die Schweiz zurück, der Verkauf von Fasswein stockt. Diese Entwicklungen zwingen die Produzenten, auf Flaschenabfüllung umzusteigen und den heimischen Markt zu bedienen.

Ein Weißer im Rotweinland
Der Terlaner

// Im ehemaligen Rotweinland Südtirol bildet der Terlaner eine Ausnahme. Schon früh gehört er – damals als Süßwein – zu den Aushängeschildern der Weinproduktion im Land. Vom ursprünglichen Weißterlaner finden sich heute allerdings nur noch Spuren, während sich die Markenbezeichnung „Terlaner" gehalten hat. Sie steht heute für eine Cuvée aus Chardonnay, Weißburgunder und Sauvignon.

Helmuth Scartezzini

Obwohl im Land über Jahrhunderte Rotweine dominierten, brachte es die Lagenbezeichnung „Terlaner" als Weißwein zu Bekanntheit, und zwar auch dank seiner hell leuchtenden Farbe und seiner Klarheit. Sie sollten – glaubte man der Legende – dem Silber zu verdanken sein, an das die Rebenwurzeln heranreichten. So verwundert es auch nicht, dass Karl Felix Wolff 1927 in „Vom Wein im Etschtal" anführt, dass alte Bauern im Inntal den Terlaner Wein als „Silberwein" bezeichneten.

Schon weit früher, 1584, findet sich im Kellerverzeichnis des Wiener Kaiserhofes ein „Terlaner". Für das Jahr 1619 liegt dort eine Sammelbezeichnung von „allerlei Tiroller" mit 17 Hektolitern vor, wobei es sich dabei um Terlaner, Vernatsch und Teroldego gehandelt haben dürfte. Und in Bayern versah man schon im Mittelalter den „Welschwein" mit genaueren Herkunftsbezeichnungen, etwa Bozner, Terlaner, Königslaner (Königsberg bei San Michele?), Fernetscher oder Vernatscher und Veltliner. Dabei kommt die Beziehung zwischen Bayern und Terlan nicht von ungefähr. Dietmar Stutzer schildert in „Weingüter bayerischer Prälatenklöster" (1980) etwa die Entwicklung der Besitzungen des Stiftes Benediktbeuern in Terlan. So erwirbt das Stift 1562 das Staindlgut (später Burgstallerhof), das bis zur Klosteraufhebung 1803 in dessen Besitz bleibt. Auch durch weitere Zukäufe umfasste der Betrieb 3 Hektar Reben, aber auch Wiesen für die Viehhaltung, die den für den Weinbau notwendigen Dünger lieferte. Offen bleibt die Frage, ob das Interesse des Stiftes an Terlan auf die die dortige Spezialisierung auf Weißwein zurückzuführen ist – auch als Ausgleich zur Rotweinproduktion in Meran-Untermais. Im 18. Jahrhundert erwirtschaftete man im Terlaner Betrieb jedenfalls durchschnittlich 53 Hektoliter Weiß- und 16 Hektoliter Rotwein.

Geht man der Frage nach der weißen Rebsorte nach, liefern Dokumente vom Freisingerhof in Rungg/Tramin erste Anhaltspunkte. Darin ist ab 1685 wiederholt von „Weiß Terlinger" die Rede. Beda Weber zitiert in „Die Stadt Bozen und Umgebung" (1849) den „berühmten

Terlanerwein, größtenteils weißer Farbe, einst auch Siebenaichner genannt. In Flaschen abgezogen zeichnet er sich durch besondere Stärke aus, während er anfangs in guten Jahren süß ist", schreibt Weber weiter. „Man trinkt ihn im Orte selten, da er Kaufware und teils fremden Besitz gehörig, auswandern muß." In anderen Quellen findet sich auch die Bezeichnung „Terlanerausbruch" oder „frischer Ausbruch des Siebeneichnerweines". „Ausbruch" wurden damals in Österreich (Rust) und Ungarn (Tokay) Süßweine aus einer Selektion hochreifer Trauben (Beeren- oder Trockenbeerenauslese) genannt.

Auch im „Handbuch des Weinbaues und der Kellerwirtschaft" (A. v. Babo und E. Mach, 1893) liegt eine Sortenbeschreibung für den Weißterlaner vor. „Diese Sorte besitzt nur lokale Verbreitung, besonders in der Umgebung des Dorfes Terlan in Tirol." Es folgt eine ampelografische Beschreibung seiner Merkmale: „In Tirol wird sie häufig als Bouquettraube angesehen, was wir jedoch nicht bestätigen konnten. Die Reife mittelfrüh, bei voller Reife wird sie leicht edelfaul. Ihr Renomè hat sie in Tirol wohl dadurch erhalten, daß die Terlanerweine meist noch jung in Folge unvollständiger Gährung süß und moussiernd verkauft werden." Damit wird belegt, dass der Ruf des Terlaners im Süßwein, teilweise mit Edelfäule, begründet war. Anton Kofler erklärt in seinem Werk „Reben und Weinsorten" (1919), dass dies mit der Sorteneigenschaft von weiblichen Blüten und damit unvollkommener Beerenentwicklung (sog. Jungferlen) zusammenhängt. In den 1920er-Jahren mehren sich die Berichte, wonach aus Weißterlaner im Verschnitt mit Weißburgunder, Ruländer und Rheinriesling feinere, jedoch trockene Weine erzeugt werden. Wegen unregelmäßiger Erträge schied man die Sorte Weißterlaner allerdings zusehends aus den Rebanlagen aus. Heute besteht der klassische Terlaner aus einer Mischung von Chardonnay, Weißburgunder und Sauvignon. Der historische Weißterlaner findet sich im Ort nur noch in kleinem Ausmaß.

\\

Obwohl im Land über Jahrhunderte Rotweine dominierten, brachte es die Lagenbezeichnung „Terlaner" als Weißwein zu Bekanntheit, und zwar auch dank seiner hell leuchtenden Farbe und seiner Klarheit.

Von Sturen, Querköpfen und Pionieren

Biologischer und biodynamischer Anbau

// In den späten 1970er-Jahren, mitten im Massenboom des Weinbaus, taucht plötzlich eine neue Anbauweise auf, deren Ziel ist, möglichst im Einklang mit der Natur zu produzieren. Der biologische Anbau nimmt damals nur langsam Fahrt auf, bekommt allerdings 1991 Rückenwind durch die erste EU-Bioverordnung – und einen ersten verbindlichen Rahmen. Es ist einigen mutigen Pionieren zu verdanken, dass der biologische bzw. biodynamische Anbau zum festen Bestandteil auch der Südtiroler Weinbauwelt wurde.

Eduard Bernhart

Heute werden in Südtirol rund zehn Prozent der Weinberge biologisch bewirtschaftet, auch wenn dies hier wegen der Niederschlagsmenge und der mit den Hanglagen verbundenen geringen Mechanisierung schwieriger ist als anderswo. Trotzdem: Einer der Ersten, die in Südtirol diesen Weg beschreiten, ist Rainer Loacker. Er steigt Ende der 1970er-Jahre aus dem familieneigenen (und höchst erfolgreichen) Waffelunternehmen aus und widmet sich fortan dem Weinbau und der Weinbereitung am Schwarhof in St. Justina oberhalb von Bozen. Den Skeptikern und Kritikern – und davon gibt es jede Menge – macht es Loacker nicht schwer, scheint er doch alle Klischees zu erfüllen: Er ist kein Bauer, kein Spross einer Winzerfamilie, sondern ein Quereinsteiger, ein Autodidakt ohne jegliche Erfahrung und ohne jegliches Netzwerk in der heimischen Weinwelt. Ein Querkopf eben, oder – wie es die Konkurrenz damals sieht – ein Spinner.

Gut nur, dass Rainer Loacker ein dickes Fell hat und es ihm egal zu sein scheint, was andere über ihn denken. Ihm geht es um seine Leidenschaft und eine Vision – naturnahen Wein zu produzieren. Das in der Landwirtschaft so weit verbreitete „Weiter wie bisher" kann es dabei für den Ex-Waffelfabrikanten und Süßwarenimporteur Loacker nicht geben. Schließlich fehlt ihm das Bisher.

Deshalb startet er bei null, verschlingt Fachliteratur, belegt Kurse und tauscht sich mit Gleichgesinnten aus. Diese finden sich vor allem in Deutschland, hat der Gedanke des Bioanbaus Ende der 1970er südlich der Alpen doch noch nicht Fuß gefasst. Das Problem ist aber: Unter den deutschen Biobauern gibt es damals jede Menge Getreide- und Kartoffel-, aber kaum Weinbauern, was Loacker im Austausch lernt, ist also noch auf Reben, Trauben und Keller zu übertragen.

Weil es der Pionier mit der Natur gut meint, meint es diese auch gut mit ihm – zumindest im ersten Jahr. „1979 war eines der großzügigsten Jahre überhaupt, ein sehr sonniger Jahrgang mit so vielen Trauben, dass sich die Ernte bis weit in den November gezogen hat", erinnert sich Hayo Loacker, Rainers Sohn, der dessen Erbe im Weingut übernommen hat. Sonnig, warm, trocken: Das sind Idealbedingungen für einen Biobauern – und für Rainer Loacker ein Grund, übermütig zu werden. „‚Das geht locker', hat sich mein Vater damals gedacht, ‚das ist leicht machbar, das kann ich auch'." Der Optimismus erweist sich allerdings als Hybris. Schon im zweiten Jahr schlagen Peronospora und Oidium erbarmungslos zu und vernichten mehr als die Hälfte der Loacker'schen Ernte. „Das waren harte Lehrjahre für meinen Vater", sagt Loacker jun. im Rückblick, „Lehrjahre, die sich die heutigen Generationen dank des angesammelten Wissens sparen können".

Resiliente Pionierin

Als der Naturpark Trudner Horn im Süden Südtirols 1980 aus der Taufe gehoben wurde, war an dessen Rand bereits seit einigen Jahren eine kleine biologische Revolution im Gange. 1972 hatte die gebürtige Bayerin Hilde Grübl Sessner den einsam in Buchholz oberhalb von Salurn gelegenen Crozzolhof gekauft und das Fundament für einen biologischen Anbau gelegt – nicht zuletzt im zugehörigen Weingut. Dass Grübl Sessner diesen Weg eingeschlagen hat, war nicht nur ihrer Überzeugung zu verdanken, sondern auch einer gehörigen Portion Mut, steckte der Bioweinbau in Südtirol doch noch in den Kinderschuhen. Als Biobauer wurde man belächelt. Und als Biobäuerin erst recht. Den Titel „Pionierin" verdient sich Grübl Sessner also, nicht zuletzt, weil ihr die Entwicklung recht gegeben hat. Noch heute, ein halbes Jahrhundert nach den Anfängen, wird der Crozzolhof unter der Ägide der Stiftung Landschaft Südtirol biologisch bewirtschaftet.

Heute werden in Südtirol rund zehn Prozent der Weinberge biologisch bewirtschaftet, auch wenn dies hier wegen der Niederschlagsmenge und der mit den Hanglagen verbundenen geringen Mechanisierung schwieriger ist als anderswo.

Impulse von außen

Die Lektion, die der Pionier unter großen (auch finanziellen) Verlusten lernen muss, ist: Die Natur zeigt dem Bauern immer wieder Grenzen auf. Oder wie Hayo Loacker es formuliert: „Eine Kultur verändert sich mit den Rahmenbedingungen, mit der Witterung, mit dem Jahreslauf. Man muss sie Jahr für Jahr neu verstehen." Trotz der herben Rückschläge wird Rainer Loacker in Südtirol zum Vorbild. „Ich habe mir von ihm so einiges abgeschaut", erinnert sich Rudolf Niedermayr vom Hof Gandberg in Eppan, der in den 1980er-Jahren mit der biologischen Wirtschaftsweise zu experimentieren beginnt. Er ist damals Mitglied des „Vereins für Ökologie", in dem nicht nur Bauern organisiert sind, sondern auch Biologen, Chemiker und Techniker. Der Verein hat zum Ziel, die Grundlagen für den Bioanbau in Südtirol zu schaffen und wertet deshalb nicht nur wissenschaftliche Erkenntnisse aus, sondern organisiert auch Lehrfahrten. Diese führen die Biobauern, die in erster Linie aus dem Obstanbau kommen, vor allem nach Deutschland, wo die Biobewegung schon sehr viel weiter entwickelt ist. Allerdings ist auch hier das Problem: Es fehlt an Referenzen im Weinbau und in der Kellerwirtschaft.

Abbringen lässt man sich dennoch nicht. Im Gegenteil. 1989 gewinnt der „Verein für Ökologie" den österreichischen Mikrobiologen Emil Joas für einen Vortrag. Der Titel: „Äpfel produzieren ohne Gift". „Joas hatte die Gabe zu begeistern und die Hoffnung zu wecken, biologisch genauso produzieren zu können wie konventionell", erinnert sich Rudolf Niedermayr. Nach dem Vortrag schart sich eine Gruppe von Bauern um den Mikrobiologen, die es biologisch versuchen wollen. Und weil der damals schon bestehende Bund Alternativer Anbauer für den Apfelanbau und den Weinbau zu restriktiv erschien, wurde 1991 Bioland Südtirol als Ableger von Bioland Deutschland gegründet. Über die Jahre hat sich Bioland Südtirol mit seinen fast 1.000 Mitgliedern zum größten Anbauverband in Südtirol entwickelt.

Der „Verein für Ökologie", die Joas-Gruppe, der Bund Alternativer Anbauer, Bioland Südtirol: In den Anfangsjahren suchen die Biobauern verständlicherweise in der Gruppe Kraft, um ihre Ideen weiterzubringen und sich auszutauschen. Zwar ändert sich in den späten 1980er-Jahren so ziemlich alles in Südtirols Obst- und Weinbau, der Trend, mit der und nicht gegen die Natur wird salonfähig. Den Anhängern des biologischen Anbaus gehen die Veränderungen aber nicht weit genug. „Unsere Ziele waren ein ganzheitliches Bild der Landwirtschaft und eine Kreislaufwirtschaft, wodurch wir ein gesundes Umfeld schaffen und zugleich hochwertige, gesunde landwirtschaftliche Produkte erzeugen wollten", sagt Niedermayr im Rückblick.

Gleichgewicht wiederherstellen

Betrachtet man den Werdegang der Biopioniere in Südtirol, wird klar: Einen einheitlichen Weg hin zu „bio" und „biodyn" gibt es nicht. Da ist Rainer Loacker, der unbeirrt und manchmal wohl auch verbissen an seinem Weg festhält. Da ist Rudolf Niedermayr, der vor allem Anleihen im Obstbau sucht, im Weinbau aber auf Grenzen stößt. Und da ist Alois Lageder, der von sich selbst sagt: „Wir sind den Weg nicht von Anfang an konsequent gegangen." Lageder verweist darauf, dass man anfangs auf Herbizide und Kunstdünger im Weinberg verzichtet habe. In einem zweiten Schritt wurde der chemisch-synthetische Pflanzenschutz reduziert. Erst 2004 stellt Lageder sein Weingut in Margreid konsequent auf den biodynamischen Anbau um, seit 2007 ist es Demeter-zertifiziert. „Ich glaube, dass ich mich auch geistig entwickeln musste", sagt Lageder. „In der Biodynamie geht es schließlich um die Entwicklung des Menschen, dafür braucht es die nötige Reife. Erst als ich diese hatte, konnte ich meine Welt, mein Leben, mein Denken in den Betrieb einbringen."

Die Biodynamie ist auch so etwas wie ein Rückgriff auf traditionelle Methoden. „Sie ist die Landwirtschaft, die wir Menschen 10.000 Jahre lang betrieben haben", erklärt Alois Lageder. „Eine, die die Kräfte der Natur berücksichtigt und sie sich zunutze macht, die kosmische und irdische Kräfte respektiert, die Vielfalt in den Mittelpunkt stellt und versucht, die Fruchtbarkeit des Bodens zu verbessern."

Den naturnahen Weg geht auch Rainer Loacker von Anfang an, doch auch er lässt eine Entwicklung zu. So sammelt er im Weinberg zuerst Erfahrung mit den klassischen Mitteln, mit Schwefel oder Kupfer etwa. Schon Mitte der 1980er-Jahre stößt er, der seit jeher Naturinteressierte, allerdings auf die Homöopathie, die schnell sein Steckenpferd wird. Loacker baut ein florierendes Unternehmen rund um die Entwicklung homöopathischer Heilmittel auf und bringt diese auch in den Weinbau ein. Neben klassischen Mitteln kommen nun auch Ergänzungsmittel zum Einsatz: solche auf Basis von Steinmehl, von Algen oder von pflanzlichen Extrakten. Loacker experimentiert mit Fenchel- und Anisöl, mit Brennnessel- und Ackerschachtel-Sud. „Man hat damals versucht, mit sehr aromatischen Mitteln auf die Antagonisten einzuwirken", erklärt Hayo Loacker, der schmunzelnd ergänzt: „Wenn's aber um die Wurst gegangen ist und drei, vier Tage hintereinander geregnet hat, musste man schon doch mit Kupfer entgegenwirken."

Von Natur aus resistent

Den Schritt hin zur Biodynamie hat Rudolf Niedermayr nie gesetzt, seit Anfang der 1990er-Jahre ist sein Betrieb ein zertifiziert biologischer. Schon die ersten Jahre zeigen dem Biopionier aus Eppan allerdings Grenzen auf. So erinnert sich Niedermayr an den verregneten Sommer 1992 und an den damit einhergehenden enorm hohen Pilzdruck. Gegen diesen hat der Bioweinbau nur Kupfer im Köcher und schon bald ist auch dort das Limit erreicht. „Ich hatte damals ziemlich hohe Schäden zu verkraften", erinnert sich Niedermayr. Hinschmeißen kommt für ihn aber nicht in Frage: „Im Gegenteil: Es war nur ein Anreiz, es besser zu machen", sagt er. „Der Weg zurück war ausgeschlossen."

„Besser machen" hieß für Niedermayr, sich auf die Suche nach neuen Möglichkeiten zu machen. In den frühen 1990ern wird er von Experten im Versuchszentrum Laimburg auf pilzresistente Rebsorten aufmerksam gemacht. Und diese lassen ihn nicht mehr los. Thomas Niedermayr, Rudolfs Sohn und Nachfolger am Hof, schaut heute anerkennend auf diese Pionierzeit zurück: „Da hat sich eine neue Tür aufgetan und die Erkenntnis, dass es Reben gibt, die von Natur aus überlebensfähig sind, war ein Wow-Effekt", so Niedermayr jun.

Der Wow-Effekt wirkt, Thomas' Vater macht sich in den frühen 1990ern auf die Suche nach pilzwiderstandsfähigen (kurz: PIWI-)Sorten. „Wir haben anfangs ganz Europa bereist und dabei überhaupt erst gesehen, wie viele PIWI-Züchter es damals schon gab", erinnert sich Rudolf Niedermayr, „vor allem in der Schweiz, weil der Sortenanbau dort sehr viel liberaler geregelt war als bei uns". Niedermayr wird zum PIWI-Pionier in Südtirol, pflanzt 1994 erste Rebstöcke der Sorte Regent an – auf eigene Kosten und eigenes Risiko. „Anders als für traditionelle Sorten gab's für PIWI-Anlagen keine Förderungen des Landes", erinnert sich Rudolf Niedermayr.

Auch wenn sich Niedermayr von Winzerkollegen aus dem Ausland also einiges abschauen konnte, ein einfaches Copy-Paste gibt es im Weinbau nicht. „Die Herausforderung der Generation meines Vaters war, PIWI-Sorten zu finden, die auf unseren Lagen zurechtkommen und aus denen sich hochwertige Weine herstellen lassen", betont Thomas Niedermayr. Dass dies geklappt hat und das Weingut Thomas Niedermayr heute zu 100 Prozent auf PIWI-Sorten setzt, rechnet Niedermayr jun. deshalb Niedermayr sen. und den anderen Pionieren an, „weil sie nicht stur auf Sorten sitzengeblieben sind, weil sie Erfahrung gesammelt haben und weil die Reben heute schlicht älter sind", so Thomas Niedermayr. Und auch wenn sein Vater ihm das Weingut 2012 übergeben hat, hat dieser seine Passion für PIWI-Sorten noch nicht aufgegeben. Vielmehr züchtet er seit 2005 selbst pilzresistente Rebsorten – „als Hobby", wie Rudolf betont, „auch wenn es mich freut, wenn ich kleine Erfolge einfahren kann".

Zweite Generation

In den ausgehenden 1970er-Jahren die ersten Schritte, in den 1980ern eine Phase des (zum Teil wilden) Experimentierens, in den 1990ern die Konsolidierung. Ein rundes Vierteljahrhundert braucht der biologische Anbau (und auch die zugehörige Kellerwirtschaft), um ein fester Bestandteil der Südtiroler Weinwelt zu werden. Und wie auch schon der Blick auf die Pioniere zeigt, ist in deren Betrieben bereits die zweite Generation am Werk. Da bildet auch Alois Lageder keine Ausnahme, nachdem dessen Sohn Clemens 2015 in das Weingut eingestiegen ist. Und auch er geht den vom Vater eingeschlagenen und vorgezeichneten Weg weiter – im eigenen Weingut ebenso wie bei den Partnern, deren Trauben die Lageders zukaufen und die derzeit allesamt auf den Bioanbau umstellen.

Während diese Umstellung hinter den Kulissen vonstattengeht, sticht die Entwicklung im eigenen Betrieb selbst Laien ins Auge, grasen doch seit einigen Jahren von Oktober bis April Ochsen zwischen den Rebzeilen. Es ist zum einen der Versuch, mehr Vielfalt in die Weinberge zu bringen, zum anderen liefern die Ochsen auch einfach nur wertvollen Dung. Eingeläutet haben die Lageders das Ochsen-Experiment mit „Leihvieh", heute setzt man auf eigene Tiere. „Wir haben wahrgenommen, dass die Ochsen einen enormen Mehrwert bringen: für uns, für die Reben, für die Landschaft und das Leben im Weinberg", so Clemens Lageder.

Und der Biowein

Eine solche ganzheitliche Sicht hat ganz ohne Zweifel viel mit der Lebensphilosophie der Winzer zu tun. Ganz praktisch stellt sich allerdings die Frage, wie der Markt auf die Labels „biologisch" und „biodynamisch" reagiert. Auch hier lohnt ein Blick auf die Anfänge und auf Rainer Loacker. Dessen Ziel waren weniger marktfähige Weine als solche, die auf den Menschen wirken, die etwas in ihm bewirken. Deshalb unterscheiden sich Weine der Marke Loacker auch lange von allen anderen. „Bei den Blindverkostungen auf der Bozner Weinkost war es schon ein Klassiker, dass man unsere Weine immer herausgeschmeckt hat", schmunzelt Hayo Loacker.

Dass sich der Markt mit diesen Weinen schwertut, zeigt die Tatsache, dass das Weingut Loacker anfangs seine Weine (darunter das fast schon legendäre „Marienkäferle") nicht an die Gastronomie oder an Önotheken verkauft, sondern an die ersten Bioläden und Reformhäuser. Kein Wunder also, dass 90 bis 95 Prozent ins Ausland gehen, vor allem nach Deutschland. Ähnliches weiß auch Rudolf Niedermayr zu berichten. „Das lokale Interesse an unseren Weinen war in den Anfangsjahren gleich null, wir haben 90 Prozent direkt an deutsche Touristen verkauft." Dass die heimische Gastronomie anfangs bei Bioweinen die Nase rümpft, hat auch damit zu tun, dass die Weine oft nicht das sind, was sich die Konsumenten damals erwarten. Und häufig auch nicht das, was sie gewohnt sind.

Und heute? Den Ruf, Weine für eine grün-alternative Minderheit zu sein, haben die Tropfen aus dem biologischen oder biodynamischen Weinbau schon lange abgelegt. Ob das Biolabel nun aber ein Verkaufsargument ist, darüber scheiden sich die Geister. Selbst innerhalb der Familien. Alois Lageder etwa ist der Meinung, dass sich der Markt langsam, aber sicher ändere und es mittlerweile Kunden gebe, die gezielt nach Bioweinen suchten. Auch hier mache Deutschland den Anfang. Auch sein Sohn Clemens glaubt, dass die Biozertifizierung für viele Sommeliers und Märkte wichtiger werde, aber nicht das einzig Wichtige sei – vor allem in der gehobenen Gastronomie. Dort achte man zwar auf die Einhaltung bestimmter Standards, es werde aber sehr viel mehr Wert auf eine eigene Stilistik gelegt.

Ähnlich sieht es auch Thomas Niedermayr, der in diesem Zusammenhang unterstreicht, dass es mittlerweile viele Bioweine gebe, die schmeckten wie konventionelle. Wer sich demnach von der Masse abheben wolle, müsse über den biologischen Anbau noch weitere eigene Wege gehen. So setzt er selbst auf puristische Weine, auf Naturweine. „Auf dem Markt", ist Thomas Niedermayr überzeugt, „ist das Biolabel kein Vorteil, auch weil der Biomensch nicht unbedingt auch ein Genussmensch, der Wein aber in erster Linie ein Genussprodukt ist".

Ein Blick in die Zukunft

Der Markt ist indes das eine, die Entwicklung der Gesellschaft das andere. Die Frage ist demnach: Bleibt der biologische und biodynamische Weinbau in Südtirol quantitativ auf dem Niveau von heute oder wird aus der ehemaligen Nische künftig Mainstream? Klar ist: Der konventionelle Weinbau setzt immer stärker auch auf Nachhaltigkeit, eine Annäherung gibt es also schon. „Meine Vision, allerdings eine sehr langfristige, ist, dass Bio einmal überhandnimmt", sagt Hayo Loacker, der zugleich einschränkt: „Allerdings nur, wenn es auch ein Umdenken in Sachen Rebsorten gibt." Die Überlegung dazu ist einfach: Bereits jetzt verlangt der Weinbau in Südtirols Steillagen den Bauern – konventionell wie biologisch wirtschaftenden – viel Handarbeit ab. Allerdings ist der Arbeitsaufwand im biologischen Anbau noch einmal größer. Dieser Mehraufwand könne, ist Loacker überzeugt, nur durch den Einsatz von PIWI-Sorten abgefedert werden.

Geht es um PIWI-Sorten, sitzt man bei den Niedermayrs an der Quelle. Thomas holt deshalb auch etwas weiter aus, wenn er erklärt, warum seiner Meinung nach Bioweine künftig noch stark an Bedeutung gewinnen würden. „Unser Produkt ist ein Genussmittel, dessen Produktion Belastungen verursacht", sagt er. Weil ein solches Genussmittel nicht essentiell sei, gehe es darum, die Belastungen zu minimieren, also möglichst nachhaltig zu produzieren. „Und das ist nun einmal Bio", so Niedermayr, der Hayo Loackers These vom Mehraufwand im biologischen Anbau unterstützt. Und auch dessen Schlussfolgerung: „PIWI-Sorten lösen nicht alle Probleme, sie minimieren sie aber – auch die ökologischen. Und das ist ein Thema, das auch im Marketing immer spannender wird."

Clemens Lageder zieht den Fokus beim Blick in die Kristallkugel noch weiter auf. Für ihn ist es nicht wichtig, ob nun konventionell, biologisch oder biodynamisch angebaut werde, es zähle nur eine ökologisch, ökonomisch und sozial gesunde Landwirtschaft. „Diese Landwirtschaft ist schwer zu betreiben, sie eckt an, aber wir dürfen uns vor ihr nicht scheuen", so Lageder. Was der Markt künftig noch mehr brauche, sei ein spannendes und zugleich authentisches Produkt. „Wenn ein Sommelier die Geschichte eines Weins erzählen soll, dann muss er dabei ein reines Gewissen haben", sagt Lageder jun. „Er muss wissen: Das ist etwas Gutes für die Welt."

\\

Gezielter, nachhaltiger, besser

Kulturführung und Anbautechnik im Wandel

// Wie überall rückt man Schädlingen auch in Südtirol anfangs mit der Giftkeule zu Leibe. Ohne Rücksicht auf Verluste. Das ändert sich vor allem ab den 1980er-Jahren, als der Fokus immer stärker auf maßgeschneiderte, schonende und nachhaltige Methoden gerichtet wird. Und auf gezielte – anfangs durchaus schmerzhafte – Maßnahmen zur Steigerung der Qualität im Weinbau.

Hansjörg Hafner

Nach dem Zweiten Weltkrieg war die Auswahl chemischer Pflanzenschutzmittel für den Weinbau noch eingeschränkt. Gegen den Rebenmehltau wurden Schwefelformulierungen, zur Peronospora- und Botrytisbekämpfung hauptsächlich Kupferpräparate eingesetzt. Erd- und Wicklerraupen, Spinnmilben, Zikaden und sonstigen schädlichen Insekten versuchte man, mit Bleiarsenat, chlorierten Kohlenwasserstoffen (DDT, DDD) und Phosphorsäureestern den Garaus zu machen. Besonders die Pflanzenschutzmittel, die gegen tierische Schädlinge zum Einsatz kamen, hatten eine große Breitenwirkung, sodass Schad- und Nutzinsekten gleichermaßen angegriffen wurden. Auch waren diese Mittel für Anwender und Konsumenten sehr schädlich. Im Laufe der Zeit wurden weniger giftige Präparate entwickelt und nach und nach auch im Weinbau eingesetzt.

Traubenwickler: Von der Giftkeule zur Biotechnik

In Südtirol kommen sowohl der Bekreuzte als auch der Einbindige Traubenwickler vor, Letzterer allerdings fast nur noch in den höheren Weinbaulagen des Eisacktals oder Vinschgaus. Aus einem „Spritzkalender für den Weinbau" aus dem Jahre 1959 geht hervor, dass für die Bekämpfung Phosphorsäureester-Mittel empfohlen wurden, wobei der Zusatz „Blei- oder Kalkarsenat darf nicht verwendet werden!" bereits auf ein gewisses Verantwortungs- und Umweltbewusstsein hinweist. Die Insektizide der ersten Stunde, wie Parathion, Phosdrin, Gusathion, Dipterex, Supracid, blieben noch so lange im Einsatz, bis für Anwender und Warmblüter weniger giftige, umweltfreundlichere Phosphorsäureester-Verbindungen auf den Markt kamen.

Beim Anblick dessen, was früher beim Pflanzenschutz im Weinbau zum Einsatz kam, dürften heute so manchem die Haare zu Berge stehen.

Farbenfroh: Schwefel, Kupfer und Kalk gelten als älteste Pflanzenschutzmittel.

Mehr Schutz, mehr Menge: Der gesundheitliche Aspekt spielt in der Werbung für Pflanzenschutzmittel – hier ein Plakat aus dem Jahr 1955 – noch keine Rolle.

Technische Neuerungen wie der Fadenmäher brachten Mitte der 1970er-Jahre deutliche Erleichterungen bei der Begrünungspflege.

Eine Puderquaste hilft beim Stäuben von Schwefel.

Ende des 19. Jahrhunderts wurden Spritzbrühen mit Rückenspritzen und Hydronetten ausgebracht.

Mit dem Einsatz der Pheromon- oder Sexuallockstofffallen, die vom Beratungsring zur Beobachtung des Mottenfluges 1977 zum ersten Mal aufgehängt wurden, waren die Voraussetzungen für eine gezielte Traubenwicklerbekämpfung gegeben.

Ein weiterer Fortschritt bei der Traubenwicklerbekämpfung war die Kontrolle des Falterflugs. Hatte man bis dahin nur den Befall und die daraus entstandenen Schäden erhoben, wurden 1972 im Kalterer-See-Gebiet zum ersten Mal Ködergläser aufgehängt, mit deren Hilfe Flugbeginn, Flughöhepunkt und Flugende beobachtet wurden. Da von der Lockflüssigkeit aus Wein, Essig und Zucker jedoch auch andere Falterarten angezogen wurden, gestaltete sich eine Auswertung der Fangergebnisse sehr schwierig.

Zu dieser Zeit fand auch ein Umdenken in der Südtiroler Trauben- und Weinproduktion statt. Man erarbeitete erste wirtschaftliche Schadensschwellen bei Traubenwickler, Zikaden und Spinnmilben, bei deren Überschreiten eine Bekämpfung erst empfohlen wurde. Seit 1976 wurde auch vom Beratungsring darauf hingewiesen, dass man mit rechtzeitig eingesetzten Phosphorsäureestermitteln der Giftklasse III wie Acephate oder Zolone einen gleich guten Bekämpfungserfolg erzielen konnte wie mit weit giftigeren Parathion-Mitteln.

Mit dem Einsatz der Pheromon- oder Sexuallockstofffallen, die vom Beratungsring zur Beobachtung des Mottenfluges 1977 zum ersten Mal aufgehängt wurden, waren die Voraussetzungen für eine gezielte Traubenwicklerbekämpfung gegeben. Nun konnte das Flugverhalten beider Traubenwicklerarten registriert und ein exakter Bekämpfungstermin errechnet werden. Damit war die Grundlage geschaffen, Heu- und Sauerwurm nicht mehr wie bisher kalender- oder gefühlsmäßig zu bekämpfen, sondern gezielt wirkende Insektizide termingerecht einzusetzen. Eine einschneidende Neuerung brachte zudem die Einführung der Verwirrungs- oder Konfusionsmethode. Erste Testversuche wurden am Weingut Manincor des Grafen Enzenberg am Kalterer See 1998 durchgeführt. Heute wird der Traubenwickler auf rund zwei Drittel der Südtiroler Weinbaufläche mit der umweltschonenden Verwirrmethode abgewehrt.

Mehltau und Peronospora: beobachten, warnen, bekämpfen

Der für den Rebenmehltau verantwortliche Erreger *Erysiphe necator* stammt aus Nordamerika, wurde als erste Pilzkrankheit nach Europa eingeschleppt und 1850 erstmals auch in Südtirol nachgewiesen, wo die Krankheit umgangssprachlich als Mehltau oder Oidium bezeichnet wird. Auch bei der Bekämpfung des Mehltaupilzes hat sich im Laufe der Zeit einiges geändert. Bis zur Registrierung neuer synthetischer Pflanzenschutzmittel Anfang der 1980er-Jahre wurden zur Bekämpfung vorwiegend Schwefelformulierungen eingesetzt. Diese spielen auch heute noch eine bedeutende Rolle.

Auch *Plasmopara viticola*, der Erreger des Falschen Mehltaus der Weinrebe (in Südtirol als „Peronospora“ bekannt), wurde 1878 aus Nordamerika nach Europa eingeschleppt. In Südtirol wurde der erste Befall 1880 dokumentiert. Das Krankheitsbild wird als Falscher Mehltau bezeichnet, weil sich wie bei Echten

Mehltaupilzen weiße Pilzbeläge bilden, die Krankheit aber nicht mit Schwefel bekämpft werden konnte. Auch bei der Bekämpfung des Peronosporapilzes gab es im Laufe der Zeit einschneidende Veränderungen. Wurden ursprünglich hauptsächlich Kupferpräparate eingesetzt, wurde die Mittelauswahl durch die Einführung organischer Fungizide deutlich bereichert. Eine Wende brachte Anfang der 1980er-Jahre die Entwicklung synthetischer Fungizide, die durch das Eindringvermögen in die Pflanze die Bekämpfung vereinfachten. Nun gab es die Möglichkeit, den Pilz bis zu 72 Stunden nach Infektionsbeginn erfolgreich zu bekämpfen.

Nachdem Ende der 1980er-Jahre in einigen Betrieben eine gezielte Bekämpfung des Peronosporapilzes erfolgreich getestet worden war, führte der Südtiroler Beratungsring 1991 den Peronospora-Warndienst ein. Ziel war, die jährliche Zahl der Behandlungen zu reduzieren, ohne jedoch allzu große Risiken einzugehen. Vor der Blüte wurde das Sichtbarwerden der ersten sogenannten Ölflecken auf den Rebblättern abgewartet und danach je nach Situation eine Behandlung empfohlen. Die für die Empfehlung notwendigen Daten lieferten eigens aufgestellte Wetterstationen, mechanische Thermohygrografen und Blattnassschreiber, die Empfehlung selbst gab's per Durchsage über den automatischen Anrufbeantworter.

Bei der Bekämpfung des Pilzes spielen Kupferpräparate weiterhin eine wichtige Rolle. Um die Kupfereinträge im Boden zu vermindern, wird ab 1991 allerdings empfohlen, die Menge von 2,5 Kilogramm reinen Kupfers pro Hektar und Jahr nicht zu überschreiten. Ab 1993 beobachtet man erste Resistenzerscheinungen des Schadpilzes gegenüber bestimmten Pflanzenschutzmitteln, die zu einer grundlegenden Konzeptänderung des Peronospora-Warndienstes ab 1997 führen. Gezielte Spritzempfehlungen werden nun nicht mehr bei jedem Niederschlag gegeben, stattdessen Informationen über die Befallslage, Mittelempfehlungen nach Vegetationsstadium und Spritzempfehlungen nach Wetterlage.

Im Jahr 2000 werden die aktuellen Informationen zur Peronosporabekämpfung erstmals nicht nur über Anrufbeantworter sondern auch per E-Mail übermittelt. Im selben Jahr führen im Bozner Raum und in Teilen des Unterlandes besonders aggressive Primärinfektionen zu starkem Gescheinsbefall, in dessen Folge das Konzept zur Bekämpfung des Peronosporapilzes für die folgenden Jahre neuerlich abgeändert wird. Für risikoreiche Lagen wird entschieden, bei Notwendigkeit mit der vorbeugenden Bekämpfung vor Eintreffen der Primärinfektion zu beginnen.

Bodenpflege: von nackt zu begrünt

Seit den 1950er-Jahren hat sich die Bodenpflege im Südtiroler Weinbau völlig verändert. Damals beanspruchte die Bodenbearbeitung mit Pflug und Ochsen- oder Pferdegespann im steilen Gelände 30 bis 50 Prozent des gesamten Arbeitsaufwands pro Jahr. So wurden in Steillagen 600 bis 800 Arbeitsstunden für die Bearbeitung des Bodens aufgewendet. Die Anfänge der Begrünung im Südtiroler Weinbau reichen weit zurück. Zunächst wurden nur einzelne Reihen eingesät oder man ließ sie spontan begrünen. Vielfach hat man dort begrünt, wo die Reben in den folgenden Jahren ohnehin gerodet wurden. Mit der gezielten Dauerbegrünung wurde Mitte der 1950er begonnen. Ansporn dazu gab ein Vortrag von Lenz Moser, den er 1952 in Bozen gehalten hatte. Damals waren es noch wenige mutige oder vom beschwerlichen Hinauftragen der Abschwemmerde müde gewordene Weinbauern, die einen Teil ihres Weingutes versuchsweise begrünten. Sie galten damals nicht als Pioniere, sondern wurden vielfach belächelt oder gar als arbeitsfaul

Bis Mitte der 1950er-Jahre war die Bodenbearbeitung Standard bei der Bodenpflege.

Ein an den Standort angepasstes Begrünungsmanagement hat gleich mehrere Vorteile. Es vermindert die Erosionsgefahr, fördert den Humusaufbau und hat dadurch positive Auswirkungen auf den Wasser- sowie den Nährstoffhaushalt und fördert die Biodiversität in er Rebanlage. Zudem sorgt eine Begrünung für ein schönes Landschaftsbild.

Von den Anfängen bis heute hat sich eines nicht verändert:
Traubenernte ist Handarbeit.

Erinnert auf den ersten Blick an ein berühmtes deutsches Nachrichtenmagazin: eine Ausgabe von „obstbau*weinbau“ aus den 1960er-Jahren

Auch optisch ein Kind seiner Zeit: das Magazin „obstbau*weinbau“ in den 1970er-Jahren

Was, wann, wie: In eigens ausgearbeiteten Leitfäden, hier jener aus dem Jahr 1967, gibt der Beratungsring Tipps zum optimalen Einsatz von Pflanzenschutzmitteln.

Unterricht am lebenden Objekt: Von Anfang an setzt der Beratungsring auf Flurbegehungen mit den Bauern.

abgestempelt. Denn das Weingut nicht „sauber" zu bearbeiten und „Unkräuter" aufkommen zu lassen, galt damals als Vernachlässigung. Als 1957 bei einem starken Unwetter im Bozner Raum der frisch bearbeitete Boden zu Tal geschwemmt wurde und in den begrünten Anlagen kaum Schäden entstanden, setzte sich die Begrünung allerdings schnell durch.

In den folgenden Jahren zeigten Fachleute bei Vorträgen und in Fachartikeln die Vorteile der Mulchwirtschaft auf. In einem Aufsatz nahm Hermann Mantinger, der ehemalige Direktor des Versuchszentrums Laimburg, 1965 im Fachmagazin „obstbau*weinbau" auch zur Bodenpflege Stellung. Seine Schlussfolgerungen: „Nachdem bereits ein Großteil (damals ca. zwei Drittel der Fläche, Anm. d. Verf.) des Südtiroler Weinbaus unter Beregnung steht (...), muss man sich fragen, ob weiterhin der Boden offengehalten werden muss, oder ob man begrasen lassen kann. Verschiedene Weinbauern haben den Rebboden bereits seit Jahren nicht mehr bearbeitet und – ähnlich wie im Obstbau – das Gras abgemäht und liegengelassen, also gemulcht. Das brachte hinsichtlich Erosion, Humusversorgung und Traubengesundheit viele Vorteile."

Die große Umstellung auf die Begrünung erfolgte im Überetsch und im Unterland in den 1970er-Jahren. Bis zu deren Ende waren im Südtiroler Weinbau ca. 80 Prozent der Fläche begrünt. 1976 fand das I. Internationale Kolloquium „Begrünung im Weinbau" in Wädenswil in der Schweiz statt. Leo Tinkhauser vom Südtiroler Beratungsring für Obst- und Weinbau berichtete bei dieser Tagung über die Entwicklung der Begrünung im Südtiroler Weinbau und wies auf die Rückschläge hin, die wegen der weit verbreiteten Meinung der Weinbauern, „Begrünung ist gleich gar nichts tun" verzeichnet wurden. So wurde der Düngung und zusätzlichen Bewässerung bei der Einführung der Dauerbegrünung anfangs häufig zu wenig Aufmerksamkeit geschenkt. Und schon beim IV. Internationalen Kolloquium „Begrünung im Weinbau" 1982 in Kaltem kam Josef Sölva vom Südtiroler Beratungsring zum Schluss: „Obwohl es bei der Begrünung noch vieles zu verbessern gibt, kann man doch sagen, dass die Dauerbegrünung im Südtiroler Weinbau die Bodenpflege der Zukunft ist."

In den 1980er-Jahren wurde im Zusammenhang mit der Begrünung zunehmend auf Schad- und Nutzinsekten, die Pflege der Mulchdecke und das Wachstum der Rebe eingegangen. Seit Anfang der 1990er-Jahre rückte die Begrünung zusammen mit der Wasser- und Stickstoffversorgung der Rebe immer mehr in den Mittelpunkt zahlreicher Untersuchungen. Seit damals hat sich die Dauerbegrünung in Südtirol als Standardpflege etabliert und wird nicht mehr in Frage gestellt. Die Wasserverfügbarkeit und das beinahe flächendeckende Bewässerungssystem erlauben es, am System der Dauerbegrünung als ökologisch sinnvolle Art der Bodenpflege festzuhalten und der Verzicht auf den Einsatz von Herbiziden wird auch im Weinbau stark diskutiert.

Ertrag: von Masse zu Klasse

Das Entfernen oder Ausdünnen von Trauben ist die zentrale Maßnahme, um das Blatt-Frucht-Verhältnis zu verbessern und dadurch die Qualität zu sichern bzw. zu steigern. Daher wurde bereits in den 1970er-Jahren über die Methode diskutiert. So referierte bei der 13. Südtiroler Weinbautagung 1975 in Kaltern Andreas Weiss von der Landesabteilung Landwirtschaft zum Thema „Ertragsregulierung und Qualität". Neben verschiedenen Maßnahmen zur Qualitätssteigerung wurden erstmals die Ergebnisse von Versuchen zur Ausdünnung beim Vernatsch vorgestellt, die in Eppan, St. Magdalena und Nals durchgeführt worden waren. Ein Vergleich der Erlöse zeigte dabei, dass die Mehreinnahmen aufgrund der damaligen Qualitätsbezahlung nur sehr gering waren. Der Referent zog daher den Schluss: ja zur Qualitätserzeugung, aber nur, wenn sie entsprechend honoriert werde.

Im selben Jahr erschien ein Rundschreiben des Fachausschusses für Weinbau in der Landesabteilung Landwirtschaft, in dem auf die damals durch Weinüberschüsse und Preisverfall kritische Situation am Weinmarkt eingegangen wurde. Gefordert wurden eine differenziertere Auszahlung in Bezug auf Sorte, Lage und Qualität und ein hoher Abschlag für jene Trauben, die unter der vorgesehenen Mindestgradation angeliefert werden. Partien mit weniger als 13 °KMW (Zuckerangabe in Grad Klosterneuburger Mostwaage) sollten von den Kellereien überhaupt nicht mehr angenommen werden.

Trotzdem dauert es, bis sich das Ausdünnen durchsetzt. Wenn man die Entwicklung der vergangenen fünf bis sechs Jahre im Südtiroler Weinbau beobachte, so könne man weder beim Erzeuger noch beim Vermarkter ein qualitätsbewusstes Handeln feststellen, betonte etwa der Weinbauer Ivo Hechensteiner aus St. Pauls auf der 19. Südtiroler Weinbautagung 1981.

Leo Tinkhauser vom Versuchszentrum Laimburg hielt auf derselben Weinbautagung einen Vortrag zur Ausdünnung und präsentierte dabei Versuchsergebnisse aus dem Jahr 1980. In dieser Zeit wurde das Ausdünnen sofort nach der Blüte empfohlen, von späteren Terminen wurde aus qualitativen Überlegungen noch abgeraten. Auch wurde der psychologische Aspekt berücksichtigt, wonach eine Ausdünnung bei bereits gut entwickelten Trauben den Weinbauern zu viel Überwindung abverlange. Noch 1984 wird im Handbuch zur Pflege von Obst- und Rebanlagen des Südtiroler Beratungsrings aber nur kurz und sehr allgemein auf das Ausdünnen eingegangen, während man sich in den Jahren darauf eingehend mit dem günstigsten Zeitpunkt je nach Wachstum und Alter der Anlage befasst.

Zugleich wird ab Mitte der 1980er-Jahre qualitätsfördernden Maßnahmen im Weinbau verstärkt Aufmerksamkeit geschenkt. Die Einführung von Selektionslinien in den Kellereien führt in zahlreichen Betrieben zur Bildung sogenannter Qualitäts- oder Selektionsgruppen, die Ertragsreduzierung gewinnt vor allem bei der Produktion hochpreisiger Weine stark an Bedeutung.
Ab Mitte der 1990er-Jahre werden zunehmend Ertragsbeschränkungen innerhalb der Kellereien eingeführt, die zulässigen DOC-Höchstmengen je nach Sorte um 10 bis 30 Prozent reduziert und als Zielmenge für alle Mitglieder und Lieferanten eines Betriebes eingeführt. Dies hat dazu geführt, dass sich die Ausdünnung endgültig als qualitätsverbessernde Maßnahme bei der Kulturführung im Südtiroler Weinbau durchgesetzt hat.

\\

Südtiroler Weingeschichte im Zeitraffer

12.000 Jahre, ein Ziel: der beste Wein

10 000 v. Chr.
Die **Wilde Weinrebe** breitet sich nach der letzten Eiszeit in Europa aus, im Alpenraum findet man sie vor allem als Kletterpflanze in Auwäldern.

5 500 v. Chr.
In der frühen Jungsteinzeit gehören Trauben zum Speiseplan. Das beweist der Fund von Kernen der Wilden Weinrebe in den Überresten einer Siedlung in Villanders, die als **ältester Beleg von Trauben in Südtirol** gelten.

500 v. Chr.
Erstmals werden in Südtirol Trauben angebaut. Kerne der kultivierten Weintraube aus der jüngeren Eisenzeit tauchen in Stufels/Brixen auf, dazu eiserne Rebmesser und ein eisenzeitlicher Weinberg in Leifers.

300 v. Chr.
Unter den **Rätern** nimmt der Wein eine bedeutende Stellung ein. Er wird in Gesellschaft getrunken und dient als Zeremonialgetränk.

15 v. Chr.
Die **Römer** nehmen das Gebiet des heutigen Südtirol ein. Dass mit ihnen der Weinbau einen Aufschwung erfährt, zeigt die Tatsache, dass zahlreiche Mundartbegriffe aus dem Weinbau auf die lateinische Volkssprache zurückgehen.

400
Ein Stück Rebholz, das im Südtiroler Weinbaumuseum in Kaltern verwahrt wird, zeigt: Der Weinbau ist im 1. Jahrtausend n. Chr. **in Südtirol heimisch**, auch wenn es keine schriftlichen Hinterlassenschaften gibt.

740
Zum Besitz des bayerischen Klosters Benediktbeuern gehören auch Weingärten in Bozen. Überhaupt beginnen **süddeutsche Klöster** damit, ihren Bedarf an Mess- und Tafelweinen aus Südtirol zu decken.

1273
Egno, Bischof von Trient, belehnt Elisabeth, die Frau von Meinhard II., Graf von Tirol, mit Ländereien zwischen Tramin und Kaltern. Dort sollen **Weingärten angelegt** werden.

1350
In den Urbaren, den Zinsbüchern von Adel und Klerus, tauchen im 14. und 15. Jahrhundert **immer öfter Weinhöfe und -gärten** auf.

1490
In einer Weinrechnung des Klosters Tegernsee werden **Weinreben an der Etsch** erwähnt, darunter „Muskateller, Vernetzer und Lagreiner".

1558
Georg Rösch von Geroldshausen zählt in seinem „Der Fürstlichen Grafschafft Tyrol Landtreim" eine ganze Reihe von **Lagenbezeichnungen** auf.

1600
Marx Sittich von Wolkenstein-Trostburg lobt den Tiroler Wein, der wegen seiner Qualität und der „Lieblichkeit beim Trinken" **auch exportiert** werde.

1770
Kaiserin Maria Theresia macht der Zerstückelung landwirtschaftlichen Besitzes ein Ende. Höfe dürfen **nur mehr ungeteilt** an einen Erben gehen.

1830er
Johann Jakob Staffler erhebt die Weinmenge im historischen Tirol. Sie beträgt **451.000 Hektoliter**, die größten Mengen werden in den Bezirken Bozen (79.100 Hektoliter), Kaltern (62.150) und Meran (38.400) erzeugt.

1838
Die „k. k. Landwirtschaftsgesellschaft von Tirol und Vorarlberg" wird gegründet, um den Bauern Zugang zu neuesten Erkenntnissen zu **Düngung, Schädlingsbekämpfung, Ertragssteigerung** und besseren Anbaumethoden zu verschaffen.

1840er
Erzherzog Johann experimentiert auf seinen Gütern in Südtirol mit neuen Rebanlagen, neuen Rebsorten (darunter Sylvaner, Blau- und Weißburgunder, Ruländer oder Riesling) und der für damals neuen, niederen Erziehungsform.

1848
Die (Wein-)Bauern werden frei, ihre Abhängigkeit von den Grundherren abgeschafft. Sie sind damit nicht mehr zinspflichtig und können ihre Höfe ablösen.

1850
Mit dem Echten Mehltau (Oidium) wird in einem Weingut am Bozner Boden **erstmals eine bedeutende Pilzkrankheit** in Südtirol nachgewiesen. Ludwig von Comini-Sonnenburg empfiehlt dessen Bekämpfung mit Schwefel.

1870
Eine statistische Erhebung des k. k. Ackerbauministeriums in Wien kommt auf **6.303 Hektar Weinbaufläche in Südtirol**.

1874
Die erste landwirtschaftliche Schule samt Versuchszentrum entsteht in San Michele. Ihr erster Leiter ist Edmund Mach, der auch dem Weinbau in Südtirol neue Impulse verleiht.

1880
Erstmals schließen sich Privatkellereien in Südtirol zu einem **„Club der Weinhändler"** zusammen. In den 1890ern wird daraus der „Verein der Weinhändler und Weinproduzenten".

1893
Am 25. April 1893 wird **die „Erste Tiroler Kellereigenossenschaft" in Andrian** gegründet. Im selben Jahr folgen jene von Terlan und Neumarkt-Montan.

1900
Schon sieben Jahre nach der Gründung der ersten Kellereigenossenschaft in Südtirol schließen sich sieben davon zum **Verband der Kellereigenossenschaften Deutschtirols** zusammen. Im Verband geht es vor allem um die Koordinierung von Preisen und den gemeinsamen Auftritt nach außen.

1901
Trotz restriktiver Maßnahmen wird aus Meran ein **erster Südtiroler Reblaus-Befall** gemeldet. Weil die Reblaus aber schon seit den 1870er-Jahren in Europa wütet, ist man gut vorbereitet.

1910
Die Reblaus-bedingte Neuordnung in Südtirols Weinbau macht zum einen den bis dahin gängigen Mischkulturen ein Ende, zum anderen **verdrängt der Großvernatsch die Lokalsorten** und wird zu Südtirols Leitweinsorte.

1914
Der **Erste Weltkrieg** bricht aus, der Weinbau durchläuft eine Krise.

1919
Südtirol wird Italien zugeschlagen, die Hauptabsatzgebiete der Weinwirtschaft (vor allem Tirol, aber auch die anderen österreichischen Bundesländer) liegen nun im Ausland. **Ein neuer Markt muss erschlossen werden.**

1930er
Die faschistischen Behörden machen den Weinbauern das Leben schwer. Sie beseitigen alle Hilfs-, Unterstützungs- und Beratungsorganisationen. Erstmals werden systematisch Reben gerodet und durch Apfelplantagen ersetzt.

1931
Das italienische Weingesetz sieht „Typenweine“ vor, schützt also erstmals auch St. Magdalener, Kalterer, Meraner, Terlaner und Grieser Lagrein.

1939
Option und Zweiter Weltkrieg bringen einen weiteren Aderlass, die Rebfläche in Südtirol geht weiter zurück.

1946
Man kommt wieder auf die Beine. 1946 wird der **Verband der Kellereigenossenschaften** neu gegründet, die Privatkellereien finden sich im **Verband der Weingroßhändler** zusammen und 1947 wird die **Bozner Weinkost** wieder abgehalten, die 1896 erstmals stattgefunden hatte.

1949
Am 12. Mai 1949 wird in Rom das „Accordino“ unterzeichnet, ein Abkommen, das den **Warenaustausch zwischen Italien und Österreich** erleichtert. Für die Südtiroler Weinwirtschaft erschließt sich damit ein dringend benötigtes neues (altes) Absatzgebiet.

1957
Der **Südtiroler Beratungsring für Obst- und Weinbau** wird gegründet. Die Bauern können nun auf eine Einrichtung zählen, die sie in Anbaufragen berät.

1960er
Die Südtiroler Weinwirtschaft setzt immer mehr auf **Masse statt Klasse**, Qualität und Image der Südtiroler Weine leiden unter den stetigen Ertragssteigerungen, die Erlöse sinken rapide.

1963
Das neue italienische Weingesetz führt die DOC-Kategorie, also **Weine kontrollierter Herkunft** ein. Erstmals wird die geografische Abgrenzung des Ursprungsgebiets mit Qualitätsauflagen verbunden.

1970
Die **Weinbaukrise** führt zu einem immer stärkeren Umstieg auf den Obstbau, die Rebfläche beträgt gerade noch 5.400 Hektar, die produzierte Weinmenge aber 490.000 Hektoliter. Zum Vergleich: 1913 wurden auf 10.500 Hektar 340.000 Hektoliter Wein erzeugt.

1970
Der **Kalterersee** ist der erste Südtiroler Wein, der **das Kürzel DOC** tragen darf. Bis Mitte der 1970er folgen St. Magdalener, Meraner, Eisacktaler, Südtiroler mit Sortenbezeichnung sowie Terlaner.

1971
Die Weinhändler schließen sich im **Südtiroler Weinverband** zusammen.

1975
Das **Versuchszentrum Laimburg** wird als landwirtschaftliche Forschungseinrichtung des Landes Südtirol gegründet. Einer der Schwerpunkte liegt seit jeher auf der Weinwirtschaft.

1978
Aus den Südtiroler Weinherstellern werden **immer mehr Weinhändler**. So übersteigt die Weinexportmenge die eigene Produktion um weit mehr als das Doppelte.

1980
Die Großhandelspreise für Wein brechen ein, die Einbußen liegen bei 40 Prozent, die **Weinbaukrise in Südtirol** verschärft sich exponentiell. Um ihr beizukommen, setzt man anfangs auf ein altbekanntes Rezept: mehr Menge.

1984

Sieben Genossenschaften gründen den **Südtiroler Weinbauernverband.** Er soll die gemeinsame Abfüllung und Vermarktung vorantreiben. 2018 wird der Verband aufgelöst.

1985

Weil ein Weiter-so immer tiefer in die Krise führt, orientieren sich erste Winzer und Genossenschaften neu. Neue Rebsorten werden angepflanzt, die **Umstellung vom Rot- zum Weißweinland** beginnt, strenge Qualitätskriterien werden eingeführt. Klasse statt Masse ist nun das Motto.

1990

Die **Vereinigung Südtiroler Sekterzeuger** wird gegründet. Die Gründung unterstreicht das Revival der Sektproduktion in Südtirol und läutet eine ganz neue Entwicklungsphase ein.

1994

Die Qualitätsrevolution greift nur langsam, der Markt muss erst mühsam beackert werden. 1994 erreicht die Rebfläche in Südtirol mit knapp 4.700 Hektar daher **ihr historisches Tief.**

1999

Zwölf Winzer schließen sich zusammen und gründen am 11. Mai 1999 die **Vereinigung der Freien Weinbauern Südtirol.** Sie vertritt die Interessen jener Winzer, die ihre Weine selbst ausbauen und vermarkten.

2003

22 Südtiroler Weinbauern heben am 18. Dezember 2003 **PIWI Südtirol** aus der Taufe. Die Vereinigung schreibt sich die Verbreitung pilzwiderstandsfähiger Rebsorten ebenso auf die Fahnen wie die Interessenvertretung der PIWI-Bauern.

2004

Aus dem Südtiroler Weinverband werden **Die Weingüter Südtirols.** Die Weingüter gehören heute mit den Genossenschaften und den Freien Weinbauern zu den tragenden Säulen der Südtiroler Weinwirtschaft.

2007

Das **Konsortium Südtirol Wein** wird als Dachorganisation aller Player der Südtiroler Weinwirtschaft gegründet. Heute ist das Konsortium u. a. für das Marketing rund um die Marke Südtirol Wein zuständig.

2012

Mit einem Dekret des Agrarlandesrates wird Ende Oktober die Grundlage für die Eintragung von Flächen geschaffen, die **die Bezeichnung „Vigna – Weingarten“** tragen dürfen. Es ist dies ein weiterer Schritt, um den Terroirgedanken in Südtirol zu unterstreichen.

2020

Die **Südtirol Wein Agenda 2030** wird auf den Weg gebracht. Sie ist der Fahrplan in eine rundum nachhaltige Zukunft der Südtiroler Weinwirtschaft.

2024

Dank der **Einteilung besonderer Lagen** (offiziell: „Unità Geografiche Aggiuntive“, UGA) und der Festschreibung der zugehörigen Rebsorten wird eine genauere Verortung der Südtiroler Weine in Zukunft möglich werden.

Was ist am Südtiroler Wein besonders?
Die Antwort auf diese Frage lässt sich wohl nicht zwischen zwei Buchdeckel klemmen, ein paar Hinweise liefern aber geschichtliche Eigenheiten ebenso wie ein eingehender Blick darauf, wo in Südtirol Trauben wachsen, wie man sie anbaut und verarbeitet – seit Jahrhunderten auch mit einfachsten Hilfsmitteln wie diesem Spundhahn.

3.

Der lange Weg von der Rebe ins Glas

Produktion und Konsumation

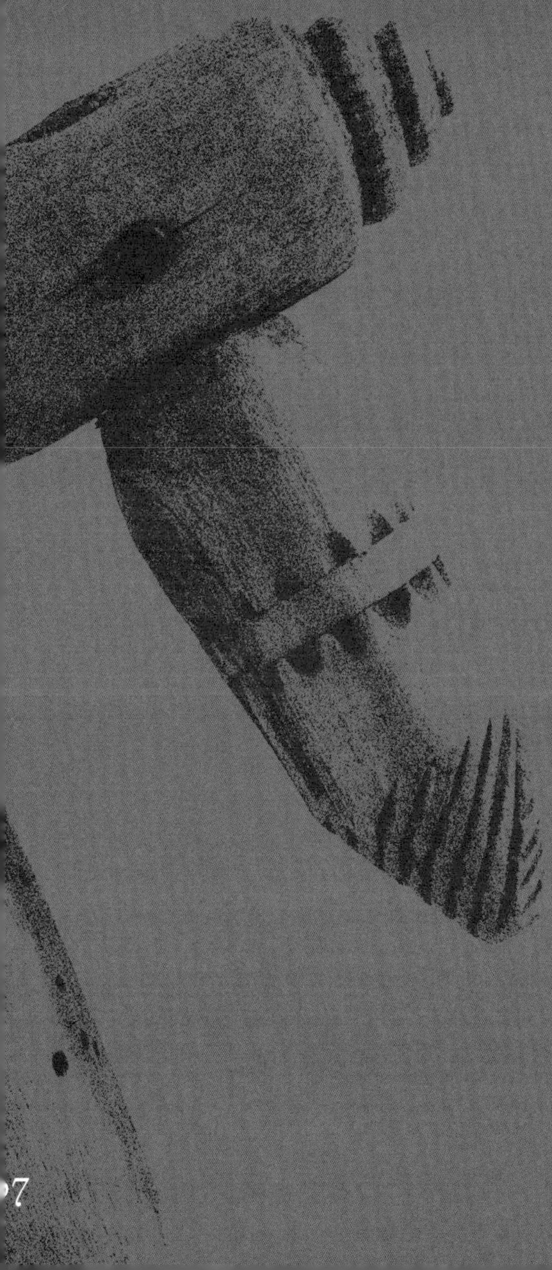

Von Tugend und Pestilenz
Ein früher ärztlicher Blick auf den Südtiroler Wein

// Was beeinflusst unsere Gesundheit? Was nutzt und was schadet ihr? Diesen Fragen hat der Arzt Hippolytus Guarinonius im frühen 17. Jahrhundert ein monumentales Werk gewidmet. In diesem wirft er auch einen eingehenden Blick auf die Weine des Etschtals, auf deren Vorzüge, aber auch auf die durch sie verursachten „Pestilenzen". Selbst die unterschiedlichen Produktionstechniken nimmt Guarinonius unter die (ärztliche) Lupe.

Elmar Locher

1610 erscheint in Ingolstadt bei Andreas Angermayr das Monumentalwerk *Die Grewel der Verwüstung Menschlichen Geschlechts*. Autor dieses Werkes, das er selbst als „Büchlein" bezeichnet, ist Hippolytus Guarinonius, geboren in Trient am 18. November 1571 als außerehelicher Sohn des Bartholomäus Guarinonius und der Catharina Pellegrini. 1580 ließ ihn sein Vater, der in Wien als kaiserlicher Leibarzt fungierte, nach Wien kommen, ab 1582 lebte Guarinonius in Prag, 1592 begann er sein Studium der Medizin in Padua, das er 1597 mit einer Zweifachpromotion in *medicina et artibus* abschloss.

Nach ärztlicher Tätigkeit in Trient und im Fleimstal nahm Guarinonius die Hausarztstelle des Königlichen Stiftes in Hall an. Und seit 1607 war er auch Leibarzt der im Stift wohnenden Erzherzoginnen Eleonore und Christina. Guarinonius erwarb sich während der 1611 und 1612 in Tirol wütenden Pest große ärztliche Verdienste, allerdings darf nicht übergangen werden, dass sein Werk von einem nicht zu übersehenden Antijudaismus durchzogen ist. Bereits in den *Greweln* sind zahlreiche Invektiven gegen die Juden zu finden. Guarinonius ist darüber hinaus der Begründer des Anderl-von-Rinn-Kultes, der vom vermeintlichen Ritualmord durch die Juden an Anderl ausgeht und bis ins 20. Jahrhundert wirksam war.

Die *Grewel*, abgefasst in sieben Büchern, verstehen sich als erster Teil einer umfassend geplanten Gesundheitslehre, deren zweiter Teil nur handschriftlich vorliegt und von dem nur Buch zwei und drei (auf das Jahr 1652 datiert) erhalten sind. In den *Greweln* wechselt Guarinonius souverän von der expositorischen Schreibweise des Traktates zu erzählenden Passagen, vermischt narrative Abschnitte mit metrisierten Einsprengseln, wendet sich

Die Grewel der
Verwüstung Menschlichen Geschlechts.
In sieben vnterschiedliche Bücher vnd vnmeidenliche Hauptstucken/ sampt einem lustigen Vortrab/ abgetheilt.
Neben vor: mit: vnd nachgehenden/ so wol Natürlichen/ als Christlich: vnd Politischen/ darwider streittbaren Mittlen.
Allen/ so wol Geist: als Weltlichen/ Gelehrt: vnd Vngelehrten/ hoch vnd nidern StandsPersonen/ vberauß nutz vnd sehr notwendig/ wie auch gar kurtzweilig zu lesen.
Zu sondern Nutz/ Glück/ Heil/ Wolfahrt/ langen Gesondt/ Zeitlich: vnd ewigen Leben/ gantz Hochlöblicher Teutscher Nation/ newlich ist gestellt
Durch
Hippolytum Guarinonium, Art. & Med. Doctorem, deß Königlichen Stiffts Hall im Ynthal/ vnd daselbst F. F. Durchl. Durchl. Ertzhertzoginen zu Oesterreich/ etc. Steyr/ Cärnten/ etc. Leib/ vnd gemainer Statt bestellten Physicum.
MATTHÆI XXIIII. Wann jr den Grewel der Verwüstung sehen werdet/ etc.

Ingolstatt/

Mit Röm. Keys. Mayt. Freyheit/ Getruckt bey Andreas Angermayr/ im 1610. Jar.

Sum ex libris Joannis Georgij Rodten. Ao. 1617.

Von den Kellertechniken bis zum Weingenuss reicht der Blick, den der Arzt Hippolytus Guarinonius 1610 auf den Wein wirft. Er schreibt: Je älter der Wein, desto hitziger sei er.

im kolloquialen Stil direkt an den Leser und löst das argumentative Sprechen nicht selten im belustigenden Gespräch auf.

Umfassende Gesundheitslehre von göttlicher Ordnung

Die *Grewel* folgen in ihrem Aufbau den *sex res non naturales* (Luft, Speise und Trank, Bewegung und Ruhe, Schlafen und Wachen, Völle und Entleerung des Körpers, Affekte und ihre physiologischen Wirkungen), die Guarinonius als nebennatürliche benennt. Diesen wird als umfassende Steuerungsinstanz als der siebte nebennatürliche Grund Gott vorangestellt. Als Fundierungskategorie gilt der Begriff *Gesondt*, der sich aus den Anfangsbuchstaben seiner sieben *res non naturales* ergibt:

> **G** ott /
> **E** ssen vnd trincken /
> **S** chlaffen vnd wachen /
> **O** ede oder Ringerung deß Vberfluß /
> **N** utzung oder Vbung deß Leibs /
> **D** auglich Lufft /
> **T** rost des Gemühts. (G, 110)

Die *res non naturales* regeln in ihrer Gesamtheit und in ihren gegenseitigen Zuordnungen die menschlichen Lebensbereiche. Aus dem Akrostichon *Gesondt* kann, dadurch dass eine nicht lineare Abfolge von Buchstaben markiert wird, der Name Gott als der siebte nebennatürliche Grund bestimmt werden. Auf einer ersten Ebene operiert Guarinonius dabei druckgrafisch: Für den Leser werden die drei Grapheme, auf die es ankommt, markiert. In einem zweiten Schritt wird der mittlere Buchstabe O auf Gott selbst bezogen, der ohne Anfang und Ende ist. Der Anfangsbuchstabe G steht für den Heiligen Geist. Das Endgraphem T, als Kreuz gelesen und an sich schon eine *litera mystica*, wird Guarinonius zum Triumphzeichen Christi.

Wiewohl Guarinonius auf die sieben *res naturales* in seinen *Greweln* nicht explizit eingeht, bestimmen sie doch mit den *sex res non naturales* seinen Grundbegriff *Gesondt*. Wirken die *res non naturales* von außen, so bestimmen die *res naturales* in ihren vielfältigen Verflechtungen und Mischungsverhältnissen die Natur des Menschen selbst. Diese sieben Elemente lassen sich bestimmen als:

- die vier Elemente Feuer, Luft, Wasser und Erde und die ihnen zugehörigen Qualitäten warm, kalt, feucht und trocken;
- die verschiedenen Mischungsverhältnisse der Elemente und Qualitäten;
- die vier Körpersäfte in ihrem Zusammenwirken: Blut, Schleim, gelbe Galle und schwarze Galle;
- die Organe des Körpers;
- die im Körper wirkenden Kräfte *virtus animalis*, *virtus spiritualis*, *virtus naturalis*;
- die physischen Funktionen, die durch die eben benannten *virtutes* bewirkt werden (z. B. Verdauung, Ausscheidung);
- *spiritus*, die als feine, hauchartige Substanz als vermittelnde Kraft die Kräfte und Funktionen des Körpers bestimmen. Diese *spiritus* gliedern sich wieder in ein Dreierschema: der *spiritus naturalis* hat seinen Sitz in der Leber und zieht in die Venen, der *spiritus vitalis* hat seinen Sitz im Herzen und zieht in die Arterien und der *spiritus animalis* hat seinen Sitz im Gehirn und zieht in die Nervenbahnen.

Warum sollen wir Wein trinken? Und welchen?

Nur innerhalb der explizit benannten *res non naturales* und der implizit vorausgesetzten *res naturales* lassen sich die

In einigen Punkten aber ist der Wein dem Wasser überlegen: So fördere er die Verdauung, er verteile die Speisen besser im Körper, er vermehre das Blut und trage zur besseren Bewegung des Harns bei.

Einlassungen von Hippolytus Guarinonius zum Wein verstehen, wobei er das Essen und Trinken erst im vierten Buch behandelt. Die ersten 17 Kapitel handeln von der Ernährung, die Kapitel ab dem Kapitel XVIII *Von Natur unnd Eygenschafft Menschlichen Trancks*. In der Frage der Klassifizierung des Nährwerts des Tranks folgt er den bereits benannten Qualitäten feucht-trocken, warm-kalt. Alle Speisen sind nach Guarinonius von dreierlei Natur: Einige haben ihren Vorzug in der Feuchtigkeit, wie die Milch; andere zeichnen sich durch ihre Trockenheit aus, wie Brot oder Rindfleisch. Und die dritte Natur bezieht ihren Vorzug daraus, dass sie in der Mitte steht, wie vielerlei Früchte. Wenn also eine Speise in der Feuchtigkeit ihren Vorzug hat, dann bedarf sie des Trankes weniger. Ist sie hingegen von trockener Beschaffenheit, dann bedarf sie des Trankes in stärkerem Umfang.

Es werden auch, durch Rede und Gegenrede, in der Frage, ob das Wasser mehr nähre als der Wein oder umgekehrt, Argumente getauscht, die im einen Falle eher für das Wasser, im anderen Falle eher für den Wein sprechen. In einigen Punkten aber ist der Wein dem Wasser überlegen: So fördere er die Verdauung, er verteile die Speisen besser im Körper, er vermehre das Blut und trage zur besseren Bewegung des Harns bei. (G, 601) In diesem Abschnitt, den Wein betreffend, geht Guarinonius auf verschiedene Fragestellungen ein. So behandelt er beispielsweise in Kapitel XXIII die Frage, an welchen Zeichen man den guten vom schlechten, den gesunden vom ungesunden, den nützlichen vom schädlichen Wein unterscheiden könne. Auch in dieser Frage wird das mittlere Maß zum bestimmenden. Genauso wie die Kindheit und das äußerste Alter für den Menschen nicht als ganz tauglich zu erachten sind, ist es auch beim Wein: Je älter der Wein, um so hitziger ist er und er bekommt eine Säure, ja, es bestehe die Gefahr, dass er zu Essig werde. Der Geschmack sei das vornehmste Zeichen, an dem man die Qualität des Weines erkenne.

In der Frage, ob der starke Wein dem leichten vorzuziehen sei, entscheidet sich Guarinonius für den leichteren, denn der Mensch solle Herr über den Wein bleiben und nicht umgekehrt. Im Übrigen sei es immer vorzuziehen, den allzu starken Wein mit Wasser zu verdünnen, um zu einer guten Weinmischung zu kommen. Im dritten Teil des vierten Buches behandelt Guarinonius die verschiedenen „Pestilenzen" (Schädigungen, Beeinträchtigungen), die durch den Wein verursacht werden.

Von Höpffwein und Fürgörner-Wein

Von besonderem Interesse für unseren Zusammenhang erweist sich Kapitel XXVI. Zum einen weil es in diesem zur Unterscheidung von „Höpffwein" und „Fürgorner"-Wein kommt, zum anderen weil wir in diesem Kapitel die einzelnen Weinanbaugebiete des unteren und oberen Etschtals aufgelistet finden, wobei Trient die Grenze markiert. Als der edelste, der beste, der gesundeste und „tugendlichste" Wein erweist sich der Wein der „Lieblich an Gruch vnd Gschmack / verhafft mit spöre (Herbheit,

Als der edelste, der beste, der gesundeste und „tugendlichste" Wein erweist sich der Wein der „Lieblich an Gruch vnd Gschmack / verhafft mit spöre (Herbheit, Trockenheit, Anm. d. Verf.) / Rot oder gelb Farb / durchsichtig sehre".

Trockenheit, Anm. d. Verf.) / Rot oder gelb Farb / durchsichtig sehre". So behandelt Guarinonius dann in Kapitel XXVII die unbekannte „Fürtrefflichkeit, Tugend und Hoheit" des „edlen Fürgörner", also vergorenen Weins. Und er liefert auch die Erklärung dieses Merkspruchs, die sich wieder im ausgewogenen Spannungsverhältnis der bereits benannten Qualitäten Hitze und Kälte, Feuchtigkeit und Trockenheit bewegt.

Guarinonius benennt folgende Weinanbaugebiete und deren Weine: die Leitacher, die Vernatscher „vom Welschen Namen Vernaze" (G, 638), den Brixner und Clausner Wein, den Botzner, Grieser, Aurer, Neumarcker, Salurner, Curtiner, dann den Mataner „hoch am Bürg vnd trucknen Boden", den Sanct Michaeler, den Teutschmötzer, den Margareutter, den Eichhöltzer, Traminer, Curtätscher „(lauffen bey den Wirthen alle für Traminer)", den Epaner, den Planitzer, den Calterer Seewein, den Meroner Wein, den Khüberger, Rosengartner und Nalser, den Missianer. Er merkt an: „hette schier den Missianer vergessen, die man bey vns vnder die allerbesten / als neben die Leitacher vnd Traminer / vnd dergleichen rechnet" (G, 635). Bereits in der Klassifizierung dieser Weinanbaugebiete kommt es auf die bereits benannten Qualitäten an. Die Weine, die auf trockenem Boden und in der Höhe wachsen, zeichnen sich durch eine höhere Qualität aus. Und so behandelt Guarinonius auch das pestilentzische Grewel „deß gemeinen / an tieffen vnd weychen Böden gewachenen newen vnd alten Höpffweins" in Kapitel XXXVII. Als völlig schädliche Maßnahme wird von Guarinonius die Zufuhr von Wasser an trockene Böden gegeißelt, weil dadurch zwar größere Beeren zu erwarten sind, gleichzeitig aber die Feuchtigkeit das zuträgliche Maß überschreitet.

Die Unterscheidung von Höpffwein und Fürgörner (Frügörner, Vergörner)-Wein liegt für unseren Autor einmal in der Verarbeitung der Trauben, zum anderen kommt er zu einer Qualitätsunterscheidung bei den Höpffweinen. Ist der Vergörner-Wein der edelste, weil sich in seiner Verarbeitung ein dreifaches „Scheidwerck" durchsetzt, so bleibt dieses „Scheidwerck" beim Höpffwein aus. Dieses dreifache „Scheidwerck" setzt sich in der Verarbeitung durch. Diese besteht darin, dass die Weinbeer „nit bald / Ja / gar nit ausgebreßet / sonder die zerstossene Weinbeer / sambt ihrem Safft vnd Träbern in sehr grosse / hohe / weite vnd besonders darzu gerüste Geschirr zugleich geschütt [...]" (G, 637). Diese Geschirre sind oben offen, und in etwa drei Tagen erwärmen sich die Treber und Weinbeeren so stark, dass sich die nicht zerstoßenen Weinbeeren öffnen. Zum Zweiten werden die unreifen zu reifen, und zum Dritten verliert der Wein die übrige und schädliche Feuchtigkeit.

Und in diesem Gärprozess kommt es zum bereits benannten „Scheidwerck". Das erste besteht darin, dass sich durch diesen Prozess Kalk und alles Ungeziefer abtrennt, im zweiten „Scheidwerck" trennt sich der Wein von den groben „Träbern", „welche oben an schwimmen". Im dritten „Scheidwerck" trennt sich der Höpffen von den Weinen, der am Boden verbleibt, „der Wein aber in der mitten schön / lauter / klar / inner drey Wochen vollkommen / vnd am Geruch allein / dermassen lieblich vnd annemblich / daß er die beystehenden von hertzen erquicken thut“ (G, 637). Bei den „Höpffweinen“ fällt dieses „Scheidwerck“ aus. Die Bearbeitung erfolgt bei den Höpffweinen auf diese Art: „Man nimbt den außgebreßten dücken trüben Most / vnd schütt ihn in vilen darzu gerüsten vnnd zugespitzen Säck / welche alle in der Höhe hangen / darauß / in die vndergelegten Geschirr vnd Fässer der geläuterte Most oder Wein / tropffweiß allgemach herab rinnet [...]“ (G, 643). Grundsätzlich aber kann gelten:

„Betracht all Wein mit solcher Gstalt /
Ob sie seyn mitl / new oder alt /
Natürlich oder gmischt / dick oder dünn /
Lind oder hart / starck oder ring /
Was Gruch / was Gschmack / was Farb /
Von Gwächs vnd Boden / gut oder arg.“
(G, 617).

\\

„Betracht all Wein mit solcher Gstalt /
Ob sie seyn mitl / new oder alt /
Natürlich oder gmischt / dick oder dünn /
Lind oder hart / starck oder ring /
Was Gruch / was Gschmack / was Farb /
Von Gwächs vnd Boden / gut oder arg.“

„Dem Etschländer Wein Ruhm verschaffen“

Die erste Weinbau-Monographie Südtirols

// Wie werden Weinstöcke gezüchtet? Was ist klimatisch zu beachten? Welche Arbeiten sind im Weinberg zu erledigen und welche im Keller? Wie geht man gegen Schädlinge vor? Und wie merzt man Fehler aus? Es ist der Grieser Propst Augustin Nagele, der 1808 das gesamte Know-how um den „Etschländer Wein“ niederschreibt. Es ist die erste Monographie über den Weinbau in Südtirol und ein historischer Schatz für Weininteressierte.

Plazidus-Karl Hungerbühler

Etschland, auf deinem Gefilde
entsprießt in reichlicher Fülle,
Was den nagenden Hunger uns stillt,
doch dazu noch schenkst du
Mancherlei Gaben, die uns das Leben
versüßen – das bittre.

Mit diesem Gedicht überschreibt Propst Augustin Nagele sein Manuskript „Der Weinbau im Etschlande nebst einem Anhange von der Benützung der Weintrestern zum Druckweine, dem kleinen Weine, Brandweine und zum Viehfutter, von der Essigbereitung und dem Weinhandel. In zwei Teilen mit kritischen Bemerkungen von A. P. z. G. 1808“.

„A. P. z. G.“, Augustin, Propst zu Gries, hatte vor, das Werk in Druck zu geben. So ließ er es von einem „wohlgebohrn hochzuverehrendsten Herr Professor“ in Innsbruck, dessen Name nicht genannt wird, durchlesen und korrigieren und verhandelte mit dem Drucker Schiffner über eine Auflage von 300 Stück.

Verschollen, vergessen und wiederentdeckt

Im März 1809 schrieb er angesichts der wirren politischen Ereignisse: „es scheint mir ... nicht rathsam das Werkchen dem Drucke zu übergeben: dem Kriegsgott kann es ohnehin nicht gewiedmet werden, weil man nicht weiß, auf welche Seite er sich schlagen werde, oder ob nicht die zween Flüsse Etsch und Eisack ihren vorigen Bewohnern wieder zurück gegeben werden.“

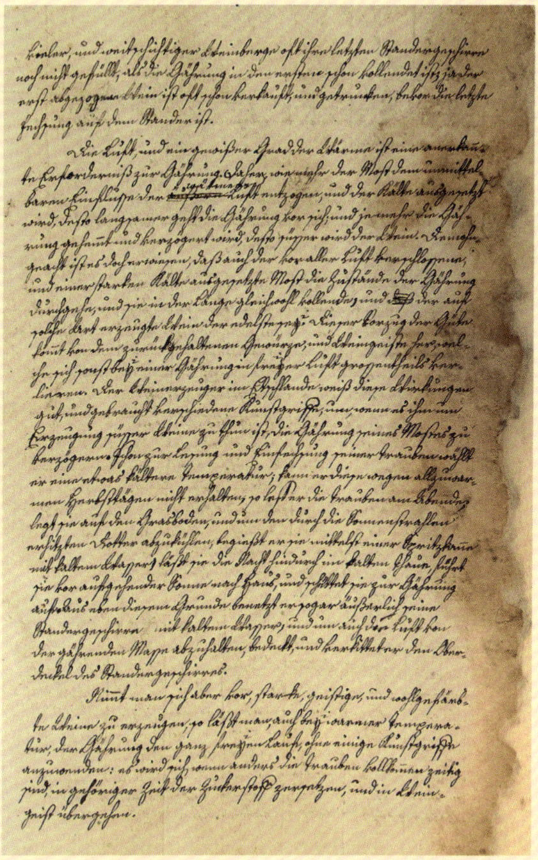

Die Form spiegelt den Inhalt wider:
Die Seite aus dem Originalmanuskript
zeigt, mit welcher Akribie Augustin Nagele
das Thema Wein angegangen ist.

Geistlicher Herr mit weltlichem Interesse:
Der Grieser Propst Augustin Nagele
ist der Autor der ersten Monographie
zum Südtiroler Weinbau.

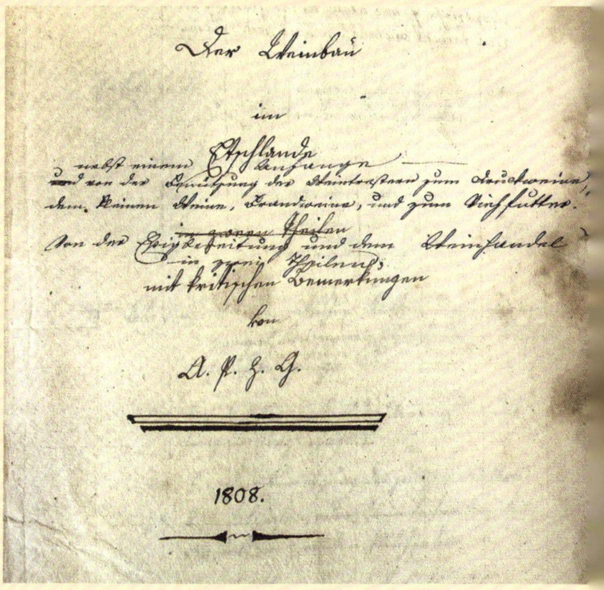

Der Weinbau

im

Etschlande

mit kritischen Bemerkungen

von

A. P. z. G.

1808.

Dem Autor genügt ein Kürzel: „A. P. z. G."
steht für Augustin, Propst zu Gries

Propst Nagele hatte nach der Aufhebung des Klosters 1807 durch die bayerische Regierung nur noch als „Pächter“ und mit seinem „provisorischen königl. Administrator“ Josef Lofferer die widerrechtlich enteigneten Klostergüter verwalten dürfen. In den darauffolgenden Jahren schrieb er seine Erfahrungen und Erkenntnisse nieder. Vereinsamt und vergessen starb Augustin Nagele am 24. Juli 1815.

Das Original-Manuskript wurde teilweise abgeschrieben und 1853 als Beilage im „Bozner Wochenblatt“ abgedruckt, es verschwand und blieb verschollen, bis es in der historischen Sammlung im Zeughaus in Innsbruck entdeckt, 2012 restauriert, identifiziert und transkribiert wurde.

Ein erster Blick auf das Terroir

Augustin Nagele stellt dem Leser seine dreißigjährige Erfahrung als Weinerzeuger zur Verfügung, will mit den kritischen Bemerkungen seinen „Mitbrüdern nützlich sein und dem Etschländer Wein noch mehr Ruhm verschaffen. Wird dadurch dieser Zweck erreicht, so bin ich dafür belohnt genug“. Wenn er vom Etschland spricht, hat er das Tal von Meran bis Trient vor Augen, das Eisacktal nimmt er kaum in den Blick.

Im ersten Teil schreibt Nagele darüber, wie der Weinstock im Blick auf das Klima, den Boden, die Lage und die Witterung gepflanzt und gepflegt werden soll. Für das Etschland wäre zu wünschen, dass es vor Weihnachten nicht schneie; wenn der Winter die Weinberge mit Schnee gut bedeckt hat, mag er bis zur Hälfte des Monats März auch unter einer ergiebigen Kälte fortdauern; von dort an können die Süd- und Westwinde mit vermischtem Regen den Schnee langsam schmelzen und so der Rebe die notwendige Feuchtigkeit verschaffen. Der Mai soll nicht zu warme, doch heitere Tage geben, die nicht mit Reif oder Nachtfrost verbunden

Zur Fortpflanzung des Weingewächses bedient man sich im Etschland eines Stecklings, der „Rasel“ genannt wird, d. h. ein Abschnittling von einer mehrjährigen, fruchttragenden Rebe.

sein dürfen; im Juni blühen die Trauben; da „verbittet sich der Weinerzeuger allen Nebel, Wind und Regen“; Wind und Regen wünscht er sich wieder, sobald die Blüte in seinem Weinberg vollendet ist. Im Juli und im August soll die Hitze Tag und Nacht fortdauern und nur einige Male mit vorübergehendem warmen Regen unterbrochen werden, um die an der Oberfläche liegenden Wurzeln durch Feuchtigkeit zu erquicken. Wenn Anfang September auch ein durch mehrere Tage anhaltender Regen fällt (der muss aber bis zur vollendeten Weinlese der letzte sein, und die Atmosphäre muss wieder bis Mitte Oktober mit heiterer Luft und Sonnenschein erfüllt bleiben), „dann kann der Weinbauer seine Arbeiten, Schweiß und Kosten reich belohnt finden“.

Von Rasel und Pergl

Zur Fortpflanzung des Weingewächses bedient man sich im Etschland eines Stecklings, der „Rasel“ genannt wird, d. h. ein Abschnittling von einer mehrjährigen, fruchttragenden Rebe. Die Auswahl eines guten Rasels setzt viel Erfahrung und Kenntnis voraus.

Vor der Einsetzung der Raseln muss klar sein, ob der Weinberg nur eine oder mehrere Sorten von Trauben tragen soll; beide Lösungen haben bei der wechselnden Witterung und bei ungleichzeitiger

Reifung Vor- und Nachteile. Augustin Nagele rät, drei bis vier der besten Gattungen zu wählen, sie aber nicht gemischt, sondern jede Art in gesonderter Zeile zu pflanzen, damit die zeitlich und örtlich unterschiedlich anfallenden Arbeiten leichter ausgeführt werden können. Wenn nach dem Rebenschneiden die Raseln ausgewählt und abgeschnitten sind, werden sie vorerst in kleinen Bündeln locker in gute Erde eingeschlagen und im kommenden April oder Mai eingepflanzt. Das eingesetzte Rasel muss in den folgenden zwei bis fünf Jahren entsprechend seinem Wachstum gepflegt und zurückgeschnitten werden; dieses Zurückschneiden heißt in der Landessprache „abziehen".

Für die Rebe muss ein Gerüst aus sogenanntem Weingartholz errichtet werden, an dem sie weiterwachsen und Früchte bringen kann. Diese Arbeit wird „aufbergeln" oder „Pergl-Aufrichten" genannt. Die Form, wie die junge Rebe im Etschland aufgebergelt wird, sind jenem schwer zu erklären, der diese Bauart nie gesehen hat. Es genügt zu wissen, dass dieses Holzgerüst deswegen errichtet wird, dass die Trauben nicht auf den Boden sinken, sondern gegen die einfallenden Sonnenstrahlen gehalten und in ihrer anwachsenden Schwere gestützt werden. Die Rebe wird so samt ihren Schösslingen bei jedem Regen und Sturmwind immer in gleicher Lage und Richtung gehalten.

Düngen, „ausbrocken" und „schabigen"

Zur Pflege des Weinstocks gehört jährlich ein Behauen der Erde im Frühjahr, im Sommer und im Spätherbst. Der Weinerzeuger im Etschland weiß, dass er, ohne seine Reben zu düngen, eine weit vortrefflichere Qualität des Weines erhalten würde; er glaubt aber auch, dass die Quantität ohne Dünger kaum zur Hälfte ausfallen würde. Was aber und wie eigentlich der Dünger auf die Rebe wirkt, ist den meisten, ja auch vielen studierten Weinerzeugern unbekannt. Doch dürfe man daraus nicht schließen, dass man den Dünger von den Weinbergen ganz entfernen soll; denn mit der Zeit zehre sich auch der beste Boden aus, und man könne von ihm nicht unausgesetzt Früchte erwarten, ohne ihm von Zeit zu Zeit eine neue Grundlage des Nahrungsstoffes zuzuführen.

Im Etschland sind für den Weinstock-Bearbeiter die Ausdrücke „Ausbrocken" und „Schabigen" selbstverständlich; sie bezeichnen das „Abäugnen" und „Abblättern" der Reben, d. h., die neu angesetzten überflüssigen Triebe werden ausgeschnitten oder weggerissen und die treibenden Augen, die keine Träubchen enthalten, mit der Rebschere entfernt. Die Bewässerung der Weinberge muss unterlassen werden, wenn die Trauben in der Blüte sind und wenn die Weinlese anfängt.

Und was kann schiefgehen?

Im letzten Abschnitt des ersten Teils schreibt Nagele über die „Unfälle", die dem Rebstock und der Traube Schaden zufügen. Das kann beim unaufmerksamen Behauen des Bodens und beim Schöpfen der Erde verursacht werden und durch überflüssiges Düngen und Wässern des Weinbergs. Die „unordentliche" Jahreszeit und Witterung sind weitere Ursachen von Schädigungen wie Reif (Frost), Schauer (Hagel), Jausch („Wechselbad" von feinem Regen und stechendem Sonnenstrahl, das die jungen Triebe versengt), Beerenabfall und Absterben der Rebe.

Großen Schaden können die Insekten anrichten z. B. der Maikäfer, der Rüsselkäfer (Petille oder Rebstecher), der Weinstock-Wurm (Traubenwurm oder Traubenwickler, „Gosse" genannt). Nagele macht Mittel ausfindig, „wodurch die Krankheit, wo nicht ganz gehoben, doch wenigstens vermindert werden könne".

Vom Weinberg in den Keller

Im zweiten Teil seiner Abhandlung beschreibt Nagele sehr differenziert den Verlauf der Weinerzeugung. Es geht darum, „die beste Art kennen zu lernen, wie man die Maschinen, und Gefäße zur Beherbergung der aus dem Weinberg ankommenden Trauben beischafft; wie man die zur Bereitung des Weins und zur Aufbewahrung desselben bestimmten Geschirre mit Vortheil zubereite und wie der Ort, wo die Weinbereitung geschieht, und dieser, wo nach vollendeter Gährung der Wein aufbehalten wird, beschaffen sein müsse, um den Schaden zu vermeiden, der aus der kleinsten Unbedachtsamkeit entstehen kann".

Beim Bau der Stander-Geschirre ist auf die Auswahl des Holzes zu achten, beim Gebrauch auf saubere Erhaltung. Das Gleiche gilt für die Weinfässer. Dann geht es Nagele um die beste Bauart des Ansetz-Gewölbes oder des „Standerhauses", wo die Standergeschirre zur Gärung aufgestellt sind und wo auch die „Torkl" (Presse) steht. Ganz praktisch stellt er sich die Fragen: 1. Wie wirkt ein schlechter Keller auf den Wein? 2. Wie soll ein guter Keller beschaffen sein? 3. Welche Mittel gibt es, einen schlechten Keller zu verbessern?

Im zweiten Abschnitt beschreibt der Autor die Weinlese oder Traubenernte, in der Sprache der Weinbauern „Einfechsung" genannt, d. h. „in die Scheune bringen". Die besten Grundbesitzer lesen so spät als möglich, um bessere Weine zu bekommen. Bei schönem trockenen Wetter trifft diese Rechnung zu; aber durch die Witterung, die bei Herbstzeit im Etschland gern unbeständig wird, sieht mancher Spekulant bei lange währendem Regen seine Hoffnungen im eigentlichen Sinn zu Wasser werden.

Zum Erkennen der bestmöglichen Zeit ist 1. die Farbe der Beeren, 2. die Trocken-heit der Kerne in den Beeren und 3. die Farbe sowie Vertrocknung der Traubenstiele und der Kämme („Kamm" ist das Stielgerüst der Traube) zu beachten.

Zu Augustin Nageles Zeiten wurden die Trauben so eingesammelt: Eine Reihe Menschen, „insgemein Weiber", stehen in den Rebstock-Zeilen an; ein oder zwei gehen eine Strecke voraus, schneiden nur die faulenden Trauben ab und beseitigen sie im Abfall-Stander; die nachfolgenden Frauen schneiden die guten Trauben in ihr kleines Handschäffel, schütten sie dem Zummenträger (Zumme = Traggefäß) auf den Rücken, dieser trägt sie in die Wanne auf dem nahestehenden Wagen, und wenn diese voll ist, fährt sie der Fuhrmann nach Hause.

Der Blick über die Grenzen

In der Verarbeitung der eingeführten Trauben zeigt sich der große Unterschied der etschländischen „Wein-Erzeugung" im Vergleich zu den meisten Weinregionen Deutschlands, Ungarns und Frankreichs. Dort wird die Traube so, wie sie aus dem Weinberg kommt, gleich auf die Torkel gebracht und ausgepresst; der abfließende Most wird in die Geschirre gefüllt und „der von selbst erfolgenden Gährung überlassen". Im Etschland sind diese Weine unter dem Namen „Hefe-Weine" bekannt. Diese Art der Verarbeitung hat zur Folge, dass diese „bis zu ihrem Verkauf oder Selbstgenuss" zwei bis drei Jahre brauchen, d. h., es muss ein ungleich größerer Vorrat an Weingeschirren, Kellerräumen und Vorratsgewölben vorhanden sein. Diese voraussehbaren Folgen „haben glaublich unsere Vorfahren bewogen, die dermahls übliche Wein-Manipulation vorzuziehen, bei welcher man nach Verlauf eines Monats nach der Weinlese den Wein schon vollkommen trinkbar und oft gegen bare Bezahlung zum Verkauf anbieten kann. Vielleicht dürfte auch die größere Trinklust unserer Vorfahren zum Grunde liegen", nicht jahrelang auf die erzeugten Weine warten zu müssen.

Wein bereiten und – wenn nötig – „heilen“

Die etschländische Weinbereitung besteht darin, dass die vom Weinberg eingebrachten Trauben in einem Stander-Gefäß („Pottich“) gesammelt, dort samt den Kämmen und Stielen mit dem Most zerdrückt, die Beeren zerquetscht und „zur Flüssigkeit gebracht werden“.

Ist es weiße Ware, so wird sie nach dem Mosten sofort auf den Stander aufgetragen, da bei längerem Verbleiben im Pottich die Flüssigkeit eine unangenehme dunkelgelbe Farbe erhält. Ist es rote Ware, bleibt sie drei bis vier Tage im Pottich stehen, wodurch die Flüssigkeit immer mehr die Farbe von den Bälgen (Hülsen der ausgequetschten Traubenbeeren) an sich zieht. Weil der Saft am Boden bleibt, die Bälge und Kämme aber immer an die Oberfläche heraufsteigen, muss die „Niedermostung“ während dieser Tage öfters wiederholt werden, d.h., Bälge und Kämme werden wiederholt untergetaucht.

Der nächste Schritt ist das „Abziehen“ des Weines, d.h., der Wein wird „von den Trestern abgelassen“, was zum richtigen Zeitpunkt geschehen muss, auch „frühzeitig“ oder „verzögert“ vorgenommen wird. Hier wird die Frage von der Vermischung verschiedener Weingattungen angesprochen, ebenso das Abklären und Schwefeln des Weines.

In den letzten beiden Abschnitten gibt Nagele praktische Hinweise zu Heilmitteln bei „Krankheiten der Weine“ wie „Zähe- und Dickwerden“, „Zicken oder Sauerwerden“ (Essig-Geschmack), „Kanightwerden“ (schimmelig), „Trübewerden“, „Töbeln“ (fauliger Schimmelgeruch).

Aus den Trestern (vergorene, feste Rückstände der Trauben nach dem Pressvorgang) kann der sogenannte Druckwein, der „vino piccolo“ (auch „Leps“ genannt) und der Branntwein gewonnen werden. Der Trester wird auch als Viehfutter verwendet. Ein eigenes Kapitel handelt von der Erzeugung von Weinessig.

Auf den letzten zehn Seiten nimmt Nagele den Weinhandel in den Blick. Es kommen die ausländischen Einfuhren von Süden und von Norden, „Schwärzungen“ und Zölle, verschiedene Geldwährungen, unterschiedliche Jahreserträge und Preise zur Sprache. Er rundet sein Werk ab mit anerkennenden Worten für die Sorge der bisherigen Landesfürsten für ihre Bürger und mit einem kritischen Blick auf die bevorstehenden Aufgaben der tirolischen Regierung für den Handel und den Wohlstand des Volkes und des Landes.

Wäre dieses Manuskript damals gedruckt worden, wäre es wohl zu einem nützlichen Handbuch für den Weinbau im Etschland geworden – heute ist es für den Leser eine Erinnerung an den Weinbau vor 200 Jahren.

\\

„Vielleicht dürfte auch die größere Trinklust unserer Vorfahren zum Grunde liegen, nicht jahrelang auf die erzeugten Weine warten zu müssen.“

Handel als Motor der Entwicklung

Die historischen Wein-Handelshäuser

// Die Säkularisierung der Klöster Anfang des 19. Jahrhunderts macht den Weg frei für den Weinhandel, der – von geschichtlichen Ereignissen und vom Fortschritt befeuert – Ende des 19. Jahrhunderts neue Absatzmärkte erschließt. Es ist also dem wirtschaftlichen Geschick der Weinhändler zu verdanken, dass die Vermarktung des Weins einen professionellen Unterbau bekommt, von dem die Entwicklung der gesamten Weinwirtschaft profitiert.

Alexandra Cembran

Ein professioneller Weinhandel entwickelt sich in Südtirol zwar erst im 19. Jahrhundert, Vorläufer in Gestalt der „Weinherren" gab es aber schon rund 300 Jahre früher. Diese Weinherren waren alteingesessene Produzenten aus dem Überetsch, Bozen und dem Unterland, die zur eigenen Maische jene von Bauern zukauften und zu Wein verarbeiteten. Ihre Abnehmer waren vor allem Wirte im eigenen Gebiet, im Inn-, Eisack- und Pustertal. Diesen Weinherren kommt vor allem nach der Aufhebung der Orden und Klöster (1782–1787) unter Joseph II. und der Abschaffung der geistlichen Fürstentümer in napoleonischer Zeit eine zentrale Rolle zu. So bearbeiten die Bauern zwar weiterhin die Weinberge, sie tun dies nun aber auf eigene Rechnung. Um die Weinerzeugung und den Weinabsatz kümmern sich dagegen die Weinherren, die den Bauern ihre Maische abnahmen, diese zu Wein verarbeiteten und für dessen Verkauf sorgten. Diese Entwicklung verändert auch den Markt. Hatten die Weinherren anfangs noch ein gewichtiges Standbein im Weinbau, wird dieses über die Zeit in seiner Bedeutung vom Zukauf überholt. Nach und nach wandeln sich die Weinherren zu Weinhändlern und auch andere kommen dazu, die den Weinhandel als Chance begreifen.

Historisch betrachtet beginnt in diesem Zeitraum also der Aufschwung des „weltlichen" und modernen Handels. So etablieren sich um 1800 bedeutende Weinhandlungen im Überetsch, und zwar jene von Leonhard von Schasser (die später im Erbwege auf die Familie des Freiherrn Di Pauli überging), Jakob Ambach,

Johann Niedermayr, Josef Weger und Josef Brigl. Gerade an Letzterem lässt sich die Entwicklung beeindruckend nachvollziehen, wird das Weingut Josef Brigl in Eppan heute doch in der 32. (!) Generation betrieben. 1309 gegründet, gehört das Weingut zu den ältesten Privatkellereien des Landes. 1964 übernimmt es Ignaz Brigl, der es bis zu seinem Tod 2013 (mit-)leitet und zu jenen gehört, die die Entwicklung des Südtiroler Weins im 20. Jahrhundert mitprägen.

Etwas anders als im Überetsch schaut die Lage in Bozen aus, wo in den ersten Jahrzehnten des 19. Jahrhunderts Weinhandelsbetriebe noch weitgehend fehlen. So scheint um 1840 als erster und einziger jener von Mathias Simon Mumelter auf, der nach dessen Tod von Alois Johann Lun übernommen wurde. Lun war nicht nur Mumelters Schwiegersohn, sondern auch gelernter Weinhändler mit Sitz in Tramin, wodurch das älteste Bozner Weinhandelshaus auch schon gleich in Unterlandler Hände überging. In der heutigen Landeshauptstadt etablierten sich bis Mitte des 19. Jahrhunderts demnach nur die Weinhandlungen der Gebrüder Innerhofer sowie von Alois Lageder. Und mit Josef Anton Mayr vom Unterganznerhof schaffte auch noch ein Kardauner den Sprung in den Weinhandel. Mayrs Rolle ähnelt dabei eher jener der Weinherren, war er doch selbst Produzent, kaufte Maische von anderen Bauern zu und belieferte um 1840 einen Kundenstock von 22 Wirten.

Die ersten Weinhandlungen handelten noch mit überschaubaren Mengen in einem ebenso überschaubaren geografischen Rahmen, der sich meist auf Tirol beschränkte.

Der Sprung über die Grenzen

Die ersten Weinhandlungen handelten noch mit überschaubaren Mengen in einem ebenso überschaubaren geografischen Rahmen, der sich meist auf Tirol beschränkte. Trotzdem entwickelte sich rund um den Weinhandel eine Reihe von Berufen (weiter). So hatten etwa die Fassbinder alle Hände voll zu tun, auch weil sie häufig als Weinmesser zu amtieren und die Eichung der Gebinde vorzunehmen hatten. Eine besondere Entwicklung erfuhr zudem der Stand der Weinfuhrleute, denen die Händler vor allem den Ferntransport anvertrauten. Dies auch, weil solche Transporte alles andere als einfach waren. Die Fahrten mussten aus natürlichen Gründen in der kalten Jahreszeit durchgeführt werden und man kann sich durchaus vorstellen, dass die winterliche Fahrt im schwer beladenen Fuhrwerk über den Brenner oder den Reschen ein abenteuerliches Unterfangen war.

Zu den Tücken des Winters gesellten sich die politischen Ereignisse, die das Geschäft noch einmal verkomplizierten. So musste man sich etwa zu Zeiten der napoleonischen Herrschaft mit neuen Staatsgrenzen herumschlagen, hohe Zollabgaben erschwerten den Weinabsatz nach Kärnten, Österreich, Bayern und Schwaben. Von solchen Komplikationen ließen sich die Weinhändler aber kaum beeindrucken, sie bauten in der zweiten Hälfte des 19. Jahrhunderts konsequent eine professionelle Vermarktung der Südtiroler Weine auf und erschlossen systematisch neue Märkte. Ihnen zu Hilfe kam vor allem die Eröffnung der großen Eisenbahnstrecken über den Brenner (1867) und durch das Pustertal (1871), die den Transport größerer Mengen nicht nur erleichterten, sondern in so manches Absatzgebiet erst ermöglichten. Als etwa

Frankreich Reblaus-bedingt hohe Ausfälle zu verzeichnen hatte, musste dort Wein importiert werden. Und nachdem die französischen Anbieter auch auf dem Ostschweizer Markt ausfielen, sprang man mit Südtiroler Wein in die Bresche. Darüber hinaus wurden auch Vorarlberg und Kärnten von Südtirol aus bedient.

Dass der Absatz des Südtiroler Weins in den Ländern des Kaiserreichs beträchtlich anstieg, war auch den geschichtlichen Ereignissen zu verdanken. Dabei beginnt die Erfolgsgeschichte kurioserweise mit einem Verlust – jenem der italienischen Kronländer bis 1866. Weil seit damals die ehemals österreichischen Anbaugebiete im Süden im Ausland lagen, übernahmen Süd- und Welschtirol, das Trentino also, deren Rolle als wichtige Rotweinlieferanten der Monarchie.

Am anschaulichsten lässt sich die Entwicklung des Weinhandels in Südtirol in der zweiten Hälfte des 19. Jahrhunderts wohl am Beispiel von Bozen aufzeigen. Gab es dort 1841 nur einen namhaften Weinhändler, stieg ihre Anzahl bis zur Jahrhundertwende auf 22 an.

Besondere Typen, besondere Weine

Unter diesen Roten nehmen vor allem der St. Magdalener und der Kalterersee eine Sonderstellung ein. Sie sind im 19. Jahrhundert Weine, die zu wichtigen Aushängeschildern Südtirols werden, nicht zuletzt, weil sie ihre Herkunft im Namen tragen. Dass diese Herkunftsbezeichnung noch nicht geschützt war, beweist die Tatsache, dass es damals immer wieder Klagen über „Falschbenennungen" gab. Die Labels „Kalterersee" oder „St. Magdalener" trugen also auch Weine, die aus ganz anderen Anbaugebieten stammten, was zugleich das Standing dieser Weine auf dem Markt unterstreicht. Schließlich werden nur Marken gefälscht, die einen entsprechenden Absatz haben.

Was den Kalterersee betrifft, so taucht im Zusammenhang mit dessen Absatz Ende des 19. Jahrhunderts immer wieder ein Name auf: Josef Freiherr Di Pauli. Er war nicht nur selbst Weinproduzent und -händler, sondern gehörte ab den 1870er-Jahren auch zum Who's who der österreichischen Politik: zuerst als Abgeordneter des Reichsrats, danach als Handelsminister. Von seiner Prominenz und seinem weitreichenden Netzwerk profitierten auch die Schankbetriebe, die Di Pauli in Wien (und selbst in München) betrieb und in denen der Kalterersee von jeher einen ganz besonderen Stellenwert einnahm.

Aufstieg mit System

Am anschaulichsten lässt sich die Entwicklung des Weinhandels in Südtirol in der zweiten Hälfte des 19. Jahrhunderts wohl am Beispiel von Bozen aufzeigen. Gab es dort 1841 nur einen namhaften Weinhändler, stieg ihre Anzahl bis zur Jahrhundertwende auf 22 an. So kamen bekannte Namen wie Andrä Kirchebner, Franz Innerebner, Franz Tschurtschenthaler, Johann Pardatscher, Fritz Kuppelwieser und Alois Wolf dazu. Zählt man alle Südtiroler Wein- und Branntweinhändler zusammen, kommt man 1880 auf nicht weniger als 94. Dieser rasante Anstieg machte die Weinhändler auch zu einem Symbol der modernen Wirtschaftsentwicklung Tirols, die von geschickten Geschäftsmännern maßgeblich vorangetrieben wurde. Und auch in einer anderen Entwicklung sind die Weinhändler ganz Kinder ihrer Zeit. So gründen sie, um ihr Standing auf dem Markt zu verbessern und ein wirksames Gegengewicht der Abnehmer zu den Anbietern zu schaffen, 1880 den „Club der Weinhändler", der sich zehn Jahre später zum „Verein der Weinhändler und Weinproduzenten" wandelt.

Es waren also (auch) die Weinhändler, die die Entwicklung der Weinwirtschaft ab Mitte des 19. Jahrhunderts in Südtirol maßgeblich beeinflusst haben. Ihnen war es zu verdanken, dass das Absatzgebiet Südtiroler Weine Schritt für Schritt (und letztlich massiv) ausgeweitet und dadurch auch das Interesse von außerhalb der Landesgrenzen auf die Südtiroler Weinproduktion gelenkt wurde. Weil man unter Beobachtung der Kunden stand, investierte man in Verbesserungen im Weinbau und in der Kellerwirtschaft. Zugleich versuchte man, das Niveau zu heben – auf Produzenten- wie auf Konsumentenseite. Dafür wurde vor allem auf das Instrument der Weinkost zurückgegriffen. Leistungs- und Vergleichsschauen erlebten eine Blütezeit und sollten einerseits die Erzeuger dazu anspornen, wertvollere Produkte auf den Markt zu bringen, andererseits das Niveau der Weintrinker heben.

Zugleich entwickelten sich auch die ersten Weinmärkte, etwa der Bozner, der 1896 erstmals abgehalten wurde. Die Märkte waren nicht nur eine Möglichkeit, Wein abzusetzen, sondern förderten auch die Kontakte zwischen heimischen und auswärtigen Weinhändlern, Kunden, Importeuren und Wirten. Maßgebliche Unterstützung erhielt (und erhält noch heute) die Weinwirtschaft zudem von der Bozner Handelskammer, die es sich schon zur Jahrhundertwende zur Aufgabe gemacht hatte, die Südtiroler Weine nicht nur im Land, sondern auch darüber hinaus bekannt zu machen.

Plötzlich alles neu

Das Ende des Ersten Weltkriegs bedeutete für Südtirols Weinwirtschaft eine Zäsur. Sie konnte nun nicht mehr auf einen „natürlichen" Absatzmarkt zählen, wie es die Österreichisch-Ungarische Monarchie wegen ihrer Armut an Rotweinen gewesen war, und musste sich zudem in einem neuen Staat zurechtfinden. In diesem, einem der wichtigsten Wein-Produktionsländer Europas, musste man sich erst einmal einen Platz erkämpfen und Absatzmärkte erschließen.

Auch in dieser Situation waren es die Weinhändler, die das Heft in die Hand nahmen, vor allem jene, die sich schon vor dem Krieg einen Namen gemacht hatten. Der Weinhandelsbetrieb Walch etwa war schon 1869 in Vorarlberg gegründet und 1889 nach Tramin verlegt worden. Dort entwickelte ihn Wilhelm Walch zu einem Handelsbetrieb, der sein Augenmerk – mehr als die meisten anderen – auf Märkte außerhalb Südtirols legten: auf das Herkunftsland Vorarlberg, aber auch auf Bayern und vor allem die Schweiz. Diese hatte er als einer der Pioniere erfolgreich beackert und nach der Abtretung Südtirols an Italien wieder ins Visier genommen. Weitere Weinproduzenten und -händler, denen man solche Pionierleistungen zuschreiben kann, waren Antonio Cembran, Josef Brigl oder Rudolf Carli. Letzterer hatte die Schwanburg in Nals, eine der ältesten Privatkellereien Südtirols, zu einer einflussreichen Größe auf dem Weinmarkt gemacht. Dieses Standing nutzte später auch Dieter Rudolph, der die Schwanburg zu einem Stück Frankreich in Südtirol machte: samt Guyot-Reberziehung, temperaturkontrolliertem Ausbau im Stahltank und Reife im Barriquefass.

Die Pioniere erschlossen dabei nicht nur neue Absatzgebiete, sondern versuchten, auch die traditionellen, also vor allem Deutschland und Österreich, weiter zu beliefern. Auf diese Märkte spezialisierten sich Betriebe wie H. Mumelter,

Gutmann, Morandell, Kössler oder Widmann, die zum Teil ihre Niederlassungen in diesen Ländern nach Ende des Krieges nicht nur beibehielten, sondern noch weiter ausbauten. Als Beispiel ist in diesem Zusammenhang der Name Lageder zu nennen: An ihm lässt sich die Entwicklung der ehemaligen Handelshäuser fast schon exemplarisch nachzeichnen. Als traditionelle Handelskellerei 1832 in Bozen aus der Taufe gehoben, wird unter der Marke „Alois Lageder" ein eigenständiges Weingut aufgebaut, das sich in den 1930ern in Margreid niederlässt und seit den 1970er-Jahren als Pionier und Taktgeber gilt – nicht nur im biodynamischen Weinbau.

Ähnliches gilt für die Kellerei Kettmeir, die noch vor dem Ersten Weltkrieg in Bozen gegründet wird, in den 1930ern in Kaltern Fuß fasst und so manche Entwicklung mitprägt. So findet sich der Name Kettmeir unter jenen, die in den 1960er-Jahren das Revival des Südtiroler Sekts einläuten. Als innovative Handelskellerei etabliert sich zudem die Schlosskellerei Turmhof in Entiklar, die vor allem unter der Führung von Herbert Tiefenbrunner immer wieder entscheidende Innovationsschritte setzt: von der frühen Abkehr vom Offenweinverkauf bis zu Weinbergen in bis dahin ungekannten Höhenlagen.

Auch das Weingut J. Hofstätter in Tramin hat seine Wurzeln im Weinhandel, den Josef Hofstätter in der Zwischenkriegszeit mit viel Geschick betreibt – auch in Form von „Traminer Weinstuben" in Innsbruck, Graz und Villach. Seine Nachfolger setzen wieder – auch dies typisch für die Entwicklung der großen Handelshäuser – vermehrt auf Trauben aus eigenen Weinbergen und scheuen sich nicht, neue Wege einzuschlagen. So gilt das Weingut J. Hofstätter als einer der Pioniere des Blauburgunder-Anbaus im Land.

> Weil man unter Beobachtung der Kunden stand, investierte man in Verbesserungen im Weinbau und in der Kellerwirtschaft. Zugleich versuchte man, das Niveau zu heben – auf Produzenten- wie auf Konsumentenseite.

Und noch ein Neuanfang

Nachdem sich die Südtiroler Weinwirtschaft und der Weinhandel in den Jahren nach dem Ersten Weltkrieg wieder mühsam aufgerappelt hatten, folgte mit dem Zweiten Weltkrieg eine weitere Zäsur. In den ersten Nachkriegsjahren galt es deshalb, die Position, die man in der Zwischenkriegszeit auf dem Markt besetzt hatte, zu verteidigen und weiter auszubauen. Dabei kam den Produzenten und Händlern vor allem der Präferenzvertrag vom 12. Mai 1949, das sogenannte Accordino, zugute, das neue Impulse setzte und die Wiederaufnahme der Handelsbeziehungen zu den alten Partnern im Ausland erlaubte.

Eine erneute Neuausrichtung der Weinhändler folgt im Zuge der Entwicklung des Südtiroler Weinbaus hin zu einem Qualitätsweinbau. Das Standbein der eigenen Weinproduktion wird Schritt für Schritt wieder ausgebaut und in den Mittelpunkt der Tätigkeit gerückt, sodass zu einem großen Teil die eigene Produktion vermarktet wird. Die Zahl der Handelskellereien, jener Kellereien also, die Trauben von außen zukaufen, sinkt von 1970 bis 1990 spürbar. Sie liegt heute im Vergleich zum 19. Jahrhundert bei rund einem Drittel, die verbliebenen

Kellereien spielen aber weiterhin eine wichtige Rolle in der Südtiroler Weinlandschaft. Sie haben sich von Weinhändlern zu Weingütern entwickelt, die unter dem Dach der „Weingüter Südtirols“ zusammengefasst sind und aus den eigenen wie zugekauften Trauben – insgesamt halten sie einen Anteil von fast einem Viertel am Südtiroler Ertrag – ihre ganz eigenen Weine herstellen.

Blickt man demnach auf Geschichte und Gegenwart der ehemaligen Handelskellereien und heutigen Weingüter, zeigt sich: Dank Flexibilität und Weitsicht konnten sie ihre Rolle als Impulsgeber der heimischen Weinwirtschaft behalten. Nach wie vor bringen die Weingüter auch starke Winzerpersönlichkeiten hervor. Vor allem aber gilt: Die Privatkellereien waren, sind und bleiben Betriebe, in denen die Tradition der großen Winzerfamilien hochgehalten wird.

Erst aufschenken, dann zahlen

Der Weinhandel auf den Jakobipreis

// Was heute undenkbar scheint, war im Tirol des 19. Jahrhunderts gang und gäbe. Wirte nahmen den Händlern Wein ab, ohne einen Preis dafür vereinbart zu haben. Dieser wurde erst um Jakobi, also um den 25. Juli des folgenden Jahres festgelegt. Weder der Wirt noch der Händler, noch der Weinbauer konnten demnach vorab abschätzen, welche Kosten oder Erlöse anfallen würden. Es war daher Vertrauen gefordert – von allen Seiten.

Ivo Maran, Stefan Morandell

In einer rechtswissenschaftlichen Dissertation aus dem Jahre 1833 untersucht Joseph von Zallinger die damals in Tirol übliche Art des Weinhandels und nennt sie „Weinhandel auf den Jakobipreis". Der Weinhändler liefert dabei seinen Kunden, vor allem Wirten in Nordtirol und Vorarlberg, Wein, ohne einen genauen Preis zu nennen. Dieser wird erst um Jakobi (25. Juli) des nächsten Jahres vereinbart. Der Wirt hat zu diesem Zeitpunkt einen großen Teil des gelieferten Weines schon verkauft und der Weinhändler konnte schon abschätzen, wie die neue Ernte ausfallen würde. Der Weinbauer als Produzent überließ seinerseits die Trauben gegen einen Vorschuss dem Weinhändler, ohne zu wissen, wie viel Geld er schlussendlich dafür erhalten würde. Im Juli machten sich die Südtiroler Weinhändler dann zum „Weinritt" auf, um mit den Wirten den gelieferten Wein abzurechnen. Das Wort „Ritt" leitet sich dabei von „Raitung", d. h. Rechnung, ab. In der Regel erhielt der Traubenproduzent schließlich zwei Drittel des erzielten Weinpreises.

Vertrauen als Basis

Diese Art des Weinhandels setzte bei allen drei Parteien großes Vertrauen voraus, hatte aber durchaus Vorteile. So erhielt der Wirt im Wesentlichen einen überaus langen Zahlungsaufschub und konnte dadurch größere Mengen abnehmen. Er hatte zudem bis Juli des Folgejahres einen Großteil des Weines schon verkauft. Der

Weinbauer hatte dagegen selbst oft nicht die Möglichkeit, die Trauben zu verarbeiten und sich anschließend um die Vermarktung zu kümmern. Dies übernahm der Weinhändler, der die Trauben kelterte, dem Produzenten einen Vorschuss leistete, sich um die Kunden kümmerte und vor allem das Inkasso sicherstellte.

Der Weinhandel auf den Jakobipreis hatte aber auch wesentliche Nachteile. So waren vor allem die kleineren Produzenten dem Weinhändler auf Gedeih und Verderb ausgeliefert. Größere, zumeist adelige Produzenten saßen gegenüber den Weinhändlern an einem längeren Hebel und vereinbarten im Vorhinein einen Fix- oder einen Mindestpreis, bei dem sie nicht verlieren konnten.

Fehlende Richtpreise, eingeschränkte Möglichkeiten

Joseph von Zallinger nennt vor allem zwei Gründe, die zum Weinhandel auf den Jakobipreis geführt hätten. Einerseits fehlten für den Weinhandel amtliche Richtpreise, andererseits förderten die „nationalökonomischen Verhältnisse in Tirol“ diese Art des Handels.

Über Jahrhunderte gab es in Tirol amtlich festgelegte Preise für den Weinhandel, die durch eine Kommission definiert wurden, die „Weindeputation“ genannt wurde. Sie legte jährlich Richtpreise für drei Weinkategorien fest, die zwar für den Handel nicht bindend waren, bei Uneinigkeit konnten die Streitparteien aber darauf zurückgreifen. Die aufwendig zusammengesetzte Weindeputation wurde 1789 aus Kostengründen aufgelöst. Schon im folgenden Jahr wurden aber Weinrichtpreise von Amts wegen wieder eingeführt, die es auch 1807 unter bayerischer Herrschaft noch gab. Erst 1808 wurde die Preisfestlegung endgültig eingestellt.

Außer dem Weinbau gab es für die klein strukturierte Landwirtschaft in

Der Weinhändler liefert seinen Kunden, vor allem Wirten in Nordtirol und Vorarlberg, Wein, ohne einen genauen Preis zu nennen. Dieser wird erst um Jakobi (25. Juli) des nächsten Jahres vereinbart.

Südtirol, im Gegensatz zum Trentino, wo auch Seidenraupen gezüchtet wurden, kaum Alternativen. Zudem lag die Haltbarkeit der Weine nach von Zallinger im Allgemeinen bei unter zwei Jahren. Ernteschwankungen konnten daher nicht durch ältere Jahrgänge ausgeglichen werden. Die Kunden wollten oder konnten offensichtlich für gute und haltbare Weine nicht mehr bezahlen. Mangelndes Kapital schränkte daher den Spielraum für weitere Investitionen in eine verbesserte Keltertechnik ein. Und auch der Absatzmarkt war beschränkt. So konnten Tiroler Weine damals neben dem lokalen Markt nur in Nordtirol und Vorarlberg abgesetzt werden, während der südbayerische und Schweizer Raum wegen der hohen Zölle für den Tiroler Weinhandel nicht erreichbar war.

Leere Geldbeutel, schlechter Wein

Die Situation ändert sich zunächst nach der Mehltaukrise, die den Weinbau in den 1850er-Jahren für fast ein Jahrzehnt gelähmt hatte. Damals begannen einige Pioniere, den Weinbau nach dem Vorbild Erzherzog Johanns zu erneuern. Sie begannen, neue, „internationale“ Rebsorten anzupflanzen. Zugleich erklären der aufkommende Nobeltourismus in Meran und

Zwischen der Ernte
und der Auszahlung
des Verkaufspreises verging
fast ein ganzes Jahr.
Jakobi ist schließlich
erst am 25. Juli.

Zuerst die Arbeit, dann die Ungewissheit und erst Monate später der Lohn: Bauernfamilien mussten in Südtirol jahrzehntelang in Vorleistung gehen

Auch die Kosten für die gesamte Logistik
musste von den Bauern vorgestreckt werden, bevor es im Juli
des folgenden Jahres den Lohn für die Arbeit gab.

War die Ernte eingebracht, konnte zwar angestoßen werden. Welche Erlöse der Weinverkauf brachte, ob sich all die Mühe also gelohnt hatte, wusste man allerdings erst Monate später.

Was sich über den Weinhandel auf den Jakobipreis hinaus erhalten hat, ist der Verkauf „auf Ehre". Bei diesem überlässt der Weinbauer die Ernte einem Händler oder auch einer Genossenschaft, abgerechnet wird dann je nach erzieltem Preis.

„... eine Abrechnung nach dem Jakobi Preise (ist) für die Wirte nur vorteilhaft. Der Wirt ist nämlich nie oder höchst selten in der Lage, seine Ware sogleich bezahlen zu können. Nun muß der Weinherr bis zur Zeit des Weinrittes, d.h. über ein halbes Jahr warten, um sein ausgelegtes Kapital wieder einnehmen zu können." Bezüglich der Weinqualität schließt der Schreiber die Zuschrift so: „Der Wirt wird seine Gäste ganz sicher befriedigen können, wenn er sich an eine solide Weinhandlung wendet und den Wein so ausschenkt, wie er ihm geliefert wurde. Soweit ist sicher, daß in den weit meisten Fällen der Wirt selbst an einem schlechten Getränke schuld ist."

die neue Eisenbahn über den Brenner vielleicht, warum Friedrich Boscarolli sich entschied, in den 1860er-Jahren gerade dort eine der nach Hermann Goethe modernsten Kellereien in der K.-u.-k.-Monarchie zu errichten.

Auf die allgemeine Weinqualität in den Wirtshäusern hatten diese Fortschritte allerdings noch keine Auswirkungen, was auch mit der Art des Weinhandels in Verbindung gebracht wurde. So gab es 1875 im „Tiroler Boten" mehrere Zuschriften zu diesem Thema. Ein Leser aus dem Pustertal schrieb etwa im August: „Endlich sind die Weinhändler aus dem Etsch- und Eisacktale, welche seit ungefähr einem Monat unsere Gegend sozusagen unsicher gemacht hatten, wieder abgezogen, und haben unseren Wirten die leeren Geldbeutel und den noch übrigen schlechten Wein zurückgelassen." Der Schreiber stellt die Frage: „Wann wird einmal der Unsinn aufhören, mit dem sogenannten Jakobipreis die Abrechnung zu pflegen? Und wann wird einmal aufhören, der Pusterer Wirt der ergebene Diener der Weinherren zu sein?"

Eine Erwiderung ließ nicht lange auf sich warten und ein Leser aus dem Überetsch, wohl ein Weinhändler, schreibt:

Das Ende des Südtiroler Sonderweges

Die Zeit des Weinhandels auf den Jakobipreis ging gegen Ende des 19. Jahrhunderts jedoch langsam ihrem Ende entgegen. Sogar die Redaktion des „Tiroler Boten" sah sich bemüßigt, auf obige Zuschrift festzustellen, dass sie „nicht etwa als eine Verteidigerin der sonderbarsten Eigentümlichkeit im Land der Eigentümlichkeiten, des Jakobipreises nämlich, angesehen werden möchte".

Das Ende des Weinhandels auf den Jakobipreis geht mit der Veränderung der ökonomischen Verhältnisse einher. Die aus Amerika eingeführte Reblaus begann zunächst in Frankreich, große Weinflächen zu zerstören, was man an den Weinexportdaten ablesen kann. Ab den 1870er-Jahren steigt Frankreichs Weinimport zunehmend, in den 1880er-Jahren übersteigt der Import den Export jeweils um ein Vielfaches. Dadurch ergaben sich auch für Tiroler Weine neue Absatzmöglichkeiten. Zugleich entstehen in Südtirol in dieser Zeit zahlreiche neue Weinkellereien und 1891 wird in Andrian mit tatkräftiger Unterstützung von Edmund Mach, dem Direktor der Weinbaustation in San Michele a.A., auch die erste von zahlreichen Weinbaugenossenschaften in Südtirol gegründet.

Was sich über den Weinhandel auf den Jakobipreis hinaus erhalten hat, ist dagegen der Verkauf „auf Ehre“. Bei diesem überlässt der Weinbauer die Ernte einem Händler oder auch einer Genossenschaft, abgerechnet wird dann je nach erzieltem Preis. Bei den Genossenschaften in Südtirol hat sich aus Liquiditätsgründen die Auszahlung in drei bis vier Raten eingebürgert. So zahlt etwa die Kellerei Kaltern heute noch ihren Mitgliedern zu Georgi (23. April) und Jakobi (25. Juli) des der Ernte folgenden Jahres jeweils ein Akonto aus und rechnet nach Bilanzerstellung im August definitiv zu Martini (11. November) ab. Mit der letzten Rate zu Lichtmess (2. Februar) im zweiten Jahr nach der Weinlese wird das Weinbaujahr dann endgültig abgeschlossen.

Wie schmeckt der Fortschritt?

Erste Weinverkostungen im 19. Jahrhundert

// Weinverkostungen, zumal vergleichende, sind eine Erfindung des 19. Jahrhunderts. Und sie sind ein wichtiger Gradmesser für den Fortschritt in Weinbau und Keltertechnik. Deshalb fassen sie ab den 1860er-Jahren auch in Südtirol Fuß, wobei die Ergebnisse nicht immer die sind, die sich Südtirols Winzer gewünscht hätten. Wohl auch dadurch tragen die Weinverkostungen wesentlich zu Innovation und Öffnung bei.

Ivo Maran, Stefan Morandell

1852 wurde zum ersten Mal über eine Weinverkostung mit einem Wein aus Südtirol berichtet. Im „Boten für Tirol und Vorarlberg" erschien am 14. April ein Beitrag mit dem Titel „Über die Veredlung der Tirolerweine". Darin wurde ein Südtiroler Riesling des Jahrgangs 1846 mit zwei Rheingauer Rieslingen desselben Jahrgangs, einem Rüdesheimer und einem „Steinbrunner" (der eigentlich Steinberger hieß, Anm. d. Verf.), verglichen. Der Südtiroler Riesling kam von der Seeburg bei Brixen. Es wurden Alkoholgehalt, Restzucker und Gesamtsäure verglichen, die alle ähnliche Werte aufwiesen. Dem Südtiroler Wein wurde attestiert, dass er „das Bouquet des Rheinweines vereint mit dem eigentümlichen Aroma des südlichen Weines". Dem Schreiber des Beitrages, offensichtlich einem Fachmann, diente er als anschauliches Beispiel dafür, wie „von ehemals namenlosen Hügeln" (das Weingebiet um Brixen war noch nicht für gute Weißweine bekannt) auch in Tirol wertvolle Weine hergestellt werden könnten: durch eine edle Rebsorte, eine rationelle Weinbereitung und eine mehrjährige Kellerreife.

Mit den herkömmlichen Weinen war man dagegen weniger erfolgreich. So reichte K. Pardatscher 1853 bei der Versammlung deutscher Wein- und Obstproduzenten in Karlsruhe zwei „Tiroler Rotweine" und einen „Tiroler Ausbruch" zur Beurteilung ein. Während ein Wein zumindest „alle Anerkennung verdiente", erschienen die anderen zwei „als Liqueurweine".

Nach diesen anfänglichen Versuchen, Tiroler Weine mit anderen zu vergleichen, wurden ab 1860 häufiger Weinverkostungen durchgeführt. So wird in der „Bozner Zeitung" vom 14. März 1860 über eine Weinkost im Innsbrucker Gasthaus zur Rose berichtet.

Das Urteil der „Praktikusse im Weingenusse"

Die Verkoster, „Praktikusse, die sich im Weingenusse lang bewährt" hatten, wie die Zeitung schreibt, vergaben den ersten Preis unter „unzähligen, sorgsam nummerierten Flaschen" an einen drei Jahre alten Riesling aus Pfeffersberg bei Brixen. Zweiter wurde ein als „sacre Tschötsch sur Eisak" bezeichneter, vier Jahre alter roter Burgunder aus Tschötsch bei Brixen, Dritter eine Clevner-Traminer Cuvée von Ludwig von Comini aus Bozen.

Ludwig von Comini ist in Südtirol eigentlich als „Schwefelapostel" bekannt, da er zur Bekämpfung des Mehltau-Pilzes den Einsatz von Schwefel empfahl. Der Mehltau trat in Südtirol ab 1851 auf und verursachte einige Missernten. Es ist anzunehmen, dass gerade dies bei kapitalkräftigen Produzenten die Bereitschaft für Anbauversuche mit neuen Rebsorten steigerte. Die neuen Rebgärten wurden im niederen Pfahlschnitt und nicht wie bisher als Pergl angelegt. Allerdings wurden die Rebsorten oft nicht reinsortig ausgebaut. So hatte auch Comini den Blauburgunder (Clevner) mit Traminer vermischt und war mit dieser für die Verkoster wohl neuen Kombination offensichtlich erfolgreich.

An der Innsbrucker Verkostung von 1860 bemerkenswert ist schließlich auch die erstmalige Verkostung eines moussierenden Weines nach Champagner-Art. Der Produzent des als „La Perle, Schalon sur Marne" bezeichneten Weines war von Perkhammer aus St. Pauls. Sein Schaumwein überzeugte die Jury vor allem aufgrund eines im Verhältnis zum gewöhnlichen importierten Champagner moderaten Preises und seiner „sonstigen guten Eigenschaften".

In der „Bozner Zeitung" vom 12. Februar 1864 wird über die erste öffentliche Weinkost in Südtirol berichtet, die im Bahnhofsrestaurant in Bozen stattfand. Der Einladung von Karl von Zallinger, einem der Ersten, der auf dem Kreuzbichlerhof oberhalb von Bozen Riesling und Blauburgunder anbaute, folgten 18 Produzenten. Insgesamt 98 Weine wurden an drei Tagen verkostet. Ziel war, einen Erfahrungsaustausch mit der neuen Kulturmethode zu fördern und zugleich die aus den ausländischen Reben gezogenen Weine kennenzulernen. Als Vorsitzender der Schiedsrichter fungierte Graf von Ingelheim, der Besitzungen im Rheingau hatte und selbst Rieslingweine produzierte.

1864 Südtiroler Weinkost-Premiere in Bozen

Am ersten Tag wurden zunächst Weißweine verkostet, darunter ein Weißburgunder und ein Riesling von Jakob Thaler, ein gemischter Satz von Alois Bauer, ein Riesling Kreuzbichler von Karl von Zallinger, ein gemischter Satz von Spitalsverwalter J. Mayr, ein Riesling und

> „Die weißen Weine sind in der Regel feiner, zum Export geeigneter als die roten. Für den Konsum im Lande eignen sich mehr die roten als weißen, weil die Erfahrung uns belehrt, daß die Nachfrage nach weißen Weinen immer seltener wird."

> „Die in den letzten Jahren in Südtirol eingeführte blaue Clevner Rebe (blaue Burgunder) ergab im allgemeinen ein vorzügliches Produkt, einen Wein, welcher sich jedem französischen Burgunder zur Seite stellen kann.“

Traminer von Leonhard Hölzl, ein Riesling von Dr. Streiter, ein gemischter Satz aus St. Valentin vom Grafen von Meran und ein Riesling von der erzherzoglichen Kellerei. Anschließend waren rote Burgunder an der Reihe. Am zweiten Tag folgten ältere Weine aus fremden Rebsorten und am dritten Tag nahm man sich die Weine aus einheimischen Sorten vor.

Als Ergebnis der ersten öffentlichen Weinkost in Südtirol hält die Bozner Zeitung unter anderem fest: „Die weißen Weine sind in der Regel feiner, zum Export geeigneter als die roten. Für den Konsum im Lande eignen sich mehr die roten als weißen, weil die Erfahrung uns belehrt, dass die Nachfrage nach weißen Weinen immer seltener wird. Unsere roten einheimischen Weine munden mehr als die Clevner Sorten und der Geschmack des großen Publikums ist an die herben vergohrenen Weine aus Vernatsch und Lagrein mehr gewöhnt als an Clevner Wein, welcher sich hier schwer bahn brechen dürfte.“ Graf von Ingelheim empfahl zudem, dass die Rebsorten separat gekeltert werden sollten, um das eigentümliche Bouquet jeweils zu erhalten. Weiters empfahl er, wohl geprägt durch seine Erfahrung aus dem Rheingau, vor allem Riesling und diesen nur in sehr heißen Lagen zu setzen sowie dem Lesezeitpunkt größte Aufmerksamkeit zu widmen.

Widerspruch aus Wien

Die nächste Bewährungsprobe für den Fortschritt im Weinbau ergab sich für die Tiroler Weine bei der Landwirtschaftsausstellung 1866 in Wien. In der „Bozner Zeitung“ vom 29. März 1867 kann man einen Auszug aus dem Bericht der k.k. Landwirtschaftsgesellschaft über die Weinverkostung nachlesen. Demnach wurden 1340 Weine von 485 Ausstellern verkostet. Südtirol schickte etliche Blauburgunder zur Kost, wobei erstmals auch Friedrich Boscarolli als Teilnehmer genannt wird. Dieser hatte 1864 begonnen, auf Schloss Rametz bei Meran mit neuen Rebsorten zu experimentieren. Zudem schickte Franz Graf von Meran einen „St. Valentiner Hochgebirgswein“ zur Musterung. Dieser stammte aus jenem Weingarten in Eppan-Berg, den Erzherzog Johann 1844 mit Reben aus dem Rheingau und in Pfahlbauweise hatte anlegen lassen.

Bemerkenswert ist der Kommentar von August von Babo, dem Direktor der Weinbauschule von Klosterneuburg, auch weil er dem Verkostungsergebnis der Weinkost in Bozen im Jahr 1864 gänzlich widerspricht. „Die in den letzten Jahren in Südtirol eingeführte blaue Clevner Rebe (blaue Burgunder) ergab im allgemeinen ein vorzügliches Produkt, einen Wein, welcher sich jedem französischen Burgunder zur Seite stellen kann; wenn derselbe bei der Klassifikation nicht die höchsten Nummern erreichte, so ist dies vorzugsweise dem früher schon erwähnten Umstande zuzuschreiben, daß die Jury stets glaubte, nur solche Weine auszeichnen zu müssen, welche sehr konzentriert, dick und süß waren“, schreibt von Babo. Und weiter: „Hierzu eignet sich der blaue Burgunder weniger, gibt aber in Tirol jenen dünnflüssigen, geschmackvollen, lieblichen Rotwein, der im Weinhandel einen größeren Wert findet, wie jene Dessertweine, die durch die künstliche Nachahmung stets mehr an ihrem

Ein Beispiel dafür, dass auch in Tirol „wertvolle Weine“ hergestellt werden können: 1852 wird erstmals ein Südtiroler Wein mit internationaler Konkurrenz verglichen: mit einem Rüdesheimer und einem Steinberger.

Wert verlieren. Blauer Burgunder oder Clevner ist für Tirol eine Traubengattung, welche die größte Beachtung verdient und auf alle mögliche Weise vermehrt werden sollte."

Herbe Enttäuschung: die Weltausstellung 1873

Solches Lob aus berufenem Munde nährte große Hoffnungen für die Weinverkostung auf der Weltausstellung in Wien 1873. An die 20.000 Weine aus aller Herren Länder wurden dort verkostet, das Ergebnis für die Tiroler Weine war allerdings ernüchternd. Von Babo schreibt in der Zeitschrift „Die Weinlaube" vom 1. Dezember 1873: „Das deutsche Südtirol ist leider weit hinter den Erwartungen, zu welchen man in Folge der vielversprechenden Proben auf der 1866er Ausstellung berechtigt war, zurückgeblieben. Die vielen aus dieser Gegend eingesendeten Weine waren fast durchaus nur mittlere Qualität, es waren eben Produkte der Massenerzeugung aus wasserreichen und zuckerarmen Trauben. Die Tirolerweine sind auch wenig haltbar und werden daher auch größtenteils im Lande konsumiert, teilweise wohl auch nach Vorarlberg, Salzburg, Kärnten, Bayern und die Schweiz ausgeführt. Es wurden vereinzelt Proben ausgezeichneter Weine ausgestellt, die aber der geringen Menge wegen gegenüber der Gesamtproduktion einer Provinz nicht hinreichen, den Wein eines Landes heute schon als dauernd exportfähig zu bezeichnen."

Es wurden vereinzelt Proben ausgezeichneter Weine ausgestellt, die aber der geringen Menge wegen gegenüber der Gesamtproduktion einer Provinz nicht hinreichen, den Wein eines Landes heute schon als dauernd exportfähig zu bezeichnen.

Im Jahr der Weltausstellung erscheint in der Zeitschrift „Die Weinlaube" zudem ein kritischer Beitrag über Südtirol, der vielleicht den zögerlichen Fortschritt im Weinbau erklärt. Der Beitrag ist nur mit „E." unterzeichnet, stammt aber wohl von Edmund Mach. Darin wird beschrieben, dass der Weinherr bis Jakobi (Ende Juli) warten müsse, um den gelieferten Wein bei seinen Kunden abzurechnen. Wenn ein ausgezeichneter Wein dann mehr koste als der gewöhnliche, gehe meist ein Kunde verloren. Das Fazit war: Ein besserer Wein wurde zwar nicht verschmäht, er durfte aber nicht mehr kosten. Aus diesem Grunde bekomme man in Nordtirol, das Hauptabnehmer der Tiroler Weine war, beinahe überall denselben Wein zu trinken – da vielleicht ein wenig herber, dort vielleicht ein wenig saurer oder ein bisschen nach Fass und Hefe schmeckend, im Grunde aber überall derselbe leichte, lichtrote Wein, so der Autor.

Öffnung statt Kirchturmpolitik

Feine fremde Traubensorten, Burgunder etwa oder Riesling, treffe man zwar nicht selten auf kleineren Parzellen, doch nur in wenigen Fällen erreiche das Produkt ein höheres Niveau als jenes des gewöhnlichen Weines. „Wirklich edles Produkt aus Riesling, Traminer- und Burgunder-Reben, einen wirklichen Fortschritt für Deutsch Tirol in dieser Richtung bezeichnend", fand der Schreiber des Beitrages nur in den Kellern der Besitzung von Friedrich Boscarolli in Rametz bei Meran. Abschließend bemerkt „E.": „Nur ist leider ein gemeinsames

Zusammenwirken, ein gegenseitiges Unterstützen und Fördern nirgends mehr zu vermissen als gerade in Tirol, was mehr vielleicht der kleinliche Antagonismus zwischen Stadt und Stadt, Dorf und Dorf, der ganz merkwürdige Lokalpatriotismus, der hier herrscht, verschulden mag, als die tiefe Spaltung zwischen den großen Parteien des Landes, den Liberalen und Klerikalen, Deutschen und Italienern, Nord- und Südtirolern."

Den Umschwung bringt schließlich der erste Frühjahrsweinmarkt in Bozen 1896. Mit ihm begann eine regelmäßige, über Jahrzehnte stattfindende Vergleichsverkostung von Südtiroler Weinen, auf der sich sowohl Kunden aus dem In- und Ausland als auch Weinliebhaber einen Überblick über die Südtiroler Weinwelt verschaffen konnten.

\\

Nur ist leider ein gemeinsames Zusammenwirken, ein gegenseitiges Unterstützen und Fördern nirgends mehr zu vermissen als gerade in Tirol.

Hochalpin bis mediterran
Die Weinbaugebiete Südtirols

// Obwohl Südtirol eine der kleinsten Weinbauregionen ist, ist die Weinlandschaft von einer außergewöhnlichen Vielfalt geprägt. Das liegt an den geografischen und morphologischen Unterschieden, die sich in einem Land im Gebirge fast schon zwangsläufig ergeben und in Südtirol sieben Weinbaugebiete hervorgebracht hat, die sich grundsätzlich voneinander unterscheiden. Und das tun auch die Weine aus diesen Gebieten.

Helmuth Scartezzini, Monika Unterthurner

Das Bozner Unterland

Ausdehnung und Weinbaulandschaft

Der südlichste Abschnitt des Landes umfasst das Etschtal mit seinen Randgebirgen zwischen dem Bozner Becken und der Sprachgrenze an der Salurner Klause. Wirtschaftsgeografisch gehören die Gemeinden Branzoll, Auer, Montan, Neumarkt und Salurn linksseitig der Etsch sowie auf der rechten Flussseite Pfatten, Tramin, Kurtatsch, Margreid und Kurtinig dazu. Der Talabschnitt ist 28 Kilometer lang und in der Talsohle zwei bis drei Kilometer breit. Hier fließt mit der Etsch Südtirols Hauptfluss.

Das eiszeitliche Trogtal in Längsrichtung der Alpenabflachung begleiten Hangterrassen mit eiszeitlichen Ablagerungen. Im Westen finden sich jene von Kurtatsch mit Graun und Penon sowie Fennberg ober Margreid. Im Osten liegen die Terrassen von Montan, Mazon (Neumarkt) und Buchholz (Salurn). An der östlichen Talseite siedelten sich alle Dörfer auf flachen Schuttkegeln der Seitenbäche an, westlich nur Tramin und Margreid. Drei Weinlandschaften kann man im Bozner Unterland unterscheiden.

- In der Talniederung (220 m) liegen die Weinbauflächen von Kurtinig, der westliche Teil von Salurn und der südliche Teil von Margreid auf tiefgründigen, lockeren Flusssedimenten.
- Auf den flachen Schwemmkegeln im Talboden (220–280 m) finden sich die Weinbauflächen in Branzoll, Auer, Neumarkt, Salurn, Tramin und Margreid sowie kleinflächig in

Kurtatsch (Entiklar, Breitbach, Milla) und Karneid bei Salurn.

- Die Hangterrassen von Montan, Mazon, Buchholz (alle um 400 m) und Penon (600 m) bilden mit den beidseitigen Talhängen die weinbaulich vielseitigste Zone. Dazu gehören die weinbaulichen Höhenlagen in Fennberg (1.000 m), Aldein (800–1.100 m), Truden (900 m) und Graun (700–900 m).

So zieht sich eine geschlossene Weinlandschaft auf der rechtsseitigen Talflanke von Tramin über Kurtatsch nach Margreid und weiter in der Talsohle über Kurtinig und den westlichen Teil von Salurn hin, um dann an die Rebflächen des benachbarten Aichholz im Trentino anzuknüpfen. Besonders sticht die Weinbaugemeinde Kurtatsch hervor. Sie zeigt exemplarisch eine der Stärken des Südtiroler Weinbaus, umfasst sie doch alle thermischen Weinbauzonen in einer Vertikalen vom relativ heißen Hangfuß in Breitbach über die mittelhohe Hügellandschaft bis zu den kühleren Höhenlagen von Penon und Graun. Damit finden sich in Kurtatsch mit Ausnahme des Blauburgunders alle bedeutenden Rebsorten des Landes.

Weinbauliche Merkmale und Kenndaten

Im Bozner Unterland befinden sich 32 Prozent der Weinbaufläche Südtirols, es ist damit das flächenstärkste Weinbaugebiet des Landes. Die Fläche verteilt sich zu 45 Prozent auf die Hanglagen, zu 25 Prozent auf die Schuttkegel und zu 30 Prozent auf die Talebene. Als größte Weinbaugemeinde im Gebiet gilt die Gemeinde Salurn (480 Hektar) vor Tramin (356) und Kurtatsch (307). Es folgen Margreid (207 Hektar), Montan (165), Neumarkt (155), Auer (62), Pfatten (39), Branzoll (25) und Aldein (20). Nur einzelne Hektar liegen in den Gemeinden Altrei und Truden.

Das Weinbaugebiet Unterland ist gekennzeichnet durch den Anbau einer großen Anzahl von Rebsorten. Überraschenderweise werden nur auf einem Drittel der Fläche rote Sorten angebaut. Die Weißweinsorten Ruländer (70 Prozent der Landesfläche finden sich im Unterland) und Chardonnay (56 Prozent) dominieren in der Talsohle von Salurn, Margreid und Kurtinig. Gewürztraminer (40 Prozent) konzentriert sich in Tramin mit seinen Spitzenlagen von Rungg und Söll sowie in Kurtatsch. Tonangebend für Blauburgunder (41 Prozent) sind die mittleren Höhenlagen von Mazon (Neumarkt), Montan und Buchholz oberhalb Salurn. Vernatsch (17 Prozent) hat sich hauptsächlich auf Tramin und Kurtatsch zurückgezogen. Als Spezialitäten gelten die Sorten Müller-Thurgau aus Kurtatsch (Graun, Penon), Cabernet (50 Prozent der Landesfläche) ebenso in Kurtatsch, Merlot (40 Prozent) und Lagrein (30 Prozent) in Tramin und Auer.

Im Bozner Unterland befinden sich 32 Prozent der Weinbaufläche Südtirols, es ist damit das flächenstärkste Weinbaugebiet des Landes. Die Fläche verteilt sich zu 45 Prozent auf die Hanglagen, zu 25 Prozent auf die Schuttkegel und zu 30 Prozent auf die Talebene.

Im Bozner Unterland werden in 41 Kellereien rund 100.000 Hektoliter Weine mit geschützter Ursprungsbezeichnung, „Südtiroler“ und „Kalterersee“, erzeugt. Das entspricht etwa 13 Millionen 0,75-Liter-Flaschen. Nachdem knapp

40.000 Hektoliter in benachbarten Gemeinden des Trentino unter der geschützten Ursprungsbezeichnung „Südtirol“ verarbeitet werden, ergibt sich in Summe ein Anteil von rund 38 Prozent der Weinproduktion im Land. Fünf größere Betriebe (je 5.000 bis 15.000 Hektoliter) erzeugen über die Hälfte der im Unterland verarbeiteten Trauben, und zwar zwei Genossenschaften sowie drei Weingüter mit Eigenproduktion und Traubenlieferanten. Es folgen fünf Weingüter mit Betriebsgrößen von 1.000 bis 5.000 Hektoliter Jahresproduktion. 30 Betriebe, sogenannte Selbstvermarkter, verarbeiten ihre Trauben mit Mengen zwischen 50 und 500 Hektolitern.

Das Überetsch

Ausdehnung und Weinbaulandschaft

Überetsch ist seit dem Mittelalter die landschaftliche Bezeichnung für die im Etschtal gelegene, etwa 200 Meter über der Talsohle eingelagerte Hochebene. Der Name rührt vielleicht von der Betrachtungsweise aus der Stadt Bozen her, also jenseits oder oberhalb der Etsch. Das Überetsch umfasst die Gemeinden Eppan in der Nordhälfte sowie Kaltern in der Südhälfte. Auch ein kleiner Streifen der Gemeinde Pfatten am Kalterer See gehört aus morphologischer Sicht dazu. Das Gebiet erstreckt sich südwestlich von Bozen auf 13 Kilometer Länge in nordsüdlicher Ausrichtung und umfasst eine drei bis vier Kilometer breite Kulturlandschaft unter dem Mendelzug.

Der besondere Reiz der Kulturlandschaft liegt im geschlossenen Weinbaugebiet, das zum Bau von über 30 Schlössern und Ansitzen führte. Obstanlagen ziehen sich auf Taleinschnitte, Mulden oder höhere Lagen zurück, die klimatisch für die Rebe wenig geeignet sind. Das Weinbaugebiet steigt im Norden am Rande der Etschtalsohle in Unterrain und Frangart (250 m) auf maximal 650 Meter in Eppan-Berg und auf der Kalterer Höhe, um sich nach Kaltern zum gleichnamigen See auf 215 Metern abzuflachen. Im Durchschnitt liegen die Weinbauflächen um die Ortschaften St. Michael, St. Pauls, Girlan und Kaltern auf 400 bis 500 Metern. Abseits vom Kerngebiet des Weinbaus liegen die Rodungsinseln Montiggl und Altenburg. Durch die hügelige Morphologie ergeben sich Weinberge jeglicher Exposition. Ausgesprochene Steillagen sind nur in Taleinschnitten anzutreffen.

Weinbauliche Merkmale und Kenndaten

Die beiden flächenstärksten Weinbaugemeinden des Landes, Eppan (983 Hektar) und Kaltern (762), bilden das Überetscher Weinbaugebiet. Mit dem kleinen Teil der Gemeinde Pfatten am Kalterer See stellen sie 31 Prozent der Südtiroler Weinbaufläche, wobei das Überetsch in den Augen vieler Besucher die Vielfalt des Weinbaus im Land schlechthin darstellt. Diese Ansicht bestätigt sich in den zahlenmäßigen Vergleichen.

Die beiden flächenstärksten Weinbaugemeinden des Landes, Eppan (983 Hektar) und Kaltern (762), bilden das Überetscher Weinbaugebiet. Mit dem kleinen Teil der Gemeinde Pfatten am Kalterer See stellen sie 31 Prozent der Südtiroler Weinbaufläche.

Der Anteil des Überetsch an den wichtigen Rebsorten des Landes (um 30 Prozent) spiegelt etwa den Flächenanteil des Gebiets an der gesamten Weinbaufläche des Landes wider. Dies trifft auf Vernatsch, Blauburgunder, Gewürztraminer, Chardonnay sowie Cabernet zu. Leicht überdurchschnittlich (um 40 Prozent) finden sich Weißburgunder und Sauvignon. Etwa die Hälfte aller Muskatelleranlagen (Gold- und Rosenmuskateller) liegen im Überetsch. Unter dem anteilsmäßigen Flächenvergleich (um 20 Prozent) liegen die Sorten Merlot, Lagrein und Ruländer. Die Sortenrangfolge in den beiden Weinbaugemeinden ergibt für Kaltern Vernatsch vor Gewürztraminer, gefolgt von Weißburgunder und Chardonnay, in Eppan hingegen Weißburgunder vor Blauburgunder, gefolgt von Gewürztraminer und Sauvignon. Das Verhältnis von roten zu weißen Weinsorten (40:60 Prozent) spiegelt die Realität des Landes wider.

Die Weinbezeichnung „Südtirol" mit der jeweiligen Rebsortenangabe stellt im Überetsch die überwiegende Flaschenetikettierung dar. „Kalterersee" bzw. „Kalterer", eine der geschützten Lagenbezeichnungen für die Sorte Vernatsch, stammt nun im Wesentlichen aus dem Überetsch. Der Vernatsch-Anteil hat sich in den letzten 20 Jahren mehr als halbiert. Die Weinproduktion der Kellereien im Überetsch liegt mit 38 Prozent der Landesproduktion höher als dessen Flächenanteil, da hauptsächlich aus dem Unterland Trauben angeliefert werden. Die Unternehmensformen der Kellereien geben die Verhältnisse der Südtiroler Verarbeitungsstrukturen fast genau wieder: Dominanz der Genossenschaftsform, gefolgt von den Weingütern und zuletzt den Selbstvermarktern. Von den 41 Betrieben in Eppan und Kaltern werden 84 Prozent der Trauben in den fünf Kellereigenossenschaften verarbeitet, die jeweils eine Jahreserzeugung von 13.000 bis 42.000 Hektolitern aufweisen. Die Weingüter mit Traubenlieferanten stellen einen Anteil von zehn Prozent und haben eine Betriebsgröße zwischen 200 und 4.600 Hektolitern. Den restlichen Anteil von sechs Prozent nehmen die 30 Selbstvermarkter ein, die 1.500 Hektoliter Wein jährlich einkellern.

Der Bozner Talkessel

Ausdehnung und Weinbaulandschaft

Der Bozner Talkessel liegt an der Talweitung der Etsch und im Mündungsbereich des Eisacks sowie der Talfer aus dem Sarntal. Das Becken wird auf drei Seiten von steil aufsteigenden Porphyrkuppen mittlerer Höhen eingerahmt. Nur gegen Westen liegt in größerer Entfernung der Mendelzug als Horizont beim Sonnenuntergang. Weinbaumäßig knüpft im Süden das Bozner Unterland an, das Überetsch im Westen, das mittlere Etschtal im Nordwesten sowie das Eisacktal im Osten. Die Talsohle ist im Siedlungsbereich der Landeshauptstadt Bozen zwei bis vier Kilometer breit. Die Täler des Eisacks und der Talfer verengen sich auf die Stadt hin zu schmalen Porphyrschluchten. Die Weinbauzone in Südexposition erstreckt sich in Ost-West-Richtung auf acht Kilometer. Auf der orografisch linken Seite von Eisack und Etsch sind die Weinbauflächen fleckenmäßig angeordnet. Die Gebietsabgrenzung des Bozner Talkessels aus Weinbau-Sicht umfasst das gesamte Gemeindegebiet der Städte Bozen und Leifers sowie die unteren Lagen der Höhengemeinden Jenesien, Ritten und Karneid.

Eine landschaftliche Besonderheit stellen die Weinberghügel rund um die Stadt mit ihren kleinen Kirchen auf der jeweiligen Kuppe dar. St. Magdalena, St. Justina, St. Georg, St. Peter, St Jakob sowie Karneid stehen auf bis zu 200 Meter mächtigen zwischeneiszeitlichen Flussschottern. Damit umfasst das Weinbaugebiet zwei unterschiedliche Weinbaurealitäten. In der Talsohle (250 m) liegen die Rebflächen auf alluvionalen Böden der Talfer und des Eisacks. Kleinere Schuttkegel der seitlichen Sturzbäche (in Rentsch, Fagen, Moritzing) modellieren zusätzlich die Ränder des Talkessels und weisen günstige Bodeneigenschaften für die Rebe auf. Dem stehen die relativ steilen Weinberge an den Berglehnen gegenüber, die landschaftsprägend im Querterrassenbau ausgeführt sind. Die Rebe reicht allgemein bis auf 800 Meter Höhe und steigt in der letzten Zeit in Südlagen sogar über 900 Meter empor. In Nordexposition beschränkt sie sich auf 500 Meter Höhe. In der Talsohle findet sich die Rebe nur auf lockeren, schotterhaltigen Sedimenten, denn sobald mehr Flusssandcharakter und höherer Grundwasserstand vorliegen, der Untergrund leicht anmoorig wird, herrschen Apfelanlagen vor.

Weinbauliche Merkmale und Kenndaten

Der Bozner Talkessel liegt mit 703 Hektar Weinbaufläche größenmäßig an dritter Position der Südtiroler Weinbaugebiete (13 Prozent der Gesamtfläche), unterscheidet sich allerdings von den restlichen. Von der Gesamtfläche des Gebiets liegt nur ein Drittel in der Talsohle, der Hauptteil damit an den Umrandungen des Talkessels. Der überwiegende Teil findet sich in der Gemeinde Bozen (510 Hektar), gefolgt von dem zur Stadt Bozen ausgerichteten Teil der Gemeinde Ritten (87). Bescheidenere Flächen weisen die Gemeinden Leifers (42 Hektar), Karneid (30) sowie Jenesien (34) auf.

Klimatisch ist der Bozner Talkessel im Sommer das wärmste heimische Weinbaugebiet. Es überrascht also nicht, dass das Gebiet zu 73 Prozent mit roten Sorten bestockt ist. Den überwiegenden Teil davon (85 Prozent) nehmen die beiden autochthonen Sorten Vernatsch (165 Hektar) und Lagrein (219) ein, wobei Vernatsch an den unteren Berghängen, der Lagrein dagegen in der Talsohle beheimatet ist. Cabernet, Blauburgunder und Merlot spielen nur untergeordnete Rollen. Bezogen auf die Landesfläche liegen ein Drittel des Vernatsch-Anbaus und 42 Prozent der Sorte Lagrein in diesem Weinbaugebiet. In Höhen ab 500 Metern haben die weißen Sorten den Vorzug bekommen, und zwar Gewürztraminer, Sauvignon und Chardonnay im mittleren Hangbereich. Darüber fühlen sich die Sorten Weißburgunder und Müller-Thurgau wohl. Vernatsch-Weine kommen fast ausschließlich mit der Lagenbezeichnung „St. Magdalener“ (nach dem gleichnamigen Hügel östlich der Stadt Bozen) zur Flaschenabfüllung. Die Höhenlagen zwischen 300 und 500 Metern entsprechen den Sortenansprüchen des Großvernatsch am besten. Die warmen Schwemmböden in den Stadtteilen Gries und Rentsch erzeugen einen Lagrein in seiner typischen Ausprägung als kräftiger, vollmundiger Rotwein.

Die einzige Kellereigenossenschaft erzeugt 58 Prozent der Weinmenge im Bozner Talkessel (24.000 Hektoliter). Vier Weingüter mit einer Betriebsgröße von 700 bis 5.000 Hektoliter Jahresproduktion verarbeiten 28 Prozent der Trauben. Traditionell stärker als in anderen Gebieten Südtirols zeigen sich die 24 Selbstvermarkter (80–600 Hektoliter Betriebsgröße) mit einem Anteil von 14 Prozent. Sie konzentrieren sich auf die Weinbauzone der Hügel von St. Magdalena, St. Justina und den Ortsteil Rentsch.

Das Eisacktal

Ausdehnung und Weinbaulandschaft

Der Eisack entspringt am Brenner und gibt dem Tal bis zum Bozner Kessel seinen Namen. Der Weinbau beschränkt sich auf den unteren und mittleren Teil des Tals auf einer Länge von 40 Kilometern zwischen der Landeshauptstadt Bozen und der Bischofsstadt Brixen. Vom Norden kommend, öffnet sich die Eisacktaler Schlucht unmittelbar nach Franzensfeste in das Brixner Becken. Dort erreicht das

Tal durch Einmündung des Pustertals eine Breite von vier Kilometern, läuft jedoch unterhalb von Brixen wieder auf einen engen Taleinschnitt zu. Um Brixen findet sich der nördlichste Weinbau Südtirols und damit ganz Italiens. Südlich des Städtchens Klausen verengt sich das Tal wieder zu einer Schlucht, um nach südwestlichem Verlauf vier Kilometer vor den Toren Bozens in den Bozner Talkessel überzugehen.

An seiner Nordgrenze zwischen Vahrn und Schabs beschränkt sich das Weinbaugebiet auf einen schmalen Streifen zwischen den Bergen. Im Westen steigen die Nebentäler zu den Dolomitengipfeln an, im Osten umranden die Sarntaler Alpen mit flachen Höhenrücken das Tal. Der südwestliche Talverlauf bindet den Weinanbau an die orografisch rechts liegenden Talhänge. Linksseitig gedeiht die Rebe nur an südexponierten Hängen an den Talmündungen der quer einmündenden Zuflüsse des Eisacks. Die Vielfalt der landschaftlichen Elemente kennzeichnet das Tal. Dazu tragen die kleinräumigen Flure wesentlich bei. Die Einzelhoflagen mit ihren Kulturflächen werden an den Hängen durch Hoch- und Niederwaldflächen unterbrochen. Die Weinbauflächen stellen mit dem Apfelanbau die wichtigsten landwirtschaftlichen Kulturen in Höhen von 400 bis 900 Metern dar. Sie gehen allmählich in die Dauerwiesen der Viehhaltungsbetriebe über, die bis auf 1700 Meter hinaufreichen.

Weinbauliche Merkmale und Kenndaten

Wie es das Klima vorgibt, stammen die Sorten im mittleren Eisacktal alle aus den kühleren nördlichen Weinbaugebieten Österreich und Deutschland. Das Eisacktal hat sich als erstes Südtiroler Gebiet als Weißweinproduzent positioniert und dabei sein Sortiment auf sechs, sieben Sorten beschränkt. Die klimatischen Gegebenheiten spiegeln sich in fruchtigen, saftig-frischen Weißweinen wider. Die längere Vegetationsdauer der letzten Jahrzehnte sorgt in den Weinen auch aus diesen Lagen zunehmend für mehr Körperfülle.

> **Das Eisacktal hat sich als erstes Südtiroler Gebiet als Weißweinproduzent positioniert und dabei sein Sortiment auf sechs bis sieben Sorten beschränkt. Die klimatischen Gegebenheiten spiegeln sich in fruchtigen, saftig-frischen Weißweinen wider.**

Das Tal weist 485 Hektar Rebflächen auf, die seit dem weinbaulichen Wiederaufschwung ab 1960 stetig zunehmen. Schwerpunkt bleibt der mittlere Talabschnitt mit den Gemeinden Brixen (106 Hektar), Vahrn (61), Feldthurns (56), Klausen (48), Villanders (45), Natz-Schabs (17) und Villnöß (15), nebst Kleinstflächen in Rodeneck, Mühlbach und Lüsen. Zum unteren Talabschnitt zählen Teile der Gemeinde Ritten, die zum Eisack hin abfallen (59 Hektar), sowie Völs (50), Barbian (27), Lajen (9) und Kastelruth (6). Hier nähert sich die Rebsortenwahl jener des südlicheren Weinbaugebiets an. Neben Müller-Thurgau und Gewürztraminer werden hier Sauvignon, Blau- und Weißburgunder, etwas Ruländer, Chardonnay sowie Zweigelt angebaut. Zum typischen Sortiment des Eisacktals zählen Kerner (20 Prozent), Gewürztraminer (14), Müller-Thurgau und Sylvaner (je 13), Riesling (9) und Grüner Veltliner (5). Sauvignon und Ruländer ergänzen das Sortiment. Die Sorte Sylvaner, *die* Leitsorte des Eisacktals, sowie der Grüne Veltliner werden in Südtirol ausschließlich hier angebaut. Als rote Sorten finden nur Zweigelt und im rückläufigen Maß Blauer Portugieser Verwendung. Sie finden vor allem in Buschenschankbetrieben ihren Absatz, die es hier in größerer Anzahl gibt.

Die Betriebe bauen ihre Weine in überwiegendem Maße reinsortig aus, da die Erzeugervorschrift für die geschützte Ursprungsbezeichnung „Südtirol Eisacktaler“ dies für die Weißweinsorten vorsieht. Im unteren Talabschnitt vermarkten die Betriebe die Weine mit der einfachen Ursprungsbezeichnung „Südtirol“ gekoppelt mit der Sortenangabe. Die rund 22.000 Hektoliter Wein werden von 22 Kellereien im Gebiet produziert. Ein geringerer Teil der Trauben wird in jeweils zwei Betrieben in Bozen und im Unterland verarbeitet. 70 Prozent der Trauben werden genossenschaftlich in zwei Kellereien erfasst. Die 20 Selbstvermarkter sind in den letzten 30 Jahren entstanden und haben eine jeweilige Betriebsgröße zwischen 40 und 700 Hektoliter Jahresproduktion.

Das Meraner Becken

Ausdehnung und Weinbaulandschaft

Das Meraner Becken ist geografisch dem Etschtal zuzurechnen. Der Schuttkegel des Töllgrabens auf der Töll bedingt eine Gefällestufe, die den Vinschgau vom Meraner Becken abgrenzt. Das Mündungsgebiet des Passeiertales mit dem Hangrücken von Tirol sowie jenes des Ultentals bestimmen die Landschaft mit. Der Hauptkamm der Ostalpen steigt vom Talboden auf 350 Metern unmittelbar auf über 3.000 Meter Höhe und bildet eine klimatische Barriere gegen den Norden. Das Becken erstreckt sich 14 Kilometer längs der Etsch und ist vier bis fünf Kilometer breit. Das Gebiet führt auch den Namen Burggrafenamt, das seine Bezeichnung dem historischen Amtsbereich der Burggrafen von Tirol verdankt. Dieses deckt sich jedoch nicht vollständig mit der Weinbauzone des Meraner Beckens, das sich – ostseitig und beginnend im Süden – aus den Gemeinden Burgstall, Meran, Schenna, Dorf Tirol und Algund zusammensetzt. An der Westseite liegen Lana, der äußerste Teil von St. Pankraz sowie Tscherms und Marling. Die kleinen Weinbaugemeinden Kuens und Riffian gehören geografisch zum äußeren Passeiertal.

Die Talsohle wird neben dem Siedlungsbereich durchwegs vom Obstbau eingenommen, der Weinbau dominiert die Schuttkegel, etwa jenen des Naifbachs, den sehr flachen der Falschauer in Lana sowie kleinere in Tscherms, Gratsch und Algund sowie jenen des Töllgrabens. Die Weinberge steigen von 340 auf maximal 750 Meter Höhe, ostseits ausgerichtet sogar nur bis 600 Meter. Der Bau von kleinen Bewässerungskanälen entlang der Berghänge, den Waalen, ermöglicht eine Bewässerung der Weinberge seit alters her. Die landschaftliche Attraktivität des Gebiets liegt in der vielfältigen Kulturlandschaft im Kontrast mit den steilen Bergflanken der Texelgruppe gegen Norden. Der Wechsel von Wäldern, Bacheinschnitten, Hügelkuppen und Kulturflächen mit Einzelhöfen ergibt eine bemerkenswerte Vielfalt.

Weinbauliche Merkmale und Kenndaten

Mit derzeit 430 Hektar Weinbaufläche hat sich die vormalige Bedeutung des Meraner Beckens als Weinbaugebiet beträchtlich verändert. Die Weine des Gebiets finden heute vor allem im blühenden Tourismus des Burggrafenamts Absatz. Hauptanbaugebiet bilden die Flächen der Gemeinden Meran (121 Hektar) über Dorf Tirol (75) bis Algund (42). An den ostwärts gerichteten Hängen liegen die Weinfluren von Lana (60 Hektar), Tscherms (36), Marling (34) und St. Pankraz (8). An dieser Talseite nutzen sie ihre leichte Südexposition aus. Die Rebflächen von Schenna (35 Hektar) mit Riffian (5) und Kuens (2) liegen am Ausgang des Passeiertales. Die Weinberge der Gemeinde Burgstall (13 Hektar) befinden sich am westlich exponierten Berghang des Etschtals und schließen das Weinbaugebiet nach Süden ab.

Die Rotweinsorten stellen 60 Prozent der Anbaufläche. Dabei überwiegt der Vernatsch (34 Prozent), gefolgt von Blauburgunder (11) und Merlot (7). Bei den weißen Sorten führt Weißburgunder (10 Prozent) vor Sauvignon (9) und Gewürztraminer (7). Im Meraner Becken finden sich sämtliche Sorten der Südtiroler Weinpalette. Einzig die Vernatsch-Fläche sticht heraus, da sie hier 16 Prozent der landesweiten Verbreitung erreicht. Das Weinbaugebiet von Meran ist vermutlich die Heimat der Sorte Großvernatsch. Unter der geschützten Ursprungsbezeichnung „Meraner" kommen die Vernatsch-Weine in den Handel. Andere zulässige Bezeichnungen wie „Burggräfler" oder „Meraner Hügel" konnten sich nicht durchsetzen.

Die 18 Kellereien des Gebiets erzeugen rund 18.000 Hektoliter Wein. Die nun einzige Kellereigenossenschaft verarbeitet allein 80 Prozent davon. Die 20 Selbstvermarkter, die meisten entstanden in jüngerer Zeit, weisen Betriebsgrößen zwischen 30 und 300 Hektoliter Jahresproduktion auf. Ins Auge fällt die geringe Weinmenge im Vergleich zur Fläche. Gut 2.000 Hektoliter werden in einer Genossenschaft des mittleren Etschtals verarbeitet, eine nicht erfasste Menge verschwindet für den Eigengebrauch der Traubenproduzenten, während ein kleiner Teil der Vernatsch-Trauben im Herbst als „Meraner Kurtraube" zum Frischverzehr in die Obstläden gelangt.

Das mittlere Etschtal

Ausdehnung und Weinbaulandschaft

Das Weinbaugebiet wird im Süden vom Bozner Talkessel, im Norden vom Meraner Becken eingegrenzt. Das Tal erstreckt sich auf einer Länge von 12 Kilometern in gleichmäßiger Breite von zwei Kilometern in südöstlicher Richtung bei nur schwachem Gefälle der Etsch. Die Talschulter bildet ostwärts die Hochfläche des Tschögglbergs von Mölten und Jenesien (1.200 m). An der Westseite überragt der Mendelzug (1.700 m) bis zum Gampenpass die Talsohle, abgestuft durch die Mittelgebirgsterrasse von Tisens. Sämtliche Ortschaften im Tal liegen auf Schuttkegeln der Seitenbäche der Etsch. Das mittlere Etschtal umfasst als Weinbauzone die Gemeinden Tisens, Nals und Andrian rechts der Etsch sowie Gargazon, Teile von Mölten und Terlan links davon.

Das Gebiet ist charakterisiert durch den südöstlichen Verlauf der Etsch in der Talmitte. In diesem Talabschnitt liegen beidseitig die Schuttkegel der steil in den Fels eingeschnittenen Seitenbäche. Die talbegleitenden Flanken fallen unter dem östlichen Hochplateau des Tschögglbergs steiler aus als an der abgestuften Westseite. Im eigentlichen Talboden herrscht ausschließlich Obstanbau vor. Die Weinberge reichen von 250 Metern am Unterrand der Schuttkegel bis 900 Metern an der Talschulter ostwärts. An der gegenüberliegenden Seite in Tisens erreichen einzelne Kleinflächen eine Höhe von 760 Metern.

Weinbauliche Merkmale und Kenndaten

Die Weinbaufläche mit insgesamt 292 Hektar liegt in den Gemeinden Terlan (186 Hektar), Andrian (54), Nals (27), Tisens (18), Mölten (5) und Gargazon (1). Die Rebsortenwahl wird traditionell von weißen Sorten bestimmt und hat derzeit einen Anteil von 70 Prozent an der Weinbaufläche. Die Trauben für Rotweine finden sich vermehrt auf dem Schuttkegel um Siebeneich (Terlan). Die weiße Sorte Sauvignon war in Südtirol bis 1970 nur in Terlan auf kleinster Fläche vorzufinden, sie entwickelte sich aber zur wichtigsten

Sorte des Gebiets mit einem Flächenanteil von 28 Prozent. An zweiter Stelle folgt Weißburgunder mit 19 Prozent. An weißen Sorten sind noch Chardonnay (14 Prozent) und Gewürztraminer (7) erwähnenswert. Bei den roten liegt Lagrein (8 Prozent) vor Merlot mit 7 Prozent. Die geschützte Ursprungsbezeichnung „Südtirol Terlaner" kann für eine Cuvée von Weißburgunder mit Chardonnay und weiteren Weißweinsorten, wie bevorzugt Sauvignon, oder, reinsortig ausgebaut, gekoppelt mit der jeweiligen einzelnen Rebsortenangabe verwendet werden.

In sieben Kellereien im Gebiet werden 24.000 Hektoliter Wein produziert. Dabei übernehmen zwei Kellereigenossenschaften (8.500 bzw. 14.000 Hektoliter Jahresproduktion) mit über 95 Prozent den Löwenanteil. Bei beiden Genossenschaften kommen Trauben für fast 10.000 Hektoliter Wein von Mitgliedern der umliegenden Weinbaugebiete des Meraner Beckens und des Bozner Talkessels sowie aus dem Unterland zur Weinverarbeitung.

Der Vinschgau

Ausdehnung und Weinbaulandschaft

Von der Etschquelle am Reschen zieht sich der Vinschgau ab dem imposanten Murkegel der Malser Haide als Quertal nach Osten bis zur Töll, wo eine Steilstufe das Tal hin zum Meraner Kessel abgrenzt. Die Ötztaler Alpen im Norden und die Ortlergruppe sowie der Ultner Kamm im Süden umrahmen die 71 Straßenkilometer mit steilen Hängen, die in Dreitausendern gipfeln. Der Weinbau beschränkt sich traditionell auf die Sonnenhänge des unteren Vinschgaus. Ausgehend von der Töll im Osten reihen sich die Weindörfer von der Gemeinde Partschins auf 500 Meter Meereshöhe über Naturns, Kastelbell-Tschars und Latsch mit dem Weindorf Vetzan bis nach Schlanders. Dort bildet bei Kortsch auf 800 Höhenmetern der

Der Ost-West-Verlauf dieses Quertals macht den Vinschgau zu einer Klimainsel im Herzen der Alpen. Die hohen Gebirgsketten, die das Tal flankieren, verhindern das Abregnen von Niederschlägen und machen den Vinschgau zu einem der trockensten Täler im Alpenraum.

Gadria-Schwemmkegel den Abschluss. Durch die Klimaerwärmung finden wir letzthin zunehmend auch weiter westlich davon kleinere Weinparzellen. Die flächenmäßig wichtigsten Weinbaugemeinden sind Kastelbell und Naturns mit je 28 Hektar Rebanlagen.

Der Ost-West-Verlauf dieses Quertals macht den Vinschgau zu einer Klimainsel im Herzen der Alpen. Die hohen Gebirgsketten, die das Tal flankieren, verhindern das Abregnen von Niederschlägen und machen den Vinschgau zu einem der trockensten Täler im Alpenraum. Ausgeprägte Sonneneinstrahlung und kontinuierliche Ventilation durch Fallwinde, den brachialen „Oberwind" aus Nordwesten sowie den ausdauernderen „Unterwind" aus dem Etschtal verstärken die Trockenheit noch zusätzlich. Mit durchschnittlichen Temperaturen von 11 Grad Celsius in Naturns und Schlanders ist der Vinschgau relativ warm. Große Temperaturunterschiede zwischen Tag und Nacht tragen zur Traubenqualität bei.

Der Talboden des Vinschgaus wird großflächig von Schuttablagerungen aus der Nacheiszeit bedeckt. Auf diesen herrscht der Apfelanbau vor, der Weinbau beschränkt sich bis auf wenige

Ausnahmen in Partschins und Tschars auf die steileren Hanglagen. Diese sind durchgehend nach Süden exponiert. Die Weinrebe wird hier bis auf etwa 900 Meter Höhe kultiviert, neuere Anpflanzungen erreichen stellenweise auch 1.300 Meter. Die Seitenhänge steigen steil vom Talboden auf. Um der Erosion und dem steilen Gefälle Herr zu werden, wurden in mühevoller Arbeit, teilweise schon im Mittelalter, mit langen Trockenmauern unzählige Terrassen gebaut. Diese sogenannten Steïlen bieten eine ausgezeichnete Sonnenexposition.

Weinbauliche Merkmale und Kenndaten

Mit nur 83 Hektar Weinbergen ist der Vinschgau das kleinste Produktionsgebiet Südtirols. Nur 1,5 Prozent der Rebfläche in Südtirol liegen hier. Diese wird zum Großteil von sehr kleinen Betrieben bewirtschaftet, die ihren Wein traditionell zum Eigenkonsum oder Verkauf im hauseigenen Buschenschank produzieren. Einige Bauern liefern ihre Trauben an eine Kellereigenossenschaft im Meraner Raum. Bezeichnend ist, dass allein im Vinschger Weinbauverein fast 300 Mitglieder organisiert sind. Nur ein knappes Dutzend Weingüter vinifiziert erwerbsmäßig. Dabei produziert keines mehr als etwa 700 Hektoliter.

Bis in die 1990er-Jahre blieb der Sortenspiegel beinahe unverändert. Zu dem Zeitpunkt fand man im unteren Teil des Tals bis Kastelbell vor allem roten gemischten Satz, während weiter westlich davon vermehrt Weißwein gepflanzt war. Vielfach handelte es sich dabei noch um Fraueler oder Heunisch, aber auch Sylvaner. Seitdem hat sich einiges getan. Der vormals vorherrschende Vernatsch (14 Hektar) wurde vom Blauburgunder (22) als wichtigste rote Sorte abgelöst. Daneben finden wir an die 8 Hektar Zweigelt. Zudem werden verstärkt Weißweine angebaut. Als wichtigste weiße Sorten haben sich Riesling (17 Prozent) und Weißburgunder (14) durchgesetzt. In der 1995 eingeführten Ursprungsbezeichnung „Südtirol Vinschgau DOC“ sind weiter Müller-Thurgau, Kerner, Sauvignon blanc, Pinot Grigio und Chardonnay vorgesehen. Letzthin wurden zunehmend auch widerstandsfähige weiße Sorten angepflanzt. Den traditionellen Heunisch und Fraueler finden wir in kleinen Mengen auch heute noch.

\\

Grafik 7

Schwergewichte im Süden: Weinbaufläche nach Gemeinden

Der Blick auf die Südtirol-Karte zeigt: Die am stärksten vom Weinbau geprägten Gemeinden liegen im Süden des Landes, vor allem in und um Bozen, im Überetsch und im Südtiroler Unterland. Auf diese Gebiete konzentriert sich ein Großteil der Rebfläche im Land – und damit auch ein Großteil der Produktion. Gerade weil es das Weinland Südtirol aber versteht, mit Vielfalt und Kontrasten zu punkten, sind auch die klein(er)en Weinbaugebiete von großer Bedeutung, weisen sie doch zum Teil grundsätzlich andere Anbaubedingungen auf wie die Gebiete im Süden des Landes – und bringen damit auch ganz andere Weine hervor.

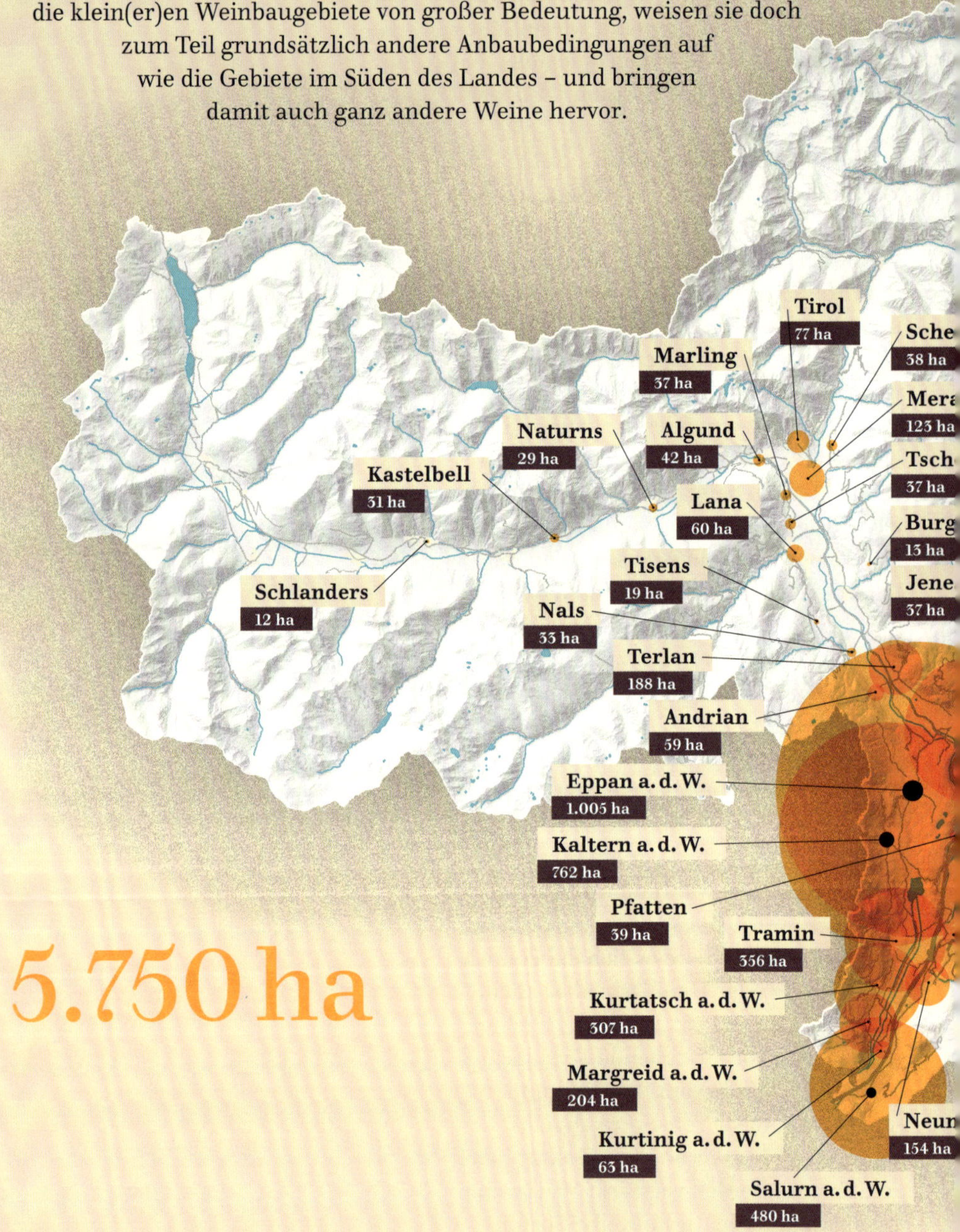

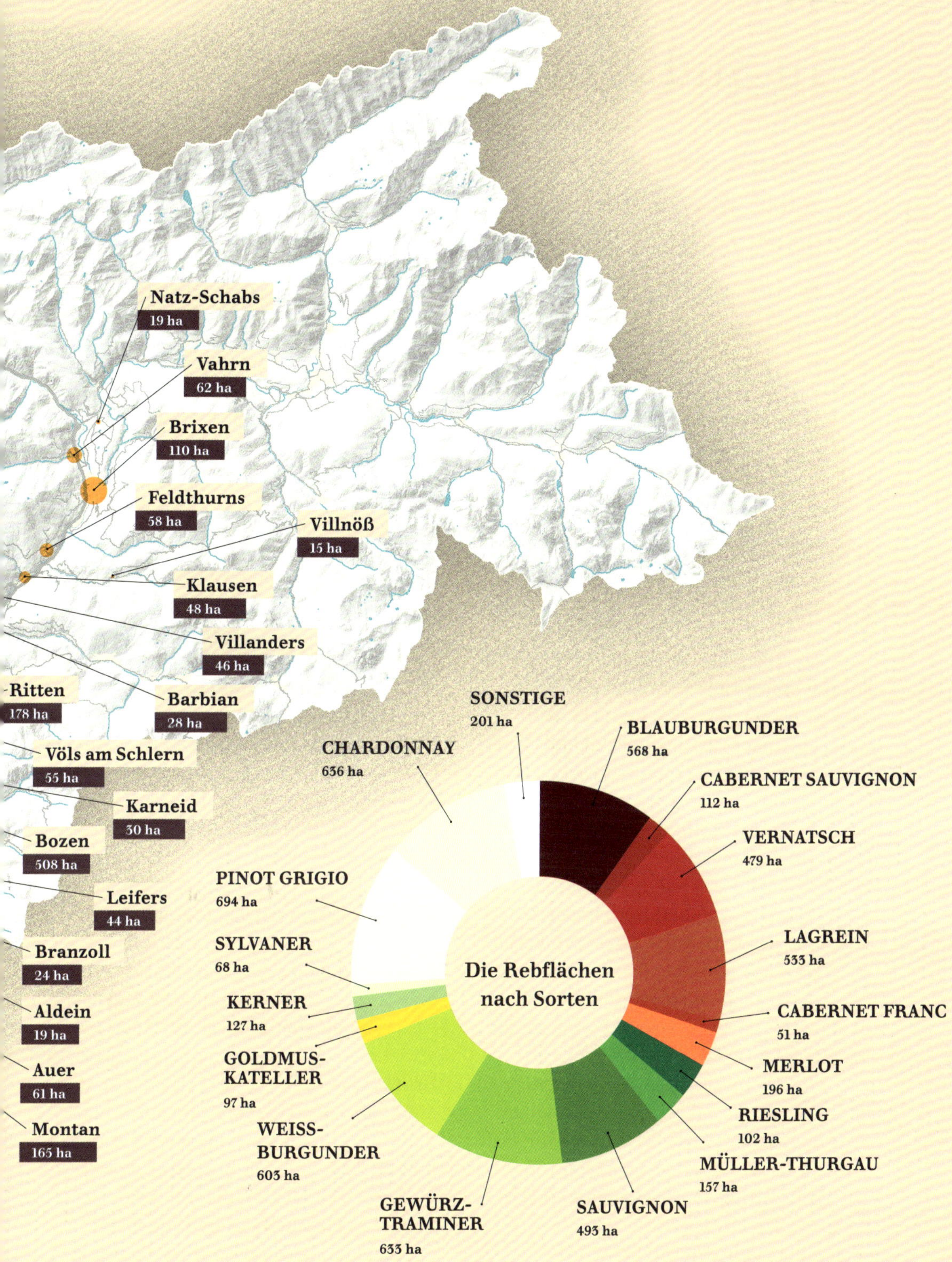

Grafik 7 – Schwergewichte im Süden: Weinbaufläche nach Gemeinden

Prickelnde Besonderheit

Die Sektproduktion in Südtirol

// Schaumweine waren zunächst eine Spezialität aus Frankreich, erst um die Wende vom 19. zum 20. Jahrhundert steigt man auch in Südtirol in die Produktion der prickelnden Weine ein. Kleine Sektkellereien entstehen, die in den 1930ern aber wieder von der Bildfläche verschwinden. Eine erste Renaissance erlebt die Sektproduktion im Land in den 1960ern, eine zweite in den 1990ern. Seitdem ist „Südtiroler Sekt DOC" eine feste Größe – eine besondere noch dazu.

Josef Reiterer

Was war zuerst da: die Flasche, der Korken oder doch viele Zufälle, die zu dem geführt haben, was man heute Schaumwein, Sekt oder Champagner nennt? Von Wein wissen wir, dass man ihn schon vor 6.000 Jahren kannte, vor etwas mehr als 2.000 Jahren erwähnt der Dichter Vergil auch „prickelnde Weine". Allerdings gibt es schriftliche Hinweise auf Schaumwein erstmals 1531, und zwar in der Abtei Hillary in der Nähe von Carcassonne. Ein weiteres Jahrhundert später betritt – wieder in einer französischen Abtei, diesmal in Hautville-Marne – Pierre Pérignon die Bühne. „Dom Pérignon" ist dort Cellarius, also Verwalter, und verbessert die önologischen Verfahren, um geeignetere Stillweine zu erhalten. So stammt von ihm etwa die Anweisung, nur ganze Trauben zur Vinifizerung zu verwenden und Rotweintrauben nur leicht auszupressen, um nicht einen „Vin gris" zu bekommen.

Eine systematischere Entwicklung setzt nach 1720 ein. Damals wurden die Trauben im Herbst in oberirdischen Kellern verarbeitet, in denen der Traubensaft selbstständig zu gären anfing. In der kalten Jahreszeit wurde der Gärprozess durch die Winterkälte auf natürliche Weise unterbrochen, erst im Frühjahr erwachte dann das „Leben" im Wein, um die Gärung zu beenden. In der Zwischenzeit hatte man den Wein auf Flaschen gezogen und diese nach der Füllung mit einem Stück Holz, das mit Jute umwickelt war, verschlossen. Der „Geist" konnte so entweichen, ohne dass die Flaschen zu Bruch gingen. Das ändert sich wieder mit den Patres von Hautville, die aus ihrer Sommerresidenz in Campostella (Katalonien) Korkrinde mitbringen, diese zu Korken schnitzen und mit Bindfäden am Flaschenhals befestigen. So entstand ein hermetisch verschlossenes

Gefäß, aus dem der „Geist“ nicht mehr entweichen konnte. Diese technische Weiterentwicklung war die Geburtsstunde des Champagners – allerdings mit Komplikationen. Durch das Abfüllen im Winter hatte der Wein noch viel Zucker zu vergären, in den durch den Korken gut verschlossenen Flaschen entstand so ein enormer Druck. In Aufzeichnungen ist festgehalten, dass teils über 50 Prozent der mundgeblasenen Flaschen dem „Geist“ nicht gewachsen waren.

Um 1800 entwickelte ein Deutscher namens Müller im Betrieb Ponsardin eine Rüttelleiste, in die die Flaschen mit dem Hals nach unten hineingesteckt und jeden Tag etwas weitergedreht wurden. Die Hefeteile verlagerten sich so in den Flaschenhals, von wo sie dann entfernt werden konnten. Von da an gab es erstmals klaren Schaumwein, aber immer noch mit wenigen Atmosphären. Auch dank enormer Fortschritte der Wissenschaft, die nach und nach ein eingehendes Verständnis der Gärung und die Erfassung der Zuckermenge ermöglichte, blühte in der Champagne des 19. Jahrhunderts die Produktion, viele Champagnerhäuser wurden gegründet. In den französischen Herrscherhäusern und bis ins Zarenreich floss nun prickelnder Wein.

Damals wurden die Trauben im Herbst in oberirdischen Kellern verarbeitet, in denen der Traubensaft selbstständig zu gären anfing. In der kalten Jahreszeit wurde der Gärprozess durch die Winterkälte auf natürliche Weise unterbrochen, erst im Frühjahr erwachte dann das „Leben“ im Wein, um die Gärung zu beenden.

In Südtirol fängt man klein an

Ende des 19. Jahrhunderts erlebt der Schaumwein einen Höhenflug. Technisch rüstet man mit robusteren Flaschen auf und macht einen großen Schritt in der in Handarbeit erfolgenden Entfernung der Hefe aus der Flasche, und zwar dank des Walfard-Verfahrens, das mit den Kälteproduktionsmaschinen von Linde die Hefe im Flaschenhals kurzzeitig einfror und damit erstmals das „kalte Enthefen“ ermöglichte. Geografisch schafft die Schaumweinproduktion den Sprung über die französischen Grenzen, etwa nach Deutschland oder auch nach Südtirol. So lässt sich 1899 W. Burk aus Wien in Eppan nieder und gründet im Ansitz Wickenburg die „Überetscher Champagner-Kellerei“, die sich zum Ziel setzt, den Wiener Gästen und der adeligen Gesellschaft heimischen „Champagner“ kredenzen zu können. Ein solcher wurde 1911 anlässlich des XV. Weinmarktes in Bozen vorgestellt, und zwar unter der Bezeichnung „Riesling Gold“. 1923 füllt Edmund Fischbach in der Kellerei Lun einen „Carte d'Or“ mit Weißburgunder, es gab auch einen „Carte d'Blanche“ mit Riesling. Und 1927 wurden in derselben Kellerei bereits 5.000 Flaschen „Terlaner Gold“ produziert, während das Unternehmen „H. Martha Korn“ zur gleichen Zeit die „Tiroler Champagnerkellerei“ in Sigmundskron be- und seine Schaumweine mit dem Prädikat „Kron-Champagner“ vertrieb.

Danach verschwindet der Schaumwein weitestgehend aus der Südtiroler Weinlandschaft, erst in den 1960er-Jahren gibt es ein Wiedererwachen. Dieses ist Sebastian Stocker, dem begnadeten

Kellermeister der Kellereigenossenschaft Terlan zu verdanken. Er brauchte viel Geduld, um den Geist in der Flasche zu bändigen, und erzählte oft, dass er viele Flaschen den Mauern seines kleinen Kellers geopfert habe, weil sie sich nicht so entwickelten, wie von ihm erwartet. Aber seine Hartnäckigkeit brachte Erfolg und die Anerkennung als Pionier. Dem „Wastl" ist es also einerseits zu verdanken, dass ein paar junge Winzer das Wagnis eingehen wollten, sich der Flaschengärung zu widmen. Andererseits ging damals ein nicht unbeträchtlicher Teil der Südtiroler Produktion von Chardonnay und Weißburgunder an norditalienische Sektkellereien. Warum sollte man es also nicht selbst probieren?

Renaissance ab Mitte der 1960er

1965 ist es die Kellerei Kettmeir in Kaltern, die mit der Produktion des „Kettmeir's Brut" beginnt. Er wird noch im Großraumgärverfahren hergestellt, und zwar aus Ruländer, Weißburgunder und Rheinriesling. Das Großraumgärverfahren ermöglicht, die Gärung technisch zu lenken und in gerade einmal sechs Monaten einen hochwertigen Sekt zu produzieren. Auf Kettmeir folgt 1977 Luis Ochsenreiter, der in Buchholz (Salurn) das erste Wein- und Sektgut Südtirols aus der Taufe hebt, das die eigenen Trauben zu Sektgrundweinen verarbeitet. Die daraus entstandenen Grundweine waren die Vorlage für die Sekte von Haderburg. Und 1976 bis 1979 wird das Fundament für das Sekthaus Arunda in Mölten gelegt, in dem sowohl von ausgesuchten Winzern bezogene Trauben als auch von heimischen Kellereien gekaufte Grundweine verarbeitet werden.

Ebenfalls Ende der 1970er-Jahre füllte Helmut Winkler seine ersten Jahrgänge ab und lagerte diese bei Leonhard Brigl in Girlan. Nach einer Unterbrechung der Produktion in den 1990er-Jahren ist es 2021 Helmuts Sohn Michael, der den Betrieb wieder aufnimmt. Und auch die Gründung des Betriebs Kledona durch Hans Kleon, Hansjörg Donà und Hans Ebner fällt ins Jahr 1979. Ihre Sekte wurden im Bunker in St. Pauls ausgebaut, gelagert und unter dem Namen „Praeclarus" auf den Markt gebracht. Aus Kledona wurde später der Betrieb Praeclarus des Hans Ebner, der über einen Zwischenschritt bei der Kellerei Kössler mittlerweile an die Kellereigenossenschaft St. Pauls gegangen ist. Ein zweiter Kledona-Gründer, Hans Kleon, zog dagegen mit Stefan Bonatti den Betrieb „von Braunbach" in Siebeneich auf, den heute sein Sohn Hannes führt.

1981 wagt unter Kellermeister Hans Terzer auch die Kellereigenossenschaft St. Michael-Eppan die Produktion von Sekt. Terzer startete mit dem Großraumgärverfahren, das Produkt wurde unter dem Namen „St. Valentin" vertrieben. Die Produktion wurde allerdings aus verkaufstechnischen Gründen nicht aufrechterhalten.

Zweiter Schub in den 1990er-Jahren

Mit Lorenz Martini aus Girlan hatte 1995 ein weiterer erfahrener Kellermeister die Courage, ein elitäres Produkt zu schaffen. Er gründet dafür „Comitissa" und bezieht Trauben bzw. Grundweine teils aus eigenen Weinbergen, teils von Zulieferern hoch gelegener Weinhöfe der Umgebung. Ebenfalls in den 1990ern beginnt die Eisacktaler Kellerei als Erste außerhalb des Etschtals mit dem Aufbau einer eigenen feinen Flaschengärungsproduktion. Als Grundwein wurde selbstverständlich Sylvaner herangezogen, aus dem der „Isarius" entstand. Kellermeister Franz Dorfmann hatte viel Fleiß und Arbeitszeit in das Projekt gesteckt, der Verkaufserfolg blieb allerdings auf das nahe Eisacktal beschränkt, weshalb das Projekt nicht überlebt hat.

„Politisch korrekt“ scheint 1909 in der Werbung noch kein Kriterium gewesen zu sein. Auffällig ist das Plakat, das Ludwig Hohlwein für die „Überetscher Champagner Kellerei“ in Eppan entworfen hat, aber allemal.

Gerade im Überetsch gehört heimischer Sekt schon früh zu feierlichen Anlässen. 1902 etwa wurde auf die Taufe der „Erzherzog Eugen Spitze“ angestoßen – mit „Überetscher Gold“.

Als erste Voraussetzung gelten die vorgeschriebenen Rebsorten, also Chardonnay, Weiß- und Blauburgunder. Überall in Südtirol, wo diese Sorten angepflanzt werden, darf auch „Südtiroler Sekt DOC“ erzeugt werden.

Neben dem Eisacktal wurden damals auch erste Gehversuche im aufstrebenden Weinbaugebiet Vinschgau unternommen. So entstand am Weingut Oswald Schuster in Vetzan in Zusammenarbeit mit Arunda das Projekt „Sällent“, und zwar mit eigenen Grundweinen wie Riesling und Fraueler. Heute führt Magdalena, die Tochter des Gründers, das Projekt in Eigenregie. Und in Partschins hat das Weingut Kripp sein Verkaufsprogramm mit dem „Stachelburg Sekt“ abgerundet. Die eigenen Grundweine von Chardonnay und Blauburgunder werden im Haus zu Flaschengärsekt ausgebaut.

Bemerkenswertes ist von Marling zu berichten, wo sich derzeit gleich vier Betriebe für die Sektproduktion einsetzen. Bedeutendster Produzent ist die Kellereigenossenschaft Meran mit Sitz in Marling, dazu kommen der Plonerhof mit den klassischen Rebsorten Weiß- und Blauburgunder, Erwin Eccli, der einen Goldmuskateller-Grundwein als Flaschengärsekt einsetzt, sowie Bernhard Geier, der sich den PIWI-Sorten verschrieben hat und diese im Tankgärverfahren verarbeitet. In einigen Weinbaugemeinden findet man darüber hinaus eine Reihe von Quereinsteigern, die ihren „Haussekt“ in geringer Stückzahl ausbauen und bei Erfolg auch in die reguläre Produktion einsteigen. Im Bereich des biologischen Anbaus und auch mit dem Einsatz von PIWI-Sorten öffnet sich ein leichterer Zugang, um den „Geist“ in Form von Perlen zu zähmen.

Was ist „Südtiroler Sekt DOC“?

Was ist bei all dieser Vielfalt nun aber „Südtiroler Sekt DOC“? Als erste Voraussetzung gelten die vorgeschriebenen Rebsorten, also Chardonnay, Weiß- und Blauburgunder. Überall in Südtirol, wo diese Sorten angepflanzt werden, darf auch „Südtiroler Sekt DOC“ erzeugt werden. Bei Flaschengärung muss dieser allerdings mindestens 15 Monate auf der Hefe lagern, wenn er sogar 36 Monate lagert, erhält er die Zusatzbezeichnung „Riserva“ samt der Angabe des Jahres, in dem die Trauben geerntet wurden. In der DOC-Vorschrift ist zudem festgehalten, dass es als DOC nur die Bezeichnungen „Extra Brut“, „Pas Dosé“ oder „Brut“ geben kann. Südtiroler Flaschengärsekt trägt die Bezeichnung des Produzenten und die Angabe „VSQ Metodo Classico“. Das Kürzel VSQ steht dabei für „Vino Spumante di Qualità“. Dazu kommt die Angabe des Zuckergehalts (Extra Brut, Pas Dosé, Brut). Wenn Blauburgunder mit Schalenkontakt verarbeitet wird, entsteht ein Rosé.

Der Restzuckergehalt von „Südtiroler Sekt DOC“	
Pas Dosé, Brut Nature	unter 3 g/l
Extra Brut	6 g/l
Brut	15 g/l

In Südtirol wird die Flaschengärung gehandhabt wie in der Champagne. Zur Grundweinmischung (Cuvée) kommt eine kleine Menge Zucker. Damit dieser zur Umsetzung gelangt, braucht es Hefe, die den Zucker in Ethanol und Kohlendioxid, also Kohlensäure, umwandelt. Nach mindestens 15 Monaten Gärungs-Reifezeit kommen die Flaschen auf die Rüttelpulte und werden für vier, fünf Wochen jeden Tag um einen Achtel- oder Viertel-Umfang weitergedreht und zudem steiler gestellt. Nach dieser Zeit kann die Hefe aus der Flasche entnommen werden. Was folgt, ist die „Dosage“, die Abrundung (oft nach Hausrezept). Insgesamt stecken drei Jahre Arbeit in einer Flasche, bevor diese verkorkt, mit einer Agraffe sowie Kapsel und Etikett versehen in den Handel kommt. Neben der Flaschengärung gibt es das Großraumgärverfahren (Martinotti-Charmat). Sekte, die so produziert werden, können bei Verwendung von Chardonnay, Weiß- und Blauburgunder sowie Pinot Grigio ebenfalls die Bezeichnung „Südtiroler Sekt DOC“ ergänzt um die Rebsortenangabe tragen.

Dass Südtirol als Weinbaugebiet auch ein prädestinierter Erzeuger der genannten Grundweine ist, liegt wohl auch daran, dass die Böden hier fast immer mit kalkhaltigen Mineralien versetzt sind. Zudem ist in der Reifephase der Trauben der große Temperaturunterschied zwischen Tag und Nacht wichtig. Die Rebe reduziert in kalten Nächten den natürlichen Säureabbau in der Traube, daher sind Jahrgänge mit später Blüte und damit späterer Reife für die Sektgrundweinproduktion die geeigneteren. Die Ernte fällt dann in die erste Dekade des Septembers, in die Zeit nach dem Wetterumschwung also, den es in unseren Breitengraden meist Ende August gibt.

\\

Insgesamt stecken drei Jahre Arbeit in einer Flasche, bevor diese verkorkt, mit einer Agraffe sowie Kapsel und Etikett versehen in den Handel kommt.

Zum Schutz von Wein und Konsumenten

Das Weinrecht

// Seit Trauben zu Wein verarbeitet werden, gibt es Regeln und Vorschriften – für den Weinbau ebenso wie für die Weinverarbeitung. Ein Blick auf die Entwicklung zeigt dabei, dass sich der Fokus des Weinrechts allerdings im Laufe der Jahrhunderte mehr und mehr verschiebt: von Verboten rund um das Produkt Wein über Regelungen mit Blick auf die Wirtschaftslage hin zu Verbraucherschutz, Lebensmittelrecht, Nachhaltigkeit und Sicherheit.

Christof Pichler

Wein ist ein Sonderfall. Während uns bei anderen Getränken die Herkunft kaum interessiert, ist es beim Wein in erster Linie die Herkunft, die uns interessiert. Schon die Sorte ist zweitrangig. Ein Großteil der Konsumenten akzeptiert das Produkt Wein nur, wenn seine Herkunft klar definiert und auch garantiert wird. Dieses Verhalten ist nicht etwa eine kuriose Eigenart der Konsumenten, sondern beruht auf jahrhundertelanger Erfahrung. Schließlich entsteht Wein aus dem Zusammenspiel von Boden, Klima, Rebsorte und Mensch. Und die ersten beiden hängen direkt vom Anbaugebiet ab.

Von Mesopotamien ins Chianti-Gebiet

Die vielleicht ältesten uns bekannten Vorschriften stammen aus dem 3. Jahrtausend v. Chr., gehen auf die Zivilisation Mesopotamiens zurück und hatten religiöse Riten im Blick, bei denen Wein verwendet wurde. Auch in Ägypten sind Abbildungen an Pyramiden und Terracotta-Amphoren in den Pharaonengräbern erhalten, die bereits im 2. Jahrtausend v. Chr. an die sakrale Verwendung von Wein erinnern. An einigen Tongefäßen erkennt man die Siegel der Pharaonen sowie den Namen des Weinbauern und der Rebanlage. Schon immer hat die Herkunft der Trauben also eine wichtige Rolle gespielt.

Diese Rolle wird im späten Mittelalter noch gestärkt. Die Republik Florenz legte etwa schon im 13. Jahrhundert das Chianti-Gebiet fest, während Cosimo III. de‘ Medici 1716 das Anbaugebiet des Chianti abgrenzen ließ und damit die erste moderne Ursprungsbezeichnung schuf. In Frankreich und Spanien stammen die ersten modernen Verordnungen zum Schutz des Weines aus

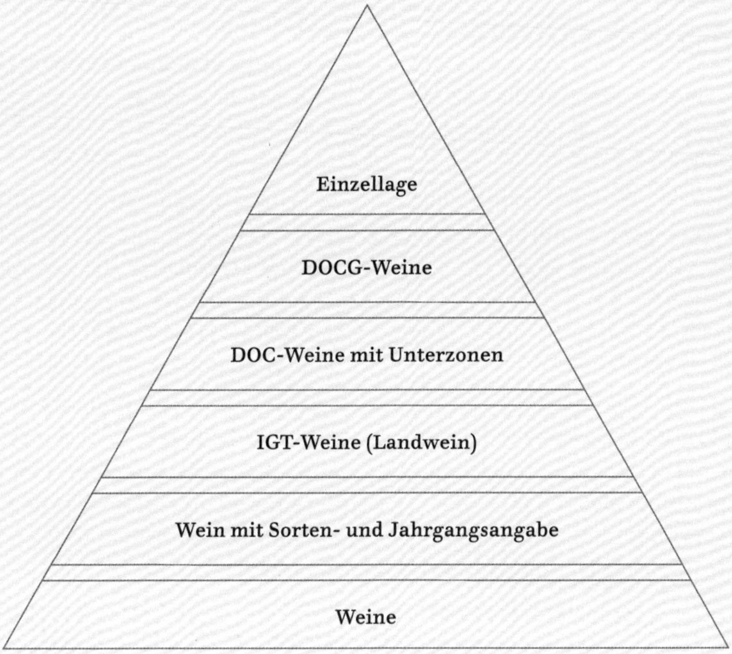

Abbildung 1

Je höher in der Qualitätspyramide ein Wein steht, desto strenger sind die mit seiner Produktion verbundenen Auflagen.

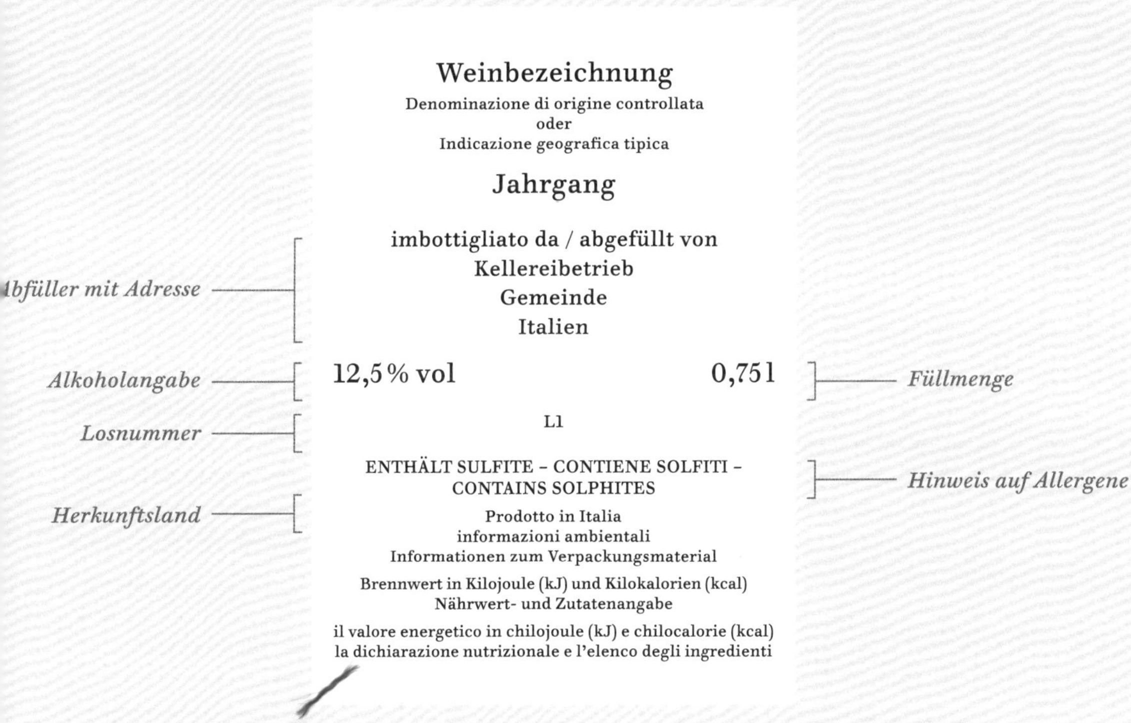

Abbildung 2

Was auf einem Weinetikett angeführt werden darf (und vor allem was nicht), ist in Italien strengstens per Gesetz geregelt.

dem 19. Jahrhundert. In Italien erließ man damals Verordnungen gegen das Panschen von Weinen und legte 1896 das Produktionsgebiet für den Barolo fest. Es folgen eine Reihe von Gesetzen, Gesetzes- und Ministerialverordnungen, mit denen die Weinproduktion und der Weinhandel geregelt und Betrug bekämpft wurden.

Südtiroler als Pioniere, Europa als Impulsgeber

Parallel dazu treten erste Vorschriften in Erscheinung, die dem Schutz typischer Weine dienen. Einige davon haben allgemeinen Charakter, andere dagegen sind spezieller, darunter das Dekret von 1931 zum Schutz des Marsala, der damit zum ersten kodifizierten Wein Italiens wird. Es folgen die Verordnungen zum Schutz Südtiroler Weine: Kalterersee, St. Magdalener, Terlaner, Meraner. Was aber in Italien lange Zeit fehlt, ist ein einheitliches Weingesetz. Erst 1963 wird das Dekret Nr. 930 veröffentlicht, das die ersten allgemeinen Regeln für die Herstellung und Vermarktung von Weinen mit Ursprungsbezeichnung enthält. Es werden darin drei Kategorien von Weinen unterschieden: einfache Tafelweine, DOC-Weine (Denominazione di Origine Controllata) und DOCG-Weine (Denominazione di Origine Controllata e Garantita).

Nach und nach wurde diese Regelung den Ansprüchen der modernen Weinwirtschaft aber nicht mehr gerecht. Das liegt nicht zuletzt daran, dass 1970 die gemeinsame europäische Marktordnung für Weine eingeführt wurde und das italienische Weingesetz immer öfter mit dieser in Konflikt kam. Deshalb forderte die Weinwirtschaft schon Anfang der 1980er-Jahre immer lauter die vollkommene Überarbeitung des Gesetzes. Erst nach jahrelangen zähen Verhandlungen wurde allerdings 1992 das Gesetz Nr. 164 verabschiedet, das als eines der modernsten zur Regelung der Ursprungsbezeichnungen in Europa galt. Es war relativ gut strukturiert und berücksichtigte die verschiedensten Anliegen der Weinwirtschaft. Allerdings ließ die praktische Umsetzung zu wünschen übrig.

Qualität in Pyramidenform

Seit dem Gesetz Nr. 164 von 1992 („Neue Regelung der Ursprungsbezeichnungen der Weine") gibt es in Italien vier Typen von Weinen:

Die **Tafelweine** (vino da tavola): Bei der Herstellung dieser Weine müssen nur die allgemeinen Vorschriften über die Weinbereitung eingehalten werden. Es gibt nur einen roten und einen weißen Tafelwein, die Angabe von Sorte und Herkunft ist verboten. Dieser Wein kann auch ein Verschnitt verschiedener Sorten aus unterschiedlichen Anbaugebieten sein.

Die **IGT-Weine** (Indicazione Geografica Tipica): Dies ist ein neuer Weintyp, im deutschsprachigen Raum werden IGT-Weine als Landweine bezeichnet. Landweine sind eigentlich Tafelweine, deren Herkunft jedoch kontrolliert und garantiert wird. Die Angabe von Herkunft und Sorte ist erlaubt, die geografische Bezeichnung darf aber keinesfalls Verwechslungen mit DOC-Weinen hervorrufen. Derzeit gibt es in Italien 119 IGT-Weine.

Die **DOC-Weine** (Qualitätsweine bestimmter Anbaugebiete): Diese Weine tragen eine international geschützte geografische Ursprungsbezeichnung. Die Anbauzone, der Rebanbau, die Erntemengen, die Qualität der Maische, die Kelterungsverfahren und geografischen Angaben, die auf dem Etikett angegeben werden können, sind für jeden DOC-Wein durch ein eigenes Dekret des Landwirtschaftsministeriums, sogenannte Produktionsvorschriften, festgelegt. Eigene Kontrollorgane wachen über die Einhaltung dieser Bestimmungen. Auch muss jeder DOC-Wein vor der Vermarktung eine chemische und eine organoleptische Prüfung bestehen. In Italien gibt es derzeit 333 DOC-Bezeichnungen.

Was in Italien lange Zeit fehlt, ist ein einheitliches Weingesetz. Erst 1963 wird das Dekret Nr. 930 veröffentlicht, das die ersten allgemeinen Regeln für die Herstellung und Vermarktung von Weinen mit Ursprungsbezeichnung enthält.

Die **DOCG-Weine**: In Italien gibt es Weine, die eine sehr lange Tradition haben und weit über ihr Anbaugebiet hinaus bekannt sind. Diese Ursprungsbezeichnungen sind besonders der Gefahr des Missbrauchs ausgesetzt, daher kann der Gesetzgeber eine solche Bezeichnung besonders unter Schutz stellen. DOCG-Weine sind DOC-Weine, deren Erzeugung und Vermarktung besonders streng geregelt und kontrolliert werden und die eine staatliche Banderole am Flaschenhals tragen müssen. In Italien gibt es derzeit 77 DOCG-Bezeichnungen, die bekanntesten sind wohl Barolo, Barbaresco, Brunello di Montalcino und Chianti.

Eine wichtige Neuerung des Gesetzes war die Gliederung der Weintypen auf verschiedenen Ebenen. Die italienischen Weinbezeichnungen können so auf einer Qualitätspyramide dargestellt werden. Abb.1 Die Tafelweine bilden die Basis dieser Pyramide, die Landweine den Mittelteil, die DOC- und DOCG-Weine die Spitze. Weine mit Angabe der Einzellage soll schließlich die höchste Qualität italienischer Weinproduktion verkörpern. Je höher der Wein in der Pyramide positioniert ist, desto strenger werden die Produktionsvorschriften.

Neue Anläufe, neue Regelung

Mit dem Weingesetz Nr. 61/2010 („Schutz von Ursprungsbezeichnungen und geografischen Angaben für Weine") wurde versucht, sämtliche Vorschriften der Weinwirtschaftssituation anzupassen. Zudem beinhaltete es aktuellere Vorgaben für die Kontrollstellen, die sämtliche Produktionsabläufe vom Weinberg bis zur Weinflasche überwachen.

Als großer Wurf wurde das Gesetz Nr. 238/2016 („Regelung des Weinbaus, der Weinerzeugung und des Weinhandels") angekündigt. Man versuchte noch einmal, sämtliche staatlichen Vorschriften in einem einzigen Gesetz zusammenzuführen. Dies gelang leider nur teilweise und so blieben einige Rechtsbestimmungen trotz aller Bemühungen außerhalb dieses heute gültigen Weingesetzes. Allerdings wurden darin auch die Weine ohne DOC- und IGT-Bezeichnung, aber mit Sorten- und Jahrgangsangabe besser geregelt. Es ermöglicht zudem einige Erleichterungen für Kleinstbetriebe bei der digitalen Lagerbuchhaltung (Registerführung).

Ein Wein, eine Vorschrift

Wesentlicher Bestandteil der Weingesetzgebung sind die verschiedenen Produktionsvorschriften. Für Südtirol wurden schon 1970 die ersten für den DOC-Wein Kalterersee erlassen. Es folgten 1971 jene der DOC-Weine St. Magdalener, Meraner, Eisacktaler, Südtiroler mit Sortenangabe sowie jene der DOC-Weine Terlaner, Bozner Leiten und Etschtaler. 1995 waren schließlich die Produktionsvorschriften für den DOC Vinschgau und den IGT-Wein „Mitterberg" an der Reihe, 1997 jene für den IGT-Wein „Weinberg Dolomiten". Und schon 1993 gelang es der Südtiroler Weinwirtschaft, die meisten Produktionsvorschriften als Unterzonen (sottozona) der DOC-Bezeichnung „DOC Südtirol“ zusammenzuführen.

In den Produktionsvorschriften sind Vorgaben für die Sortenzusammensetzung, die Abgrenzung der Anbauzonen, die Höchstmenge an Trauben pro Hektar und die Verarbeitungstechniken – Stillwein, Schaumwein, Strohwein (Passito), Spätlese (vendemmia tardiva), Riserva u.Ä – festgeschrieben. Beim Wein hingegen sind es Alkoholwert, Gesamtsäure, Restzuckergehalt und vieles mehr.

In Südtirol gibt es folgende Weinbezeichnungen:

- DOC Südtirol oder Südtiroler (Alto Adige oder dell'Alto Adige)
  - St. Magdalener (Santa Maddalena)
  - Meraner oder Meraner Hügel (Meranese oder Meranese di Collina)
  - Terlaner (Terlano)
  - Eisacktaler (Valle Isarco)
  - Bozner Leiten (Colli di Bolzano)
  - Vinschgau (Valle Venosta)
- DOC Kalterersee oder Kalterer (Lago di Caldaro oder Caldaro)
- DOC Etschtaler (Valdadige)
- IGT Mitterberg
- IGT Weinberg Dolomiten (Vigneti delle Dolomiti)

Die Produktionsvorschriften der Südtiroler DOC- und IGT-Weine

D.P.R. 23.03.1970 DOC Kalterersee oder Kalterer (Lago di Caldaro oder Caldaro)
D.P.R. 13.04.1971 DOC Meraner oder Meraner Hügel (Meranese oder Meranese di Collina)
D.P.R. 11.08.1971 DOC St. Magdalener (Santa Maddalena)
D.P.R. 26.06.1974 DOC Eisacktaler (Valle Isarco)
D.P.R. 25.02.1975 DOC Terlaner (Terlano)
D.P.R. 24.03.1975 DOC Etschtaler (Valdadige)
D.P.R. 14.04.1975 DOC Südtirol oder Südtiroler (Alto Adige oder dell'Alto Adige)
D.P.R. 04.06.1975 DOC Bozner Leiten (Colli di Bolzano)
DM 08.09.1995 Vinschgau (Valle Venosta)
DM 03.11.1995 IGT Mitterberg
DM 26.11.1997 IGT Weinberg Dolomiten (Vigneti delle Dolomiti)

Strenger Blick auf gute Weine

Am 1. August 2009 hat die Kontrollstelle für Weine der Handelskammer Bozen ihre Tätigkeit aufgenommen und ist vom Landwirtschaftsministerium in Rom zur Überwachung der Weine DOC Südtirol, DOC Kalterersee und IGT Mitterberg autorisiert worden. So werden Qualitätssicherheit und Rückverfolgbarkeit der Südtiroler Weine gewährleistet und die Südtiroler Weinwirtschaft vor unlauterem Wettbewerb und Missbrauch der Weinbezeichnungen besser geschützt. Jedes Jahr werden über 2.000 Weinmuster der Qualitätsweinprüfung unterzogen. Außerdem werden jährlich über 250 Hektar Weinbaufläche und deren Traubenproduktion sowie über 60 Kellereibetriebe kontrolliert.

Die Qualitätsweinprüfung war bereits mit der EWG-Verordnung 2236/1973 eingeführt worden, in Italien wird sie aber erst seit 1990 angewandt. Seit damals wurden diese Produktzertifizierungen immer in der Handelskammer Bozen durchgeführt. Auch das Verzeichnis der eingetragenen Weinverkoster, die für die organoleptische Prüfung eingesetzt werden, ist bei der Handelskammer Bozen angesiedelt.

Bis zur Gründung des Konsortiums Südtirol Wein 2007 wurden sämtliche weinbaupolitischen Themen im „Komitee für Rebbau und Weinwirtschaft" der Handelskammer Bozen behandelt. Jetzt ist diese Kompetenz zu Recht beim Konsortium Südtirol Wein angesiedelt. Die Weinbaukartei samt allen Informationen zu Grundparzellen, Anbauflächen, Traubensorten und vielem mehr wurde von der Handelskammer an das Landesamt für Obst- und Weinbau übertragen.

Europäisches Dach und Etiketten-Ordnung

Die EU hat bereits 1970 eine gemeinsame Marktordnung für Wein erlassen, die seither mehrfach überarbeitet wurde. Die derzeit gültige Marktordnung stammt aus dem Jahr 2013 (Nr. 1308) und umfasst Regeln für die Entwicklung des Weinbaupotentials, die önologischen Verfahren und Behandlungen, die Preise und Preisregulierung, die Intervention und andere Maßnahmen zur Marktsanierung, den Handel mit Drittländern und den allgemeinen Weinmarkt. Neben der generellen Marktordnung erlässt die EU jedes Jahr eine Vielzahl von Verordnungen, die die verschiedenen Bereiche des Weinsektors betreffen. Vor allem der Verbraucher- und Umweltschutz sowie die Kennzeichnung der Weine werden zentral von Brüssel aus gesteuert.

Wesentlicher Teil des Weinrechts ist auch die Aufmachung der Weine und insbesondere das Weinetikett. Schließlich hat jeder Verbraucher das Recht, richtig über den Wein informiert zu werden. Deshalb hat der Gesetzgeber genaueste Regelungen über die zulässigen Angaben auf Weinetiketten erlassen, um den Konsumenten vor irreführenden Angaben zu schützen. Abb. 2 Alle Angaben müssen der Wahrheit entsprechen und rückverfolgbar sein.

Zu den wichtigsten obligatorischen Angaben gehören die Weinbezeichnung und -kategorie, der Name des Abfüllers mit Adresse, der Alkoholgehalt in Volumenprozent, das Nennvolumen, die Chargennummer, der Hinweis auf Allergene und auf die Verpackungsmaterialien sowie deren fachgerechte Entsorgung. Zu den wichtigsten fakultativen Angaben gehören der Eigenname oder die Marke des Weines sowie allgemeine Informationen für die Konsumenten. Für IGT- und DOC-Weine können einige dieser fakultativen Angaben in der jeweiligen Erzeugervorschrift auch als verpflichtend vorgesehen werden, etwa die Angabe des Jahrgangs und der Traubensorten.

Blickt man auf die Entwicklung des Weinrechts zurück, stellt man fest, dass die ersten Vorschriften in der Weinbereitung vor allem Verbote waren und stets nur das Produkt Wein im Fokus hatten. Die Weiterentwicklung des Weinrechts in den verschiedenen geschichtlichen Epochen hatte dann meist die Wirtschaftslage als Grundlage. Im Laufe der Zeit ist das Weinrecht schließlich immer mehr dem allgemeinen Verbraucherschutz, dem Lebensmittelrecht, dem Umweltschutz und den allgemeinen Zielen der Gesellschaft wie Nachhaltigkeit und Sicherheit angepasst worden.

\\

Grafik 8

Herkunftsgarantie: Die DOC-Gebiete in Südtirol

Auf mehr als 98 Prozent der Südtiroler Weinbaufläche können Weine mit dem Kürzel DOC („Denominazione di Origine Controllata“) produziert werden. Das Kürzel sichert nicht nur den Ursprung der Weine, sondern auch deren Qualität, müssen die Winzer doch strenge Regeln einhalten. Heute gibt es im Land zwei DOC-Bezeichnungen: „Südtiroler“ und „Kalterersee“. Zur Bezeichnung „Südtiroler“ (oder „Südtirol“) können eine Reihe von Unterzonen oder die zugelassenen Rebsorten angeführt werden.

Grafik 8 – DOC in Südtirol mit Unterzonen

Die Südtiroler Wein-Zeitenwende

Umbrüche in Weinbau und Keller ab den 1970ern

// In den letzten rund 50 Jahren hat Südtirols Weinwirtschaft epochale Veränderungen durchgemacht. Nichts, aber auch gar nichts ist geblieben, wie es – oft über Jahrhunderte – war. Sicht- und spürbar wurden die Umbrüche nicht nur im Weinberg und im Alltag der Weinbauern. Auch im Keller und in der Vermarktung ist kein Stein auf dem anderen geblieben.

Ignaz Niedrist

Um die Umbrüche im Südtiroler Weinbau ab den 1970er-Jahren zu verstehen, bedarf es eines Blicks zurück, liegen deren Ursprünge doch schon in der Abtrennung Südtirols von Österreich 1919 und den darauffolgenden – politisch wie wirtschaftlich – schwierigen 1920er- und 1930er-Jahren. Durch die Brennergrenze wurde die Weinvermarktung nach Norden erschwert, zum Teil kam sie ganz zum Erliegen. Viele selbstvermarktende Weinbauern schlossen daraufhin ihre Keller und brachten ihre Trauben den eben gegründeten Genossenschaften oder zu den Weinhändlern. Nach dem Zweiten Weltkrieg besserten sich die Exportbedingungen zusehends, die Ausfuhren wurden in den 1960er- und 1970er-Jahren beachtlich gesteigert. Die nun erforderlichen Mengen, vor allem an Rotweinen der Sorten Kalterersee und St. Magdalener, konnten nicht mehr im Land produziert werden und wurden durch Zukauf aus dem Süden ausgeglichen. Mit der Einführung der Erzeugervorschriften für Kalterersee 1970 und für St. Magdalena 1971 wurden erstmals Produktionsflächen und Höchstmengen festgeschrieben, ein Ende der fragwürdigen Entwicklungen war absehbar. Spätestens in den 1980er-Jahren zeigte die neue Regelung durchgreifende Wirkung auf Produktion, Absatz und nicht zuletzt auf den Weinbau.

Traditionell wurde dieser in Südtirol bis weit in das 20. Jahrhundert hinein als Mischform betrieben. Zwischen den Pergln befanden sich Grasstreifen, sogenannte Pfinnen, für Vieh, Getreide, Kartoffeln, Rüben und anderes Notwendige für die Selbstversorgung. Ochsen und Pferde wurden bei der Bodenbearbeitung und als Zugtiere eingesetzt, ihr Mist diente als organischer Dünger für Junganlagen. Als Bindematerial wurden Weidenruten geschnitten, die man an feuchten, minderwertigen Stellen des Hofes gepflanzt hatte oder auf Märkten dazukaufte. Als Stützgerüst dienten Akazien- und Kastaniensäulen, die in Eigenregie geputzt, entrindet, gespitzt und gepfählt wurden. Die Lärchenschaltern bezog man von Sägewerken. Insgesamt war es eine fein abgestimmte Kreislaufwirtschaft mit sparsamem Mitteleinsatz und ohne Müll. Der dafür notwendige Bedarf an Arbeitskräften konnte damals noch auf den Höfen gedeckt werden. Doch die Veränderungen kündigten sich bereits an.

Lauter und bunter: Mechanisierung und Begrünung

So wurde es lauter in den Reben. Kleintraktoren der Marken Eicher und Fiat ersetzten Ochse und Pferd und verringerten die Handarbeitsstunden. Ebenso entfiel in den 1970er-Jahren das beschwerliche Einmaischen der Trauben im Weinberg (Mosten), da im Zuge einer verbesserten Rotweinbereitung nur mehr unbeschädigte Trauben zur Kellerei gebracht wurden und erst dort mit der Verarbeitung begonnen wurde. Die dafür nötigen Kippwannen aus Eisen ersetzten in kurzer Zeit die hölzernen „Kastlet“, für den Maische-Transport verwendete 10- bis 12-hl-Fässer mit großer Öffnung. Die nun weitum verwendeten roten Kippwannen waren ein Patent des Überetscher Weinhändlers Ignaz Brigl, hergestellt in der Schmiede der Gebrüder Meraner in Girlan. Aber auch im Weinbau selbst gab es zeitgleich markante Veränderungen. Bis in die 1970er-Jahre war eine doppelte ganzflächige Bodenbearbeitung mit dem Pflug Standard. Nach dem Abpflügen im Frühjahr folgte das „Hauen“. Dabei wurde die verbliebene Erde zwischen den Rebstöcken eingeebnet. Im Spätsommer wurde dann mit dem Pflug „angehäufelt“, um die Veredelungsstelle vor dem Winterfrost zu schützen.

> Mit der Einführung der Erzeugervorschriften für Kalterersee 1970 und für St. Magdalener 1971 wurden erstmals Produktionsflächen und Höchstmengen festgeschrieben, ein Ende der fragwürdigen Entwicklungen war absehbar.

Praxisbeispielen in der Schweiz, im Elsass und in den Weingegenden Deutschlands folgend, begannen einzelne größere Betriebe, die Bodenbearbeitung ein- und auf Dauerbegrünung umzustellen. Die Umstellung vollzog sich zunächst in den Hanglagen von St. Magdalena und erfasste in kurzer Zeit das ganze Südtiroler Weinbaugebiet. Verminderte Erosion nach Gewittern, eine verbesserte Befahrbarkeit und eine spürbare Einsparung von Arbeitsstunden waren die positiven Effekte dieser Umstellung. Die verringerte Wuchskraft der Reben wurde durch intensive Bewässerung und erhöhte synthetische Stickstoffdüngung ausgeglichen.

Weg frei für die Wissenschaft: Pflanzenschutz und Klone

Bis in die 1970er wurde der Pflanzenschutz im Weinbau mittels Schlauchzug durchgeführt. Im befahrbaren Gelände kamen nunmehr gezogene Sprüher zum Einsatz, zuerst ohne, später mit Luftunterstützung, während der Schlauchzug in steilen Hanglagen notgedrungen beibehalten wurde. Allerdings setzten um die

Lange Jahre hat sich die Arbeit der Weinbauern kaum verändert. Bis in die 1960er-Jahre hinein hatten statt Traktoren Ochsengespanne Schwerstarbeit zu leisten.

In den Pergln stand im Frühjahr das Rebenbinden auf dem Programm – und das war, wie hier Anfang der 1950er-Jahre in Girlan, Familienarbeit.

Noch im Weinberg wurden die Trauben eingemaischt. Erst in den 1970er-Jahren legten die Kellereien Wert darauf, dass ausschließlich unbeschädigte Trauben geliefert wurden.

Mitte der 1970er-Jahre mehrere Betriebe erfolgreich die Überkronenberegnung für den Pflanzenschutz ein, meistens alternierend zum Schlauchzug. Erst zu Beginn der 1990er-Jahre verdrängten handgeführte oder selbstfahrende Raupen-Sprüher Spritzschlauch und Verstäuber. Doch nicht nur die Technik im Pflanzenschutz veränderte sich, auch die Mittelauswahl vergrößerte sich. Während über Jahrzehnte gegen die beiden wichtigsten Pilzkrankheiten der Rebe, Oidium und Peronospora, Schwefel und Kupfer-Kalk-Brühe (Bordeaux-Brühe) verwendet wurden, erweiterten sich nun die Möglichkeiten durch eine Reihe organischer Fungizide, die sich seit den späten 1960er-Jahren rasch in Südtirol verbreiteten. Aspor, Antracol blau und Rame-Caffaro als neu formuliertes Kupfermittel sind älteren Weinbauern bekannte Handelsnamen.

Im Bozner Talkessel wurde bei den späteren Behandlungen Spritzkalk dazugegeben, um die zunehmenden Rauchschäden abzumildern, die von den ungefilterten Abgasen der Bozner Industriezone ausgelöst wurden. Darüber hinaus fanden seit 1975 Herbizide Eingang in den hiesigen Weinbau. Meistens kamen sie zwischen den Stöcken und an unproduktiven Randflächen zum Einsatz, eine flächendeckende Anwendung war selten. Über die ökologischen Konsequenzen dieses vermehrten Chemieeinsatzes machten sich in dieser fortschrittsgläubigen Zeit nur wenige Gedanken; es überwog die Genugtuung über die spürbare Erleichterung.

Spürbar war auch die Ertragssteigerung, die sich von 1960 bis Mitte der 1980er-Jahre bei stagnierender Weinbaufläche beobachten lässt, besonders bei der Hauptrebsorte Vernatsch. Die Gründe dafür sind mehrere. Neben einem wirksameren Pflanzenschutz, der erweiterten Fläche unter Beregnung und der Intensivierung der chemischen Düngung ist auch die einsetzende Klonenselektion zu nennen. Diese und die damit verbundene Regelung der Jungrebenerzeugung aufgrund einer EG-Verordnung von 1969 führte zu gesünderen, vitaleren Jungreben und zu einer fachlichen Verbesserung des Rebschulwesens. Dass die markante Ertragssteigerung, besonders bei Vernatsch, auch einer der Gründe für die Südtiroler Weinkrise in den 1980er-Jahren sein sollte, konnte damals allerdings niemand voraussehen.

Veränderungen im Keller

Im Vergleich zu den erheblichen Umstellungen im Weinbau scheinen die kellertechnischen Veränderungen zwar weniger auffällig, sie sind aber keineswegs weniger wichtig. Die Ausrüstung der Keller war bis in die 1970er-Jahre eine sehr einfache, vor allem war sie auf eine rationelle Rotweinbereitung abgestimmt. Vergoren wurde in stehenden hölzernen „Standern“ aus Eichen-, Kastanien- und Lärchenholz oder in Betonzisternen verschiedener Größen – ohne Temperaturregelung und ohne Hefezusatz, dafür aber mit einer markanten Schwefelung versehen. Wenn in warmen Herbsten die Maische nach dem „Wimmen“ nicht zügig weiterverarbeitet wurde, waren Fehlgärungen keine Seltenheit ebenso wie Gärstockungen nach Überhitzungen in Zementfässern. Erhöhte Restzuckergehalte, merkbare Essigsäure und unsaubere Noten waren die Folgen und minderten den Wert der Jungweine.

Die Ausrüstung der Keller war bis in die 1970er-Jahre eine sehr einfache, vor allem war sie auf eine rationelle Rotweinbereitung abgestimmt.

Der nun in der Rotweinvergärung vermehrte Einsatz von Edelstahlbehältern und die damit verbundenen Möglichkeiten der Temperaturführung führten zu einer deutlichen Verringerung von Gärstockungen und zu fruchtigeren Weinen. Was sich für die Rotweinbereitung als Segen erwies, bedeutete für die Weißweine eine Revolution. Durch die nun einsetzende gezügelte Gärführung bei Temperaturen von 20 bis 23 Grad Celsius und den Einsatz geeigneter Reinzuchthefen stieg die Qualität der Weißweinbereitung stark. Daneben wurde auch beim Pressen an der Qualitätsschraube gedreht. 1976 kamen bei Alois Lageder in Margreid und in der Kellereigenossenschaft Girlan die beiden ersten pneumatischen Willmes-Pressen zum Einsatz. Die Vorteile dieses Presssystems (zügiges Pressen, niedere Oxidation, schonendere Maischebehandlung und mögliche Mazeration) waren augenscheinlich und ermunterten weitere Betriebe zu Investitionen. Dies erstaunt umso mehr, wenn man bedenkt, dass der Weißweinanteil zu Beginn der 1980er-Jahre noch unter 20 Prozent lag.

Viele junge Kellermeister dieser Zeit kamen an ihren Studienorten in Deutschland (Geisenheim, Weinsberg, Veitshöchheim), in Klosterneuburg bei Wien oder Wädenswil bei Zürich mit neuem Technikwissen in Kontakt und teilten ihre Erfahrungen mit ihren Kollegen, die die Schulen in San Michele und Conegliano besucht hatten. Auch der Stand der Kellertechnik im Friaul, der damals führenden Weißweinregion Italiens, war Ansporn und beschleunigte die Entwicklung in Südtirols Kellern genauso wie die Zunahme der italienischen Schaumweinproduktion in der Franciacorta und im Piemont. Der dafür benötigte Sektgrundwein wurde zunehmend in Südtirol gesucht und wegen seiner Qualität sehr geschätzt. Voraussetzungen für die Produktion dieser neuartigen Weine waren der beschriebene Technikschub und die Flächenerweiterungen bei Weißburgunder, Chardonnay und Ruländer in den 1980er-Jahren unter Zuerkennung des DOC-Status an diese Sorten.

Krise, Veränderung, Neubeginn

Die positive Entwicklung des Südtiroler Weinbaus seit den 1990er-Jahren ist kein Zufall, sondern das Ergebnis einer umfassenden Neuausrichtung, bedingt durch die tiefe strukturelle Krise um 1985. Der bisher sehr erfolgreich betriebene Offenweinexport, vor allem über die gut eingeführten Vertriebswege der Handelskellereien, reduzierte sich Jahr für Jahr. Die jüngeren Kunden in den traditionellen Exportländern Schweiz, Deutschland und Österreich tranken weniger Wein, suchten dafür aber mehr Qualität im Glas. Das veränderte Kaufverhalten wurde an der Bozner Weinkost augenscheinlich, wo die traditionellen Tage des Schweizer und deutschen Weinhandels nur mehr schwach besucht und die Qualität der Offenweine kritisiert wurden. Zudem vergrößerten ertragsstarke Jahre bei abnehmendem Konsum den Rückstau der Weine im Keller.

Auf außergewöhnliche Klimaereignisse wie das Rebensterben nach der Wintertrockenheit 1980/81 folgte ein früher Wintereinbruch Ende Oktober 1981 auf in mittleren Lagen noch voll belaubten Pergln. Die Stützgerüste hielten dem Schneedruck vielfach nicht stand und mussten mühselig sortiert und neu aufgebaut werden. Dieses Ereignis wiederholte sich in etwas schwächerem Ausmaß 1986 und führte bei den betroffenen Weinbauern zu großer Verunsicherung. Die Zweifel an der Erziehungsform des Perglsystems nahmen zu. Zudem musste der Weinbau mit dem anwachsenden Apfelanbau konkurrieren. Die Ausweitung und Verbesserung der Beregnungsanlagen ermöglichte Obstbau nun auch auf historischen Weinbauflächen, mit modernen Dichtpflanzungen wurde das Ertragsniveau des Apfelanbaus enorm gesteigert. In der Folge zogen die Erlöse des

Schwerst- und Präzisionsarbeit: Die eingemaischten Trauben wurden im Weinberg in hölzerne „Kastlet" umgeladen.

Tradition trifft Moderne: Die hölzernen „Kastlet" wurden in den 1970er-Jahren durch rote Kippwannen aus Metall ersetzt. Sie waren ein Patent des Weinhändlers Ignaz Brigl und wurden in Girlan hergestellt.

Die Bogenerziehung war in flachen Lagen bis in die 1990er-Jahre Standard.

Obstbaus mit jenen des Weinbaus gleich und überflügelten sie kurze Zeit später. Der Tiefpunkt dieser Negativentwicklung im Südtiroler Weinbau spiegelt sich in einem Artikel der Weinzeitschrift „Vinum“ im Juli 1987 wider. Neben dem Bild eines umgestoßenen Rotweinglases prangte der Titel „Südtirol: in Ungnade gefallen“, und im Artikel legte „Vinum“-Redakteur Rudolf Knoll die Hand in gleich mehrere Südtiroler Weinwunden. Die Aufregung über das Geschriebene war groß, über Wochen wurde lebhaft darüber diskutiert.

Aber auch unabhängig von der Kritik von außen wurde in Südtirol über Verbesserungen nachgedacht. Luis Raifer etwa war nach seinem Studium der Landwirtschaft seit 1978 als geschäftsführender Obmann der Kellerei Schreckbichl und später auch als Präsident aller Kellereigenossenschaften Südtirols ein weinbaupolitisches Schwergewicht. Über die wirtschaftliche Zukunft und das Image des Südtiroler Weinbaus besorgt, begann er auf mehreren Informationsreisen in erfolgreiche Weinbaugegenden der Welt, nach Lösungen zu suchen. Diese Reisen, oft auf Anregung und in Begleitung seines Weinfreundes Peter Dipoli, führten zu den maßgeblichen Rebschulen von Savoyen, zu führenden Winzern im Piemont, in Friaul und der Toskana und auch in die neue Weinwelt Kaliforniens. Vom Erfolg und Selbstbewusstsein dieser Leitbetriebe beeindruckt, begann Raifer zunächst in seiner Kellereigenossenschaft, entscheidende Schritte für einen radikalen Wandel und eine umfassende Qualitätsoffensive zu setzen. Auszahlung nach Qualität, Rodung mittelmäßiger Vernatsch-Anlagen und Neubepflanzung mit zukunftsträchtigen internationalen Sorten wie Cabernet, Merlot, Chardonnay und Sauvignon waren erste entscheidende Punkte. Dazu kam die Bildung von Qualitätsgruppen besonders unter den jüngeren Weinbauern.

Was Luis Raifer bei den Genossenschaften war, war Luis Lageder bei den Weinhändlern. Er erkannte vielleicht als Erster die Sackgasse, in der sich Südtirols Weinwirtschaft befand, und begann, laut über Alternativen nachzudenken. Den Ratschlägen seines Bekannten Robert Mondavi folgend, war er unter den Ersten, die schon 1982 Barriques verwendeten. Lageders Schwager, der erfahrene Kellermeister Luis von Dellemann, eignete sich in kurzer Zeit eine erstaunliche Fertigkeit beim Weißweinausbau im kleinen Eichenfass an und brachte 1984 die ersten Flaschen Chardonnay und Cabernet Löwengang auf den Markt. Besonders der Chardonnay des Jahrgangs 1985 erntete international viel Beifall, galt viele Jahre als gelungenes Beispiel dieser neuen Richtung im Südtiroler Weinbau und vermittelte Aufbruchstimmung. Ähnliches gilt für den 1988er Südtiroler Blauburgunder von Franziskus Haas aus Montan. Er konnte sich gegenüber der internationalen Konkurrenz erfolgreich behaupten und erreichte bei einer 1990 durchgeführten Verkostung des Magazins „Vinum“ den zweiten Platz. Ein Zeichen dafür, dass es auch bei dieser Sorte Luft nach oben gab.

Eine mitentscheidende Rolle bei der Neuausrichtung des Südtiroler Weinbaus spielte auch Hans Terzer in der Kellerei St. Michael-Eppan. Er trat 1977 seine Stelle als Kellermeister an und wurde schnell mit den sich zuspitzenden Absatzsorgen konfrontiert. Parallel zu den Entwicklungen bei Lageder und in Schreckbichl beschritt Terzer mit jugendlichem Ehrgeiz, neuem Wissen und viel Intuition besonders in der Weißweinbereitung erfolgreich neue Wege. Er füllte bereits 1982 seinen ersten Weißburgunder „Schulthaus“ in die 0,75-l-Flasche. 1983 folgte der erste reinsortige Chardonnay, der 1986 durch die Premierenfüllung der St.-Valentin-Linie (Ruländer, Gewürztraminer, Chardonnay) ergänzt wurde. Die Qualitätsoffensive dieser Zeit wurde von den genannten Betrieben angestoßen und bald von den allermeisten Vermarktern mitgetragen.

Trotz allen Fortschritts: Der Gaumen des Kellermeisters ist auch heute noch das wichtigste Messinstrument bei der Weinbereitung.

Der Stolz der Fassbauer: Die großen Fässer wurden außerhalb der Keller gebaut, mussten dann allerdings noch einmal zerlegt und im Keller wieder zusammengebaut werden.

Über Jahrhunderte war die Weinbereitung vor allem Bauchsache. Die Wissenschaft (und entsprechende Messungen) hielt erst vergleichsweise spät in den Kellern Einzug.

Die wissenschaftliche Begleitung durch das Versuchszentrum Laimburg und den Südtiroler Beratungsring war zudem ein wichtiger Beitrag. Daneben gab es eine erhebliche Anzahl fortschrittlicher Weinbauern, die mit Neupflanzungen selbst die Tür zur Zukunft öffneten. Die ersten sichtbaren Zeichen waren Rodungen von Vernatsch-Pergln im Überetsch und Unterland. Die Neuanlagen erfolgten als Dichtpflanzungen (6.000–7.000 Stöcke pro Hektar) auf Drahtrahmen; Betonpfähle und Metallstickel ersetzten Kastanie und Lärche.

Neue Wege, neue Herausforderungen

Interessanterweise gingen die ersten Neupflanzungen in Richtung „neuer, großer Rotwein". Merlot, Cabernet franc und Cabernet Sauvignon standen dabei auf der Wunschliste ganz oben. Befeuert wurde diese Entwicklung auch von den drei hervorragenden Rotweinjahren 1988, 1989 und 1990. Die gepflanzten Jungreben, vielfach aus französischen Rebschulen importiert, entwickelten sich gut und brachten bald überzeugende Qualitäten. Mit dem Drahtrahmen als Erziehungssystem sank die Einzelstockbelastung stark, und zugleich ergab sich durch die direkte Sonneneinstrahlung und bessere Belichtung eine Zunahme von Geruchs- und Geschmacksstoffen in den Trauben. Die bessere Abgrenzung von Laub- und Traubenzone ermöglichte einen zielgenauen Pflanzenschutz und zugleich eine Verringerung der Aufwandmenge. Das nunmehr breit praktizierte Auslauben der Traubenzone erwies sich als Meilenstein moderner Laubarbeit. Die neue Erziehungsform ermöglichte eine bessere Durchlüftung und förderte so die Gesundheit der Beeren. Dieser Faktor ist als indirekter Pflanzenschutz bis heute von großer Wichtigkeit. Ebenso ermöglichte der aufrechte Wuchs im Guyot-System das mechanische Auslauben der Traubenzone sowie den maschinellen Laubschnitt.

Die Handarbeitsstunden im Weinberg verringerten sich, wurden aber fachlich anspruchsvoller. Aufgrund der geforderten niederen Ertragsziele werden seitdem weniger Triebe am Stock belassen und die verbliebenen Trauben vor Reifebeginn und Farbumschlag auf das gewünschte Maß ausgedünnt (Grünlese). Auch das „Traubenteilen" gehört zu diesen qualitätsverbessernden Maßnahmen und kommt nun bei den Sorten Vernatsch, Lagrein, Merlot und Weißburgunder vor allem zur Ertragsreduktion und bei den engbeerigen Sorten wie Ruländer und Blauburgunder hauptsächlich zur Verringerung von Essigfäule zum Einsatz.

Nicht alle in der Rotweineuphorie der 1990er-Jahre gepflanzten Anlagen hatten Erfolg, etliche davon, besonders jene in kühlen Lagen, wurden bereits zehn Jahre später mit Weißweinsorten bestockt. Diese Umstellungen lagen im Trend, denn Südtirol wandelte sich ab Beginn der 2000er vom Rotwein- zum Weißweinland. Bedingt durch die steigende Nachfrage am italienischen Markt nahmen die Anbauflächen von Ruländer, Sauvignon und Gewürztraminer deutlich zu, gefolgt von Chardonnay, Riesling und Müller-Thurgau.

Einen außerordentlichen Aufschwung erfährt in dieser Zeit das Eisacktal. Vor allem im Brixner Raum verliehen fähige Weinbauern selbstständig und medial von den italienischen Weinführern gestützt dem Gebiet Prestige und Bekanntheit. Besondere Gewinner dieser Situation waren die Sorten Kerner und Riesling, gefolgt von Gewürztraminer. Der angestammte Sylvaner tat sich dagegen schwer, seinen Platz zu behaupten. Zeitgleich eroberten im unteren Vinschgau Riesling, Weißburgunder und Blauburgunder (Einführung DOC Vinschgau 1995) durch das zielstrebige Wirken weniger Leitbetriebe einen verdienten Platz auf den Weinkarten. Auch die traditionelle Lokalsorte Lagrein erfuhr eine

Renaissance. In den historischen Anbauzonen um Bozen (Gries, Bozen Dorf und Rentsch) wurden viele Lagrein-Pergln gerodet und auf Qualitätsweinbau mit Drahtrahmen umgestellt. Durch die anschließende Verfeinerung in französischer Eiche gewannen diese „neuen" Lagrein-Weine an Ausdruck, Langlebigkeit und Beliebtheit. Zudem nahm die Anbaufläche von Lagrein um Auer und Neumarkt und in den warmen seenahen Lagen Kalterns konstant zu. In den wertvollen Lagen um Bozen musste allerdings wegen intensiver Bautätigkeit im Zuge der Stadterweiterung eine leichte Abnahme der Produktionsfläche hingenommen werden.

Bei den grundlegenden Veränderungen des Südtiroler Weinbaus seit 1990 spielt die Sorte Blauburgunder eine wichtige Rolle. 1970 umfasste sie mit rund 200 Hektar noch 3,6 Prozent der Anbaufläche, zumeist in Montan und Neumarkt sowie in den Westlagen von Girlan. Dazu gesellten sich historische Lagen in Eppan-Berg (Stroblhof), Meran (Schloss Rametz) und im Vinschgau (Kastelbell). Diese Fläche wuchs bedingt durch Umstellungen im Überetsch (Eppan, Kaltern) sowie im Unterland (Glen) bis 2010 auf rund 350 Hektar an. Durch das Vordringen der Sorte in höhere (Kalditsch, Aldein) und in bis dato für die Sorte neue Lagen (Eppan-Berg, Vinschgau, Eisacktal) wurde diese Tendenz ab 2010 noch einmal deutlich angeschoben und von einem aufnahmefähigen Markt unterstützt.

Neuer Wein in neuen Fässern

Die gestiegenen Qualitätsanforderungen veränderten den Weinbau und die Weinerzeugung wandelte sich mit ihm. Reduzierte Erträge benötigten kleinere Behältnisse, die zudem technisch besser ausgestattet waren. Die Analytik wurde für Kellermeister ein wichtiges Hilfsmittel zur Bestimmung des Lesezeitpunkts, zur mikrobiologischen Überwachung der Gärung und während der Lagerung und schließlich zur Vorbereitung der Füllung. Der Transport der Trauben erfolgte von nun an möglichst schonend in Klein- und Großkisten. Förderbänder ersetzten Maischepumpen, pneumatische Pressen und eine kontrollierte Temperaturführung bei der Verarbeitung wurden Standard. Durch die Gärung und den Ausbau in neuer Eiche (Barrique, 225 bis 500 Liter) fanden wertvolle Chardonnay- und Ruländer-Weine schnell Zugang zum nationalen und internationalen Markt. Ein Erfolg, der wenig später im Rotweinbereich auch den Sorten Merlot, Cabernet und Lagrein zuteilwurde. Bei der Verarbeitung des Blauen Burgunders führte eine mehrtägige Kaltmazeration zu einer gesteigerten Aroma- und Farbausbeute. Das Mitvergären von verholzten Stielen war nun kein Tabubruch mehr, sondern ein willkommenes Stilmittel. Der Ausbau wertvoller Blauburgunder erfolgt mehrheitlich über acht bis zwölf Monate im Barrique.

Viele alte Holzfässer sind aus den Kellern verschwunden und haben neuen Fässern aus französischer oder österreichischer Eiche Platz gemacht und dienen nun dem Ausbau kräftiger Vernatsch- und Lagreinweine. Auch Weißburgunder, Riesling und Gewürztraminer werden bevorzugt im großen Holzfass vergoren und über längere Zeit auf der Feinhefe ausgebaut, eine Arbeitsweise, die schon in den 1970er-Jahren von Sebastian Stocker, Kellermeister aus Terlan, vorweggenommen worden war.

Der Südtiroler Weinbau hat sich in den letzten 40 Jahren also stark verändert, stärker als in den Jahrhunderten davor. Das Ergebnis ist als gemeinschaftliche Leistung vieler anzusehen. Doch es ist nur ein Zwischenergebnis, denn das Bemühen um Nachhaltigkeit und der stetig fortschreitende Klimawandel werden auch der nächsten Generation Südtiroler Weinbauern viel Flexibilität und Einsatz abverlangen.

\\

Seit jeher ein Schaufenster
Die Bozner Weinkost

// Wer nicht die Katze im Sack kaufen möchte, muss Weine verkosten. In Südtirol wurde eine erste Möglichkeit dafür 1896 mit dem „1. Bozner Frühjahrsweinmarkt" geschaffen, aus dem die Bozner Weinkost entstanden ist. Sie war über Jahrzehnte das wichtigste Schaufenster für Südtiroler Weine und ein gesellschaftliches Ereignis, auf das kein Bozner von Rang und Namen verzichten konnte.

Christof Pichler

Ende des 19. Jahrhunderts stehen Südtirols Weinproduzenten vor einem Problem. So lässt der Verband der landwirtschaftlichen Bezirksgenossenschaften Deutschsüdtirols die Öffentlichkeit im Februar 1896 wissen: „Was man namentlich in den Gasthäusern außerhalb Tirols als ‚Tiroler Wein' vorgeführt erhält, kann dem Trinker in der Regel nicht im Entferntesten ein Bild von dem Charakter des guten Tiroler Weines geben. Was da (…) zum Ausschanke kommt, ist in vielen Fällen ein Verschnitt, in dem kein Tropfen Deutschtiroler Rebblutes enthalten ist." Ganz offensichtlich genießt der Südtiroler Wein damals in den Ländern der Doppelmonarchie also einen dermaßen guten Ruf, dass er Markenpiraten auf den Plan ruft. Und zugleich scheinen die Südtiroler Weine auf den wichtigen Absatzmärkten noch zu wenig bekannt zu sein, als dass man sich effizient gegen Trittbrettfahrer wehren könnte. In derselben Verlautbarung, in der die Bezirksgenossenschaften diese Probleme aufzeigen, präsentieren sie auch schon die Lösung. Man wolle „durch Veranstaltung eines Weinmarktes in Bozen die Gelegenheit schaffen, daß sich jedermann, der ein Interesse für Tiroler Weine besitzt, ein klares Bild über die Produktion des Landes und den ganz eigenthümlichen Typus seiner Weine (…) bilden könne".

„Was man namentlich in den Gasthäusern außerhalb Tirols als ‚Tiroler Wein' vorgeführt erhält, kann dem Trinker in der Regel nicht im Entferntesten ein Bild von dem Charakter des guten Tiroler Weines geben.

Dreieinhalb Jahrzehnte Weinmarkt

Bei der Ankündigung bleibt es nicht: Schon von 12. bis 22. März 1896 findet in der verbandseigenen Tiroler Weinstube im Torgglhaus am Obstplatz der „1. Bozner Frühjahrsweinmarkt" statt, auf dem über 160 Weine präsentiert werden: einjährige weiße Fassweine, unterteilt in die Kategorien „Weiße Tischweine", „Bessere weiße Tischweine (Spezialweine)" und „Weiße Tafelweine", ältere weiße Fassweine, einjährige und ältere rote Fassweine, weiße und rote Flaschenweine, dazu Weinessig, Dessert-, Wermut- und Branntweine. Der Frühlingsweinmarkt ist also schon bei seiner ersten Ausgabe das, was er sein soll: ein Spiegelbild der Südtiroler Weinproduktion und zugleich eine Chance für die heimischen Produzenten und Einkäufer aus dem gesamten Kaiserreich. So konnten sich Erstere in einem geeigneten Rahmen präsentieren, während Letztere Südtiroler Weine verkosten, sich mit den Produzenten austauschen und ihre Einkäufe tätigen konnten. Oder wie es die Organisatoren ausdrücken: „Durch die Veranstaltung des Weinmarktes soll in ernster Weise dahin gewirkt werden, das falsche Urtheil, das in vielen Kreisen über die Beschaffenheit des Tiroler Weines besteht, richtig zu stellen und die guten Deutschtiroler Weine, bezüglich deren Behandlung bedeutende Fortschritte gemacht wurden, wirklich bekannt zu machen."

Wer genau hinschaut, stellt fest: Jene eines Weinmarktes war keine genuin Bozner Idee. Vielmehr war bereits ein Jahr vor jenem in der Südtiroler Landeshauptstadt ein Weinmarkt in Trient abgehalten worden. Weil bereits dieser einen durchaus beachtlichen Erfolg einfahren konnte, wollte man wohl in Bozen nicht nachstehen, wobei das Plagiat bald schon erfolgreicher war als das Original. Schon im ersten Jahr wurden an insgesamt sechs Ausstellungstagen mehr als 2.000 Besucher gezählt, weshalb man

„Durch die Veranstaltung des Weinmarktes soll in ernster Weise dahin gewirkt werden, das falsche Urtheil, das in vielen Kreisen über die Beschaffenheit des Tiroler Weines besteht, richtig zu stellen."

im zweiten Jahr in größere Räumlichkeiten ausweichen musste. Um die Wende ins 20. Jahrhundert entwickelte sich der Bozner Frühjahrsweinmarkt damit zu einer der wichtigsten Veranstaltungen der Südtiroler Weinwirtschaft. Weit über die Landesgrenzen hinaus war er ein Fixpunkt im Weinkalender und blieb es – mit einer kriegsbedingten Unterbrechung – bis 1932. Sein endgültiges Ende verdankt der Weinmarkt den für Südtirol traumatischen 1920er-Jahren, in denen die politischen, kulturellen und damit einhergehenden wirtschaftlichen Umwälzungen Bozen als Handelsstadt ins Abseits drängten – auch als Handelsstadt für Wein.

Wiederauferstehung als Weinkost

Es war demnach kein Zufall, dass bereits zwei Jahre nach Ende des Zweiten Weltkriegs (und mit ihm des Schreckens zweier Diktaturen) die Nachfolgerin des Bozner Frühjahrsweinmarktes aus der Taufe gehoben wurde: die Bozner Weinkost. Ihre erste Ausgabe fand 1947 im Hotel Post statt, schon 1949 übersiedelte man allerdings ins Hotel Laurin, wo man ganze 36 Jahre lang blieb. Verglichen mit dem Weinmarkt brachte die Bozner Weinkost, die anfangs noch den Beinamen „Südtiroler Landesweinausstellung" trug, eine Revolution auf unterschiedlichsten

Lächeln für den Fotografen: Eine gewisse Gasthaus-Atmosphäre prägt die Bozner Weinkost in den Anfangsjahren (das Bild stammt von 1955), Servicekräfte und Besucher scheint's aber nicht zu stören.

In Reih und Glied: Bei der Bozner Weinkost 1962 steht ein beträchtlicher Teil des Südtiroler Weinangebots zur Verkostung bereit.

Volle Konzentration: Das Fachpublikum ist schon bei der Bozner Weinkost von 1962 im Hotel Laurin mit Hingabe dabei.

Unter einem Himmel von (falschen) Südtiroler Trauben findet sich das Publikum 1977 zur Bozner Weinkost ein – durchaus zahlreich, wie auch das Bild zeigt.

Mit dem Liktorenbündel auf dem Cover präsentiert sich der Katalog des Bozner Frühjahrsweinmarkts im Jahr 1929. Es ist eine der letzten Ausgaben des Markts.

Nicht nur die Träger der Veranstaltung waren allerdings neu, neu war auch ihr Format. So sollte die Bozner Weinkost weniger ein Markt sein als vielmehr ein Event, in dessen Rahmen Südtiroler Qualitätsweine einem breiten Publikum präsentiert werden konnten.

Ebenen. So wurde sie von der Handels-, Industrie-, Handwerks- und Landwirtschaftskammer Bozen organisiert, wobei diese auf die Unterstützung des Verbandes der Kellereigenossenschaften und des Südtiroler Weinverbandes zählen konnte. Nicht nur die Träger der Veranstaltung waren allerdings neu, neu war auch ihr Format. So sollte die Bozner Weinkost weniger ein Markt sein als vielmehr ein Event, in dessen Rahmen Südtiroler Qualitätsweine einem breiten Publikum präsentiert werden konnten. So lag der Fokus zwar weiterhin auf der Verkostung heimischer Weine, nach und nach wurde die Weinkost aber durch ein Rahmenprogramm bereichert, das besonders das Fachpublikum aus den – vor allem deutschsprachigen – Hauptmärkten, also aus der Schweiz, Deutschland und Österreich ansprechen sollte.

Diese Entwicklung spiegelt auch die unterschiedlichen Zielgruppen wider, auf die die Handelskammer Bozen als Trägerin ihre Veranstaltung ausrichten wollte. Da war zum einen das heimische, also Bozner Publikum, für das die Weinkost über die Jahre zu einem gesellschaftlichen Ereignis wurde. Wer etwas auf sich hielt, durfte bei der Weinkost nicht fehlen. Hier wurde man gesehen, konnte bei einem guten Glas Kontakte pflegen und mit Weininteressierten fachsimpeln. Zugleich sollten sich aber auch jene auf der Weinkost wohlfühlen, die auf dem Weinmarkt für das gute und schlechte Wetter sorgten. Die Bozner Weinkost war demnach lange Jahre so etwas wie das Barometer für die Stimmung, die der internationale Markt dem Südtiroler Wein entgegenbrachte. Mit entsprechend großer Spannung fieberten Weininteressierte der Weinkost entgegen, auch weil man diese Veranstaltung abwarten musste, um zu erfahren, wie sich die Roten und Weißen des letzten Jahrgangs entwickelt hatten. Fuhr demnach das einflussreiche Fachpublikum – heute würde es wohl den Titel „Influencer" tragen – zufrieden nach Hause, konnten sich Organisatoren und Produzenten sicher sein, dass ein gutes Verkaufsjahr bevorstand.

Auch dies zeigt: Die Bozner Weinkost hat in ihrer Entwicklung stets jene des Weinlandes Südtirol widerzuspiegeln versucht. Die ohne Zweifel wichtigste davon war die Qualitätsrevolution ab Mitte der 1980er-Jahre, die in den Katalogen der Weinkost ebenso offenbar wird wie bei der Wahl der Location. So findet die Bozner Weinkost – mit wenigen Ausnahmen – seit der 73. Ausgabe im Jahr 1995 auf Schloss Maretsch statt. Zugleich ändern sich die

Die Bozner Weinkost war demnach lange Jahre so etwas wie das Barometer für die Stimmung, die der internationale Markt dem Südtiroler Wein entgegenbrachte.

Ansprüche, die man an die Weinkost stellt. Verkaufsveranstaltung ist sie schon lange nicht mehr, bei der Bewertung des Weins haben ihr die Weinführer den Rang abgelaufen und auch als wichtigste Bühne der Präsentation Südtiroler Weine ist sie von den großen Fachmessen, vor allem von der Vinitaly in Verona und der Prowein in Düsseldorf, abgelöst worden. Die Bozner Weinkost hat sich daher in den letzten Jahren zu einer – mittlerweile vom Verkehrsamt der Stadt Bozen getragenen – in erster Linie touristischen Veranstaltung entwickelt. Blickt man über die Landesgrenzen hinaus, spricht sie heute weniger das internationale Fachpublikum an als vielmehr Touristen, die einen Überblick über Südtirols Weinangebot erhalten wollen. Zugleich hat man allerdings auch die Bozner nicht aus den Augen verloren. So wird mit einer ganzen Reihe von Satellitenveranstaltungen in den Stadtvierteln der Fokus auf den Südtiroler Wein gelenkt, was auch zur Folge hat, dass die Weinkost heute stärker als früher das italienische Publikum anspricht – Gäste wie Bozner gleichermaßen.

\\

Grafik 9

Südtirols Wein auf einen Blick

Viele Zahlen, viele Fakten, ein Fazit: Ein Blick auf die Daten zur Südtiroler Weinwirtschaft zeigt, dass hier kleine Betriebe bei optimalen klimatischen Bedingungen vor allem Weiß- und Rotweine herstellen, die in aller Welt getrunken werden.

Der Weinbau in Zahlen

5.750 ha
Rebflächen

4.800
Weinbaubetriebe

Ø 1 ha
Rebfläche pro Betrieb

10.000
Beschäftigte in der Weinwirtschaft

250
Weinproduzenten

40.000.000 Flaschen jährlich

65%
Weißwein

35%
Rotwein

450.000
Flaschen Sekt
jährlich

Welche Bedingungen machen Weinbau in Südtirol möglich?

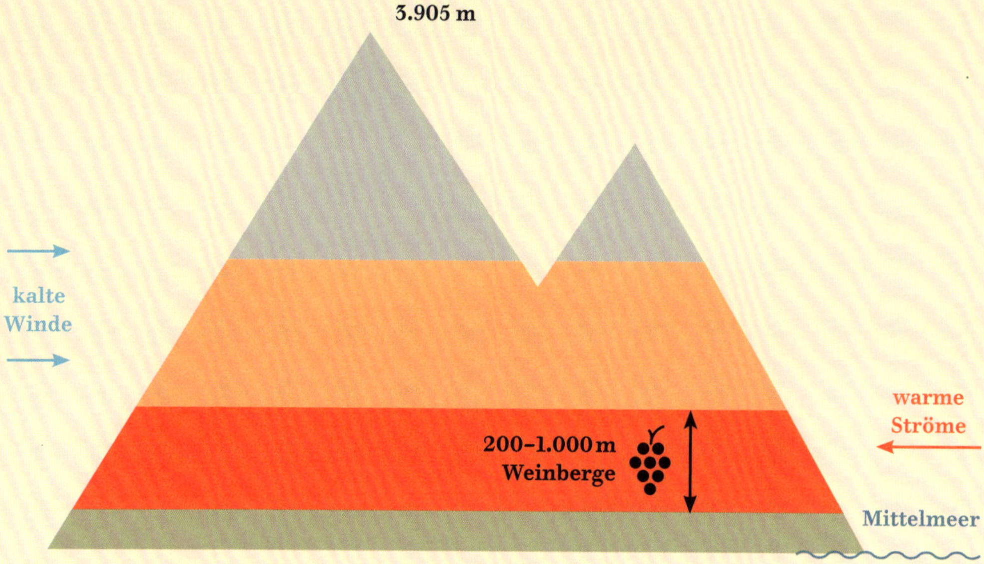

500 bis 800 mm
Niederschlag im Jahr

Großer Temperatur-unterschied zwischen Tag und Nacht

98% Anteil
der DOC Weine an der Produktion

Vielfältige Böden von Porphyr über Quarz bis Kalk und Dolomitgestein

Grafik 9 – Südtirols Wein auf einen Blick

Keine Frage, Wein prägt
Diese Feststellung gilt nicht nur für die kuriose Figur des Saltners mit seiner Federkrone, sondern für ein ganzes Land. Als Beweis genügt ein Blick auf Landschaft, Architektur, Traditionen, Kunst – und nicht zuletzt auf die Gesellschaft in einem Land, das seit Jahrhunderten (mit dem) Wein lebt.

4.

Mensch und Wein

Der Wein in Kunst, Kultur und Gesellschaft

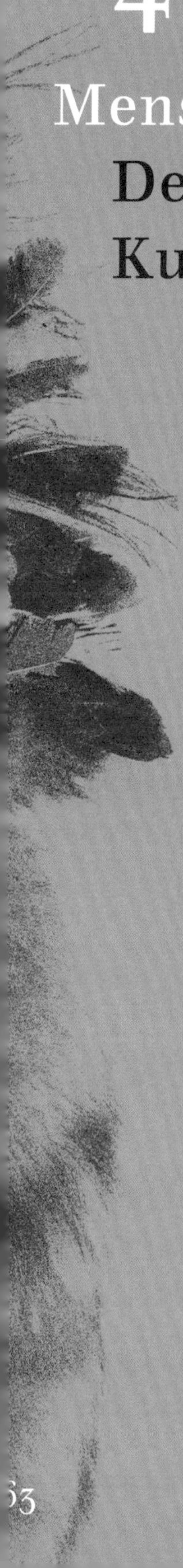

Weintraubenmadonna, Weinheilige und Trinkgelage

Der Wein in der Südtiroler Kunst

// Schon in der Bibel ist das Bild von Traube, Weinstock und Wein eines der häufigsten. Kein Wunder also, dass dieses Bild auch in die sakrale Kunst Eingang fand. So begegnet uns der Wein in Südtiroler Kirchen und Kapellen auf Schritt und Tritt: in Form von Blatt- und Rebenmotiven, aber auch in Gestalt von Weinheiligen und Weintraubenmadonnen. Außerhalb der Kirchen zieren Wein und Weinbau zahlreiche Wappen. Und Trinkgelage sind ein beliebtes Genremotiv.

Leo Andergassen

Traube, Weinstock und Wein sind nicht allein aufgrund biblischer Bezogenheit immer wieder Thema und Begleitmotiv in der abendländischen Kunst. Als fruchtbarer Lebensbaum kommt dem Weinstock herausragende Symbolik zu. Das früheste mittelalterliche Weinrebenmotiv findet sich im frühen 9. Jahrhundert an der Altarwand von St. Benedikt in Mals. In der Gotik ziert die Rebe als Motiv in stilisierter Form die Rückseite von Flügelaltären. Später sind kirchliche Gerätschaften wie Kelche, Monstranzen, Lavabogarnituren und Kanontafeln häufig mit den eucharistischen Gaben Brot und Wein, also Getreideähren und Trauben, bestückt. Seit dem Barock findet sich das Motiv an Tabernakeltürchen und liturgischen Gewändern, an Antependien und Traghimmeln. Am Hochaltar in der Kalterer Kalvarienbergkirche sind weiße und rote Trauben in den Akanthusrahmen gesetzt, Trauben umkränzen gelegentlich Altarsäulen an Barockaltären. Das Altarblatt von Paul Troger, eines seiner wenigen Jugendwerke von 1722, zeigt die Szene, wie Christus am Kreuz mit einem Schwamm Weinessig gereicht wird. Auch das Vortragekreuz der Heiliggrabbruderschaft ist zur Gänze mit Weinlaub und Trauben überzogen.

Wein als Freudengetränk

Der Wein als bacchantisches Freudengetränk findet in den Fresken der Trinkstube in den Grafenhäusern von Tramin Berücksichtigung. Hier ist es Janus, mit Weinlaub bekrönt, der die Weintrauben

Diese Weintraubenmadonna hat Claus Maler um 1490 geschaffen. Heute hängt das Tafelbild im Diözesanmuseum in der Brixner Hofburg.

In Tschötsch bei Brixen begegnet man Weintrauben sogar beim Gang in die Kirche. In der geschnitzten Variante empfangen sie die Gläubigen auf den Kirchenbänken aus dem 18. Jahrhundert.

Ein Weintraubenmotiv ziert das Kapellenportal von Schloss Tirol. Entstanden sind die Motive um 1130/1140.

in Händen hält. Der Maler Bartlmä Dill-Riemenschneider hat das antikische Götterideal mit dem frohen Treiben einer Trinkgesellschaft verbunden und unterstreicht damit in einer Zeit voller Glaubenskonflikte die (Un-)Tugend des Trinkens als anti-„kirchisches“ Programm. Nicht umsonst formieren sich in der beginnenden Gegenreformation zahlreiche Trinkgesellschaften. So trat beispielsweise der Jerusalempilger Jakob VI. Trapp 1550 in Bozen einem Bund bei, der unter Strafe von zwei Gulden das Zutrinken in jeder Form untersagte.

Trinkstuben aus dem 16. Jahrhundert gibt es mehrere. Ein großer Saal in Schloss Freudenstein in Eppan ist mit Weinblattranken ausgemalt, Trinksprüche an den Wänden belegen die alte Raumnutzung. Zahlreiche Zechgäste haben ihren Namenszug an den Graffitis hinterlassen. In der Trinkstube von Bruneck (heute Apotheke) malte Ulrich Springenklee 1526 symbolische Szenen um Wein und Tugendleben. Die moralisierenden Sprüche an den Wänden lassen in der frohen Trinkerschar eine kulturell hoch interessierte Gruppe lokaler Adeliger sehen, die humanistisch gebildet und reformatorisch inspiriert war. Weinranken besetzen auch einen Raum in Schloss Moos in Eppan. Das 1547 ausgemalte Gewölbe in der Renaissanceloggia von Ansitz Freienfeld in Kurtatsch zeigt Rebenranken, die mythologischen Szenen aus den Metamorphosen des Ovid bekunden die weltzugewandte Lebensfreude.

Das Bildmotiv des Trinkgelages tritt erst ab dem Barock auf. Der einen Becher hochhaltende Landsknecht in Eyrs ist für das 16. Jahrhundert kein Einzelstück. Im Lanserhaus in St. Michael/Eppan waren einmal ähnliche Motive zu sehen. Die Genremalerei des 17. Jahrhunderts hat das Trinkgelage in den Themenparcours gehoben. Vom Eppaner Barockmaler Johann Georg Plazer gibt es in den Gesellschaftsbildern mit „Wein, Weib und Gesang“ zahlreiche Zechszenen und bacchantische Gelage. Ulrich Glantschnigg malte in Bozen bäuerliche Trink- und Kellerlichtszenen.

Von den mehrfach dargestellten biblischen Ereignisbildern ist es nicht allein das Abendmahl, das nicht ohne die Darstellung von Kelch und Wein auskommt. In der Hochzeit zu Kana kommt es zu einer späten, aber doch freudig aufgenommenen Verwandlung von Wasser in Wein. Die Fresken in der Burgkapelle von Hocheppan zeigen schon um 1200 u.a. auch diese Szene, die als erstes öffentliches Wunder Christi gilt.

Trauben und Arbeitsgeräte in der Heraldik

Zu den ersten Darstellungen gehören Hauszeichen und Bauernwappen, die entweder die Rebfrucht oder Arbeitsgeräte heraldisch besetzen. Weinanbaugebiete sind geradezu vollgeräumt damit. In der Überetscher Heraldik begegnet mehrfach die Traube. So ist in der Kirche von St. Vigil in Altenburg an den Schlusssteinen auf die Weinbauern verwiesen. In Pfuß trägt ein Haus neben der Rochuskirche einen Wappenstein mit einer Pflugschar und einem Rebmesser. Im Langhaus der gotischen Katharinenkirche in Mitterdorf ist es eine Traube, die einen Konsolstein ziert. Ebenso im Chor von

Zu den ersten Darstellungen gehören Hauszeichen und Bauernwappen, die entweder die Rebfrucht oder Arbeitsgeräte heraldisch besetzen. Weinanbaugebiete sind geradezu vollgeräumt damit.

Auch im Rittersaal von Schloss Tirol begegnet man Weintraubenmotiven, die um 1140 geschaffen wurden.

In einer um 1440 entstandenen Handschrift, die im Diözesanmuseum in Brixen verwahrt wird, ist für Oktober das Zerstampfen der Trauben Motiv des Monatsbildes.

Das Rebenschneiden und -binden ziert in derselben Handschrift des Bildes oben links das Monatsbild für April.

Wer sagt, dass Kunst immer ernst sein muss? Bartlmä Dill-Riemenschneider verewigt 1547 ein Trinklied an der Wand der ehemaligen Trinkstube in den Traminer Grafenhäusern. Der Text: „O alle folle, alle foll / Kannen leer“.

Weintrauben und einen Weinbecher hat Bartlmä Dill-Riemenschneider 1547 seinem Janus, dem doppelköpfigen römischen Gott des Anfangs und des Endes, in die Hände gegeben (Grafenhäuser, Tramin).

Sinnbildlich für den Herbst steht in Schloss Velthurns die Weintraubenernte. Die 1582 geschaffene Szene zeigt: Zwischen Rebe und Glas steht jede Menge Handarbeit.

Die Madonna, die dem Kind eine Traube reicht, hat Michael Pacher um 1465 für die Pfarrkirche in St. Lorenzen geschaffen.

Der hl. Urban gilt als einer der Schutzpatrone des Weinbaus, seine Statue – hier eine aus dem 18. Jahrhundert aus der Pfarrkirche von Tschars – wurde daher auch bei Prozessionen mitgetragen.

Die Verbindung von Weinmetaphorik und Maria, dem Rebstock der Traube Christus, ist häufig. Die Krone der Jungfrau kann mit Weinlaubblättern bestückt sein, ihr Zepter folgt gelegentlich der Form eines Rebstocks, Maria kann die Weinrebe in ihrem Schoß aufnehmen oder als Gärtnerin des Weinstocks auftreten.

St. Anton, wo am rechten Chorscheiteldienst Traube und Weinblatt aufscheinen. Generell verweist es hier wohl wie die Tiere im Gegenüber auf den Bauernstand, den Erbauer der prächtigen Kirche.

Das Motiv von Traube und Weinbaugerät findet sich im bäuerlichen Bereich auch in Lagen, in denen einmal verstärkt Weinbau betrieben wurde, so am Tschutscherhof in Lajen oder an einem Bildstock am Lajener Ried. Schöne Bauerngerätschaften zeigt der 1503 geschaffene Türsturz beim Unterbuchfelder im Lajener Ried: Am Wappenschild sind zwei überkreuzte Weinberghauen über einem Reber gezeigt, seitlich geht je eine Weintraube davon aus. Zwei überkreuzte Reber zieren den Türscheitel beim Merann in Ums/Völs, einer findet sich am 1542 geschaffenen Türgewände des Schmalzhofes in Unterglaning. Die heraldischen Embleme der Binder haben naturgemäß mit Fässern, Winkelhaken und Holzhammer zu tun. Die Traube als Wappenbild kommt natürlich mehrfach vor: so bei den adeligen Familien Dorffner zu Angerheim, Kugstatscher von Treuensinn, Mayrhauser von Spermannsfeld, Mersi, Neuner von Breiteneck, Schrentewein, Sutori, Tanvini, von Weinberg, Weinhart von Thierburg und Vollandseck sowie Werthwein. Zumeist wird die Traube von einem Löwen oder einem Bären gehalten. Die Jenner in Klausen haben einen Bären im Wappen, der von einer Weintraube nascht.

Die Weintraubenmadonna

Als Symbole bleiben Traube und Wein nicht ausschließlich auf Weingegenden beschränkt. Die religiöse Implikation der Traube machte die Frucht bildwürdig – vor allem in Gegenden, in denen Weinbau betrieben wurde. So stammt das Tafelbild der Traubenmadonna im Brixner Diözesanmuseum aus Tils im Eisacktal. Die im Pacherkreis entstandene Tafel drückt der Madonna eine weiße Traube in die Hand, an der Brüstung im Bildvordergrund liegen zwei weitere Trauben, insgesamt kann hier die Rebfrucht als ein trinitarisches Symbol gedeutet werden. Die roten Kirschen verweisen auf die Passion Christi, auch der mit Wein gefüllte Becher.

Die Verbindung von Weinmetaphorik und Maria, dem Rebstock der Traube Christus, ist häufig. Die Krone der Jungfrau kann mit Weinlaubblättern bestückt sein, ihr Zepter folgt gelegentlich der Form eines Rebstocks, Maria kann die Weinrebe in ihrem Schoß aufnehmen oder als Gärtnerin des Weinstocks auftreten. Auch die Traube in der Hand Mariens ist ein beliebtes Motiv vor allem in der Kunst der Gotik. Im „Dom auf dem Lande", der Pfarrkirche von St. Pauls, steht an einem Kirchenpfeiler das Bild einer Maria, die dem Christkind die Traube reicht. So greift auch Michael Pachers Christkind vom Hochaltar in St. Lorenzen nach der Traube, die Maria bereithält, ebenso die in der Werkstatt Pachers entstandene Madonna in der Alten Grieser Pfarrkirche.

Der Griff des Kindes nach der Frucht ist symbolisch ein Bild der Akzeptanz von Leiden und Passion. Der rote Saft der Frucht ist in seiner liturgischen Verwendung ein Bild für die Konkretheit von Christi Blut.

Besondere Gestalten: die Weinheiligen

Kälte, Frost, Dürre und Regen setzen alljährlich den Weinreben zu. Die alten Weinbaugebiete haben daher jeweils ihre eigenen Schutzpatrone. Insgesamt sind es ca. 70 Heilige, die ihre Zuständigkeit auch im Weinbereich haben. Im südlichen Tirol werden zu den Patronen des Weinbaus Papst Urban I., der Erzmärtyrer Laurentius und der Madrider Bauernheilige Isidor gerechnet. In Kaltern ist der Ackerbauer Isidor von Madrid der Patron der 1632 begründeten Bauernbruderschaft, der vorwiegend Weinbauern angehörten. Das von Jakob Poder geschnitzte Ferkulum (Tragefigur) gibt in den Ziergestecken dem Ackerbauern auch Weintrauben bei.

Papst Urban sind nur vereinzelte Altäre geweiht. Sein Bild ist im kirchlichen Bereich selten. Kirchenpatron ist Urban allein in Niedervintl, einer Gegend allerdings, in der heute kein Wein gedeiht. Das Deckenbild von Joseph Anton Zeiller (1763) über der Orgelempore zeigt den heiligen Papst mit der blauen Traube. In der Pfarrkirche von Bozen war Urban Altarpatron, auch in Karneid, wo der Heilige zusammen mit Sylvester am Seitenaltar durch Franz von Teutenhofen 1669 dargestellt ist, in St. Magdalena in Rentsch, wofür derselbe Maler den Heiligen mit Josef zusammenbrachte. In der Kreuzkirche von Schreckbichl malte Albert Stolz 1937 den Bauernheiligen an die Kirchendecke, aus barocker Zeit hat sich eine kleine geschnitzte Statuette erhalten. In der Söller Mauritiuskirche ist Urban Patron am Seitenaltar. Die dortige Kirche birgt eine spätgotische Urbanistatue. Das älteste Urbansbild hütet St. Justina in Prazöll bei Bozen. Dort gibt es eine Plastik aus der Zeit um 1440, die Urban jedoch als Bischof zeigt (eine spätere Umwidmung ist nicht auszuschließen). Auch in St. Peter in Lana gibt es einen Urbansaltar, an dem das Blatt den Heiligen mit Keule und Schwert, seinen Marterinstrumenten, zeigt.

Die Legende des Papstes findet hingegen kaum eine Rezeption. Da die Verehrung des Heiligen häufig an Bruderschaften gekoppelt war, tritt sein Bild vorwiegend an Prozessionsgegenständen auf. Zeitgenössische Darstellungen zeigen Urban immer häufiger als Bischof, mit der Mitra als Kopfbedeckung. Gemeint ist dabei der hl. Urban, Bischof von Langres, der in Frankreich als lokaler Weinpatron verehrt wird. Der wundertätige Bischof ist in der legendären Schilderung in der Lage, es regnen zu lassen oder den Regen zu stoppen. Denkbar bleibt, dass das Weinpatronat des Bischofs von Langres vom gleichnamigen Papst übertragen wurde. Zu den älteren Darstellungen des Papstes Urban zählt eine Glasmalerei in der Pfarrkirche von Niederlana. Die Scheibe ist mit 1496 datiert, als Stifterwappen ist eine Bauernheraldik mit Traube und Sichel beigegeben. Auch am Leitacher Törl an der Bozner Pfarrkirche, wo zwei Steinfiguren unter einer steinernen Rebe als Winzer (mit Reber) und Winzersfrau

Kälte, Frost, Dürre und Regen setzen alljährlich den Weinreben zu. Die alten Weinbaugebiete haben daher jeweils ihre eigenen Schutzpatrone. Insgesamt sind es ca. 70 Heilige, die ihre Zuständigkeit auch im Weinbereich haben.

Der hl. Urban, Papst von 221 bis 230, verdankt sein Weinpatronat der Verordnung, liturgische Gefäße hätten aus Edelmetallen zu sein. Sein Festtag fiel auf den Tag, der nach dem altdeutschen Kalender das Eigentum am Ertrag des bearbeiteten Weinberges brachte.

(mit einem kleinen Holzfass) gegeben sind, tritt der Heilige im frühen 16. Jahrhundert als Wandmalerei auf.

Der hl. Urban, Papst von 221 bis 230, verdankt sein Weinpatronat der Verordnung, liturgische Gefäße hätten aus Edelmetallen zu sein. Sein Festtag fiel auf den Tag, der nach dem altdeutschen Kalender das Eigentum am Ertrag des bearbeiteten Weinberges brachte. Die Ehrfurcht vor dem Wein als dem Blut Christi ließ ihn zum Patron des Weines, des Weinanbaus, der Winzer und Kellermeister werden. Im Burggrafenamt gibt es noch zahlreiche Urbanistatuen, die in der Prozession mitgeführt werden, so in Marling, Riffian, Gratsch, Algund, Dorf Tirol, Kuens und Schenna. Nicht selten wird von Vorfällen berichtet, der Heilige sei von seinem „Kellerbesuch" nur mehr kopfüber heimgetragen worden. Der Lananer Prozessionsstatue werden anlässlich der Mariä-Geburt-Prozession die ersten reifen Trauben umgehängt.

Laurentius und Johannes Evangelist (mit Weinkelch als Attribut) sind in Südtirol weniger als Weinpatrone gefeiert. Magdalena wird als Weinheilige in Plazedöll bei Bozen-Rentsch und in Gratsch verehrt. Der Grund für ihr Weinpatrozinium dürfte in der Form ihres Attributes, dem Salbgefäß, liegen. Dem spanischen Diakon Vinzenz von Saragossa, der in Frankreich als Weinheiliger verehrt ist, ist im Ansitz Grießenstein in Lana eine Kapelle geweiht. Bischof Ingenuin von Säben trägt an einer spätgotischen Holzbüste im Brixner Diözesanmuseum eine goldene Traube am Buch. Da er als Wetterheiliger verehrt wird, ist er auch für den Weißtraubenanbau im mittleren Eisacktal zuständig. Bischof Korbinian von Freising ist im Burggrafenamt als Weinheiliger verehrt.

Die Arbeit im Weinberg

Erst im Laufe des 19. Jahrhunderts mehren sich die genrehaften Schilderungen der Arbeit im Weinberg. Im Spätmittelalter sind sie um 1400 in den Fresken des Trienter Adlerturms thematisiert. Das Bestellen der Weingärten und die Weinlese sind hier zu sehen. Den Arbeiten gilt der Detailblick. So ist das Abschneiden der weißen und roten Trauben gezeigt, das Tragen der Früchte in den Zummen, das Einleeren in große Bottiche, das Zerstampfen der Beeren, das Verkosten der Maische und das Wegtragen des Traubensaftes in kleinen Holzfässern, die an einer Stange am Rücken getragen werden. Auch die Arbeit an der Torggl, deren Baum von zwei Männern bewegt wird, findet Aufnahme in das Oktoberbild. Auch an der Fassade der Pinzoner Stephanskirche gibt es um 1460 die Darstellung eines Weinbauern, der mit der Hacke über der Schulter von seiner Arbeit heimkehrt. Ein interessantes Votivbild haftet an der Südfassade von St. Nikolaus in Mittelberg am Ritten: Hier bringt ein Fuhrmann Weinfässer mit einem Ochsengespann über den Pass. Nikolaus mag als Fuhrleutepatron den günstigen Verlauf der beschwerlichen Weinfuhre beeinflusst haben.

Die Monats- und Jahreszeitenbilder des 17. Jahrhunderts berücksichtigen mit einer gewissen Vorliebe den Weinanbau und die Weinlese, so in den Zyklen des Leandro Bassano, die mehrfach durch Stephan Kessler und seine Werkstatt kopiert wurden. Das bereits 1584 entstandene Jahreszeitenbild für den Sommer in Schloss Velthurns thematisiert ebenfalls die Weinlese. Die 1572 entstandenen Monatstriumphzüge im Churburger Jakobszimmer zeigen am Septemberbild die Personifikation der DVLCEDO, der Süße, die einen Weinbecher in Händen hält, der Monat Oktober steht unter dem Begriff der PINCERNA, des Trinkgelages, das u.a. auch von CRAPVLA, dem Katzenjammer, begleitet ist. Arbeit an Weinfässern dokumentiert der barockzeitliche „Kellerlichtmaler“ Ulrich Glantschnigg. In seinem Toggenburger Bilderzyklus begegnen mehrfach Kellerszenen, auch frohes Zechen in bäuerlicher Runde. Weinanbau, Weingenuss und Kunst finden immer dann zu einer Zweckgemeinschaft zusammen, wenn es um die Darstellung der „positiven“ Wirkungen des Weinkonsums geht, aus denen Geselligkeit und Lebensfreude kommen.

\\

Wein und Kunst
Wer befruchtet wen?

// Wein war stets ein besonderes Getränk. Das ist in Südtirol nicht anders: Schon bei den Rätern spielte er eine wichtige zeremonielle Rolle, danach findet er Eingang in Kultur und Gesellschaft. Auch Künstler aller Epochen nutzen den Wein in einer gleich doppelten Rolle: als Gegenstand und Treibstoff ihrer Kreativität.

Daran hat sich über die Jahrhunderte wenig geändert. Im Gegenteil: Der Wein befeuert die Kunst bis in die Gegenwart, was die folgenden Seiten eindrücklich beweisen. Schließlich setzt die Weinwirtschaft in Südtirol, wenn es um ihren visuellen Auftritt geht, nicht nur architektonisch auf innovative, ins Auge stechende Bauten, sondern bietet darin auch Künstlerinnen und Künstlern Platz, Bleibendes zu schaffen.

Die enge Beziehung zwischen Wein und Kunst in Südtirol endet also nicht mit Traubenmadonnen und Christus in der Kelter, sondern setzt sich bis heute fort: zwar mit neuen Techniken, neuen Herangehensweisen und neuen Darstellungsformen, aber stets mit derselben Rolle von Wein und Kunst – einer sich gegenseitig befruchtenden. \\

Altes Gewölbe, neue Akzente: Der in Meran lebende Künstler Manfred Alois Mayr setzt im Durchgang vom Barriquekeller der Kellerei St. Michael-Eppan in einen Verkostungsraum auf Schwefelgrün (als Anspielung auf das über Jahrhunderte genutzte Mittel im Weinberg) und das Motiv des Flaschenhalses.

„Wine Tube 350 Lt." nennt Manfred Alois Mayr sein Werk an der Decke der Traubenannahme in der Kellerei St. Michael-Eppan. Der Künstler macht damit aus einem rein funktionellen Raum ein Erlebnis.

Eine rote Stahlschlinge, fast schon so etwas wie ein Markenzeichen des in Mals geborenen und in Meran lebenden Bildhauers Eduard Habicher, empfängt Besucherinnen und Besucher der Kellerei St. Michael-Eppan.

Wiesenknopf

Das Verhältnis von Kunst und Natur beleuchtet das österreichische Künstlerduo Lois und Franziska Weinberger.
Für das Weingut J. Hofstätter in Tramin hat es 24 Pflanzentafeln geschaffen, die – abstrakt und in Worten – auf Wildpflanzen hinweisen.

In Innsbruck und Berlin ist die Künstlerin Lies Bielowski zu Hause, die den Eingang zum Weinverkauf des Weinguts J. Hofstätter in Tramin geschaffen hat. Dort ist die Natur nun gleich doppelt vertreten: mit dem Naturprodukt Wein und großformatigen Abbildungen von Blättern.

Wände mit Eigenleben: Manfred Alois Mayr verwendet für die Wände der Rezeption des Weinguts Manincor in Kaltern Kupfervitriol, dessen Farbe sich über die Zeit ändert. Weinbauern dürfte das Blau bekannt vorkommen, ist es doch vor allem auf dem Holz alter Pergln zu finden: als Überbleibsel des Kupfereinsatzes im Weinberg.

Weil die Pergl in der Südtiroler Weinlandschaft immer seltener wird, hat der in Basel geborene und in Berlin lebende Künstler Erik Steinbrecher für das Weingut Manincor in Kaltern eine neue, ganz eigene geschaffen: aus Metall.

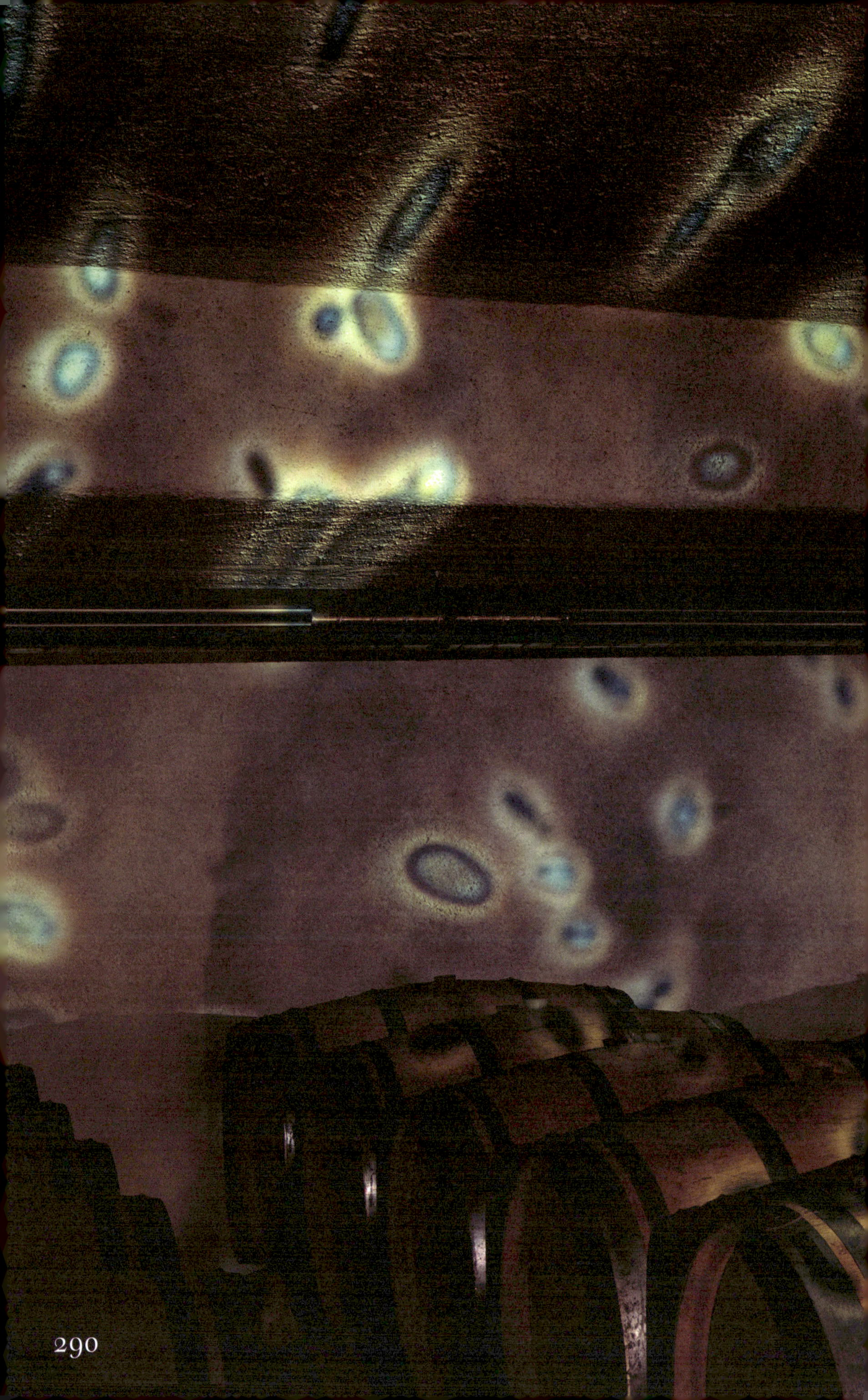

Alle Sinne spricht die Kunst im Ansitz Löwengang des Weinguts Alois Lageder in Margreid an: vom Werk „Von der Sehnsucht im Einklang mit der Natur zu leben“ des Schweizers Christian Philipp Müller über die „Astral Maps“ von Matt Mullican bis zur Klanginstallation „ninna-nanna per barriques e archi“ von Mario Airò.

Das Schöne mit dem Nützlichen verbinden: Carsten Höller und Rosemarie Trockel haben dieses Bienenhaus für das Weingut Alois Lageder in Margreid geschaffen.

Mode vergeht, Stil bleibt

Gedanken zum Erscheinungsbild des Weins

// Alter Wein in neuen Flaschen: Was sich als Sprichwort durchgesetzt hat, ist bei manch einem Wein (leider) zur Realität geworden, setzt man da und dort doch auf ein Erscheinungsbild, das dem Inhalt nicht gerecht wird. Etiketten, Flaschenformen, Flaschenstärke, Verschluss: All dies muss zu einem stimmigen Weinerlebnis beitragen und zudem Ansprüchen in Sachen Lagerung, Transport und Nachhaltigkeit genügen. Und dabei gilt es auch noch, ein möglichst zeitloses Erscheinungsbild zu schaffen.

Manfred Alois Mayr

Wenn Weine blind verkostet werden, also ohne sich von der Botschaft der Etiketten und vom Verpackungsdesign beeinflussen zu lassen, zählt zunächst nur der Inhalt, die „materia prima". Und wenn sich die Aromen des Weins entfalten, bleibt wie bei Bildern vieles im Gedächtnis und in Phantasien haften. Unbeeinflusst vom Bekanntheitsgrad der Kellerei und vom visuellen Auftritt – sprich vom Etikett – werden die gesamte Vielfalt und die Charaktereigenschaften des Weins wahrgenommen. Fast so wie früher die Menschen ohne Navi die Wege und Zeichen der Natur zu lesen wussten ...

Was zuletzt folgt, sind die Enthüllung und der prüfende Blick auf die Flaschenform und auf die Botschaft des Etiketts. Lag ich mit meinen Geschmacksnerven und all meinen Überlegungen richtig? Ist auch das äußere, das optische Auftreten in Bezug auf Inhalt und Form charakteristisch und stimmig? Vermittelt es den Charakter und die Philosophie des Winzers? Steht das Etikett auch im Kontext zur Tradition und gewachsenen Kultur der Kellerei?

Den meisten in der Runde der Verkoster ist das Etikett bekannt, über das Erscheinungsbild wird jedoch kein Wort verloren. Kritisch betrachtet ist es austauschbar. Die Flasche trägt ein unpersönlich-modisches Outfit, die Verbindung zu einem qualitätsvollen Wein erschließt sich mir nicht. Das Etikett stellt alles eher als ein Abbild des realen Inhalts dar. Der reale Inhalt, der Wein, ist also „besser" als das Etikett. Dabei gilt „gefühlte Qualität" auch für das Erscheinungsbild, also die Verpackung einer Weinflasche und für eine produktgerechte Kommunikation.

Neue Möglichkeiten, überschwängliche Gestaltung

Früher hatten die beschränkten drucktechnischen Möglichkeiten gezwungenermaßen eine reduzierte Etiketten-Sprache zur Folge. Heute verführen all die modernen Drucktechniken – von der individuellen Stanzform bis zur Heißfolienprägung, von der Relief-Lackierung bis zur 3D-Flaschenprägung – dagegen meist zu einem unsensiblen und überschwänglichen Gestaltungsdrang. All die innovativen Anwendungsmöglichkeiten und die breite Auswahl an Papieren und Flaschenformen scheinen viele Gestalter, Winzer und Weinproduzenten also in unpassende, weil austauschbare Richtungen zu leiten anstatt sie in Richtung zeitloser Eleganz zu führen. Schließlich hängt die Sprache des Verpackungsdesigns auch von einer ausgewogenen Anwendung und von der gerechten Verarbeitung der Materialien ab. Reduktion wäre meist ratsamer, denn: Weinetiketten sollen nicht zur Spielwiese der Marketingberater werden.

Und doch: Wechseln die Geschäftsführer oder wirtschaftlichen Umstände, demonstriert man dies gern plakativ durch ein Gesichtslifting, dem in so mancher Kellerei legendäre Etiketten zum Opfer gefallen sind, die sich die Konsumenten bereits eingeprägt hatten. Respekt und Wertschätzung erweist man einem bereits gut positionierten Etikett dagegen in erster Linie, indem man durch ein Re-Design bzw. durch die Adaptierung wertvoller grafischer Qualitäten einen nahtlosen Übergang vom „Mutteretikett“ zum heutigen Zeitgeist entwickelt. Ohne Moden nachzulaufen, können so neue Wege aufgezeigt und eine Brücke zwischen Tradition und Zeitgeist geschlagen werden. Schließlich muss es Ziel sein, die Lebensdauer eines bereits unverwechselbaren und eingeprägten Etiketts zu verlängern. In unserer kurzlebigen Zeit, in einer Wegwerfgesellschaft passiert allerdings meist das Gegenteil.

Respekt und Wertschätzung erweist man einem bereits gut positionierten Etikett dagegen in erster Linie, indem man durch ein Re-Design bzw. durch die Adaptierung wertvoller grafischer Qualitäten einen nahtlosen Übergang vom „Mutteretikett“ zum heutigen Zeitgeist entwickelt.

Leichter Wein in schweren Flaschen

Ähnliche Überlegungen wie für das Etikett gelten auch für Form und Gewicht der Flaschen. Müssen nicht auch diese stimmig sein? Form und Mantelstärke einer Schaumweinflasche leiten sich etwa vom Verarbeitungsprozess und dem dabei entstehenden immensen Druck ab, dem es standzuhalten gilt. Aber warum werden gerade in der heutigen Zeit, in der auch Nachhaltigkeit und Transportgewicht Thema sind, manch leichte Weine aus rein praktischen oder formalen und modischen Gründen in schwere Flaschen gefüllt?

Ergeben solche Entscheidungen Sinn? Ist das haptische Gefühl beim Öffnen und Einschenken eines Weins nicht auch Teil eines Sorten- und Qualitätsgefühls? Spielt das Zelebrieren und das Öffnen einer Weinflasche samt phonetischem „Plopp“ nicht auch eine emotionale Rolle? Und was tun, wenn visuelle und haptische Überlegungen mit solchen zu Lagerung und Nachhaltigkeit in Konflikt geraten, etwa bei der Entscheidung zwischen einem Korken- und einem Schraubverschluss?

Etiketten mit Geschichte

Auch wenn die Frage nach der Nachhaltigkeit eine neue sein mag, ist jene nach dem richtigen „Packaging“ doch so alt wie der Weinhandel selbst. So wurden zu Beginn des Fernhandels in der Antike ägyptische, griechische oder römische Transport-Amphoren mit Siegel bzw. Amphorenstempeln markiert. Diese galten jedoch vorwiegend als Marke der Gefäßproduktion und nur selten auch als Warenkennzeichnung. Die Kennzeichnung wurde meist mittels Einritzungen, Anhängern aus Ton, Holz oder Papier vorgenommen. Zudem wurden die aus Ton gebrannten Amphoren-Transportgefäße meist nur als Einwegbehälter verwendet oder fanden auch für einen anderen Zweck Verwendung. Hochwertige Amphoren, Weinkrüge und Trinkgefäße wurden jedoch von den Griechen kunstvoll bearbeitet und mit Weinmotiven in schwarz- oder rotfiguriger Malweise verziert.

Erst als man die Qualität der Weiß- oder Rotweinsorten hervorheben wollte, begann man, auf 0,75-Liter-Flaschen in der passenden Form zu setzen. Als beliebte Etikettenmotive wurden Wappen, Urkunden, Lagen-Karten, Kellereigebäude oder auch sakrale Motive, etwa der hl. Urban als Weinpatron, gewählt.

Erst mit der Einführung der Glasflasche begann man, Papier-Etiketten, oft auch nur von Hand beschriebene Zettel, mit Kleister auf diese Gebinde aufzukleben, um den Inhalt bzw. das Produkt zu kennzeichnen. Diese Zettel markieren den Beginn der Weinetikette, die über wesentliche Komponenten wie Weinproduzent, Sorte und Anbaugebiet informierte.

Zugleich wurde der Großteil der Weinproduktion allerdings – in Südtirol bis herauf in die 1960er-Jahre – in Weinfässern oder großen Korbflaschen an Wirts- und Gasthäuser geliefert oder im Verkauf in Flaschen oder offen in Karaffen abgefüllt. Darauf folgten Liter- oder Doppelliter-Flaschen, die mit einfachen, meist aus Muster-Katalogen ausgewählten Hals- oder Grundetiketten beklebt waren. Sie wurden meist nur mit einer Rand-Verzierung, mit der Abbildung eines allgemeinen Pergl-Motivs oder einem Trauben-Sujet bedruckt. Nach Wunsch des Weinproduzenten konnten sie jedoch auch mit individuellen Abbildungen, Angaben und Namen ergänzt werden. Als luftdichter Verschluss diente meist ein Standard-Kronkorken. Erst als man die Qualität der Weiß- oder Rotweinsorten hervorheben wollte, begann man, auf 0,75-l-Flaschen in der passenden Form zu setzen. Als beliebte Etikettenmotive wurden Wappen, Urkunden, Lagen-Karten, Kellereigebäude oder auch sakrale Motive, etwa der hl. Urban als Weinpatron, gewählt.

Strengere Richtlinien, freiere Gestaltung

Erst im Gefolge der regionalen Qualitätsprüfung, von grafischen Basisrichtlinien und EU-Normen wurden die

Nur das Notwendigste: Was steckt in der Flasche und von wem kommt sie? Das sind die Informationen, die Etiketten in den Anfängen vermitteln mussten.

Die Kalterer Weinberge als Visitenkarte nutzte Josef Baron Di Pauli auf seinen Etiketten.

Noch heute wird auf der Schulthauser-Etikette der Kellerei St. Michael-Eppan eine traditionelle Steinlithografie verwendet.

Über eine lange Zeit hinweg ein für Südtirol typisches Etikett: idyllische Darstellung der Landschaft, traditionelle Typografie

Nicht nur der Weine, sondern auch der über Jahrhunderte behutsam gepflegten Gestaltung wegen dienen weltweit bekannte Marken bis heute als Referenz: Etiketten aus dem berühmten Château Mouton Rothschild, gestaltet von unterschiedlichen Künstlerinnen und Künstlern – darunter Picasso, Francis Bacon und Niki de Saint Phalle.

Weinproduzenten verpflichtet, Angaben wie Qualitätsstufe, Abfüller, Alkoholgehalt, Volumen, amtliche Prüfungsnummer auf dem Etikett anzugeben. Der Flaschenbauch wird nun vom kleinen Weinbauern bis zu den großen Weinproduzenten neben optoelektronisch lesbaren Daten wie Strich- oder QR-Code auf der Rückenetikette als Werbefläche für die eigene Marke bzw. als Visitenkarte genutzt. Zudem wird der Korkzylinder meist mittels Brandstempel individuell bedruckt und mit einem Logo versehen. Individuelle Veredelungen wie unbedruckte oder farbige Reliefs am Kapselkopf oder Kapselmantel bilden meist den Abschluss des visuellen Auftritts. Und dank einiger umweltbewusster Weinhersteller spielen trotz aller drucktechnisch aufwendigen Gestaltungsprozesse recyclebare Materialien und umweltfreundliche Überlegungen im Flaschendesign eine immer wichtigere Rolle.

> Während vorwiegend die Franzosen auf die klassische Kalligrafie setzen, tendieren u. a. auch manche Südtiroler Weinkellereien zu geschmäcklerischen Schrift- und Bild-Etiketten. Noch dazu sind wir auch in der Weinbranche bei einem „visuellen Wegwerfstatus" und einer Bilderflut angelangt, die visuelle Lautstärke wird immer höher gedreht.

Das Weinetikett aus der Sicht des Künstlers

Als unübertroffenes Vorbild gelten Weinkennern zweifelsohne die legendären Château-Mouton-Rothschild-Pauillac-Etiketten, die von großen Namen wie Chagall, Braque, Picasso, Warhol oder Keith Haring geschaffen wurden, deren Originale übrigens meist für die private Kunstsammlung Rothschilds angekauft wurden. Auch die behutsam überarbeiteten Etiketten von Niepoort-Colheita und Penfolds-Grange haben sich bereits beispielhaft in die Meisterstücke von Weinetiketten eingereiht. Ihre Schriftbild-Etiketten tragen durch die gestalterische Klarheit und grafische Qualität zu einem zeitlosen Auftritt und zur Bekanntheit des jeweiligen Weingutes bei.

Während vorwiegend die Franzosen auf die klassische Kalligrafie setzen, tendieren manche Südtiroler Weinkellereien zu geschmäcklerischen Schrift- und Bild-Etiketten. Noch dazu sind wir auch in der Weinbranche bei einem „visuellen Wegwerfstatus" und einer Bilderflut angelangt, die visuelle Lautstärke wird immer höher gedreht. Trotzdem gilt festzuhalten, dass sich parallel zum allgemein hohen Qualitätsanspruch der Weinproduktion auch in Südtirol einige Kellermeister und Weinproduzenten der Tradition eines angemessenen und zeitgemäßen Auftritts verpflichtet fühlen, der die Wertigkeit des Inhalts auch nach außen spiegelt.

Neu ist schließlich die Diskussion, wonach mit Blick auf gesundheitsschädliche Wirkungen bei Überkonsum von Wein künftig ähnlich wie bei Zigarettenpackungen Warntexte und abstoßende Bilder auf Weinetiketten angebracht werden sollten. Ich stelle mir die Frage: Soll eine solche visuell-verbale Botschaft am Esstisch wirklich mit erhobenem Zeigefinger meinen Genuss begleiten?

Zerfällt unsere Trinkkultur durch absurde Gesetze? Hat das noch mit gelebter Alltagskultur und einem seit Jahrhunderten bewährten Genussmittel zu tun? Für jeden Grafiker und Künstler wäre es in jedem Fall eine widersprüchliche Herausforderung, Etiketten zur Warnung vor „Gift" zu gestalten.

Wein, Kunst und Eros

Der Wein, auch Göttertrunk genannt, hat Künstler, Dichter und Denker zu großen Werken inspiriert. Schon im Urtext der Bibel wird direkt oder indirekt in über 300 Zitaten auf Wein Bezug genommen und in Sakralbauten ist der Wein als häufiges Thema von Wandmalereien und Tafelbildern zu finden. Große Kunstwerke aller Epochen thematisieren den Wein: vom Letzten Abendmahl über Christus in der Kelter oder der Trunkenheit von Noach bis hin zum Hochzeitsfest zu Kana, bei dem Jesus Wasser auf wundersame Weise zu Wein verwandelt hat.

Wein hat eine jahrhundertelange Tradition und wurde bei Gast- und Festmählern stets aufgetischt. In allen Kunstepochen haben sich Künstlerinnen und Künstler mit Wein und Erotik beschäftigt: von den Ägyptern, Griechen, Etruskern und Römern bis in die Gegenwart. Motive von der Ernte bis zum Gärungsprozess, zum Genuss, zur Verführung, zur Orgie, zur Ekstase – Themen und Bilder, die in den renommiertesten Sammlungen und Museen der Welt zu finden sind: traubenverliebte Mänaden und Nymphen im Gefolge der Bacchanten, des Bacchus und Dionysos, den Göttern des Weins. „Wer trinkt, gefällt sich, labt sich, leidet", philosophiert Kostis Papajorgis über den Rausch. Und Caravaggios Bacchus-Bilder seien mit ihrer radikalen körperlichen Vergegenwärtigung nicht zufällig zu Ikonen des Themas geworden, schreibt Marion Piffer Damiani. Eros lebt von der Polarisation und ihrer Schwingung, die für Wein und Kunst zum Thema werden können. Ähnlich wie das Trinken des Weins ist auch die Kunst ein Überschreiten von Grenzen des Alltags.

Im Kontext der kulturellen und ökologischen Zusammenhänge der Materia Prima, sei es in Bezug der täglichen Arbeit im Weinberg oder im Keller, gibt es eine Reihe von künstlerischen Interventionen, die in den letzten Jahren im Umfeld einiger Südtiroler Weingüter realisiert wurden. Im Auftrag engagierter Kellereien sind in der Weingegend zwischen Eppan, Kaltern, Tramin und Margreid neben neuen selbstbewussten Architekturen bedeutende und vielschichtige Auftragsarbeiten zeitgenössischer Künstlerinnen und Künstler entstanden. Marion Piffer Damiani schreibt zu „Wahlverwandtschaften zwischen Kunst und Keller": „In unterschiedlichsten Konzepten und Szenarien wird das komplexe und sensible Verhältnis von Natur und Kultur erfahrbar, Kultur durchaus im weitesten und ursprünglichsten Sinn des Wortes von *colere*, lateinisch für *wohnen, pflegen, verehren* – und *eben den Acker bestellen*."

Rebe, Traube, Wein: Das sind seit Jahrhunderten Motivation des Winzers und Motive der Kunst. Sie sind Auslöser von Assoziationen und Leidenschaft: hier Körper, Farben, Bilder, dort Gärung, Körper, Arbeit. Es ist wie in der Musik: Die Noten (des Inhalts) sind das Gerüst, und was dazwischen liegt, ist die Seele, das Persönliche. Am Ende stehen das Produkt und das Werk: die Qualität des Weins und die Kunst des Kellermeisters.

\\

Eine Frage der Etikette

// Auch wenn sich Weine vor allem in der Nase und am Gaumen behaupten müssen, sind es doch Auge und Tastsinn, die zuallererst angesprochen werden. Schließlich sind die Flasche und das Etikett die ersten Visitenkarten, die ein Wein abgibt. Diese Visitenkarten haben sich im Laufe der Zeit grundlegend geändert: nicht nur mit dem Stil der jeweiligen Zeit, sondern auch mit den technischen Möglichkeiten.

Entsprechend breit ist die Palette an Auftritten, die (Südtiroler) Weine heute hinlegen. Sie reicht von außergewöhnlich geformten Flaschen über von Künstlern gestaltete Etiketten bis hin zu besonderen Druckverfahren, die es sogar erlauben, Gold auf Glas zu drucken.

Wie auch immer allerdings der individuelle Auftritt ausfällt: Es gibt Regeln, die für Etiketten einzuhalten sind. Da sind zum einen die sehr klaren Regeln des Gesetzes, die vorschreiben, was auf einem Etikett angeführt werden darf und muss. Und da sind die weit subtileren Regeln, die Kunst und Design vorgeben, um ein zeitloses Packaging zu schaffen. \\

Zeitlose Klassiker:
Wo die Qualität des Weins
stimmt, spielen Moden
keine Rolle.

ERBHOF
15
68
UNTERGANZNER
SÜDTIROL
DENOMINAZIONE DI ORIGINE CONTROLLATA - QUALITÄTSWEIN b.A.
ST. MAGDALENER
KLASSISCH
HEILMANN
2021
KULTIVIERT, GEKELTERT UND ABGEFÜLLT DURCH
PRODOTTO E IMBOTTIGLIATO ALL'ORIGINE DA
JOSEPHUS MAYR
ERBHOF UNTERGANZNER - KARDAUN/BOZEN - ITALIEN
PRODOTTO IN ITALIA

DOLOMYTOS
ATHOS
ROTWEIN – VINO ROSSO
2017
ANSITZ DOLOMYTOS SACKER
Abgefüllt von – Imbottigliato da
Ansitz Dolomytos Sacker einf. landw. Ges. – Ritten, Italien – Renon, Italia
ENTHÄLT SULFITE – CONTIENE SOLFITI – CONTAINS SULFITES
PRODOTTO IN ITALIA

Mason di Mason
2020
MANINCOR
BARTHENAU
VIGNA S. MICHELE
2021
J. Hofstätter

Klassische Etikettentypologien
zeitgemäß interpretiert: Ein Blick genügt
und man weiß, aus welchem Haus
der Wein stammt.

Von Künstlern gestaltete Etiketten vermitteln schon vor dem ersten Schluck die Botschaft: Hier steckt etwas Besonderes drin.

DOLOMYTOS
2007
DOLOMYTOS
Abgefüllt am
Ansitz Dolomytos - Panta Rei
Imbottigliata
dalla Tenuta
Dolomytos
(Unterinn - Panta Rei)
Ritten Dolomiten Italia
Vino da tavola • Tafelwein • Vin de table
13% vol
750 ml ℮
Bewahret die Göttlichkeit der Natur
In vino veritas - denn mit der Wahrheit stößt man überall an.
Auf ihr Wohl! - Ergo bibamus!

PACHER HOF
HOF
ANDREAS HUBER
2017

Vom filigranen Spiel mit
Transparenz und Verdeckung …

... bis hin zu extravaganten Serien
mit direkt auf das Glas gedrucktem Gold:
Die Gestaltung von Etiketten
für hochwertige Weine kennt heute
kaum Grenzen.

Über Jahrhunderte stilprägend

Die Entwicklung der Weinarchitektur

// Seit Jahrhunderten prägt der Wein nicht nur Südtirols Landschaft, er prägt auch die Architektur: von ersten Kellern über herrschaftliche Ansitze und Genossenschaftsgebäude als Ausdruck eines neuen bäuerlichen Selbstbewusstseins bis zu hochinnovativer Architektur mit internationaler Strahlkraft. So sehr sich die Gebäude aber verändern: Es waren und sind die Notwendigkeiten der Weinproduktion, die die Architektur bestimmen.

Walter Angonese

Die Weinkultur in Südtirol hat ihre Wurzeln in frühchristlicher Zeit und so kann sich auch die für den Wein gedachte Architektur auf eine jahrtausendealte Tradition beziehen. Die Tatsache, dass die Produktion und Reifung von Wein besonderer klimatischer Voraussetzungen bedarf, spiegelt sich in einem eigens dafür geschaffenen Raum wider oder, besser, einer Raumtypologie, dem Weinkeller. Er ist meist in Steinmauerwerk errichtet oder in den Fels gehauen, verfügt über ein ausgeklügeltes natürliches Lüftungssystem und nutzt die Kaminwirkung der Schächte zum Lüften und Kühlen (Kondensierungseffekt). Im Keller wurde in großen Gebinden oder Trögen Maische zu Wein vergoren, hier lagerten Amphoren, später dann Holzfässer.

In einem topografisch stark konnotierten Land wie Südtirol haben unsere Vorfahren ebendiese topografischen Voraussetzungen gut zu nutzen gewusst, in erster Linie die vorhandenen Hanglagen. Kellerräume wurden deshalb meist hangseitig platziert, oft gänzlich unterirdisch errichtet, damit möglichst viel Wandfläche in direktem Kontakt mit dem Erdreich stehen konnte. Solche Weinkeller aus dem Mittelalter gibt es hierzulande noch zuhauf, der Weinkeller ist somit eine der ältesten Raumtypologien unseres Landes. Durch seine unterirdische Lage gehört er zu den später am wenigsten überformten Räumen eines Gebäudes. Historische Weinkeller sind aufschlussreiche Beispiele für die Wein- und Siedlungsgeschichte eines Ortes und leider immer noch zu wenig erforscht.

Der Weinkeller als unterirdischer Lagerraum steht meist in direkter Verbindung mit der „Ansetz“, dem Gärkeller, der im bäuerlichen Gehöft während des Jahres auch andere Funktionen zu erfüllen hatte und meist ebenerdig ist. Die beiden Keller sind sehr oft über eine steile

Treppe verbunden. Schöne Beispiele dazu finden sich im Ansitz „Reich am Platz“ (heute Drescherkeller) in Kaltern oder auf die klösterliche Architektur bezogen im Stiftskeller des Klosters Neustift.

Der Erfolg prägt die Architektur

Mit der Entstehung der Bautypologie der herrschaftlichen Weinhöfe, die hierzulande als „Ansitze“ bezeichnet werden und vorwiegend aus dem 16. und 17. Jahrhundert stammen, erweitert sich die Anforderung an einen Weinkeller und seine Architektur. Der Verarbeitungsprozess wird zunehmend perfektioniert, was eine durchdachte funktionelle Anordnung der Räume für die Weinproduktion verlangt. Die angeregte Bautätigkeit und das Aufkommen eines neuen Baustils, einer lokalen Ausprägung der italienischen Hochrenaissance – Propst Josef Weingartner bezeichnete sie als „Überetscher Stil“ – zu dieser Zeit ist wohl vorwiegend auf den wirtschaftlichen Erfolg des Weinhandels zurückzuführen. Man baute sich nicht nur schöne und repräsentative Wohnräume, sondern auch gleichfalls repräsentative Weinkeller. Wichtige Beispiele dieser neuzeitlichen Weinarchitektur finden sich gleichfalls zuhauf entlang der Südtiroler Weinstraße von Lana bis Salurn.

Weil sich Familien des niederen Adels in Südtirol schon sehr früh dem lukrativen Geschäft des Weinhandels verschrieben und – wie Rechnungsbücher bescheinigen – Südtiroler Wein an die verschiedenen Königs- und Kaiserhöfe geliefert haben, verändert sich die Weinarchitektur ein weiteres Mal. Das vermehrte Auftreten professioneller Weinhändler aus dem bäuerlich-bürgerlichen Milieu im späten 17. Jahrhundert verlangte nach zusätzlichen Lagermöglichkeiten, die Weinkeller mussten deshalb wesentlich größer gebaut werden. Der imposante „Torgglraum“ von 1693 im heutigen Kalterer Weinmuseum (ehemals Pflegkeller) ist ein gutes typologisches Beispiel dafür. Die Weinkeller aus dieser Zeit sind deshalb meist größere, mit vielen „Holzgebinden“ (Fässern) und einer oder mehreren „Torggln“ (Weinpressen) versehene Räume, durch ihre Ausmaße notgedrungen in mehrere Joche unterteilt und mit schönen Sandsteinsäulen versehen. Das Gewölbe als Deckentypologie bleibt auch hier meist eine wichtige Konstante, die nicht nur klimatische Überlegungen zu berücksichtigen hat, sondern von der Bedeutung des Raumes für ihre Besitzer und als deren Statussymbol zeugen sollte.

Ein neues bäuerliches Selbstverständnis

Durch die Gründung der ersten genossenschaftlich organisierten Weinkellereien im späten 19. Jahrhundert erfährt die Weinarchitektur Südtirols eine weitere Entwicklung. Was schon für die Weinproduzenten des Mittelalters, der Renaissance, des Barocks und des frühen 19. Jahrhunderts galt, wird bei den genossenschaftlichen Betrieben verfeinert und neuen Erkenntnissen in der Önologie angepasst. Allerdings bleiben

Man baute sich nicht nur schöne und repräsentative Wohnräume, sondern auch gleichfalls repräsentative Weinkeller. Wichtige Beispiele dieser neuzeitlichen Weinarchitektur finden sich zuhauf entlang der Südtiroler Weinstraße von Lana bis Salurn.

der Gärkeller für die Anlieferung der Maische und die Gärung in Bottichen oder großen Gebinden („Standern") bzw. der „tiefe Keller" für die Lagerung und Reifung der Weine in Fässern die schon angesprochene Konstante, wenn auch in anderer Zuordnung.

Der Befreiungsschlag der genossenschaftlich organisierten Bauern von der großen Abhängigkeit von Weinhändlern bzw. klösterlichen und aristokratischen Betrieben führt aber auch zu einem ganz neuen Bewusstsein, das sich – was die Gründerjahre im späten 19. und frühen 20. Jahrhundert betrifft – in anspruchsvoller Weinarchitektur widerspiegelt. Die frühen Genossenschaftsbauten sollten von der Architektur her den historischen Ansitzen und Schlössern in nichts nachstehen. Elegante Gründerzeitbauten mit jugendstil- und werkbundähnlichen Einflüssen, edle Materialien und an Ansitze erinnernde Fassadengestaltungen (Treppengiebel, Biforen usw.) kennzeichnen die Weinarchitektur dieser Zeit. Produktionsspezifische Überlegungen wie Anlieferung und Gärung sowie die Anbindung an das junge, aber sehr effizient ausgebaute Eisenbahnnetz standen im Mittelpunkt der Standortwahl dieser Weinarchitektur. Die Anlieferung der Maische erfolgte meist über eine für Ochsenfuhrwerke geeignete Rampe ins erste Obergeschoss, vielfach als „Tenne" bezeichnet. Von dort konnte diese direkt in den darunterliegenden Gärkeller („Ansetz") gelangen und wieder weiter (und nach Abschluss des Gärprozesses) in den nochmals darunterliegenden Reifekeller. Die umgangssprachliche Verwendung des Begriffes „tiefer Keller" resultiert daraus.

Die frühen Genossenschaftsbauten sollten von der Architektur her den historischen Ansitzen und Schlössern in nichts nachstehen. Elegante Gründerzeitbauten mit jugendstil- und werkbundähnlichen Einflüssen, edle Materialien und an Ansitze erinnernde Fassadengestaltungen kennzeichnen die Weinarchitektur dieser Zeit.

Weinqualität bringt architektonische Qualität

Der Erste Weltkrieg, die Annexion Südtirols durch Italien, die Wirtschaftskrise der späten 1920er-Jahre und der Zweite Weltkrieg führten zu einem Stillstand, was neue Weinarchitektur betrifft. Die Nachkriegszeit bleibt hart, mit dem aufkommenden Tourismus und der enormen Produktionssteigerung im Südtiroler Weinbau (mit seinen bekannten negativen Nebenerscheinungen) wird zwar viel an Kellerstrukturen weitergebaut, es entstehen – vorwiegend im genossenschaftlichen Bereich – auch neue Produktionsbetriebe, der architektonische Anspruch bleibt in dieser Zeit sehr oft aber rein provinziell und funktionsorientiert geprägt. Architektonische Ansprüche treten eindeutig in den Hintergrund.

Und wenn mit Paolo Foradori, Luis Raifer, Peter Dipoli oder Hans Terzer und einigen anderen schon ab den 1970er-Jahren ein Umdenken beim Südtiroler Wein erfolgt ist, so musste man doch bis zum Beginn der 1990er-Jahre auf den Anspruch eines „Gleichziehens" zwischen Weinqualität und Architekturanspruch warten. 1995 wurde durch das Architektenduo Abram & Schnabel die neue Kellerei Alois Lageder in Margreid gebaut. Sie setzte, nicht nur was den architektonischen Anspruch betraf, für Südtirol neue Maßstäbe. Die internationale Erfahrung und Neugier von Alois Lageder und die Experimentierfreudigkeit des Kellermeisters Luis von Dellemann ließen einen Produktionsbetrieb entstehen, der – was Europa betrifft – hoch innovativ gedacht und beispielgebend weit über Südtirol hinaus konzipiert war. Mit dem in der neuen Welt entstandenen Begriff des „natural gravity flow" (der Vinifikation nach dem Prinzip der Schwerkraft) wurde hierzulande ein Prototyp geschaffen, der vielen zum Vorbild wurde. Kurz später zogen das Weingut J. Hofstätter, die Kellerei St. Michael-Eppan, das reaktivierte Weingut Manincor, die Kellerei Terlan und schlussendlich fast alle wichtigen Kellereien nach. Was früher – vor der Erfindung der elektrischen Weinpumpe – als selbstverständlich galt, die Maische von oben nach unten möglichst schonend und mit so wenig Kontakt der aufgebrochenen Beeren mit Sauerstoff zu verarbeiten, kam also über Umwege als qualitätsfördernder Aspekt wieder zurück.

Hype nach der Jahrtausendwende

Ab dem Jahr 2000 kommt es in der internationalen Architekturszene zu einem regelrechten Weinarchitekturhype. Die bekanntesten Architekten der Welt, die sich in den 1990er-Jahren noch gerne mit Museums- oder Kulturbauten beschäftigt hatten, entdecken die Weinarchitektur. Herzog & De Meuron in Napa Valley und später in Pomerol, Frank O. Gehry, Zaha Hadid und Rafael Moneo im Rioja, Alvaro Siza Viera in Portugal und viele andere internationale Stars bauen nun weltweit Weinkellereien und Amerika war diesbezüglich einmal mehr Vorreiter.

Dass anspruchsvolle Architektur dem Image eines Weingutes nur förderlich sein kann, weil damit ein Qualitätsgedanken einhergeht, haben auch viele österreichische Winzer erkannt, deren Image nach dem Weinskandal 1985 am Boden lag. Auch Südtirols Weinwelt wurde sich des zusätzlichen Kommunikationspotentials bewusst, das anspruchsvolle Architektur mit anspruchsvollem Wein verbindet. Die lokale Architekturszene, die sich schon immer an internationalen Vorbildern zu orientieren wusste, zog nach. Architekten wurden entweder direkt beauftragt oder konnten von den Weinkellereien ausgelobte Wettbewerbe gewinnen. Winzer (kleinere und größere Betriebe) und Genossenschaften setzten seit den späten 1990er-Jahren gezielt auf diesen symbiotischen Aspekt, der die önologische Haltung mit einem architektonischen Gedanken zu verbinden wusste. Es wurde massiv investiert und die öffentliche Hand hat diese Qualitätsinitiative maßgeblich finanziell unterstützt.

Parallelen zwischen Weinbau und Architektur

Ein zeitgenössisches Kellereigebäude obliegt klaren und genauen funktionalen Vorgaben, die Kunst des Architekten ist dabei, nicht nur Fassaden zu gestalten, die diese Funktionsräume umschließen, sondern über das Zwischenräumliche, das noch nicht genau Determinierte den architektonischen Gedanken mit dem Funktionellen zu verbinden. Es geht darum, über die Architektur eine spezifische Identität für den Betrieb zu finden. Önologie und Architektur weisen dabei einige Parallelen auf: die einen (Önologen) sprechen von Terroir, die anderen (Architekten) von Kontext, beide meinen dasselbe. Guter Wein entsteht im Keller aus der richtigen Assemblage der Weinpartien, gute Architektur aus einem fundierten Kompositionsgedanken, gleichfalls einem

Zusammenfügen verschiedener Einzelelemente. Das Methodische eint beide Disziplinen, so wie Neugier und grenzenlose Leidenschaft.

In den letzten Jahren sind wohl auch deshalb in Südtirol sehr viele anspruchsvolle Weinarchitekturen entstanden, einige haben höchste internationale Anerkennung erfahren. Manche sprechen architektonisch eine leisere Sprache und versuchen, kohärent mit den Charakteren der jeweiligen Betriebe zu interagieren, andere gebärden sich expressiver und setzen auf einen besonderen gestalterischen Effekt. Wieder andere bleiben, architektonisch gesprochen, sehr provinziell und beliebig, nützen keinesfalls das Potential und verbraten doch Millionen an neuen Investitionen.

Die Südtiroler Weinarchitektur ist zu einem wichtigen, identitätsprägenden Merkmal des Landes geworden und die Tourismuswerbung bedient sich dieses Erfolgs. Die architektonische Vielfalt spiegelt die Vielfalt des Landes in kultur- und sozialgeschichtlicher Hinsicht wider. Allen neuen Weinarchitekturen ist eine maximale funktionale Optimierung der Produktionsabläufe gelungen. Das partnerschaftliche Denken unter den Önologen, die etwaige Probleme ihren Kollegen rechtzeitig verdeutlicht haben, hat dazu geführt, dass auch von der Wein- und Winzerszene international hoch beachtete Produktionsanlagen entstanden sind. Sie haben die besten technologischen Voraussetzungen, den großen Herausforderungen der Zukunft (besonders dem Klimawandel) mit den geeigneten Strategien und Möglichkeiten entgegenzutreten.

Gute Weinarchitektur kann – so wie jede Architektur – nur im partnerschaftlichen Dialog zwischen Bauherrschaft und Architekt erfolgen. Nur wenn man imstande ist, an einem Strang zu ziehen, sich gegenseitig zu inspirieren und die jeweiligen Erfahrungen Teil eines Diskurses und eines Prozesses werden zu lassen, kann gute Weinarchitektur entstehen. Dies bleibt die Herausforderung wohl auch für die Zukunft, die weniger von „Neugebautem“, sondern mehr von einem Weiterbauen an Bestehendem geprägt sein wird. Gute Weinarchitektur ist robust gedacht, in ihrer Materialisation, im Sinne eines substanziellen Nachhaltigkeitsgedankens und im Sinne der Langlebigkeit: Dies waren und sind die Konstanten ihrer langen Geschichte.

\\

Südtiroler WeinBau

// Seit jeher prägt die Weinwirtschaft das Gesicht Südtirols, und zwar gleich doppelt. Da ist zum einen das Landschaftsbild, das durch Terrassen und Weinberge unverkennbar geworden ist. Ein Südtiroler Alleinstellungsmerkmal sozusagen. Da ist zum anderen aber auch die Weinarchitektur, die das Bild von Südtiroler Städten und Dörfern prägt. Und das schon seit Jahrhunderten.

Was dabei auffällt, ist: Die Bauten rund um den Wein haben stets einen doppelten Zweck zu erfüllen. So müssen sie zum einen funktionell sein und den Ansprüchen der Kellerwirtschaft entsprechen. Zum anderen sollen sie aber auch stets das Selbstverständnis der Weinwirtschaft unterstreichen – und ihre Bedeutung.

Unabhängig vom Beitrag zur Weinarchitektur in diesem Buch finden sich auf den folgenden Seiten Beispiele neuer und neuester Bauten genossenschaftlicher und privater Kellereien in ganz Südtirol. Sie reihen sich in die lange Tradition der Weinarchitektur ein – auch in jene, die für Weinbau(ten) vorsieht, Landmarken zu sein, an denen das Auge hängenbleibt. \\

Kellerei Kurtatsch

Dass das Terroir eine immer zentralere Rolle spielt, zeigt sich auch in der Architektur. So erinnert die Silhouette des vom Bozner Architekturbüro Dell'Agnolo Kelderer geschaffenen Sitzes der Kellerei Kurtatsch an die „Millawand", die charakteristische Felswand aus Dolomit, auf der das Dorf Kurtatsch thront. Die Fassade besteht aus einer Kombination von Beton und weißem Dolomit, dem für die Kurtatscher Weinberge prägenden Mineral.

Weinhof Kobler
Traditioneller Rahmen, innovatives Gesicht: In Margreid haben die Architekten Lukas Mayr und Theodor Gallmetzer 2010 für den Weinhof Kobler auch einen Verkostungsraum geschaffen, der zum Qualitätsanspruch der Winzer passen sollte – und mit viel Glas eine direkte Verbindung zu den umliegenden Weinbergen schafft.

Weingut Elena Walch

Im Renaissanceschlösschen Castel Ringberg des Weinguts Elena Walch stand der 140 Jahre alte Gutskeller lange Zeit leer, bevor ihn die Hausherrin, selbst Architektin, umgestaltet hat. Elena Walch hat das Tonnengewölbe des Kellers mit einem wabenförmigen Cortenmantel ausgekleidet – als Blickfang und zum Schutz der Holzfässer vor Feuchtigkeit.

Kellerei Bozen
Ein großer Teil der Kellerei Bozen hat ein Dach aus Weinreben, ist das vom Bozner Architekturbüro Dell'Agnolo Kelderer entworfene Kellereigebäude in Gries doch in den Hang gebaut. Es erfüllt als „KlimaHaus Wine“ höchste Energie-Standards, während außen ein Blatt einer Rebe das Gebäude unverwechselbar macht – vor allem nachts.

Manincor
Eine neue Lösung für einen historischen Ansitz haben die Architekten Walter Angonese (Kaltern) und Rainer Köberl (Innsbruck) für das Weingut Manincor in Kaltern gefunden. So wurde der neue Keller unterhalb des Weinbergs angelegt: auf 3.000 unterirdischen Quadratmetern finden nun die Fässer ebenso Platz wie das Flaschenlager.

Nals Margreid
Porphyrwände hinten, bräunlich eingefärbter Beton vorn: Weil Wein immer Ausdruck des Terroirs sein soll, hat Architekt Markus Scherer für Nals Margreid bei der Materialauswahl ebenso wie mit den Farben und nicht zuletzt einem begrünten Dach eine Klammer zur umgebenden Landschaft geschaffen.

Kellerei Tramin
Eine neue Landmarke hat der Latscher Architekt Werner Tscholl im Jahr 2010 für die Kellerei Tramin geschaffen. Vor allem der von einer grünen Stahlkonstruktion umgebene, rundum verglaste Verkostungsraum zieht alle Blicke auf sich: nicht zuletzt, weil der Stahlrahmen in Farbe und Form die umgebenden Weinberge aufgreift.

Kellerei Kaltern
Direkt an der Weinstraße befindet sich der Sitz der Kellerei Kaltern. Die bronzefarbene Fassade des Gebäudes, entworfen von der Architektin Jutta Winkler, lässt keine Zweifel darüber aufkommen, wer sich dahinter verbirgt. Dafür sorgen künstlerisch gestaltete Rebblätter, die nachts in verschiedenen Farben leuchten.

Weingut Pacher Hof
Großen Respekt vor Landschaft und Bestand zeichnet die von den Brixner bergmeisterwolf Architekten erdachte Erweiterung des Weinguts Pacher Hof in Neustift aus. Der Weinkeller wurde unterirdisch angelegt, dessen Eingang markiert ein mit brünierten Messingplatten verkleideter Turm.

Franz Gojer – Glögglhof

Wie ein Fernrohr ragt der Zubau des Glögglhofs über die Weinberge hinaus. Er schafft damit eine unmittelbare Verbindung zwischen Produkt und Rohstoff, zwischen Wein und Trauben und sorgt für Transparenz. Und für einen – durchaus gewollten – Bruch zwischen dem Bestand und dem modernen Zubau.

Weingut J. Hofstätter
Ästhetische Präsenz im Ortskern von Tramin: Das Weingut J. Hofstätter gehört zu den Pionieren moderner Weinarchitektur in Südtirol. Als Teil der Kellereierweiterung entstand im Jahr 1997 ein markanter, mit Eichenholz verkleideter fünfgeschossiger Turm, geplant von den Architekten Walter Angonese, Markus Scherer und Zeno Bampi.

„... und tranken Tiroler Wein dazu ...“

Tiroler Weinkultur in der Reiseliteratur

// **Reisen und Weingenuss: Diese Kombination erscheint uns heute fast selbstverständlich, doch das Reisen war in der Vergangenheit alles andere als ein Genuss, vor allem wenn es galt, die Alpen zu überqueren. Wie der Tiroler Wein trotzdem Teil dieser gefährlichen Reise wurde und was man von der heimischen Weinkultur hielt, hat so mancher Reisende in Büchern festgehalten: vom Mittelalter bis zur Wende zum 20. Jahrhundert.**

Siegfried de Rachewiltz

Für die Menschen der Antike und des Mittelalters bis herauf in die Neuzeit war eine Reise über die Alpen mit großen Gefahren und Strapazen verbunden. Dennoch haben im Laufe der Jahrhunderte zahllose Menschen die Schrecken in Kauf genommen: Krieger und Pilger, Bettler und Boten, Gauner und Gaukler, Gelehrte und Gesandte, Künstler, Kauf- und Fuhrleute – sie alle hegten dieselbe Hoffnung, es heil über die Berge zu schaffen. Dabei mussten sie auch das „Land im Gebirg“ durchqueren: So nannte man unser Territorium, bevor es die Grafen von Tirol von ihrer Stammburg aus zur gefürsteten Grafschaft Tirol machten. Einige dieser Reisenden haben ihre Eindrücke schriftlich festgehalten und somit die Vorläufer der Reiseliteratur geschaffen. Und das führt uns schnurgerade zu unserem Thema, der Weinkultur im alten Tirol.

Schon als die Römer die Via Claudia Augusta bauten, damit ihre Legionen im Eiltempo die Alpen überqueren konnten, wurde auf dieser Straße auch Wein vom Süden in den Norden transportiert. Im Mittelalter war es dann vor allem dieser Weinexport, der es dem Grafen Meinhard II. von Tirol ermöglichte, jenes Vermögen zu erwirtschaften, durch dessen geschickten Einsatz Tirol seine Souveränität und er selbst den Rang eines Herzogs erreichen konnte. Für den Weinexport brauchte es aber auch befahrbare Straßen und so wurden die zu Saumpfaden verfallenen Römerstraßen zum Teil wieder instand gesetzt, zum Teil neue Straßen gebaut. Zusätzlich zu den schon vorhandenen

Hospizen für Pilger entstanden nun zunehmend auch Gaststätten, wo man Pferde wechseln, übernachten und Tiroler Wein trinken konnte.

„Gran traffico di vino“

Die vielen mit Wein beladenen Fuhrwerke mit selten nüchternen Fuhrleuten waren immer noch erheblichen Gefahren ausgesetzt, nicht wenige kamen von der Straße ab und stürzten in den Abgrund – wovon die zahlreichen Marterlen (Bildstöcke) Kunde gaben und die manchen Reisenden in Angst und Schrecken versetzten. Sie waren auch für den schlechten Zustand der Straßen mitverantwortlich, worüber sich Cosimo III. de' Medici, der Sohn des Großherzogs Ferdinand von Toskana, arg beklagte, als er 1667 mit einem Gefolge von 65 Leuten seine Tante Anna de' Medici in Innsbruck besuchte. Dabei konnte er nicht umhin, die ausgedehnten Weinberge rund um Bozen zu bewundern. Ähnlich erging es Monsieur De Blainville, als er 1707 die Söhne des britischen Kriegsministers auf einer Bildungsreise durch Kontinentaleuropa begleitete: In seinem Reisejournal staunt er über die vielen Fuhrwerke mit Tiroler Wein, die ihnen bei ihrer Brennerüberquerung begegneten. Diese waren Richtung Augsburg unterwegs, von wo die Weine über ganz Deutschland weiter verfrachtet wurden.

Schon als die Römer die Via Claudia Augusta bauten, damit ihre Legionen im Eiltempo die Alpen überqueren konnten, wurde auf dieser Straße auch Wein vom Süden in den Norden transportiert.

Dem venezianischen Kartografen Vincenzo Maria Coronelli, Erschaffer der berühmten Coronelli-Globen, verdanken wir eine der detailreichsten Reisebeschreibungen des 17. Jahrhunderts. Coronelli entwarf unter anderem Pläne für die Regulierung der Etsch, wobei er in seinem 1697 veröffentlichten Reisebericht mit Bewunderung die schier endlosen Weinberge der Bozner Umgebung und den regen Weinhandel („il gran traffico di vino“) in der Stadt an der Talfer erwähnt.

Bozens mittelalterliche Stadtanlage hat sich bis ins 19. Jahrhundert nicht wesentlich verändert: Es muss in der Tat ein unvergesslicher Anblick gewesen sein, als die kleine Altstadt noch in alle Himmelsrichtungen von einem Meer von Weinbergen umgeben war. Dieses malerische Landschaftsbild hat Reisende aus dem Süden und dem Norden immer wieder beeindruckt. Es war der französische Gelehrte Francois-Maximilien Misson, der mit seinem immer wieder zitierten und plagiierten, 1691 erschienenen Reisebericht „Nouveau voyage d'Italie“ das Bild der von Weinbergen umkränzten Stadt zu einem literarischen Topos werden ließ. Als beispielsweise der pfalzgrafische Kurfürst Karl Theodor 1783 eine Italienreise unternahm, trug sein Sekretär im Reisejournal ein: „Um Bozen herum sind die niedern Gegenden, so weit das Auge reicht, mit Wingaerten bedekt.“

Reisende, die dem Land, wo die Zitronen blühen, zueilten, hielten eifrig Ausschau nach den ersten Reben als Vorboten des Südens. Lange bevor Wolfgang von Goethe auf seiner Italienreise 1786 nach einer nächtlichen Kutschenfahrt südlich von Brixen bei Tageslicht die ersten Rebhügel entdeckte, hatte sich schon Michel de Montaigne 1580 in der Bischofsstadt an den ersten Reben und deren Saft erfreut: In seinem „Journal de Voyage“ schreibt er, er habe seit Augsburg keine Reben mehr gesehen.

Merkwürdige Verbindung von Wein und Religion

Auch Mary Wollstonecraft Shelley, die Autorin des Klassikers „Frankenstein or Prometheus Unbound", reiste, nachdem ihr Mann, der Dichter Percy Bysshe Shelley im Golf von La Spezia ertrunken war, mit ihrem Sohn 1842 durch Tirol und kehrte in Brixen beim damals schon berühmten Gasthaus Elephant ein. Auch sie erfreute sich an den Weinbergen entlang des Eisacks und unternahm darin unbemerkt einen kleinen Spaziergang um – wie sie in ihrem Reisebericht schreibt – an Italien zu denken, in freudvoller Erwartung, bald wieder diesen geliebten Boden zu betreten.

Merkwürdig erscheinen indes manchen der aus dem protestantischen Norden kommenden Passagiere einige Äußerungen volksreligiösen Brauchtums im heiligen Land Tirol, wovon gar einige sich auf den Wein beziehen. Wir haben schon die Bildstöcke erwähnt, die an schaurige Unfälle erinnern oder aus Dankbarkeit für wundersame Errettungen entlang der Straße aufgestellt wurden. Luise von Göchhausen, Hofdame der Herzogin Anna Amalia von Sachsen-Weimar, hatte damit keine besondere Freude, wie aus dem Tagebuch ihrer Reise nach Italien im Jahre 1788 hervorgeht: „Alle Viertel Stunde ein blutender Heyland, eine Abbildung von Unglücksfällen, einstürzende Wagen oder Legenden von Heyligen die durch Wunderkraft Menschen vom Untergang retten." Wie ein ständig erhobener Zeigefinger erinnerten die zahllosen Bildstöckel also an die überall lauernden Gefahren: kein Wunder, dass Kutscher und Reisende Angst und Ungemach gerne mit einem tiefen Zug aus der Weinflasche betäubten.

Der an der Sorbonne tätige Philologe Jean Marie Nisard nimmt in seinen 1835 erschienenen Reisebericht „Promenades d'un artiste. Tyrol, Suisse. Nord de L'Italie" indes Anstoß an einem Brunnen mit einer Christusstatue, bei der das Wasser durch ein Rohr aus der Seitenwunde plätschert. Und der schon erwähnte Monsieur De Blainville mokiert sich über ein mit Reblaub und Trauben verziertes Kruzifix, bei dem er die Rückkehr zu einem Bacchuskult vermutet: Das Kruzifix sei aus Dankbarkeit für eine gute Weinernte auf diese Weise geschmückt worden. Und schließlich wundert sich die Weimarer Schriftstellerin und Brentano-Freundin Charlotte von Ahlefeld in ihrem 1828 erschienenen Reisetagebuch über den merkwürdigen alpenländischen Brauch des Wetterläutens.

Wie ein ständig erhobener Zeigefinger erinnerten die zahllosen Bildstöckel also an die überall lauernden Gefahren: Kein Wunder, dass Kutscher und Reisende Angst und Ungemach gerne mit einem tiefen Zug aus der Weinflasche betäubten.

Saltner, Pergln und andere Eigenheiten

Nichts aber befeuerte die Phantasie durch Tirol wandernder Künstler und Reiseschriftsteller wie die wildfremde Figur des Tiroler Weinberghüters, des Saltners. Das ging so weit, dass ein Aufenthalt in der Kurstadt Meran ohne Begegnung mit der furchteinflößenden lebenden Vogelscheuche als unvollkommen galt. Für Kaiserin Sissi wurde daher eine solche in einem Weinberg unterhalb von Schloss

Wurde es steiler und steiniger, mussten die Weinfässer von Kutschen auf Saumpferde umgeladen werden, wie hier mit der Ruine der Brunnenburg unterhalb von Schloss Tirol.

Bild: Johann Georg Paul Mohr, Tal in Welschtirol (Weintransport mit Saumpferden und Ruine Brunnenburg), um 1838, Hamburg, Hamburger Kunsthalle Inv.-Nr. 1235; aus: Malerische Reise durch Tirol. Von der Romantik bis zum Impressionismus. Katalog zur Sonderausstellung des Landesmuseums Schloss Tirol 1992

Die Reise über die Alpen war jahrhundertelang eine gefährliche. Und dass so mancher Kutscher sich mit ein paar Gläsern Wein Mut antrank, machte die Sache auch nicht besser.

Bild: Michael Ignaz Mildorfer, Zwei Reisekutschen am Rande des Abgrundes, Privatbesitz; aus: Der Weg in den Süden. Reisen durch Tirol von Dürer bis Heine. Katalog zur gleichnamigen Sonderausstellung des Landesmuseums Schloss Tirol 1998

Malerische Landschaft:
Die Kulturlandschaft, die die Weinbauern über Jahrhunderte im Süden Tirols geschaffen hatten, fiel Durchreisenden unweigerlich ins Auge. Da bildet der Maler Hermann Heubner Ende des 19. Jahrhunderts keine Ausnahme. Er hielt Schloss Tirol und die es umgebenden Weinberge fest.

Bild: Hermann Heubner, Schloss Tirol umgeben von Weinbergen, kolorierter Holzstich 1891, Archiv Brunnenburg

Auch für frühe Fotografen ist die Weinlandschaft im Süden Tirols ein beliebtes Motiv. So hat Arthur Scheler um 1930 eine Weinlaube in Meran abgelichtet.

Tirol minutiös arrangiert. Sie und ihre Hofdame Irma Sztáray genehmigten sich dort eine unerlaubte Traubenkur und wurden dabei vom Saltner „ertappt“: Doch statt den üblichen Tabakkreuzer für den Traubendiebstahl einzufordern, kniete der Tiroler Papageno ehrfurchtsvoll vor seiner Kaiserin nieder.

Bleiben wir im Weinberg: Für viele Reisende stellten die verschiedenen Erziehungsformen der Reben, die man hierzulande sehen konnte, eine merkwürdige Neuigkeit dar. So beobachtet Goethe 1786 mit Kennerauge die Pergln in der Bozner Umgebung und notiert in seiner „Italienischen Reise“: „Die Hügel am Fuße der Berge sind mit Wein bebaut. Über lange mächtige Lauben sind die Stöcke gezogen, die blauen Trauben hängen gar zierlich von der Decke herunter und reifen an der Wärme des nahen Bodens.“

Dabei gab es auch kritische Stimmen: In „Malerische Reisebilder aus Tyrol“ (1837) räumt Karl Ettinger zwar ein, dass den Wein auf Horden zu ziehen, damit sich die Sonne darauf lagern kann, zur Folge hat, dass „die Rebe sich bei weitem mehr ausbreiten kann und reichhaltiger erträgt. Allein die schwere Traube senkt sich beständig hinunter und wird vom Schatten des Laubes bedeckt“. Dies, so Ettinger, sei der Güte des Weins abträglich, er bevorzuge die Art, wie die Rebe am Rhein gezogen werde. Er hatte damit natürlich nicht ganz unrecht, doch hing das wohl auch mit dem Fleiß zusammen, mit dem im Weinberg gearbeitet und die Reben rechtzeitig aufgebunden wurden.

Großer Beliebtheit erfreuten sich bei Durchreisenden und Kurgästen die schattenspendenden Bögen, die wie ein Rebengewölbe viele Wege überspannten. So schreibt eine entzückte Charlotte von Ahlefeld in ihrem Tagebuch über die Fahrt durch den Vinschgau bis nach Meran: „Überall ist Weinbau sichtbar, doch nicht das Auge ermüdend durch den Zwang, den man den Reben anthut. Hier ranken sie lustig empor, und oft fuhr ich lange

Es muss in der Tat ein unvergesslicher Anblick gewesen sein, als die Bozner Altstadt noch in alle Himmelsrichtungen von einem Meer von Weinbergen umgeben war. Dieses malerische Landschaftsbild hat Reisende aus dem Süden und dem Norden immer wieder beeindruckt.

Strecken, die von laubenartigen Weingewinden überwölbt waren.“ Wohl weil die Protagonistinnen ihrer Romane sich dem Willen von Männern meist unterwerfen mussten, findet Charlotte großen Gefallen an der „rebellischen“ Art, in der sich die Südtiroler Reben im Perglwerk zwanglos entfalten können.

Wissenschaftliche Betrachtung und mystisches Erlebnis

Auch Ida von Düringsfeld, ebenfalls eine vielgelesene Romanautorin, verbrachte längere Zeit in Meran. In ihren „Reiseskizzen aus Meran“ (1868) beschreibt sie mit dem Auge einer Ethnologin unter anderem die Einzelteile der Pataunen, wie Stangen, Stecken, Marzan und Stellain, und berichtet, dass man das Erdreich unter ihnen benutzt, um Korn und Mais, Kartoffeln und Kürbisse, Bohnen und Gemüse darauf zu ziehen.

Weit weniger „erdgebunden“ ist die 1910 erschienene Schilderung des Verfassers von Künstler- und Reiseromanen James Martindale Blake: Die Wanderung durch die Rebgewölbe am Weg nach Schloss Tirol gestaltet sich für ihn zu einem mystischen Erlebnis. Es kommt ihm vor, als würden sich da Seiten der Geheimen Offenbarung auftun, als ob man durch diese Lichtkorridore die Gefilde der Seligen erreichen könne. Bezeichnenderweise trägt sein Reiseroman den Titel „Joy of Tyrol. A human revelation“ (Tiroler Glückseligkeit. Eine menschliche Offenbarung).

Damit sind aber bei Weitem nicht alle einst in Tirol üblichen Erziehungsformen der Rebe abgedeckt. Als Luise von Göchhausen und die Herzogin Amalia von Sachsen-Weimar-Eisenach nach Italien reisten, erblickten sie aus ihrer Kutsche bei Neumarkt und Salurn auf Bäumen gezogene Reben: „... am Wege lauter Bäume mit in Girlanden Weinreben.“ Diese aus der römischen Antike übernommene Erziehungsart lässt sich in Tirol bis ins Mittelalter nachweisen, wie aus der Verleihungsurkunde des Hofes Puntleid in Feldthurns hervorgeht, in der 1386 der Weinzins von allen Reben verlangt wird, die auf dem Hofe wachsen, „es sei auf Bäumen oder auf Stauden, auf Pergeln oder auf Mauern“.

Weit weniger erfahren wir aus den Reiseberichten über die verschiedenen Rebkrankheiten, die im Laufe der Zeit auch die Südtiroler Weinberge heimsuchten. Eine Ausnahme bildet hier der berühmte schottische Arzt Sir John Forbes, der 1856 seine Beobachtungen auf einer Reise durch Deutschland und Tirol veröffentlichte. Der Leibarzt von Prinz Albert, wie die meisten Briten ein großer Verehrer Andreas Hofers, bemerkt in der Umgebung von Meran die zerstörten Weinberge, die dem seit 1845 in Europa sich ausbreitenden Echten Mehltau zum Opfer gefallen waren. Der schwärmerische James M. Blake indes vermag es, 1910 den Kupferbelag, mit dem man den 1878 eingeschleppten Falschen Mehltau bekämpfte, ästhetisch zu verklären, denn im Sonnenlicht würde dieser wie Insektenflügel im Farbenspiel von Pfauenfedern schimmern.

Von Pokalen und schneidigen Kellnerinnen

Kehren wir nun wieder in ein Gasthaus ein. Auch hier wurden Reisende mit anderen Sitten und Gepflogenheiten konfrontiert. So notierte der junge Schriftgelehrte Andrea De Franceschi, der 1492 zwei Botschafter von Venedig nach Linz begleitete und darüber einen Reisebericht verfasste, dass man schon in San Michele, wo sie beim Adlerwirt einkehrten, den Wein nicht mehr in Gläsern sondern in Pokalen aus Silber oder Zinn aufschenkte – „alla maniera thodesca“.

Was aber Reisende, egal ob männlich oder weiblich, noch wesentlich mehr zu beeindrucken schien, waren die Tiroler Kellnerinnen. Während in Italien vorwiegend Männer als Kellner in Erscheinung traten, waren es in Tirol vor allem schneidige Mädel, die für Speise, Trank und Unterhaltung sorgten. Die hübschen Tiroler Kellnerinnen wurden

Was aber Reisende, egal ob männlich oder weiblich, noch wesentlich mehr zu beeindrucken schien, waren die Tiroler Kellnerinnen. Während in Italien vorwiegend Männer als Kellner in Erscheinung traten, waren es in Tirol vor allem schneidige Mädel, die für Speise, Trank und Unterhaltung sorgten.

Keine Reise durch das südliche Tirol konnte als vollständig betrachtet werden, wenn eine Begegnung mit einem Saltner fehlte. Die mythische Gestalt faszinierte Reisende über Jahrhunderte.

Bild: Weinberghüter oder Saltner bei Meran, Stahlstich um 1850, Verlag Thuille Bozen; Archiv Brunnenburg

Ein ungewohntes Bild für Gäste von außen: Anders als anderswo sind es in Tirol Mädchen, die in den Wirtshäusern Wein servieren. Es seien, ist man sich in der zeitgenössischen Literatur einig, die schönsten Kellnerinnen überhaupt.

Bild: Alexander William, Servante d'auberge à Inspruck (Tiroler Kellnerin), kolorierte Radierung 1813, Privatbesitz; Archiv Brunnenburg

bald zu einem literarischen Topos, das von der Reiseliteratur immer wieder aufgegriffen wurde. In der Schilderung ihrer Italienreise 1791, bei der sie als Hofdame die Gräfin von Erbach begleitete, bemerkt die Landschaftsmalerin Marianne Kraus schelmisch: „Was sich der Mühe wert hält zur Nachricht aller Reisenden, dass es in ganz Tirol die schönsten Kellnerinnen gibt. Wenn ich eine Reise mit meinem Manne machte, so würd ich Tirol überhüpfen."

Die andere Seite der Medaille zeigt uns Heinrich Heine, der 1828 seine Reise in den Norden Italiens antrat. In seinen Reisebildern beschreibt er mit scharfer Zunge, wie in einem Brixner Gasthaus ein adeliger und ein geistlicher Herr eine Kellnerin belästigten. „Beide würzten ihr Mahl, indem sie die Aufwärterin mit Karessen bedrängten, die das liebe, bildschöne Mädchen nicht wenig anzuekeln schienen, so daß sie sich mit Gewalt losriß, wenn der eine sie hinten klätschelte oder der andere sie gar zu embrassieren suchte. Die beiden Kumpane unterließen weitere Annäherungen erst, als diese mit ihrem Kind auf dem Arm die Gaststube wieder betrat."

Zu schwer? Zu süß? Der Tiroler Wein

Abschließend noch eine wesentliche Frage: Was erfahren wir aus der Reiseliteratur über den Tiroler Wein vergangener Zeiten? Wie mundete er den Reisenden, welche Weinlagen genossen einen besonderen Ruf und gibt es Aussagen über die angebauten Rebsorten? Die wohl älteste Bezeichnung für Wein aus dem südlichen Tirol ist der „Bozenaere", die schon 1158 vom Chronisten Vinzenz von Prag und um 1217 von Wolfram von Eschenbach verwendet wird, in beiden Fällen, um den Wein zu bezeichnen, der von Bozen aus nach Norden verfrachtet wurde und als hervorragend galt. Wir können davon ausgehen, dass es

Im ausgehenden Mittelalter war es dann der Traminer, der weit über die Landesgrenzen hinaus einen besonderen Ruf genoss.

Weine waren, die vor allem aus der weiteren Bozner Umgebung, aber auch aus anderen Tiroler Weingebieten stammten, die in Bozen gehandelt wurden und von dort aus ihren Weg über die Alpen antraten.

Im ausgehenden Mittelalter war es dann der Traminer, der weit über die Landesgrenzen hinaus einen besonderen Ruf genoss. Wer weiß, ob sich Leonardo Bruni, Humanist und späterer Kanzler von Florenz, beim Konzil von Konstanz mit Oswald von Wolkenstein über diesen vorzüglichen Wein austauschte? Bruni hatte 1414 auf der Reise nach Konstanz in Tramin haltgemacht und später in einem Brief dieses schöne und wegen seiner Weinberge berühmte Dorf in höchsten Tönen gepriesen: Es sei, so Bruni, ein gesegnetes und vor allem dem Bacchus heiliges Dorf. Als sich Oswald von Wolkenstein in Überlingen aufhielt und ihm der Schlehentrank vom Bodensee gar nicht munden wollte, flogen seine Gedanken nach Tramin, wie er in seinem berühmten Lied „Wer machen well sein peutel ring" kraftvoll zum Ausdruck brachte. Und als Wilhelm III. der Tapfere, Markgraf von Meißen, aus Reue über die Misshandlung und Verstoßung seiner Frau 1461 ins Heilige Land pilgerte, ritt er am berühmten Dorf vorbei und notierte in seinem Tagebuch: „Do wechst der Tramyner!"

1471 war es dann der Humanist, Dichter und Bischof von Teramo, Giovanni Antonio Campano, der im Gefolge des Kardinals Francesco Piccolomini zum Reichstag nach Regensburg reiste, der den „vorzüglichen Muskatellerwein aus

Tramin“ hochleben ließ. Aus welchen Trauben der vielbesungene Traminer in jener Zeit wirklich gekeltert wurde, darüber scheiden sich heute nach wie vor die Geister. Man darf vermuten, dass es ein aromatischer Weißwein mit etwas Restsüße war, denn alles Süße galt im Mittelalter als besonders begehrenswert, weil es nicht leicht zu haben und daher ein Statussymbol war. Weißwein galt zudem als der edlere, dem Adel und dem Klerus vorbehaltene Wein.

Ob der süßliche Geschmack (gout douceatre) des in Bozen verkosteten Weins, über den sich Francois M. Misson 1691 missbilligend äußert, gewollt war oder auf Probleme mit der Vergärung bei den damaligen Hefen zurückzuführen ist, lässt sich heute nicht mehr eruieren. Auch dem Pfalzgrafen Friedrich Michael von Zweibrücken, dem Stammvater der bayerischen Könige, wollte der Tiroler Wein wegen seiner Süße nicht schmecken, wie es im Tagebuch seiner Italienreise 1756 heißt. Zu den kritischen Stimmen muss auch jene des Landschaftsmalers Frédéric Mercey gezählt werden, der von Entdeckerdrang getrieben auch kleinere Seitentäler Tirols erwanderte; der Bozner Wein stehe zwar im ganzen Lande in großem Ansehen, ihm sei er aber stets zu schwer und zu dunkel (trop épais et trop coloré) vorgekommen. In seinem Führer „Le Tyrol et le Nord de L'Italie“ (1833) erzählt er, er habe in Brixen vergebens Wasser verlangt, um den Bozner Saft etwas zu verdünnen.

Ganz anders hatte sich der französische Arzt und Philosoph an der Pariser Sorbonne, Charles Patin, in seinen „Relationes historiques et curieuses de voyages“ über die Weine geäußert, die ihm 1670 auf seiner Durchreise durch Tirol kredenzt wurden: „Kraftvoll und delikat sind diese Weine, sie schmeicheln und durchdringen den Gaumen.“ Monsier De Blainville zeigt sich wiederum von ihrer angenehmen Würze (agreeable piquancy) angetan, ein Urteil, dem sich auch der irische Gelehrte Thomas Nugent 1749 anschließt.

Was die einzelnen Weine betrifft, so erfahren wir aus den Reiseberichten zwar einiges über die Lage, aus der sie stammen, und noch mehr über den Ort, wo sie getrunken wurden, doch kaum etwas über die verschiedenen Sorten. Auch aus anderen Quellen geht hervor, dass man über Jahrhunderte den Wein nur in Weiß und Rot eingeteilt hat, wobei beim roten Wein zwischen Vernatsch und Lagrein unterschieden wurde. Was dann in den Weinbergen wuchs und schlussendlich aufgeschenkt wurde, das dürfte in den meisten Fällen ein gemischter Satz gewesen sein.

Da die meisten Reisenden in Bozen Station machten, ist es nicht erstaunlich, wenn der Bozner Wein mehrfach als der beste Tiroler Wein bezeichnet wird. Als der 29-jährige Carl von Hessen-Kassel 1699 auf seiner Kavaliersreise in Bozen weilt, schreibt sein Militäradjunkt ins Tagebuch: „Der beste Tiroler Wein sei jener von Bozen. Und er füllt geflissentlich noch einige Flaschen mit Vernatsch für unterwegs.“ Nicht anders verlief es bei der Italienreise, die Herzog Carl von Württemberg 1753 unternahm, denn auch hier vermerkte sein Sekretarius: „In Bozen haben wir den besten Tyroler Wein getrunken.“

Dass eine ständig wachsende Nachfrage auch zu Betrügerei verleiten kann, ist allbekannt. Das scheint in den 1870er-Jahren ein Thema gewesen zu sein, denn der renommierte reisende Journalist Gustav Rasch zieht 1874 in seinem Führer „Touristen-Lust und Leid in Tirol“ mit der Weinfälschung hart ins Gericht, besonders

> „Kraftvoll und delikat sind diese Weine, sie schmeicheln und durchdringen den Gaumen.“

mit den Weinfälschungsfabriken in Bozen. Er prangert auch die in Tirol weit verbreitete Trunksucht an. Der Garibaldi-Verehrer Rasch hatte in Berlin an der Revolution von 1848/49 aktiv teilgenommen und es ist durchaus denkbar, dass er dem klerikal-konservativen Tirol einige Seitenhiebe versetzen wollte. Allerdings hatte schon 1483 der Dominikaner Felix Fabri auf seiner Pilgerreise ins Heilige Land zwar den guten Bozner Wein gelobt, die Bevölkerung aber bezichtigt, lasterhaft und dem Trunk ergeben zu sein.

Viele durchreisende Pilger haben damals streng Buch geführt und die jeweiligen Kosten und Unkosten bei ihrer Unterbringung aufgezeichnet, um so nachfolgenden Pilgern zu helfen oder sie zu warnen. Dies tat auch Dietrich von Kettler, der mit fünf anderen westfälischen Edelleuten 1519 eine Pilgerfahrt ins Heilige Land unternahm. Wie man seinem penibel geführten Tagebuch entnehmen kann, übernachteten sie in Meran im Gasthaus Krone und bezahlten für den dort genossenen „malmoseer" 9 Kreuzer. Damit war der Malvasier gemeint, ein vom Süden importierter Süßwein, der seinen Namen dem Hafen des Peloponnes Monemvasia verdankt: Von dort brachten die Venezianer die Rebe nach Italien, wo der Name allerdings für ganz unterschiedliche Rebsorten adoptiert wurde und bekanntlich heute noch verwendet wird.

Mehr als nur Bozner Wein

Im Laufe der Zeit wurde Tirol vom Durchzugsland immer mehr zum Reiseziel, es wuchs damit der Bedarf an detaillierten Reiseführern, in denen auch andere Weingegenden zum Zuge kamen. Carl Gottlob Küttner, Privatlehrer in einer englischen Adelsfamilie, bereiste Tirol 1799 und hielt sich auch in Meran auf. In seinem Reiseführer schreibt er dazu: „Auf meinem Wege nach Meran bewunderte ich die reich angebauten Hügel (...) wo mehrere

> Nicht anders verlief es bei der Italienreise, die Herzog Carl von Württemberg 1753 unternahm, denn auch hier vermerkte sein Sekretarius: „In Bozen haben wir den besten Tyroler Wein getrunken"

sehr gute Weinarten wachsen, die gewöhnlich für die besten in Tyrol gehalten werden." Der Regisseur und Schriftsteller August Lewald wird 1835 in seinem zweibändigen Reiseführer „Tirol vom Glockner zum Orteles" schon präziser, denn bei der Beschreibung von Schloss Tirol erwähnt er den Küchelberg, der seiner günstigen Lage wegen den edelsten Wein dieser Gegend hervorbringe. Diesem Urteil wird sich 1884 der französische Forscher Jules Gourdault in „A Travers le Tyrol" anschließen, der auch den Terlaner und den Überetscher anerkennend erwähnt.

Adolph Schaubach war nicht nur Alpinist und verdienter Alpenforscher, er war auch ein Weinkenner und -genießer, denn in seinem umfassenden „Handbuch durch das mittlere und südliche Tyrol" (1850) schenkt er immer auch den lokalen Weinen große Beachtung. So schätzt er in der Meraner Gegend den Algunder Leitenwein und beim Besuch von Schloss Tirol erwähnt er den biederen Schlosshauptmann, der seinen Besuchern gerne ein gutes Glas Eigenbauwein einschenkt: „Ein guter ächter Tyrolerwein erquickt für den Aufstieg." Auf dem Weg nach Bozen lädt Schaubach nach Terlan ein, das seine Berühmtheit „seinem Weine (verdankt), den jeder Reisende durch Südtyrol kennen gelernt hat. Doch findet man allerwärts den Terlaner Wein besser, als in Terlan selbst. Der Terlaner Wein, der rothe, wie der weiße, ist von Anfang an süß und hat ein äußerst liebliches Arom. Er gehört unstreitig zu den besten Tyroler Weinen." Neben dem Terlaner gediehen in den Tiroler Weinbergen, so Schaubach, auch „Farnatsch, Schwarzwälsche, Pfeffertraube, Bratinger und Zapfweinbeer". Und in Bozen angelangt bezeichnet er, wie könnte es anders sein, „die dunkelrothe Lagreintraube" als „die vorzüglichste Traubengattung der Bozner Umgebung".

„Auf meinem Wege nach Meran bewunderte ich die reich angebauten Hügel (...) wo mehrere sehr gute Weinarten wachsen, die gewöhnlich für die besten in Tyrol gehalten werden."

Schaufenster in die Geschichte
Das Südtiroler Weinmuseum

// Dass der Weinbau in Südtirol eine jahrhundertelange Geschichte hat, wird in diesem Buch ausführlich aufgezeigt. Aber was ist von dieser Geschichte noch erhalten geblieben und was lernt man aus historischem Arbeitsgerät, aus Kunstwerken und Alltagsgegenständen um den Wein? Dieser Frage geht seit 1955 das Südtiroler Weinmuseum in Kaltern nach und macht die Antworten darauf für alle begreifbar.

Alexandra Untersulzner

Das Südtiroler Weinmuseum wurde am 18. September 1955 in Schloss Ringberg in Kaltern eröffnet. Schon zwei Jahre zuvor war in der Handelskammer in Bozen unter dem Vorsitz von Walther Amonn und dessen Stellvertreter Luis Oberrauch ein Verein gegründet worden, der sich zum Ziel gesetzt hatte, eine Sammlung zu den Themen Weinbau und Kellertechnik aufzubauen, damit ein Weinmuseum einzurichten und dieses der Öffentlichkeit zugänglich zu machen. Zu den 22 Gründungsmitgliedern des Vereins zählten Vertreter aus Kultur, Kunst, Weinbau und Weinwirtschaft.

Die Gründung des Weinmuseums fiel in eine Zeit, die von großen Veränderungen in der Landwirtschaft und damit auch der Kellerwirtschaft geprägt war, vor allem durch die einsetzende Technisierung. Dieser Wandel war den Gründern sehr wohl bewusst und zugleich Anlass, die Zeugnisse des historischen Weinbaus mit dem Sammeln von Arbeitsgeräten und -behelfen für die Nachwelt zu bewahren. Dass die Museumsgründung auf eine private Initiative zurückging, war der Zeit geschuldet und muss hoch eingeschätzt werden. Nach der Eröffnung des Landesmuseums Ferdinandeum in Innsbruck 1845 entstanden im südlichen Tirol die Museumsvereine von Bozen, Brixen, Meran, Bruneck und Klausen. Weltkriege und Faschismus bremsten die weitere museale Entwicklung jedoch stark ein. Nach 1945 gab es in Südtirol in Schule und Kultur große Aufgaben zu lösen, an Museen dachte die offizielle Kulturpolitik damals zuletzt, wie Hans Grießmair, von 1983 bis 2004 Direktor des Weinmuseums, einmal formulierte.

Auf der Suche nach einem Standort für das künftige Museum nahm der Verein Gespräche mit der Kellerei Wilhelm Walch auf. Schloss Ringberg war im Besitz der Familie Walch, stand leer und bot sich durch seine Lage und Größe als Museumssitz an. Die Anmietung kam nicht zuletzt durch das Entgegenkommen der Besitzer, selbst Gründungs- und Ausschussmitglieder des Vereins, zustande und nach einigen Vorbereitungsarbeiten fanden die ersten Sammlungsobjekte in den Ausstellungsräumen ihren Platz.

Von Beginn an setzte sich die Sammlung durch Leihgaben, die großzügig von Vereinsmitgliedern und Privatpersonen zur Verfügung gestellt wurden, und Ankäufe durch den Verein zusammen. Vor allem Karl Theodor Hoeniger, Matthias Ladurner-Parthanes, Walther Amonn und Luis Oberrauch waren in den Sammlungsaufbau eingebunden. Zu den Aufgaben des späteren Kustos Oberrauch gehörte es auch, landauf, landab nach geeigneten Objekten Ausschau zu halten und aufzustöbern, was in Kellern, Torgglräumen und auf Dachböden zu finden war – oft seit längerer Zeit ungenutzt und unbeachtet. Die Objektrecherche, zu Fuß oder mit dem Auto, führte Oberrauch in die Bozner Gegend und ins Burggrafenamt, aber auch ins Eisacktal und in den Vinschgau.

Kustos der ersten Stunde

Luis Oberrauch (1907–1992) arbeitete lange Jahre als Kellermeister und unterrichtete die Fächer Kellerwirtschaft und Weinbau in der Landwirtschaftsschule in Muri-Gries. Als Kustos der ersten Stunde auf Schloss Ringberg war er maßgeblich am Aufbau der Museumssammlung beteiligt und bekannt für seine kenntnisreichen und humorvollen Führungen. Der Heimatkundler widmete sich mit Leidenschaft der archäologischen Forschung und der Fotografie.

Erstes Museum der Nachkriegszeit gilt dem Wein

In knapp zwei Jahren gelang es, eine ansehnliche Sammlung zusammenzutragen, die bei der Eröffnung des Museums präsentiert werden konnte. In der Einladung zum Festakt sind eine Reihe von Objekten gelistet, u.a. Baumtorggl und Spindelkelter, Rebelgitter, Kiefter, Fässer und Binderwerkzeug, Weinmaße sowie verschiedene Wein- und Trinkgefäße. In der Eröffnungsrede hob Walther Amonn mit Verweis auf andere Weinmuseen in Europa, etwa in Speyer, Krems oder Rüdesheim, mit Genugtuung hervor, dass es sich beim Südtiroler Weinmuseum um das erste seiner Art südlich der Alpen handelte. Gleichzeitig war es das erste in Südtirol neu gegründete Museum nach 1945 und mit den Stadtmuseen von Bozen und Meran sowie dem Diözesanmuseum in Brixen eine von nur vier zugänglichen Museumssammlungen.

Museum, Strandbad, Operette

Die Feierlichkeiten am 18. September 1955 galten zwar auch, aber nicht nur der Eröffnung des Südtiroler Weinmuseums. Am selben Tag standen auch die Einweihung des neuen Strandbades am Kalterer See auf dem Programm, ein Weinfestzug in Bozen und am Abend die Uraufführung der Operette „Südtiroler Wein“ von Roman Pola im Meraner Stadttheater.

In den folgenden Jahren war das Museum von Frühjahr bis Herbst an Wochentagen jeweils nachmittags geöffnet. Eine Besichtigung im Weinmuseum gehörte wie der Besuch am Kalterer See zum Südtirol-Urlaub dazu und die fachkundigen Führungen durch Kustos Oberrauch trugen zur Bekanntheit des Museums bei. Zudem konnte die Ausstellung durch etliche Objekte, beispielsweise durch eine Amphoren-Sammlung und eine Figurine mit Saltner-Kostüm, ergänzt und erweitert werden. Dazu gesellte sich auf Anregung von Kunsthistoriker und Burgenforscher Josef Weingartner die „Burgenschau“, eine Sammlung von Burgenmodellen von Ludwig Mitterdorfer, die seit 2005 in der Trostburg bei Waidbruck ausgestellt ist.

Empfindlich getroffen wurde das Museum von einem Einbruch im Juni 1970, bei dem etliche wertvolle Gegenstände entwendet wurden, darunter ein Highlight der Ausstellung, das Gemälde des Zwerges Perkeo von Johann Philipp von der Schlichten, Hofmaler des Kurfürsten Carl Philipp von der Pfalz. Die gestohlenen

Gegenstände sind bis heute nicht wieder aufgetaucht. Zum materiellen Schaden gesellte sich auch die Sorge um den sicheren Fortbestand der Sammlung.

Vom Verein zum Landesmuseum

Nicht zuletzt deshalb wurden bei der 25-Jahr-Feier des Vereinsausschusses Überlegungen zur Zukunft des Weinmuseums angestellt. Etliche Gründungsmitglieder waren verstorben, Verwaltungsaufwand und Kosten der Museumsführung nahmen zu und es stand eine Mieterhöhung in Ringberg an. Erwogen wurden eine mögliche Übersiedlung des Museums, aber auch eine Auflösung des Vereins und die Übergabe des Museums an das Land Südtirol, nachdem mit dem Zweiten Autonomiestatut 1972 die Möglichkeit geschaffen worden war, eigene Landesmuseen zu errichten. In dieser Angelegenheit trat der Verein an den Landesrat für Kultur, Anton Zelger, heran, der auch Präsident des 1976 gegründeten Landesmuseums für Volkskunde in Dietenheim war. Nach ausgiebigen Verhandlungen und Gesprächen in den einzelnen Gremien und in der Landesregierung wurde beschlossen, das bisher privat geführte Südtiroler Weinmuseum dem Landesmuseum für Volkskunde als Außenstelle anzugliedern. Auch der Sammlungsbestand sollte dabei zu großen Teilen übernommen werden. Das geschah unmittelbar nach der Auflösung des Vereins im Juni 1983.

Unter der neuen Führung verblieb das Weinmuseum noch bis 1986 in Schloss Ringberg, ehe der Museumssitz in die Kellerräume der ehemaligen Kellerei Di Pauli, vorher Pfleghaus der Herrschaft Kaltern-Laimburg und Gerichtssitz, ins Dorfzentrum von Kaltern verlegt wurde. Die Gemeinde Kaltern, Eigentümerin der Liegenschaft, stellte die Räumlichkeiten für 99 Jahre unentgeltlich zur Verfügung, was für das Museum langfristige Planungen und Perspektiven ermöglichte. Nach Umbau- und Adaptierungsarbeiten konnte zu Ostern 1988 die neue Ausstellung im historischen Keller eröffnet werden. Objekte des Kunsthandwerkes, der Volkskunst, der sakralen Kunst sowie Kunstwerke des 20. Jahrhunderts geben Einblick in die Kulturgeschichte des Südtiroler Weinbaus. Dazu vermitteln alte Arbeitsgeräte die Lebens- und Arbeitswelt der Weinbauern und die lokalen Weinbautraditionen – von der Arbeit im Weinberg bis zu Herstellung, Lagerung und Transport des Weins. Trink- und Transportgefäße, Glas und Keramik runden den kulturgeschichtlichen Blick auf die lange lokale Tradition des Weinbaus ab.

Kein Weinbauer ohne Reber

Das Rebmesser gilt als Symbol des Weinbaus und stand über Jahrhunderte in täglichem Gebrauch, ehe es im 20. Jahrhundert durch den Einsatz von Reb- und Traubenscheren an Bedeutung verlor. Das Weinmuseum erwarb eine Sammlung von rund 200 Rebmessern und zeigte 2007 eine Auswahl davon in einer Sonderausstellung.

In den Folgejahren standen Auf- und Ausbau des Vermittlungsprogramms im Fokus. Die Erwartungen der Museumsbesucher stiegen, daher wurden die Vermittlungsangebote für Erwachsene, Schulklassen und Kinder nicht nur durch Themenführungen, Weinverkostungen und Sommerprogramme ergänzt, sondern auch mit Handwerksvorführungen, z. B. von Fassbindern und Glasbläsern. Der im Außenbereich des Museums angelegte Weingarten mit alten regionalen, kaum mehr angebauten Weinsorten wie Fraueler, Weiße Erdbeertraube, Blatterle und Gschlafene, an unterschiedlichen Perglanlagen gezogen, ist zum Alleinstellungsmerkmal geworden. Die herbstliche Themenführung zu den alten Weinsorten ist eine lieb gewordene Veranstaltung, Besucherinnen und Besucher dürfen die Beeren von den Reben zupfen und verkosten.

Der erste Sitz des Südtiroler Weinmuseums: Schloss Ringberg in Kaltern, hier auf einem Foto aus dem Jahr 1956

Kurz nach der Eröffnung 1955 wirbt das Weinmuseum mit einem Plakat, das ein Gemälde von Emanuel Fohn in den Mittelpunkt stellt.

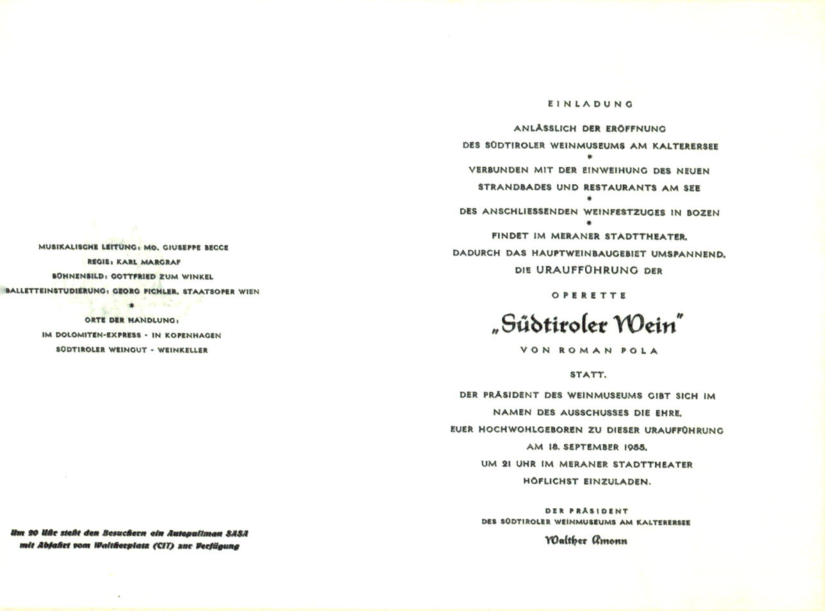

MUSIKALISCHE LEITUNG: MO. GIUSEPPE BECCE
REGIE: KARL MARGRAF
BÜHNENBILD: GOTTFRIED ZUM WINKEL
BALLETTEINSTUDIERUNG: GEORG PICHLER, STAATSOPER WIEN
*
ORTE DER HANDLUNG:
IM DOLOMITEN-EXPRESS - IN KOPENHAGEN
SÜDTIROLER WEINGUT - WEINKELLER

Um 20 Uhr steht den Besuchern ein Autopullman SASA
mit Abfahrt vom Waltherplatz (CIT) zur Verfügung

EINLADUNG

ANLÄSSLICH DER ERÖFFNUNG
DES SÜDTIROLER WEINMUSEUMS AM KALTERERSEE
•
VERBUNDEN MIT DER EINWEIHUNG DES NEUEN
STRANDBADES UND RESTAURANTS AM SEE
•
DES ANSCHLIESSENDEN WEINFESTZUGES IN BOZEN
•
FINDET IM MERANER STADTTHEATER,
DADURCH DAS HAUPTWEINBAUGEBIET UMSPANNEND,
DIE URAUFFÜHRUNG DER

OPERETTE

„Südtiroler Wein"

VON ROMAN POLA

STATT.

DER PRÄSIDENT DES WEINMUSEUMS GIBT SICH IM
NAMEN DES AUSSCHUSSES DIE EHRE,
EUER HOCHWOHLGEBOREN ZU DIESER URAUFFÜHRUNG
AM 18. SEPTEMBER 1955,
UM 21 UHR IM MERANER STADTTHEATER
HÖFLICHST EINZULADEN.

DER PRÄSIDENT
DES SÜDTIROLER WEINMUSEUMS AM KALTERERSEE
Walther Amonn

Fast schon ein Staatsakt: Mit einem Festzug und der Uraufführung der Operette „Südtiroler Wein“ wurde die Eröffnung des Südtiroler Weinmuseums im September 1955 gefeiert.

Gleichzeitig hat sich das Weinmuseum auch als Veranstaltungsort etabliert, an dem in Zusammenarbeit mit Vereinen und Kulturveranstaltern Lesungen, Konzerte und Vorträge stattfinden. Ab 2004 wurden einige Ausstellungsinhalte vertieft und in Sonderschauen gezeigt. Zwei Sonderausstellungen wurden Gründungsmitgliedern des Museums, Luis Oberrauch und Matthias Ladurner-Parthanes, gewidmet.

Bauer, Volkskundler, Autor

Matthias Ladurner-Parthanes (1894–1986) wuchs als ältester Sohn einer Meraner Bauernfamilie in der Weinbautradition seiner Heimat auf. In zahlreichen Publikationen hielt er eigene Erfahrungen fest, ergänzt durch Fachliteratur und Befragen von Gewährsleuten. 1972 erschien sein Buch „Vom Perglwerk zur Torggl. Arbeit und Gerät im Südtiroler Weinbau“, das längst zum Grundlagenwerk für den historischen Weinbau in Südtirol geworden ist.

Wohin geht die Reise?

Für ein Museum ist die Kenntnis und Dokumentation der eigenen Sammlung die Grundlage für jede weitere Tätigkeit. Der vom Verein übernommene Altbestand samt Leihgaben und die Neuerwerbungen durch das Landesmuseum nach 1986 wurden vermessen, fotografiert, digital erfasst und soweit möglich dokumentiert. Gerade bei den Objekten des Altbestandes blieben Provenienz und Kontext häufig im Dunkeln, weil bis auf wenige Hinweise in den Rechnungsbüchern genaue Angaben fehlten. Der von Walther Amonn mehrmals erwähnte Zettelkatalog, den Luis Oberrauch mit großer Genauigkeit angelegt hatte, ist bedauerlicherweise verschollen.

Der Sammlungsüberblick war eine der Grundlagen für das 2017 erstellte Orientierungskonzept. Dabei sollte ein Vorschlag für eine neue Dauerausstellung mit ausgewählten Themenschwerpunkten erarbeitet werden. Es muss leider festgehalten werden, dass die Sammlung den Zeitschnitt nach der zweiten Hälfte des 20. Jahrhunderts kaum berücksichtigt, dass aus Platzmangel einzelne Themenbereiche ausgeblendet bleiben und Objektgruppen fehlen.

Traube, Wein, Religion

Zum Bestand des Museums gehört auch die Sammlung zur sakralen Kunst rund um Traube und Wein. Besonders sticht dabei ein Figurenschrein hervor, der die Darstellung von Christus in der Kelter zeigt: Im Torgglbett einer Spindeltorggl kniet Christus unter dem Kreuz, sein Blut fließt in ein Becken, während Adam und Eva als Symbole für die sündige Menschheit an der Spindel drehen.

Im Laufe der Jahre wuchs das Bewusstsein, dass es am derzeitigen Standort schwer sein würde, die Museumsstandards des 21. Jahrhunderts zu erfüllen, fehlen doch wichtige strukturelle Einrichtungen wie Räumlichkeiten für Vermittlungstätigkeit und Sonderausstellungen. Bei der Vorbereitung zu den Themenausstellungen ergab sich stets dasselbe Problem: Mangels eigener Räume musste die jeweilige Sonderschau stets in die Dauerausstellung integriert werden. Auch das seit jeher fehlende Depot hatte weitreichende Folgen: Mehrfach mussten selbst Schenkungen, die Sammlungslücken geschlossen hätten, abgelehnt werden. Eine Lösung schien sich anzubahnen, als die Südtiroler Landesverwaltung 2007 den historischen Ansitz Buol-Biegeleben in Kaltern erwarb und 2012 das angrenzende Grundstück, mit dem Ansinnen, das Weinmuseum dort neu zu präsentieren. Die Verlegung des Museumsstandortes verzögerte sich allerdings, die endgültige politische Entscheidung dazu unterblieb und wurde letztlich fallengelassen.

Historische Objekte in historischem Keller:
Seine zweite Bleibe hat das Südtiroler
Weinmuseum im ehemaligen
Di-Pauli-Keller in Kaltern gefunden

Man wirbt bescheiden:
Den Flyer für Weinmuseum und Burgenschau zieren ein Schwarz-Weiß-Bild einer Torggl und das vom Künstler Heiner Gschwendt entworfene Museums-Logo.

Nicht nur für Einheimische,
auch für Urlauber gehörte ein Besuch
im Weinmuseum in den 1950er-Jahren
zum Pflichtprogramm – wie jener
am Kalterer See.

Es ist das Werkzeug für Weinbauern schlechthin: Das Rebmesser, hier eines aus dem Jahr 1886 aus Meran, stand über Jahrhunderte im Dauereinsatz.

Auch wenn kaum ein Begriffsfeld in der Bibel so häufig vorkommt wie jenes um Trauben und Wein, ist die Darstellung von Christus in der Kelter doch eine besondere.

Touristenschreck und Kultfigur: Der Saltner (hier in Form einer Figurine) darf in der Ausstellung des Weinmuseums natürlich nicht fehlen.

Touristenschreck und Kultfigur

> Amtsperson, Kunstfigur, Touristenschreck oder Flurwache? In einem umfassenden Forschungsprojekt hat sich das Weinmuseum von 2018 bis 2020 mit dem Saltner befasst und in Archiven und Museen recherchiert. Die Forschungsergebnisse sind 2022 erschienen – als Band 4 der museumseigenen Reihe.

Derzeit ist die Frage nach einem möglichen Standortwechsel des Weinmuseums wieder aktuell und wird zwischen Politik, Wirtschaft und Kultur diskutiert. Der jetzige Museumssitz hat viele Vorteile: Das Weinmuseum besetzt mit dem historischen Di-Pauli-Keller einen authentischen Ort in einer besonderen Atmosphäre und lädt mit dem Weingarten samt Kalterer-See-Blick zum Eintauchen in die Geschichte des Südtiroler Weins ein. Bedauerlicherweise bietet sich derzeit aber kaum die Möglichkeit einer zeitgemäßen Museumsentwicklung oder einer Erweiterung. Spätestens bei der 100-Jahr-Feier des Weinmuseums im Jahr 2055 wird sich zeigen, welchen Lauf dessen Entwicklung genommen hat.

\\

Wein als Motor der Stadtentwicklung

Bozen, Meran und Mitteleuropa

// Stadt und Wein sind im Laufe der Geschichte enge Verbindungen eingegangen, die sich in den letzten 100 Jahren weitgehend verloren haben, auch wenn sie in den Bezeichnungen „Weinstadt“ oder „Weinstraße“ nach wie vor werbewirksam eingesetzt werden. Wie sich Bozen und Meran unter dem Einfluss von Weinbau und Weinhandel im Vergleich zu anderen mitteleuropäischen Weinstädten entwickelt haben, nimmt dieser Beitrag unter die Lupe.

Josef Nössing

Wein war seit der Antike ein Kult- und Luxusgetränk und wurde erst im Spätmittelalter zum Genussmittel für breitere Bevölkerungsschichten: für Kaufleute, Handwerker und andere wohlstehende Bürger, während die Ärmeren ihn sich auch weiterhin nicht leisten konnten. Der Weinkonsum stieg damit, auch weil Bier noch nicht entsprechend haltbar zur Verfügung stand und das Wasser in den Städten derart verunreinigt war, dass es die Gesundheit gefährdete. Entsprechend wurden die Rebflächen erweitert und der Ertrag gesteigert. Die Weinpreise blieben hoch und wer seinen Gästen Wein servieren konnte, bewies damit seinen Wohlstand.

Was auf die Verbreitung des Weins folgt, ist sein zeitweiliger Abstieg. In der zweiten Hälfte des 16. Jahrhunderts kam es zu Missernten im Weinbau und nachdem das Bier durch den Hopfen haltbarer geworden war, gab die Gesellschaft dem Bier den Vorzug, zumal es billiger und bekömmlicher war. Nach langen Krisen im Weinbau, die auch durch äußere Ereignisse wie den Dreißigjährigen Krieg bedingt waren, erholte sich der Weinbau im 18. Jahrhundert, um in der zweiten Hälfte des 19. Jahrhunderts erneut in eine schwere Krise zu schlittern, die von Rebkrankheiten hervorgerufen wurde. Erst im 20. Jahrhundert wurde Wein zu einem Volksgetränk und galt als Nahrungsmittel für alle. Wein blieb aber stets ein Getränk mit Symbolkraft, unterstrich den Status des Gastgebers und fehlt auch heute nicht bei festlichen Anlässen.

Kampf gegen Konkurrenz und Fälscher

Es verwundert daher nicht, dass der kostbare und begehrte Konsumartikel Wein dem Handel viel Geld einbrachte, harte Konkurrenzkämpfe zwischen benachbarten Produktionsgebieten ausgefochten wurden und ein nicht enden wollender Kampf gegen die Weinfälscher geführt werden musste. Im Bemühen um einen gesunden und trinkbaren Wein wandten vor allem die Städte viel Energie auf, denn es ging schließlich um die Gesundheit der Bürger und auch um das Prestige der Stadtverwaltung. Beim Stand der Naturwissenschaft des ausgehenden Mittelalters war es schwer, Fälschungen zu erkennen, zumal es gang und gäbe war, den Wein mit Honig zu süßen und mit Wasser zu strecken sowie mit verschiedenen Mitteln haltbarer zu machen. Schlimm wurde es, wenn versucht wurde, aus verdorbenem, verschimmeltem oder faulem Wein ein unauffälliges Getränk herzustellen, indem geschmacksübertönende und andere Mittel beigemischt wurden.

Im Kampf gegen die Konkurrenz kannte das Mittelalter ein eigenes Mittel: Mit hoheitlichen Privilegien schützte man sich gegen Durch- oder Anlieferung von fremden Weinen. Auch Bozen hat sich, wie viele andere Städte, 1372 ein landesfürstliches Privileg dafür erworben. Es richtete sich gegen die Einfuhr von Weinen, die südlich des Avisio und des Noce produziert wurden. Damit traf es fast alle Trentiner Weine und alle weiteren, die südlich davon wuchsen. Trotz ständiger Erneuerung dieses Privilegs durch die wechselnden Landesfürsten gelang es Bozen wegen landesfürstlich genehmigter Ausnahmen nur begrenzt, die Weinzu- und -durchfuhr zu unterbinden.

Mit hoheitlichen Privilegien schützte man sich gegen Durch- oder Anlieferung von fremden Weinen. Auch Bozen hat sich, wie viele andere Städte, 1372 ein landesfürstliches Privileg dafür erworben.

Weinproduktion vs. Weinhandel

Wer sich Bozen von Norden her nähert, erblickt vor den ersten Häuserblöcken ein ausgedehntes Rebgelände, das sich an beiden Seiten der sich öffnenden Eisackschlucht weit hinaufzieht und unmittelbar an den städtischen Gebäuden endet. Auf der gegenüberliegenden Seite der Stadt setzt sich das Rebgelände in unverminderter Dichte fort. Wer in Köln oder Lübeck ankommt, wird hingegen wenige oder keine Weinberge sehen, obwohl alle drei Städte viel mit Wein zu tun hatten. Der Unterschied liegt lediglich darin, dass Bozen immer ein Weinproduzentenort war, Köln und Lübeck dagegen wichtige Weinhandelszentren. Heute spielt der Wein im Falle von Lübeck und Köln in der städtischen Wirtschaft keine vergleichbare Rolle mehr wie einst, während Bozen noch immer mit der Weinproduktion und dem Weinhandel eng verbunden sowie von Weinbergen umgeben ist.

Wer sich in den warmen Mittelmeerregionen umsieht, wird selten eine Stadt oder einen größeren Ort finden, dessen nähere Umgebung so dicht mit Weingärten besetzt ist wie die Städte Bozen, Wien oder Krems. Diese Beobachtung offenbart scheinbar einen aller Logik des klimatischen Landbaus widersprechenden Zustand des Weinbaus in Europa, der sich vor allem im Mittelalter und in der frühen Neuzeit ausgebildet hat. Selbstverständlich gedieh und gedeiht die Weinrebe in den warmen Regionen des Südens besser und ist dort auch allgemein verbreitet, der ausgezeichnete Wein dieser Regionen war aber aus Ursachen, die den überregionalen Weinhandel bestimmten, sehr schwer oder gar nicht vermarktbar. Ausnahmen bildeten Städte, die am Meer lagen – Venedig an der Adria etwa oder Bordeaux an der Atlantikküste – und im interregionalen Weinhandel groß mitspielen konnten. Köln und Lübeck profitierten dagegen von ihren Handelsbeziehungen im Hanseraum und im Ostseegebiet, während Wien und Krems selbst über ein großes Weinanbaugebiet verfügten und dank der Schiffbarkeit der Donau bis weit nach Bayern hinein Wein liefern konnten.

Der Weinanbau im kontinentalen Europa unterlag also anderen Bedingungen, als in den dazu besser geeigneten warmen Mittelmeerregionen. Dank einer seit dem Frühmittelalter ständig steigenden Nachfrage in allen Teilen Europas konnte sich der Weinhandel von den genannten Anbaugebieten Mitteleuropas aus früh den besonderen Gegebenheiten anpassen und zu einem lukrativen Geschäft entwickeln. Die Wasserwege auf der Donau, auf dem Rhein, im Atlantik, auf der Nord- und Ostsee begünstigten dabei den Transport, aber auch schwierige und lange Strecken über Land wurden in Kauf genommen, wenn das Produkt entsprechend geschätzt war. Beispielhaft dafür ist der Weintransport über die Alpen auf Wägen und mittels Saumpferden, wie er über ein Jahrtausend von Bozen im Süden bis Bayern und Schwaben im Norden erfolgt ist.

Wein befeuert die Stadtentwicklung

Die Weinnachfrage förderte den Anbau, der dadurch besonders in den Randzonen, wo der Wein gerade noch gedieh, rentabel und mit großem Fleiß betrieben wurde. Dies war wohl der Grund, warum sich der Weinanbau noch im Mittelalter im österreichischen Donaugebiet und in Südtirol derart entwickelt und intensiviert hat. In Südtirol sind Rebmonokulturen schon seit dem frühen 15. Jahrhundert aktenkundig, in den Gebieten um Wien und an der Mosel kann man Ähnliches beobachten, während dies weiter südlich in Italien und Griechenland nicht der Fall war. Dort gedieh der Wein überall und es herrschten wegen der Versorgung mit Grundnahrungsmitteln Mischkulturen vor.

Da der Weinbau im Vergleich zum Getreidebau um vieles arbeitsintensiver war – manche sprechen vom Zehnfachen –, entwickelten sich Weinorte rascher als andere. So entstanden an der Mosel (Franz Irsigler) kleinstädtische Siedlungen (Remisch, Kues, Cochem usw.) und im Südtiroler Überetsch und Unterland stadtähnliche Siedlungen (Kaltern, Tramin, Neumarkt) mit wohlerbauten steinernen Wohn- und Wirtschaftsgebäuden und einer für Durchschnittsdörfer überhöhten Bevölkerungszahl. Zudem stellte sich früh ein besseres Pachtrecht ein als anderswo, und die Einwohner solch aufstrebender Orte erkämpften sich früh bessere Freiheiten. Es gibt aber auch Beispiele dafür, dass die prosperierende Entwicklung unter gewissen Umständen zur Bildung eines Wanderarbeiterproletariats führen konnte, wie dies in Wien in der frühen Neuzeit zu beobachten ist. Der Wein war also der Motor vielfacher Bewegungen: wirtschaftlicher, gesellschaftlicher und kultureller.

In Bozen und Meran wirkte sich die Weinmonokultur aus politischen und wirtschaftlichen Gründen in besonderer Weise auf die Stadtentwicklung aus. Bozen war seit dem 13. Jahrhundert ein wichtiger Umschlageplatz und Durchzugsort verschiedenster Handelswaren, unter denen der Wein eine wichtige Rolle spielte. Politisch war die Stadt bis ins späteste Spätmittelalter von zwei Herren abhängig: Dem Bischof von Trient gehörte der historische Stadtkern, dem Tiroler Landesfürsten, der politisch das Sagen hatte, das unmittelbare Umland. Im relativ spät entwickelten Stadtrat

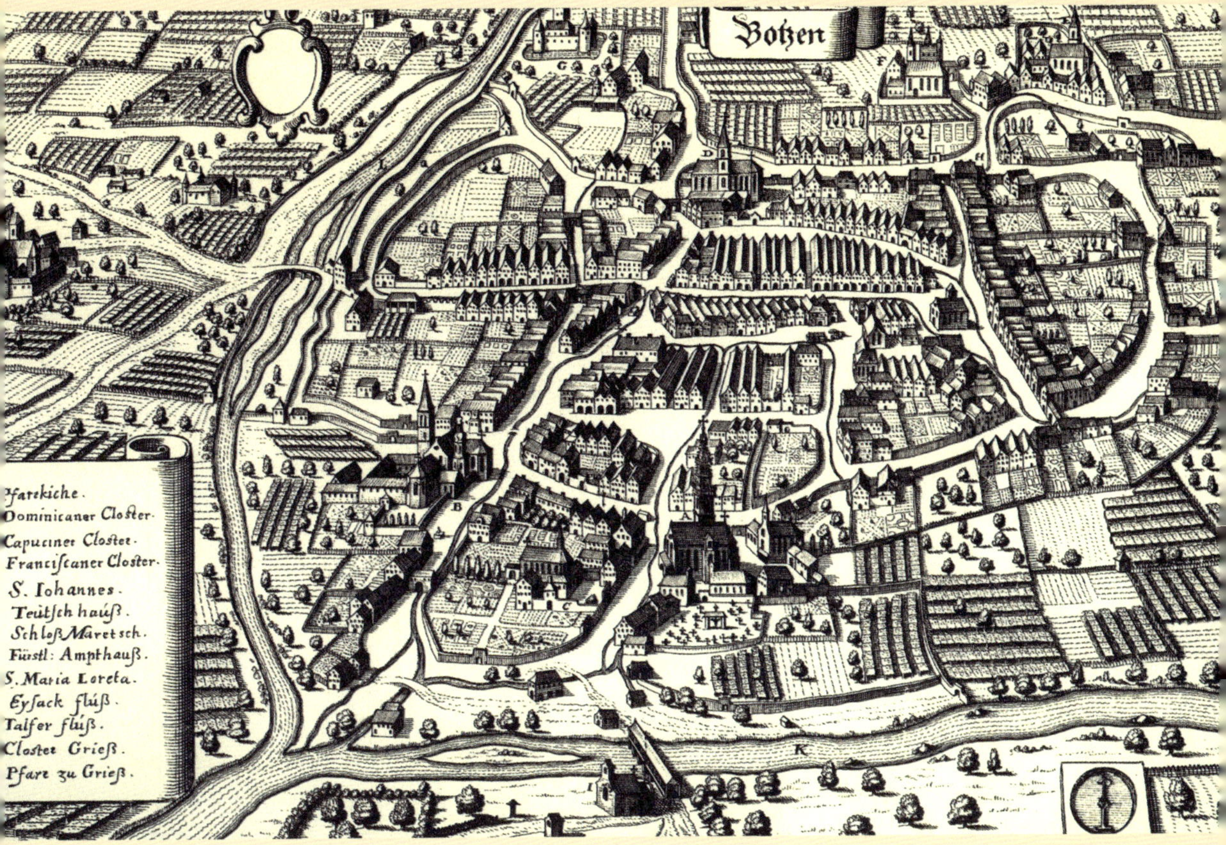

Bozen ist schon in der frühen Neuzeit von Weinbergen gesäumt. Matthäus Merian hat sie in seinem Stich von 1649 mit großer Liebe zum Detail dargestellt.

Noch heute prägt der Weinanbau das Stadtbild von Bozen – vor allem aus der Vogelperspektive.

saßen Trienter Stadtbürger neben Tiroler bäuerlichen Untertanen. Da das Stadtrecht erst von den Landesfürsten aus der Habsburgerlinie gewährt worden war, bezog es nicht nur die inzwischen eingebürgerten städtischen Bezirke, sondern auch das nahe bäuerliche Umland in die Stadtverwaltung ein. So stimmten die Weinbauern der Umgebung stets mit den Stadtbürgern und Stadthandwerkern. Der Weinerzeugung und dem Weinhandel wurde daher stets viel Aufmerksamkeit geschenkt.

Rechte und Freiheiten

Im Vergleich zu anderen Weinstädten waren die Befugnisse der Stadt Bozen allerdings bescheiden. Bozen erhielt etwa erst im 15. Jahrhundert die wichtige Kontrolle über die „Weinmesserei", während dieses Recht in Meran auf die Stadterhebung zu Beginn des 14. Jahrhunderts zurückgeht. Mit dieser Tätigkeit beauftragte die Stadt eigene vereidigte Weinmesser. Diesen waren die Weinaufleger behilflich, jene also, die die schweren Fässer in die tiefen Keller beförderten und wieder heraufbrachten sowie auf die Wägen für den Transport über Land verluden. Auch sie unterstanden der Stadt, waren aber nicht vereidigt.

Zollfrei durfte nur Wein in die Stadt gebracht werden, der im eigenen Haushalt verbraucht wurde. Der für den Handel bestimmte Wein musste dagegen bei der Ein- und Ausfahrt verzollt werden. Dies galt schon seit 1210, wobei die Zollerträge nicht in die Stadtkasse flossen, sondern in jene der Stadtherrn: zuerst jene des Bischofs von Trient, später jene der Tiroler Landesfürsten.

Meran kannte hingegen nur den Landesfürsten als Stadtherrn. Die Entwicklung des Weinhandels war allerdings durch den in der Frühzeit blühenden Handel verstellt und als dieser im 16. Jahrhundert durch den Verlust des Jahrmarktes zur Deckung lokaler Bedürfnisse herabsank, gehörte das meiste Weinland der Umgebung entweder dem Tiroler Landesfürsten oder einer kirchlichen Stiftung. Der Stadtverwaltung blieb damit im Weingeschäft nur die Aufsicht über den städtischen Ausschank. Das in Meran angesiedelte Kellenamt, ein landesfürstliches Amt zur Einhebung der landesfürstlichen Gefälle, verfügte dagegen nach groben Schätzungen über ein Drittel der Weingärten im Bezirk Meran. Vom dort gewonnenen Wein ging der Überschuss über den Jaufen nach Innsbruck an den landesfürstlichen Hof.

Wein verändert das Gesicht der Stadt

Städtebaulich erkennt man die alten Weinstädte an den großen Kellerbauten, die entstanden, um den Wein einzulagern und zur gegebenen Zeit weiterzutransportieren oder lukrativ an Ort und Stelle auszuschenken. Wien etwa hat heute noch auffallende historische Beispiele zu bieten, z. B. den Melker Stiftskeller, den Zwölf-Apostelkeller oder den Augustinerkeller. In Wien entstanden nach der Liberalisierung des Weinbaus sogar Kellergassen, das sind Gassen in denen zahlreiche Private in ihren Häusern den Heurigen ausschenken. Davon ist in Bozen und Meran wenig zu bemerken, weil die städtischen Gebäude in erster Linie dem Handel dienten. Zu erkennen ist dies an den Warenauslegegelegenheiten unter den Lauben sowie den dahinterliegenden Warenhäusern. Die vorhandenen tiefen Keller, in denen neben den in Bozen gängigen Kaufmannswaren vor allem Wein gelagert wurde, blieben unsichtbar, weil keiner zum Weinausschenken benützt wurde. Trotzdem waren die Keller allgemein bekannt, wie der Tiroler Landreim aus der Mitte des 16. Jahrhunderts zeigt: „Auff der stat Botzen keller tieff, groß marckht und gwerb, kurze schuldbrieff." Wein wurde in den Gasthäusern und auch in

Buschenschenken ausgegeben, ohne dass die Gäste zu diesem Zweck in die kühlen Keller geführt wurden.

Allerdings lassen sich auch hier Gebäude finden, die an die ehemalige Weinwirtschaft erinnern. In Meran ist es die Landesfürstliche Burg mit den anschließenden ehemaligen Kellenamtsgebäuden. In Bozen können das Landesfürstliche Amtshaus in der Bindergasse mit seinem Vorläufer in der Wolkensteingasse, das um 1600 zum Kapuzinerkloster umgebaut wurde, als solche genannt werden. Allerdings dienten beide nicht ausschließlich dem Wein und seiner Erzeugung, sondern ganz allgemein als Sammelstelle landwirtschaftlicher Produkte für den Innsbrucker Hof. Von den alten Mairhöfen sei der Augsburger Mairhof in der Vintlergasse und wohl auch der ehemalige Tegernseer Mairhof in der Quireiner Straße erwähnt. Von beiden bestehen zumindest noch Reste, während an der Stelle des ehemaligen Freisinger Mairhofes in Gries die dortige Grundschule steht.

Für die vielen religiösen Bauten und Kunstwerke soll neben den vielen Darstellungen des Traubenheiligen St. Urban, den Rebengebinden mit Weinblättern und Trauben als ornamentaler Schmuck das Leitacher Törl an der ehemaligen Bozner Pfarrkirche, heute Kathedrale, herausgenommen werden. Dieses einmalige gotische Kunstwerk mit dem Winzerpaar, dem knienden Herzog und der Muttergottes soll zum Dank für die Verleihung des alleinigen Weinausschankprivilegs der Stadtpfarrkirche zehn Tage nach Pfingsten errichtet worden sein.

Städtische Weinberufe

Wohl aber zeichnen sich Bozen und in weit geringerem Maße auch Meran als Weinstädte durch die auffällige Präsenz gewisser Gewerbe und Zünfte aus; dazu zählen die bereits erwähnten Weinmesser und Weinaufleger, die Binder und die Weinhauer. Die Liste der Markenzeichen der Bozner Binder aus der Zeit um 1500 kennt 20 verschiedene Werkstattsymbole. Die Bindergasse in Bozen ist noch immer ein beeindruckendes Wahrzeichen der einstigen Blüte dieses Handwerks. In Meran gab es selbstverständlich auch etliche Vertreter dieses Handwerks, sie spielten eine geringere Rolle, wie auch die Weinmesser dort an Zahl wesentlich geringer waren und diese zweckentfremdet zu niederen Diensten verpflichtet wurden.

Bozen und in weit geringerem Maße auch Meran zeichnen sich als Weinstädte durch die auffällige Präsenz gewisser Gewerbe und Zünfte aus; dazu zählen die bereits erwähnten Weinmesser und Weinaufleger, die Binder und die Weinhauer.

Zu den Weinbauleuten zählten sowohl die Bauernfamilien, die auf Halbpacht die Weinberge bearbeiteten und im Herbst den Most ablieferten, als auch ihre Knechte und Mägde. Da die Erbpachtverträge stets die Klausel enthielten, das Gut zu „bessern und nicht zu schlechtern“, war es Aufgabe der Bauleute, auf einen guten Erhaltungszustand sowohl der Gebäude als auch der Weinäcker zu achten. Das erforderte einen enormen Arbeitsaufwand, wenn man bedenkt, dass viele Südtiroler Weinäcker nicht nur die übliche Rebenpflege erforderten, sondern auf den an Steilhängen angelegten Weinleiten die Trockenmauern, die Wege und die Bewässerungsrinnen regelmäßig instand gehalten werden mussten. Die dabei eingesetzten Knechte und Mägde waren zwar dem „Baumann“ untergeordnet, da sie aber meist zur Familie gehörten, indem es sich oft um nächste Verwandte handelte, bildeten sie keine untergeordnete soziale Schicht wie die wandernden Weinhauer, die in Weinbaugegenden an der Donau anzutreffen sind (Erich Landsteiner).

Im Spätmittelalter fanden alle im religiösen Brauchtum der Bauleutebruderschaften zusammen, von denen es in Bozen zwei gab, eine in der Pfarrkirche und eine andere in der Dominikanerkirche. Es handelt sich dabei in erster Linie um eine Gebetsbruderschaft, die auch zur Interessengemeinschaft auswachsen konnte. Sie unterhielten an den entsprechenden Kirchen Altäre und traten bei kirchlichen Feiern in der Öffentlichkeit mit mehr oder weniger Prunk in Erscheinung: Prozessionen, Umgänge und Begräbnisse boten den passenden Rahmen. Die Fassbinderzunft stand den Weinbauleuten in nichts nach, indem sie in der Pfarrkirche für reiche Stiftungen sorgte und bei Prozessionen neben Fahnen auch Statuen und Bilder im Zuge mittrug: So wurde von der Binderzunft ein Geiselungs- und Kreuztragungsbild Christi, von den Weinauflegern die Arche Noah und von den Weinbruderschaften ein Urbansbild und ein Bild der Kundschafter mit der Traube mitgeführt. Die Bevölkerungsschichten, die im Weinbau tätig waren oder für die Produktion des Weines arbeiteten, gestalteten auf diese Weise wirksam ihren Auftritt in der städtischen Öffentlichkeit und leisteten ihren Beitrag, die Prozessionen zu einem bunten, theatralischen Ereignis werden zu lassen.

Die Gasthäuser im Fokus

Wein wurde im eigenen Land in größeren Mengen konsumiert. Davon berichtet schon die Speiseordnung des Heiliggeistspitals in Bozen. Außerhalb der Städte

Im Stadtgeschehen Bozens und Merans spielten Weinkaufleute keine herausragende Rolle; auch haben sie in der Stadtarchitektur keine erkennbaren Spuren hinterlassen.

war er meist nur in Gasthäusern zu haben, davon gab es seit dem 14. Jahrhundert in jedem mittleren Ort zumindest eines. In den Städten war es Sorge der Verwaltungen, dass in den Gasthäusern und Weinschenken guter, gesunder Wein ausgeschenkt wurde, um die Gesundheit der Bürger zu erhalten und den guten Ruf des Weingebietes zu bewahren. Daneben sah sich der Stadtrat auch verpflichtet, dem übermäßigen Weingenuss Einhalt zu gebieten. Seit der Neuzeit verlangen das auch die verschiedenen Ausgaben der Tiroler Landesordnung, die zu üppige Festmähler mit exzessivem Weingenuss verboten. Ein Einschreiten war auch wegen der öffentlichen Ordnung geboten, denn unter Betrunkenen kam es häufig zu Streit mit gelegentlich tödlichem Ausgang. Daher achtete der Stadtrat streng auf die Einhaltung der Sperrstunden. In Bozen wurde diese mit der Weinglocke, die die zweitgrößte im Pfarrturm war, unüberhörbar angekündigt.

Daneben wurde streng auf die Abgabe des „Ungeldes“, einer Getränkesteuer, die seit dem Spätmittelalter bestand, gewacht. Mit der Kontrolle darüber waren die Weinmesser beauftragt. Bei der Ausführung ihrer Aufgabe visitierten sie regelmäßig die Keller der Wirte und überprüften die Weinvorräte. Dabei blieb es in der Regel nicht beim Abschätzen des Weininhaltes der Fässer, sondern der Wein wurde im Keller in mitgebrachte, geeichte Maße umgeschüttet. Wie aus den Protokollen hervorgeht, hatten sich die Stadträte Bozens und Merans häufig mit Streit zwischen den Wirten und den Buschen- und Winkelschenken zu befassen, weil die Letzteren sehr oft zum selbst erzeugten Wein verbotenerweise Zukäufe ausschenkten. Auch Streit unter den Gastwirten wegen unlauterer Konkurrenz war keine Seltenheit.

Kaum Spuren des Weinhandels

Aussagen über den Weinhandel sind gewagt, weil es darüber zu wenig oder gar keine Studien gibt. Es ist nicht nur in Bozen schwierig, Aufzeichnungen von privaten Weinhändlern zu finden, weil in der Regel mit dem Tod des Weinhändlers oder spätestens nach Auflösung der Handelstätigkeit einzelner Familien die Dokumentation darüber verloren ging. Trotzdem kann gezeigt werden, dass es in Bozen schon in der Mitte des 13. Jahrhunderts Kaufleute gab, die Handel mit Wein betrieben. Es bestehen berechtigte Gründe anzunehmen, dass es in Bozen und Meran immer Weinkaufleute gab, allerdings betrieben viele den Weinhandel als Nebengeschäft. So wurde das Weingeschäft von den übrigen überregionalen Handelstätigkeiten verdeckt. Im Stadtgeschehen Bozens und Merans spielten Weinkaufleute keine herausragende Rolle; auch haben sie in der Stadtarchitektur keine erkennbaren Spuren hinterlassen, im Gegensatz zu anderen Städten, wo noch heute ihre prächtigen Stadthäuser am zentralen Platz durch ihren unübersehbaren Prunk den Besucher beeindrucken und von der einstigen führenden Rolle einzelner Weinhändler zeugen.

Der Grund dafür ist nicht zuletzt im bescheidenen Rahmen zu suchen, der für den freien und privaten Weinhandel blieb. Es wurde schon daran erinnert, dass im gesamten Südtirol Kirchen und Klöster sowie der Landesfürst sehr viel Weingartengrund besaßen, diesen nach grundherrschaftlichen Regeln bearbeiten ließen und den Transport sowie den Handel in Eigenregie abwickelten. Es wurde bereits erwähnt, dass der Tiroler Landesfürst im Meraner Bezirk ein Drittel der Weingüter besaß, die vom Kellenamt verwaltet wurden. In Bozen war noch nicht die Rede vom Heiliggeistspital, einer Gründung aus den Siebzigerjahren des 13. Jahrhunderts, das sehr viele Weingüter in der näheren und weiteren Umgebung besaß, den Wein selbst einkellerte und auch vermarktete. Nach Studien von Walter Schneider gingen davon zwischen 1510 und 1800 jährlich 250 bis 500 Hektoliter in den Handel. Der Pfarrkirchpropst von Bozen verkaufte nicht nur zehn Tage nach Pfingsten allein seinen Wein in der Stadt, sondern das ganze Jahr hindurch an Wirte und andere Abnehmer dies- und jenseits des Brenners und auch bis in die bayerische Tiefebene. Die einheimischen Klöster Georgenberg, Wilten, Stams, Marienberg, Neustift, Sonnenburg, Au in Gries bei Bozen, Welschmichel und die Domstifte sowie Bischöfe von Brixen und Trient besaßen ebenfalls ausgedehnte Weingärten.

Wenn dazu noch jener Wein in die Überlegungen einbezogen wird, den kirchliche Einrichtungen in Süddeutschland (siehe dazu eigenen Beitrag) auf eigenen Gütern erzeugten und zum größeren Teil zollfrei ausführten, dann versteht man, dass für Weinhändler im Südtiroler Weingebiet wenig Spielraum blieb. Nach der Säkularisation um 1800 gelangten viele dieser kirchlichen Weingärten in Privatbesitz und mit der zollfreien Ausfuhr war es schon länger vorbei. Von dieser Zeit an nimmt der private Weinhandel einen Aufschwung und Weinhändler werden bekannt, von denen allerdings die wenigsten in der Stadt sitzen wie Lun und Mumelter, sondern im Weinanbaugebiet wie die alte Weinhändlerfamilie Brigl in Eppan.

\\

Ein Hochgenuss

Der Wein und die Berge

// Im 18. und 19. Jahrhundert wurden in Südtirol fast alle namhaften Gipfel bestiegen. Manche Alpinisten brachte die Kraft des Weins zum Gipfel – andere brachte sie zu Fall. Und in der Alpin- und Expeditionsliteratur spielt der Wein oft eine größere Rolle als die alpinistischen Leistungen. Diese sind umso erstaunlicher, wenn man bedenkt, in welchen Mengen dem Wein zugesprochen wurde: auf dem Weg hinauf, auf dem Gipfel und beim Abstieg.

Andreas Lesti

Was wäre die Geschichte des Alpinismus ohne den Wein? Der Montblanc, der Großglockner und auch der Ortler hätten ohne Zuhilfenahme dieses Lebenselixiers niemals bestiegen werden können. Diesen Eindruck gewinnt man zumindest, wenn man sich in die Expeditionsberichte und alpin-historische Literatur vertieft. Und auch manch große Werke wären ohne die betörende Wirkung des Weins vermutlich niemals geschrieben worden.

Etwa so mancher Text von Johann Wolfgang von Goethe. 1786 macht sich der junge Dichter auf zu seiner „Italienischen Reise". Er ist begeistert vom Licht des Südens, von den Menschen und vom „Land, wo die Zitronen blühn" und thematisiert auch den Wein. Von dem ist er anfänglich nicht besonders angetan. Bei seiner Freundin Frau von Stein beschwert er sich: „Ich lebe hier sehr mäßig, den roten Wein der Gegend, schon von Tirol her, kann ich nicht vertragen; ich trinke ihn mit viel Wasser." Aber das Winzer-Handwerk scheint ihn dennoch zu faszinieren, er fährt meilenweit „zwischen Mauern, über welche sich Traubengeländer sehen lassen", und wundert sich, welchen Aufwand die Weinbauern betreiben, um Traubendieben das Handwerk zu legen: „Mauern, die nicht hoch genug sind, hat man mit Steinen, Dornen und sonst zu erhöhen gesucht, um das Abrupfen der Trauben den Vorbeigehenden zu wehren. Viele Besitzer bespritzen die vordersten Reihen mit Kalk, der die Trauben ungenießbar macht, dem Wein aber nichts schadet, weil die Gärung alles wieder heraustreibt."

In der Literatur wurde der Südtiroler Wein indes schon lange vor Goethe thematisiert. Schon im 12. Jahrhundert lobte der Mittelalterdichter Wolfram von Eschenbach den sogenannten „Bozenaere", den Wein, der in Bozen umgeschlagen wurde. Und als der Minnesänger Oswald von Wolkenstein im Jahr 1414 beim Konzil von Konstanz am Bodensee weilte, schmeckte ihm König Sigismunds Ausschank nicht, er vermisste den süßen Südtiroler Wein und schrieb:

Vast süsser wein als slehen tranck,
der reuhet mir die kel so kranck,
das sich verierrt mein hels gesangk,
dick gen Traminn stet mein gedanck

Tramin an der Weinstraße bewirbt seinen Gewürztraminer noch heute mit diesem Zitat.

Wein beim Erobern des Nutzlosen

In die Berge sind von Eschenbach, von Wolkenstein und von Goethe in Südtirol nicht gestiegen, Goethe hat sich das für seine Schweizreisen aufgehoben. In Südtirol waren dafür andere zuständig. Im späten 18. und frühen 19. Jahrhundert erwachte in den ganzen Alpen eine Begeisterung fürs Bergsteigen. Die einstmals abschreckenden und lebensfeindlichen Gipfel wurden ins Positive umgedeutet, Erhabenheit und die Ästhetik der Landschaft waren nun ein Anreiz, um in Höhen zu klettern. Nun entwickelte sich Alpinismus zum lustvollen Selbstzweck, die „Eroberung des Nutzlosen", wie Reinhold Messner einmal sagte, hatte begonnen. Für die Abenteuer war der Wein, abgefüllt in Liter-Flaschen, ein guter und energiereicher Proviant.

Da wäre zum Beispiel Julius Payer, ein österreichisch-ungarischer Offizier, Forscher und trinkfester Bergsteiger. Als Payer 1865 gemeinsam mit dem einheimischen Bergführer Johann Pinggera auf den Ortler stieg, tranken sie während des Aufstiegs im Laufe eines Vormittags, so ist es in seinem Expeditionsbericht nachzulesen, drei Flaschen Wein gegen den Durst. Sie schafften es dennoch – oder gerade deswegen – auf den Gipfel und leerten bei einer zweiten Rast vor dem Eisseepass im Abstieg noch eine Flasche. Ein Jahr später stieg Payer mit Gefährten auf die Schneeglocke, diesmal mit einem ganzen Weinfässchen, das ihnen die Wirtin in Trafoi mitgegeben hat – es „tat Wunder". Schließlich besteigt er noch den Großen Eiskogel und leert auf dem Gipfel eine letzte Flasche Wein in einem Zug. Er ist heiter und locker, geht mit sorglosem Gang bergab und stürzt den Hang hinab. Zum Glück hatte Pinggera das kommen sehen und bewahrte ihn am Seil davor, bis auf den Ortlerferner zu stürzen.

Payer war mit seinen Trinkgewohnheiten keine Ausnahme. Im Gegenteil, in der Geschichte des frühen Alpinismus gibt es viele Beispiele von ausgiebigem Weinkonsum am Berg. Als der Forscher Horace-Bénédict de Saussure 1787 auf den Gipfel des Montblanc stieg, waren 18 Führer dabei, die unter anderem dafür zuständig waren, den Wein auf den Gipfel zu schleppen. Der Brite Albert Smith bestieg den Berg im August 1844, ebenfalls mit übertrieben vielen Führern und einer Ausrüstung, die unter anderem aus „60 Flaschen Vin Ordinaire, 6 Flaschen Bordeaux, 10 Flaschen St. George, 15 Flaschen St. Jean, 3 Flaschen Cognac" und „2 Flaschen Champagner" bestand. Im Expeditionsbericht der Glockner-Erstbesteigung von 1800 ist zu lesen, dass in der Nähe der Salmhütte „Champagner, Tokaier und Malaga quoll, als keltere man sie vom nahen Gletscher". Und auch bei der Erstbesteigung des Matterhorns spielte so mancher Tropfen Wein eine Rolle, wie bei Edward Whymper nachzulesen ist.

Betrunkene Führer, angeheiterte Gäste

Ein interessanter Fall ist auch Leslie Stephen, Brite, Bergsteiger, Schriftsteller und Vater von Virginia Wolf. Als er sich 1870 von Bozen Richtung Primiero aufmachte, band er sich „die spanische Weinflasche um". Spanisch! Es gelang ihm, den Cimon della Pala zu besteigen, aber warum er keinen Südtiroler Wein mitnahm, ist leider nicht überliefert. Seine Erlebnisse beschrieb Stephen in seinem Buch „The Playground of Europe". Auch über die Trinkgewohnheiten der einheimischen Bergführer schrieb er und notierte mit Klarsicht, dass darüber „wohl kein Engländer mit gutem Gewissen die Nase rümpfen darf". Das schickt Stephen voran, um dann die Anekdote von einem Schweizer Führer zu erzählen, wie er sich weintrunken auf einem steilen Pfad einem Geländer anvertraute und „notwendigerweise über die Kante purzelte, als die Führungsschiene ins Leere mündete. Die genaue Senkrechte bis zum harten Felsenbett ist mir unbekannt, doch darf ich dreißig Meter als Mindesthöhe ansetzen. Der Schritt von der Dachrinne des höchsten Londoner Hauses zum Straßenpflaster dünkt mich ungefährlicher. Michel schlief sich unten gründlich aus, hob sich in der Morgenfrühe vom Lager, schüttelte sich und wanderte nüchtern mit heilen Knochen heimwärts". Stephen mokierte sich in seinen Texten übrigens nicht nur über betrunkene Bergführer, sondern auch über die damals neue Spezies „Cook-Tourist". Gemeint waren die ersten Pauschaltouristen, die mit dem britischen Veranstalter Thomas Cook durch die Welt und ab den 1860er-Jahren auch durch die Alpen reisten. Die Ironie der Geschichte will es, dass ausgerechnet Cook, der Erfinder des Pauschaltourismus, ein überzeugter Alkoholgegner war und seine erste Reisegruppe aus Aktivisten der Abstinenzbewegung bestand.

Eine mögliche Antwort auf die Frage, warum Leslie Stephen in Südtirol spanischen Wein trank, findet man bei Walter White, einem britischen Reiseschriftsteller, der 1876 in „Holidays in Tyrol, Kufstein, Klobenstein and Paneveggio" die Qualität des Südtiroler Weines in Frage stellt. Die Bewohner Bozens, schreibt er, seien wegen des schlechten Trinkwassers gezwungen, Wein zu trinken: „Natürlich, wo das Wasser schlecht ist, müssen die Menschen Wein trinken, und die Botzener zögern nicht, von dieser Alternative Gebrauch zu machen. Der Wein in der Gegend ist von guter Qualität; jedoch, von Bacchus oder Plutus in Versuchung gebracht, produzieren sie ein wertloses Gesöff in großen Mengen und verkaufen es überall hin. Ich hatte von diesen Fälschungen gehört und bemühte mich, mich diesbezüglich zu informieren und erfuhr aus verläßlicher Quelle, daß es in Botzen fünf ‚Weinfabriken' gibt, wo das rote Zeug in tausenden Gallonen hergestellt und als Wein verkauft wird. Kein Wunder, daß der Wanderer oft schaudert, wenn er einen Schluck in einer der kleinen Schenken in den Bergen zu sich nimmt." Auch in „Meyers Reisebücher: Deutsche Alpen, Zweiter Teil" von 1900 findet man einige praktische Hinweise zu Wein und Alpinismus in Südtirol: Im Dolomiten-Kapitel werden abwechselnd Bergführer und Weinlokale empfohlen.

Man nehme Rotwein – und vieles mehr

Jedenfalls war der Alkoholkonsum in den Bergen zu dieser Zeit schon nicht mehr zu stoppen. Mark Twain hatte 1878 bei seiner geistreichen, aber nicht ganz ernst gemeinten Expedition auf den Riffelberg bei Zermatt „22 Fässer Whiskey" im Gepäck. Vier Jahre darauf erschien das „Handbuch des Alpinen-Sport". Der Autor, der deutsch-österreichische Alpinist Julius Meurer, schrieb darin ganz erstaunliche Dinge – und meinte sie im Gegensatz zum fabulierenden Schriftsteller Twain ernst: „Allen Touristen sei daher von Spirituosen, im engeren Sinne des Wortes, bei Hochtouren abgerathen" heißt es da scheinbar noch ganz vernünftig. Doch dann: „Wir besitzen im Weine ein unschätzbares Genußmittel für unsere Hochtouren und brauchen daher nach etwas Besserem gar nicht zu suchen (...) Man nehme bei den kurzen Haltepunkten einen Becher, fülle ihn mit Rothwein, tauche dahinein Brot und esse dieses und trinke schließlich den Rest des Weines aus; dies genügt und stärkt und labt zur gleichen Zeit. Bei längerer Rast trinke man entweder puren Wein oder, wenn der Durst groß ist, gewässerten oder mit geschmolzenem

Schnee verdünnten Wein." Und das ist nur der Anfang: „Ist man schon hoch hinangestiegen, steht man bereits im Drittel des Anstieges, dann entkorke man, wenn man sich stark angegriffen fühlt oder vielleicht gar Symptome der Bergkrankheit verspürt, den mitgenommenen Marsala oder Sherry, oder alten Ungarwein und nehme davon zwei bis drei Schluck; nach wenigen Minuten wird man die überraschende Wirkung (...) verspüren. Man kann von halbe zu halbe Stunde, wenn nöthig, wieder ein paar Schluck, aber nie mehr auf einmal nehmen. Nicht genug ist die Mitnahme einer Flasche schweren alten Weines auf einer Hochtour anzurathen, sie hat schon Manchem, der ohne dem ausgespannt hätte, zur Spitze gebracht." Und dann gilt es natürlich, den Gipfelerfolg zu feiern: „Auf der Spitze angekommen, wird eine Flasche Champagner oder selbst ein guter Asti spumante ein Labetrunk sein, wie er köstlicher nicht gedacht werden kann. Beim Abstiege alsdann braucht man nicht mehr so vorsichtig zu sein, man kann dann schon ungescheut etwas mehr trinken, ebenso wie man auch mit den Speisen nicht mehr gar so wählerisch vorzugehen braucht."

Auch im 20. Jahrhundert gibt es Beispiele für den alpinen Weinkonsum in Südtirol. Luis Trenker etwa, er stammte aus Gröden, keiner Weinregion also. Aber für den Südtiroler Wein hätte es kaum einen besseren Botschafter als den Bergsteiger, Schauspieler und Lebemann geben können. In seinen Büchern, aber auch in seiner Fernseh-Sendung „Luis Trenker erzählt" erklärte er in den 1960er-Jahren der Welt „seine Dolomiten" und begeisterte sich für den Langkofel, den Speck und den Wein. Und als der deutsche Kletterer und Autor Nicholas Mailänder sich in den 1970ern gemeinsam mit einem Freund an den Kletterrouten oberhalb der Rotwandhütte versucht, schreibt er über diesen: „Wenn er nicht so, nur mit Händen und Füßen hinaufkommt, seilt er lieber wieder ab und lässt sich den Kopf mit Vino Rosso voll laufen." Kletterethik meets Önologie.

Und dann ist da natürlich noch Reinhold Messner, Südtiroler Bergsteiger und Weinliebhaber. „Ja, der Wein hat die Geschichte des Alpinismus bereichert", sagt er. Gar nicht so sehr, weil man ihn während der Touren getrunken habe, das sei unter anderem aus Gleichgewichtsaspekten nicht unbedingt von Vorteil, wie schon Julius Payer erfahren hat. „Aber danach, das gehört für mich zum Bergsteigen dazu. Wenn man auf der Hütte eine Flasche trinkt, sich Geschichten erzählt und der Wein seine lösende und beflügelnde Wirkung entfaltet." Aber das sei heute leider etwas in Vergessenheit geraten. Während Messner einer seiner Kletterlehrmeister in den 1960er-Jahren noch empfohlen habe, eine Mixtur aus Wein, Kaffee und Zitrone als eine frühe Form des Energydrinks mit in die Berge zu nehmen, lassen die leistungsorientierten Bergsteiger heute eher die Finger vom Alkohol. „Heute ist weniger Genuss, Ruhe und Entschleunigung", bedauert Messner.

Und im Himalaya? „Nein, Wein habe ich da nie mitgenommen." Erstens weil er schnell gefriere und zweitens: „In großer Höhe schmeckt Alkohol nicht – da spreche ich aus eigener Erfahrung." Bei der 1982er-Expedition auf den Kangdchendzönga hätten er und Friedl Mutschlechner, so erinnert sich Messner, wochenlang vom ersten Bier nach der Besteigung geträumt. „Aber als wir es endlich in den Händen hielten, haben wir es nach dem ersten Schluck weggeworfen." Zu Hause in Südtirol, da habe der Wein dann wieder geschmeckt. Zum Glück.

Bleibt eigentlich nur noch, Anderl Heckmair zu zitieren, jenen deutschen Kletterkollegen, der es 1938 mit seinen Bergkameraden erstmals durch die Eigernordwand schaffte und dann in Karl-Valentin-hafter Logik sagte: „Alkohol, in Maßen genossen, ist selbst in größeren Mengen nicht schädlich."

\\

Südtirols Wein und die Welt

Der Blick von außen

// Auch wer sich stetig mit internationaler Konkurrenz und globalen Märkten auseinandersetzt, ist vor einer bestimmten Betriebsblindheit nicht gefeit. Deshalb haben wir für dieses Buch drei renommierte Weinexperten von außerhalb des Landes gebeten, einen Blick auf Südtirols Wein und dessen Entwicklung zu werfen.

Was uns der Italiener Daniele Cernilli, der Schweizer Martin Kilchmann und der Amerikaner Burton Anderson in den folgenden drei Kapiteln bieten, ist also so etwas wie der kritische Blick von außen auf die Südtiroler Weinproduktion und Weinwirtschaft. Und eine ganz persönliche Auseinandersetzung mit dem Wein aus einem besonderen Land, der die drei Autoren schon seit Jahren begleitet: beruflich und durchaus auch privat. \\

Ein Blick aus Italien

Elsass, Bordeaux, Burgund – alles in einem

// **Sortenvielfalt, hohe Qualität, vernünftige Preise: Was sich in den letzten Jahren im Weinland Südtirol entwickelt hat, ist für Daniele Cernilli, den italienischen Weinpapst, nichts anderes als ein kleines Wunder. Dabei ist es vor allem die Vielfalt auf einem so kleinen Gebiet, die Cernilli besonders begeistert. Es sei, so sagt er, als habe man das Elsass, Bordeaux und Burgund in eine Fläche von gerade einmal 5.750 Hektar gepackt.**

Daniele Cernilli

Südtirol ist administrativ mit der Autonomen Provinz Bozen gleichzusetzen, und auch wenn es sich nicht um eine Region im engeren Sinne handelt, so ist der kulturelle Reichtum doch einzigartig. Gleich drei Sprachen werden hier gesprochen, Deutsch, Italienisch und Ladinisch, und schon allein die geografische Lage hat Südtirol seit jeher von anderen Regionen abgehoben: als Scharnier zwischen der germanischen Welt, deren extremen Süden das Land bildet, und der lateinischen, deren nördlichster Punkt es ist. Aus weinbaulicher Sicht ist dies von entscheidender Bedeutung, finden wir doch in einem relativ kleinen Gebiet sehr viele Rebsorten, die aus unterschiedlichen Teilen Europas stammen, und eine beeindruckende Vielfalt an Lagen, Böden und Klimata.

Was als Erstes auffällt, ist, dass sich der Weinbau fast ausschließlich auf das Etsch- und das Eisacktal konzentriert, die gemeinsam ein großes Y bilden. Sie zerlegen die Anbaugebiete in kleinere Teile, die ganz unterschiedliche Traditionen aufweisen und sehr viele Weine hervorbringen. Mit Alto Adige-Südtirol gibt es eine übergreifende Herkunftsbezeichnung, die den größten Teil der Produktion abdeckt, zugleich aber in verschiedenen Gebieten in viele Typologien heruntergebrochen wird.

Im Süden: die Besten der Welt

Die größten und wichtigsten Anbaugebiete sind das Überetsch und das Unterland, die selbst in kleinere Zonen unterteilt werden können, die sich voneinander unterscheiden. Im Draufblick handelt es sich um den südwestlichen Teil des Südtiroler Weinbaugebietes, er liegt westlich der Etsch und wird im Süden vom Trentino sowie im Norden von der Mündung des Eisacks in die Etsch im Talkessel von Bozen begrenzt. Durch das gesamte Gebiet führt die Weinstraße, die im Süden in Salurn beginnt, durch eine Reihe von Dörfern führt und in Terlan endet. Manche der Dörfer an der Weinstraße sind sehr bekannt, auch die Kellereigenossenschaften in diesem Gebiet tragen ihre Namen und gehören in ihrer Besonderheit zu den Besten oder sind sogar die Besten der Welt. Also, von Süden nach Norden: Margreid, Kurtatsch, Tramin, Kaltern, Eppan, das wiederum in drei Dörfer unterteilt ist, nämlich St. Michael, St. Pauls und Girlan, und schließlich Nals.

Jede dieser Gemeinden weist weinbauliche Besonderheiten auf, die sie unterscheiden. Die südlicheren und wärmeren Zonen sind die Heimat der großen Rotweine auf der Grundlage von Cabernet Sauvignon und Merlot, die auch etwas nördlicher angebaut und von Vernatsch-Anlagen unterbrochen werden. Bewegen wir uns nach Norden, finden wir Rebsorten wie Gewürztraminer, Chardonnay, Pinot Grigio und Weißburgunder, der zwar für den gesamten Südtiroler Weinbau typisch ist, in dieser Gegend aber besonders herausragende Vertreter hervorbringt. Noch weiter im Norden taucht der Sauvignon auf und in den höheren Lagen, in Mazon oder Eppan etwa, auch der Blauburgunder, der immer wieder mit qualitativen Spitzen überrascht. Nicht vergessen darf man hier natürlich auch den Kalterersee, einen herrlich trinkbaren Rotwein aus Vernatsch-Trauben.

Bozen und das Burggrafenamt: Heimat großer Weine

Der Bozner Talkessel, der von den Hügeln von St. Magdalena und dem Eingang ins Eisacktal begrenzt wird, ist vorwiegend Rotweinland. Sehr bekannt ist hier vor allem der Lagrein, sei es als Dunkel, sei es in seiner Rosé-Version als Kretzer. Der Rote ist ein kräftiger Wein mit einer sehr konzentrierten Farbe und hat sich in letzter Zeit zu einem echten Aushängeschild für die Weinbautradition der gesamten Region entwickelt. Die Bozner Weinberge finden sich vorwiegend im Westen der Stadt, vor allem in Gries, während im Norden die Hügel liegen, von denen der St. Magdalener stammt, der ebenfalls aus Vernatsch-Trauben und minimalen Zusätzen von Lagrein stammt.

Bewegt man sich nach Westen, dem Flusslauf der Etsch folgend, stößt man zuerst auf Terlan, das unter dem Dach von DOC Alto Adige-Südtirol eine eigene Herkunftsbezeichnung führt. Terlan ist das Reich herausragender Weißweine auf der Basis von Weißburgunder, Sauvignon und Chardonnay – und des Terlaners, der ein Ergebnis eines Verschnitts der verschiedenen Sorten ist.

Noch etwas weiter im Nordwesten treffen wir auf Meran, ein relativ warmes Gebiet, das die Produktion ausgezeichneter Rotweine auf der Grundlage von Cabernet, Merlot und manchmal, vor allem in höheren Lagen, sogar Blauburgunder erlaubt. Auch hervorragende Weißweine fehlen hier nicht, genauso wie der Meraner Hügel, ein leichter Rotwein auf Vernatsch-Basis.

Vinschgau und Eisacktal: eine andere Welt

Folgen wir der Etsch weiter nach Westen, stehen wir im Vinschgau, ein Gebiet heldenhaften Weinbaus, in dem der Riesling zu wachsen beginnt, aber auch Weiß- und Blauburgunder talentierte Vertreter hervorbringen.

Fährt man dagegen von St. Magdalena aus nach Norden in Richtung Brixen und Brenner, gelangt man ins Eisacktal, und hier ändert sich die Welt. Hier gibt es nur Weißweine, überwiegend aus weißen Trauben und Sorten, die südlich der Alpen fast ausschließlich hier zu finden sind: Sylvaner, Grüner Veltliner und Kerner. Daneben gibt es große Vertreter von Müller-Thurgau und etwas Riesling,

Gewürztraminer sowie Sauvignon vor allem im südlicheren Teil des Tals.

Ein kleines Wunder

Wie Sie sehen, ist es nicht ganz so einfach, sich in Südtirol zurechtzufinden. Es ist, als hätte man das Elsass, Burgund und Bordeaux in 5.750 Hektar Weinbaufläche und in ein Land gepackt, das sehr viel kleiner ist als diese großen französischen Weinregionen. Es ist wirklich erstaunlich, dass man all dies auf etwas mehr als 7.000 Quadratkilometern findet (so groß ist die Südtiroler Landesfläche), mit einer Produktion knapp unter 400.000 Hektoliter Wein, was mehr oder weniger einem Prozent der italienischen Weinproduktion entspricht.

Wenn wir zu alledem noch die große Vielfalt an Rebsorten hinzufügen, eine Qualität, die im Schnitt in den letzten Jahrzehnten wirklich sehr hoch geworden ist, und Preise, auch das sei gesagt, die immer noch sehr vernünftig sind, kann man gut verstehen, warum Weine aus Südtirol auf der ganzen Welt Absatz finden und von der Kritik gelobt werden. Und man kann verstehen, dass diese Weine nicht nur auf dem heimischen Markt, in den deutschsprachigen Ländern oder in ganz Italien zu finden sind, sondern auch auf den wichtigsten internationalen Märkten: vom Vereinigten Königreich bis zu den USA, von Japan bis nach Skandinavien.

All dies ist ein kleines Wunder, das der Leidenschaft, der Entschlossenheit und dem technischen Können vieler Winzer und Kellermeister zu verdanken ist. Und dem außergewöhnlichen „melting pot", der hier – wie nur an wenigen anderen Orten der Welt – entstanden ist. Willkommen in Südtirol eben!

\\

All dies ist ein kleines Wunder, das der Leidenschaft, der Entschlossenheit und dem technischen Können vieler Winzer und Kellermeister zu verdanken ist. Und dem außergewöhnlichen „melting pot", der hier – wie nur an wenigen anderen Orten der Welt – entstanden ist.

Ein Blick aus der Schweiz

Vom Rentnerwein zur Qualität

// Von Massen- und „Rentnerweinen“ zu hochstehenden Qualitätsweinen: Die Südtiroler Wein-Revolution der letzten 40 Jahre hat der Schweizer Martin Kilchmann mit dem Auge des Fachmanns begleitet und dabei auch eine ganze Reihe von Wein-Persönlichkeiten kennen- und schätzen gelernt. Dass deshalb aber alles eitel Sonnenschein ist, lässt Kilchmann nicht gelten. Er sieht auch ganz neue Herausforderungen auf das Weinland Südtirol zukommen.

Martin Kilchmann

Erstmals bereiste ich das Südtiroler Weingebiet 1982 mit einer Gruppe von Schweizer Weinfreunden. Ich befand mich damals noch im Stande der önologischen Unschuld: Wein war mir zwar ein schönes Hobby, doch nicht im Traum hätte ich gedacht, dass er mich einmal beruflich beschäftigen würde.

Der Wein aus Südtirol, insbesondere jener aus seiner dominierenden Sorte Vernatsch, sah sich damals mit bedrohlichen Absatzschwierigkeiten konfrontiert. Vor allem der wichtige Schweizer Markt, der jahrzehntelang offen Kalterersee und St. Magdalener importiert hatte, fand keine Klientel mehr für die als Rentnerwein verschrienen Gewächse. Ganz unschuldig daran waren beide Seiten nicht: Die Südtiroler lieferten nicht immer über alle Zweifel erhabene Qualitäten. Und die Schweizer Weinhändler drückten den Preis bis zur Schmerzgrenze und versäumten, rechtzeitig für eine Verjüngung der Kundschaft zu sorgen.

Ein Anfang in Margreid

Unsere Gruppe besuchte damals einige Genossenschaften und machte auch im Ansitz Löwengang in Margreid halt. Empfangen wurde sie auf dieser Sommerresidenz der Familie Lageder von Wendelgard Dellemann und ihrem jüngeren und einzigen Bruder Alois (Luis) Lageder. Wendel hatte nach dem frühen Tod ihres Vaters zusammen mit ihrer Mutter die Kellerei geführt und den aus Andrian stammenden talentierten Kellertechniker Luis von Dellemann geheiratet. Luis Lageder, 1950 geboren, war nach einem Wirtschaftsstudium und etlichen Önologiekursen zur Familienfirma gestoßen.

Das alles wusste ich damals in Margreid noch nicht. Was mir neben den blitzenden Chromstahltanks, dem spritzigen Weißburgunder, dem feinen Speck und Schüttelbrot im Gedächtnis blieb, war die Person von Luis Lageder. Groß gewachsen, ja hager stand er da, skizzierte überlegt und unaufgeregt die Ausrichtung des eigenen Betriebs. Ohne viel zu wissen über die Südtiroler Weinstrukturen, die sich abzeichnenden Probleme mit dem Vernatsch, die prekäre Marktsituation, die ein traditionsreiches Anbaugebiet zwang, gründlich über die Bücher zu gehen, behielt ich ihn als lichten Hoffnungsträger in Erinnerung. Ganz instinktiv fühlte ich, dass mit dem freundlichen jungen Mann ein Stück weit auch die Zukunft des traditionsalten Weinlandes Südtirol verbunden sein würde.

Protagonisten des Wandels

Als ich dann wenige Jahre später in den Weinjournalismus rutschte und Südtirol regelmäßig besuchte, lernte ich neben Lageder viele andere Protagonisten kennen. Sie alle begleiteten in den Umbruchzeiten der späten 1980er- und 1990er-Jahre Südtirol in die Zukunft. Um das Feld nicht zu groß werden zu lassen, seien hier nur einige Namen genannt. Sie alle erweiterten meinen Horizont und schenkten mir den Blick auf ein Weinland von großer Schönheit und Vielseitigkeit (all jene, die aus Platzgründen fehlen, mögen mir verzeihen).

Da wären etwa zu nennen: Luis Raifer, alerter langjähriger Geschäftsführer der Kellerei Schreckbichl. Er führte bei seinen Genossen mit visionärer Kraft als Erster die Ertragsregulierung und die Zahlung nach Traubengüte ein. Fast wie nebenbei trieb er in seiner Genossenschaft bis Mitte der 1990er auch noch den Weißweinanteil von 20 auf 45 Prozent hoch. Zudem initiierte er die Dreiteilung des Flaschenangebots und die Barriquevinifizierung der Toplinie.

Hans Terzer, Kellermeister und Chef der Genossenschaft St. Michael-Eppan. Er gilt als führender Weißweinerzeuger des Landes. Mit gesundem Selbstbewusstsein nahm er – durchaus zu Recht – schon früh für sich in Anspruch, „ein bisschen Systematik in die Weißweinerzeugung gebracht zu haben“. Als damaliger Obmann der Südtiroler Kellermeister hatte er auch die Autorität, die Dinge zum Besseren zu wenden.

Ignaz Niedrist, Selbstkelterer in Girlan, er übernahm zusammen mit seinen befreundeten Kollegen Franz Gojer, Peter Pliger und Andreas Widmann – wegen ihres verschworenen, gemeinsamen Auftritts auch „Viererbande“ genannt – erfolgreich die Rolle des David. Stellvertretend für andere Eigenbaukellereien (heute in der Vereinigung „Freie Weinbauern Südtirol“ organisiert), eloquent, gebildet und mutig, erarbeitete er sich mit Weinen von starker Identität den Respekt der Goliats der Genossenschaften und privaten Weinkellereien.

Schließlich Peter Dipoli, Weinhändler und ab 1990 auch einkellernder Sauvignon-blanc-Winzer: Er bildete in diesen Zeiten des allmählichen Wandels stets eine Art Stachel im Fleisch der Südtiroler Weinwirtschaft. Aus Liebe zu Südtirol mischte er sich ein, lobte, kritisierte, gab Ratschläge, manchmal auch ungebetene. Er galt als Hitzkopf, doch insgeheim gestanden ihm auch Gegner zu, recht zu haben.

Erneuerung trägt Früchte

Heute, 40 Jahre nach meiner ersten Südtirolreise, trägt der Baum der Erneuerungsbemühungen schönste Früchte. Südtirol ist vom Massenwein- zum hochstehenden Qualitätsweingebiet gereift. Das Sorgenkind Vernatsch wurde in den Rang einer geschätzten Spezialität mit 12 Prozent Anbaufläche zurückgedrängt. Der Anteil weißer Sorten stieg von 20 auf früher nie für möglich gehaltene 65 Prozent. Sie haben sich im Laufe der Jahre zumeist die geeigneten Lagen in der passenden Höhe erobert. Südtirol gilt in Italien unterdessen als führendes Weißweingebiet des Landes. Auch in der Schweiz erfreuen sich die Weißen zunehmender

Beliebtheit. Für die roten Sorten haben sich ebenfalls die richtigen Expositionen herauskristallisiert. Das rechtsufrige Unterland gilt etwa als Paradies der Bordeaux-Sorten.

Verallgemeinernd gesagt liegt die Stärke des Südtiroler Weinbaus in der Rebsortenvielfalt, der Tiefe und Breite des Sortiments, das vom Herkunftscharakter geprägt ist. Dazu besitzt das Land eine Dichte von hervorragenden Genossenschaftskellereien, die weltweit einmalig ist.

Keine Fragen, keine Einwände, keine Sorgen und auch kein Ziel mehr? So strahlend sich die Südtiroler Welt auch im Glas zeigt, Grund zu Selbstzufriedenheit gibt es nicht. Da treiben die sich verstärkenden Rebkrankheiten die Winzer um. Goldgelbe Vergilbung und Esca bringen einzelne Pflanzen oder ganze Rebzeilen zum Absterben. Guter Rat ist da buchstäblich teuer (und arbeitsintensiv).

Und da hängt das Damoklesschwert der Klimaerwärmung. Gewinner darob gibt es zwar durchaus: Der Lagrein etwa erträgt die Wärme gut. Er gerät weniger rustikal mit besser abgepufferter Säure. Es gibt aber auch mögliche Verlierer: Die Aromatik und Frische der Weißen, geschuldet der Steilheit der Landschaft und der Nähe der Alpen, droht zugunsten einer wachsenden Fülle und Alkoholstärke verloren zu gehen.

Das Phänomen wird natürlich intensiv diskutiert: In der Art der Rebenpflege kann darauf reagiert werden. Bemerkenswert ist, dass biodynamisch arbeitende Betriebe öfters frischere Weine erzeugen. Die Pergola gerät wieder ins Blickfeld. Auch die Kelterungsmethoden können mildernd wirken. Der Rebbau in höheren Lagen ist ein Thema. Südtirol nimmt hier eine Vorreiterrolle ein. Weinberge auf 800 Meter Höhe sind keine Seltenheit mehr. Einzelne klettern auf über 1.000 Meter. All das tönt ermutigend. Wie dichtete doch einst Hölderlin: „Wo aber Gefahr ist, wächst das Rettende auch."

\\

Heute, 40 Jahre nach meiner ersten Südtirolreise, trägt der Baum der Erneuerungsbemühungen schönste Früchte. Südtirol ist vom Massenwein- zum hochstehenden Qualitätsweingebiet gereift.

Ein Blick aus den USA

Südtirol – ein Name, den man kennen sollte

// „Für Weintrinker mit einem vielseitigen Geschmack und einem Sinn für Abenteuer ist Südtirol ein Name und ein Ort, den man kennenlernen sollte." Das Urteil zu Südtirol und seinen Weinen fällt für den amerikanischen Weinjournalisten Burton Anderson eindeutig aus. Ihn fasziniert vor allem die Vielfalt Südtiroler Weine, die einen enormen Qualitätssprung gemacht haben, seit Anderson das erste Mal mit ihnen in Kontakt gekommen ist. Das war allerdings vor über 60 Jahren.

Burton Anderson

Zum ersten Mal Südtiroler Wein gekostet habe ich 1959 während eines Skiurlaubs in Österreich. Man servierte mir damals einen leichten Rotwein namens Kalterersee, der für die Einheimischen so österreichisch war wie der Grüne Veltliner aus den benachbarten Weinbergen. Bald aber habe ich gelernt, dass der Kalterer See ein malerischer See im norditalienisch-alpinen Südtirol oder Alto Adige war und dieses Land Herkunft vieler Weine: von Weißen, Roten und Rosés, von stillen und prickelnden, von trockenen und süßen. Und ich habe gelernt, dass diese Weine von einer Vielzahl von Traubensorten stammten, einige davon edel autochthon, andere international, die hier auf der Sonnenseite der Alpen prächtig gedeihen.

Seit damals hat Italien eine Weinrevolution erlebt, die es in Qualität und Prestige an die Weltspitze gebracht hat. Dabei verfolgt jede der 20 Regionen einen ganz eigenen, unabhängigen Ansatz in der Weinproduktion. Und Südtirol, Italiens nördlichste Provinz, hat sich dabei an der Spitze der Innovation gehalten.

Kritiker mögen anführen, dass eine solche Vielfalt zu ehrgeizig ist, aber keine andere Weinbauregion Europas deckt ein so breites Spektrum an Geschmacksrichtungen ab.

Klein, aber vielfältig

Das Land gilt als stärkster Produzent von Weinen kontrollierter Herkunft, wobei die Palette der Rebsorten von autochthonen bis zu solchen aus Österreich, Deutschland, dem Elsass, Burgund, Bordeaux und der Champagne reicht. Kritiker mögen anführen, dass eine solche Vielfalt zu ehrgeizig ist, aber keine andere Weinbauregion Europas deckt ein so breites Spektrum an Geschmacksrichtungen ab.

Da nur ein Bruchteil der gebirgigen Landschaft Südtirols kultivierbar ist, wurden Terrassen in die steinigen Hänge bis auf 1.200 Meter Höhe gehauen. Die unterschiedlichen Höhenlagen und Expositionen sorgen für unterschiedlichste Mikroklimata, die starken Temperaturschwankungen zwischen Tag und Nacht für die ausgeprägten Aromen der Weine. In der Vergangenheit wurden fast alle Rebstöcke an hölzernen Spalieren nach dem uralten Pergl-System erzogen. Noch immer werden diese malerischen, aber kostspieligen Konstruktionen verwendet, für die meisten Rebsorten wurden sie aber nach und nach durch vertikale Erziehungssysteme ersetzt, die eine direkte Sonneneinstrahlung auf die Trauben zulassen und so eine gleichmäßige Reifung und geringere Erträge – beides Schlüssel zur Steigerung der Qualität.

Die meisten Weine kommen unter der übergreifende Bezeichnung DOC Alto Adige-Südtirol auf den Markt. Sie umfasst zudem sechs Unterbezeichnungen, vier für die auf Vernatsch basierenden Rotweine (St. Magdalener, Bozner Leiten, Meraner Hügel, Klausner Laitacher) und drei für andere Zonen: Terlaner, Eisacktaler und Vinschgau. Zwei eigenständige DOC-Klassifizierungen gelten für den Kalterersee, dessen Weinberge sich bis in das Trentino erstrecken, und für den Etschtaler (Valdadige), der sieben Weinsorten umfasst, die von Südtirol über das Trentino bis nach Venetien angebaut werden. Der Begriff Südtirol wird auf der Kapsel jeder im Land hergestellten Flasche geführt – als unverwechselbares Zeichen für Qualität und Identität.

Die Liste der Südtiroler Weine mag auf den ersten Blick überwältigend erscheinen, sie bietet aber für jeden Geschmack, jede Jahreszeit und jede Stimmung etwas.

Weine für jede Stimmung

Die Liste der Südtiroler Weine mag auf den ersten Blick überwältigend erscheinen, sie bietet aber für jeden Geschmack, jede Jahreszeit und jede Stimmung etwas.
Da Außenstehende eher mit Aroma und Geschmack „internationaler" Weine vertraut sind, die in Südtirol unverändert zu den Besten Italiens zählen, konzentrieren wir uns auf die Einzigartigkeit der Weine heimischer Sorten.

An erster Stelle steht der Vernatsch. In Südtirol weisen die mit den Zusätzen Edel, Grau und Groß versehenen Vernatsch-Sorten subtile Charakterunterschiede auf, die Besten von ihnen sind aber herrlich helle und luftige Weine mit Noten von Veilchen, Beeren und Nüssen. Sie passen hervorragend zur lokalen Küche, zu leichten Gerichten und Snacks. Von Weinsnobs sind sie lange als Leichtgewichte abgetan worden, neue Ansätze innovativer Winzer in Weinberg und Keller haben aber spürbare stilistische Verbesserungen herbeigeführt. Und einen ganz neuen Respekt, vor allem für Weine aus den klassischen Zonen St. Magdalener und Kalterersee.

Ein anspruchsvollerer Einheimischer ist der Lagrein, der in den Weinbergen entlang der Etsch in und um Bozen gedeiht. Aus ihm werden ein tiefroter Dunkel, der als junger Wein rund und fruchtig sein kann, gereift aber auch schwer und komplex, und ein charmanter Rosé oder Kretzer hergestellt. Obwohl er in den 1970ern fast ausgestorben war, hat der Lagrein – angeführt von der Kellerei Muri-Gries – ein Comeback als Rotwein mit unvergleichlichem Charakter erlebt. Dieser ergibt sich aus einer samtigen Fruchtigkeit, milder Säure, geschmeidigen Tanninen und würzigen Aromen von Waldbeeren, Kirschen und Veilchen, die durch die Reifung in Fässern eine noble Note erhalten.

Eine weitere heimische Rebsorte ist der Rosenmuskateller, aus dem ein legendärer Dessertwein hergestellt wird, ein duftender Roter von unnachahmlicher Persönlichkeit.

Ein Name, den man kennen muss

Als ich Anfang der 1960er zum ersten Mal Südtirol besucht habe, gab es in den Gasthäusern auf dem Land vor allem schmackhafte einheimische Gerichte: Fleisch und Kartoffeln, Speck, Kraut und Sauerkraut, Roggenbrot und Knödel, immer begleitet von lokalen Weinen, die in Krügen oder Karaffen serviert wurden. Mit der jüngeren Generation hat die Küche mediterrane Züge angenommen, angefangen bei Pizza und Pasta bis zu Gerichten, die auf Olivenöl, Kräutern, erlesenem Fleisch, Käse und sogar frischen Meeresfrüchten basieren. Trotzdem haben die Köche die weise Entscheidung getroffen, die traditionelle Küche beizubehalten, oft überarbeitet und an moderne Gaumen angepasst – mit neuem Respekt für alte Aromen. Heute bietet Südtirol eine der erfindungsreichsten und innovativsten Küchen Italiens, mit einer Fülle von preisgekrönten Restaurants, die das Essen hier zu einem einzigartigen Vergnügen machen.

Auf den Weinkarten finden sich oft auch Flaschen aus anderen Regionen und Ländern, aber selbst anspruchsvollste Gaumen müssen kaum über die Grenzen Südtirols hinausgehen, um Weine zu finden, die perfekt zu einer Vielzahl von Gerichten passen. Große und kleine, genossenschaftliche und private Kellereien bieten Weine von hoher Qualität zu vernünftigen Preisen. Es mag sein, dass die Weinberge in den Alpen mehr Vielfalt bieten, als der konventionelle Konsument zu bewältigen bereit ist. Aber für Weintrinker mit einem vielseitigen Geschmack und einem Sinn für Abenteuer ist Südtirol ein Name und ein Ort, den man kennenlernen sollte.

\\

Von Weinsnobs sind Vernatsch-Weine lange als Leichtgewichte abgetan worden, neue Ansätze innovativer Winzer in Weinberg und Keller haben aber spürbare stilistische Verbesserungen herbeigeführt.

Nach vorne schauen
Die Zukunft der Weinwirtschaft

// Wie schaut die Zukunft der Südtiroler Weinwirtschaft aus? Welche Herausforderungen kommen auf das Weinland zu? Antworten auf die Frage nach dem „Quo vadis“ sind vor allem in einer verstärkten Konzentration auf Nachhaltigkeit und in effizienten Strategien zur Bewältigung des Klimawandels zu suchen. Und nicht zuletzt in dem, was Südtirols Weinwirtschaft im Kern prägt: in den vielen kleinen, familiengeführten Betrieben.

Andreas Kofler

Der Blick in die Kristallkugel ist naturgemäß ein trüber, wenn man aber wissen möchte, wohin der Weg führt, ist es gut zu wissen, aus welcher Richtung man kommt. Für Südtirols Weinwirtschaft ist der Megatrend des letzten halben Jahrhunderts die (Selbst-)Verpflichtung zu Qualität. Auf dem Weg hin zu dieser Qualität haben sich Weinbau, Kellerwirtschaft und Vermarktung in den letzten Jahrzehnten bewegt, dass auf ihm weitergegangen wird, ist daher nicht nur ratsam, sondern durchaus auch wahrscheinlich.

Zugleich zeigt der Blick auf den Status quo der Südtiroler Weinwirtschaft, dass die Findungsphase beendet ist. Es geht heute nicht mehr darum zu eruieren, welche Rebsorte wo am besten aufgehoben ist, und auch nicht darum zu experimentieren, wie man sie am besten ausbaut. Dieses Wissen ist in Südtirol da, es ist konsolidiert und kann daher auch an die kommenden Generationen weitergegeben werden.

Von der Produkt- zur Produktionsqualität

Die Qualitätsschiene wird daher wohl auch in den nächsten drei, vier oder fünf Jahrzehnten gefahren. Geht man von dieser Annahme aus, muss man sich allerdings die Frage stellen, was man künftig unter Qualität verstehen wird. Selbst für all jene, die Prognosen meiden, ist es plausibel, dass sich Qualität im Sinne der Produktqualität beim Wein nicht wesentlich verändern wird. Das bedeutet, dass es zwar neue Stile geben wird, neue Geschmackstrends, neue aromatische Vorstellungen, letztendlich muss ein Wein, um ein guter zu sein, aber auch in Zukunft den Vorstellungen seiner Abnehmer entsprechen und handwerklich perfekt sein. Um diese Qualität auch mittel- und langfristig zu sichern, gilt es daher, das Know-how der Verantwortlichen auf lange Sicht zu garantieren, weshalb der fachlichen Aus- und stetigen Weiterbildung von Weinbauern und Kellermeistern nicht nur heute schon eine zentrale Stellung im Erfolgsrezept zukommt, sondern auch künftig zukommen wird.

Die Produktqualität allein wird künftig allerdings nicht mehr genügen und Qualität auch an der Produktionsqualität festgemacht. Weil die Qualität des Produkts also künftig immer mehr eine Voraussetzung für die Präsenz auf dem Markt sein wird, wird die Produktionsqualität immer mehr der Schlüssel zum Erfolg. Die entscheidende Frage wird also sein: Wie ist dieser Wein zustande gekommen? Wie wird im Weinberg gearbeitet? Wie schaut es dort mit der Biodiversität aus? Welchen ökologischen Fußabdruck hat meine Flasche Wein? Wer demnach guten Wein trinkt, will dies künftig mit einem guten Gewissen tun, weil er weiß, dass der Wein rundum nachhaltig produziert worden ist bzw. alles getan wurde, um den Ansprüchen der Nachhaltigkeit gerecht zu werden.

Die Südtiroler Weinwirtschaft hat bereits einen Fahrplan entworfen, um eine rundum nachhaltige Produktion auf den Weg zu bringen. Der Fahrplan nennt sich „Südtirol Wein Agenda 2030“ und umfasst eine Vielzahl von Maßnahmen, die zur Verkleinerung des ökologischen Fußabdrucks der heimischen Weinproduktion umgesetzt werden müssen. Solche Nachhaltigkeitskonzepte werden auch die nächsten Generationen leiten, und zwar stets im Bewusstsein, dass solche Konzepte – egal in welchem Bereich – nicht in Stein gemeißelt sind, sondern sich entwickeln und neuen Herausforderungen anpassen müssen. Stetig an der Nachhaltigkeit zu arbeiten, wird daher einer der zentralen Arbeitsbereiche der Südtiroler Weinwirtschaft in den kommenden Jahren und Jahrzehnten sein.

Ein weiteres Augenmerk gilt zudem einer immer genaueren Verortung des Weins. Gerade weil die Welt zusammenrückt, weil Produkte rund um den Globus standardisiert werden, muss der Wein als höchst individuelles Produkt sich von diesem Trend abheben. Wie der Weg hin zu mehr Nachhaltigkeit ist auch dies einer, den man in Südtirol nicht neu, sondern nur konsequent weiter beschreiten muss. Schließlich ist der Terroirgedanke unter den Winzern im Land bereits seit Jahren tief verankert und wird mit dem Lagenkonzept (UGA unità geografica aggiuntiva) einerseits und der „Vigna – Weingarten“-Klassifizierung andererseits (siehe eigene Kapitel in diesem Buch) noch konsequenter und bis ins Detail weiterverfolgt. So können den Konsumentinnen und Konsumenten Weine präsentiert werden, die ihre Herkunft widerspiegeln, jeweils ganz eigene Geschichten erzählen und damit für eine emotionale Bindung zum Wein sorgen.

Der Klimawandel und seine Folgen

Eng mit der Produktionsqualität hängt die größte globale Herausforderung zusammen: der Klimawandel. Er wird alle Bereiche des Lebens dominieren, besonders natürlich jene, die eng mit der Natur und ihren Kreisläufen zusammenhängen. Nichts tut dies dermaßen wie die Landwirtschaft und als landwirtschaftlicher Bereich hat sich der Weinbau deshalb den Folgen des Klimawandels zu stellen. Für Südtirol gilt dies ganz besonders, ist das Tempo der Erwärmung im alpinen Raum doch etwa doppelt so hoch wie im globalen Schnitt. Die Folgen davon lassen sich im Kapitel zum Klima in diesem Buch eindrücklich nachlesen.

Dem Klimawandel muss daher ein besonderer Fokus gelten, wenn wir über die Zukunft der Weinwirtschaft in

Südtirol nachdenken. Dabei zeigt der Blick auf die Topografie, dass Südtirol als Weinbauregion einen ganz deutlichen Vorteil hat, wenn es um das Abfedern der Folgen der Erderwärmung geht: Die Weinberge können nach oben und nach Norden ausweichen. In den nächsten Jahren und Jahrzehnten wird der Weinbau in Südtirol also Höhenlagen erschließen, die bisher nicht für den Weinbau in Frage kamen. Das bedeutet auch, dass sich die Südtiroler Wein- und Sortenlandkarte deutlich verändern wird. Weiße Sorten, die auf Frische und Frucht setzen, werden die Hänge hinaufwandern und in die entstehenden Lücken werden wärmeliebende Rotweinsorten stoßen. Mehr noch: Es ist durchaus plausibel, dass vor allem in Südtirols Süden, wo die Temperaturen bereits heute am höchsten sind, dann Sorten Einzug halten, die sich heute in den heißen und trockenen südeuropäischen Anbaugebieten bewähren.

Wassermangel wird ein weiteres Thema sein, dem sich der Südtiroler Weinbau im Zuge des Klimawandels zu stellen haben wird. Bereits heute wird dank einer nahezu flächendeckenden Tropfberegnung umsichtig mit der Ressource Wasser umgegangen, es wird aber trotzdem zusätzliche Strategien brauchen, um einerseits Wasser zu sparen und es andererseits genau dort einzusetzen, wo es gerade am nötigsten gebraucht wird. Während in anderen Agrarbereichen auf die Hilfe von Tensiometern gesetzt wird, stößt die Sensortechnik im Weinbau, vor allem jenem in Südtirol an seine Grenzen, weil sich die Voraussetzungen – von der Bodenbeschaffenheit bis zur Sonneneinstrahlung – auf wenigen Metern extrem verändern können. Deshalb wird verstärkt auf neue, tiefer wurzelnde und daher gegen Trockenheit resistentere Unterlagen zu setzen sein. Und für Notsituationen werden wohl immer häufiger Speicherbecken angelegt, damit Reben und Trauben auch bei länger anhaltenden Trockenperioden mit ausreichend Wasser versorgt werden können.

Beim Blick in eine immer heißere Zukunft nicht außer Acht lassen darf man auch die Gefahr der Ausbreitung neuer Schädlinge und Pflanzenkrankheiten. Sollte die EU zugleich bei ihrer Linie bleiben, immer rigidere Regeln bei Pflanzenschutzmitteln einzufordern, wird es schwierig, mit der bisher gefahrenen Strategie effizient gegen invasive Schädlinge vorzugehen. Was es braucht und zweifelsohne auch geben wird, sind daher Erfolge in Forschung und Entwicklung, wobei es eine ganze Reihe von erfolgversprechenden Ansätzen für resistentere Reben und Trauben gibt, die von klassischen Kreuzungen bis Cis-Gentechnologie reichen. Gerade cisgene Rebsorten, also solche, deren anfällige Gene durch Resistenzgene anderer Sorten ersetzt wurden, scheinen aus heutiger Sicht das nötige Potential zu haben, das Dilemma zu lösen, immer aggressiveren Schädlingen und Krankheiten mit immer weniger Pflanzenschutzmitteln beikommen zu müssen.

Kleine Betriebe als Hürde und Chance

Neben all den Herausforderungen, die von außen auf die Südtiroler Weinwirtschaft einwirken, gibt es auch eine intrinsische, die zugleich allerdings wohl auch die größte Chance des Weinlandes Südtirol ist: die Kleinstrukturiertheit. Dass in Südtirol so viele kleine Winzerbetriebe überleben, ist eine weltweite Besonderheit, die es zu schützen gilt. Was ist aber zum Schutz kleiner Betriebe notwendig?

Die Antwort auf diese Frage ist – zumindest auf dem Papier – einfach: Was kleine Winzer brauchen, ist Hilfe. Diese Hilfe wird künftig wohl in erster Linie aus dem eigenen Sektor kommen müssen, von den Genossenschaften etwa, die den Kleinen beispielsweise bei Digitalisierung und Mechanisierung zur Seite stehen können. Auch der Arbeitskräftemangel kann besser bewältigt werden, wenn

Unterstützung von größeren Einheiten kommt, etwa mit Ausbildungsangeboten für den Nachwuchs oder konkreter Unterstützung in Form von Bewirtschaftungshilfe, die von Genossenschaften oder Vereinigungen organisiert wird.

Neben diesen Hürden bergen die kleinen Strukturen in der Südtiroler Weinwirtschaft aber auch enorme Chancen, weil sie das Gegenmodell zu immer größer werdenden Unternehmen weltweit darstellen. Während Letztere auf der Kostenseite Vorteile haben, gehört die Sympathie der Konsumenten in Zukunft wohl immer mehr den kleinen, familiären Anbietern, zu denen eine persönliche Beziehung aufgebaut werden kann. Dieser Trend ist bereits heute spürbar: So merken Betriebe, die einen gut funktionierenden Onlinehandel aufgebaut haben, dass Konsumenten lieber direkt beim Bauern kaufen, als den Umweg über einen der Onlinehandelskolosse zu nehmen.

Mit persönlichen Beziehungen hat schließlich auch die letzte Zukunftsstrategie zu tun, die in diesem Beitrag angeschnitten wird: der Weintourismus. Südtirol hat schon beste Voraussetzungen, eine Top-Destination für Önotouristen aus aller Welt zu werden, weil die notwendige hochwertige Hotellerie und Gastronomie bereits vorhanden sind. Schafft es die Südtiroler Weinwirtschaft also, in den kommenden Jahren ein interessantes weintouristisches Angebot zu entwickeln, kann sie damit die wichtigsten Kästchen auf der Checkliste in eine erfolgreiche Zukunft abhaken: den direkten Kontakt zwischen Produzenten und Konsumenten, die persönliche Ansprache, die ungefilterte Vermittlung der Vorzüge Südtiroler Weine und eine Bindung zum Südtiroler Wein, die auf persönlich Erlebtem fußt. Und damit auf Gefühlen.

Neben diesen Hürden bergen die kleinen Strukturen in der Südtiroler Weinwirtschaft aber auch enorme Chancen, weil sie das Gegenmodell zu immer größer werdenden Unternehmen weltweit darstellen. Während Letztere auf der Kostenseite Vorteile haben, gehört die Sympathie der Konsumenten in Zukunft wohl immer mehr den kleinen, familiären Anbietern.

Wer steckt hinter dem Wein?
Der Weg von der Rebe ins Glas ist ein weiter und oft genug schwieriger, in jedem Fall aber einer, auf dem man zahlreichen Weggefährten begegnet. Sie kümmern sich um Bildung, Forschung und Beratung, um Vermittlung, Lobbyarbeit und Marketing. Am besten gemeinsam.

5.

Hier lebt man Wein

Forschung, Beratung, Verbände

Pioniere in der Nachbarregion

Weinbau-Schule und Versuchszentrum San Michele

// Die Wurzeln der heimischen Ausbildung und Forschung in Weinbau und Önologie finden sich nicht in Südtirol, sondern im Trentino. Dort wurden 1874 unter der Federführung von Edmund Mach eine landwirtschaftliche Schule und ein Versuchszentrum aus der Taufe gehoben, und zwar in San Michele. Beide gibt es heute noch und die enge Verbindung zu Südtirol (und seinem mittlerweile „eigenen" Ausbildungs- und Versuchszentrum Laimburg) ist nie abgerissen.

Francesco Spagnolli

Es sind landwirtschaftliche Umwälzungen Mitte des 19. Jahrhunderts, die den Ausschlag für die Gründung des Agrarinstituts San Michele geben. So werden damals Reben und Maulbeerbäume, die Basis von Weinbau und Seidenraupenzucht, von Krankheiten heimgesucht, gegen die man händeringend Heilmittel sucht. Ausbildung und Forschung kommt daher eine zentrale Rolle zu und diese sollen auch im südlichen Tirol vorangebracht werden. In Innsbruck macht man daraufhin zwei Eckpfeiler des künftigen Agrarinstituts aus. Der eine ist ein geografischer: Das Institut soll im ehemaligen Augustiner-Chorherrenkloster von San Michele eingerichtet werden, das im Besitz der Krone ist. Der zweite Eckpfeiler ist ein personeller: Im 27 Jahre alten Edmund Mach, Forschungsassistent am „Mutterhaus" in Klosterneuburg, glaubt man, den idealen Gründungsdirektor für das Institut gefunden zu haben. Mach geht im Laufe des Jahres 1873 mit einem provisorischen Auftrag an die Arbeit, ersteht Gerät und Material für das Versuchszentrum und wirbt Lehrer für die Fachschule an.

Der offizielle Gründungsakt des Agrarinstituts San Michele folgt am 12. Jänner 1874 durch einen Beschluss des Tiroler Landtags. Auch ein erstes Statut wird

1959 wird der erste Trentiner Bordeaux auf den Markt gebracht. Der Produzent: Castel San Michele. Heute ist die Flasche Teil der Sammlung der Trentiner Landesönothek im Palazzo Roccabruna in Trient.

Er gilt als Vater des Agrarinstituts San Michele und ist ein typisches Kind der Doppelmonarchie: Edmund Mach, 1846 als Sohn eines k. u. k. Militärarztes in Bergamo geboren, in Wien, Prag und Klosterneuburg ausgebildet, landet als Önologe, Schulleiter und Weinbaupionier im Trentino.

Hier finden sich die Ursprünge der Weinbau-Ausbildung im südlichen Tirol: das ehemalige Kloster der Augustinerchorherren in San Michele.

verabschiedet, das unter anderem die Voraussetzungen für die Aufnahme der Schüler definiert. So sollen es 15 Schüler pro Jahr sein, solche aus Tirol haben Vorrang. Das Sprachenverhältnis wird auf 5:3 festgelegt, auf fünf deutschsprachige Schüler kommen also drei italienische. In einem Dokument vom 17. Juli 1874 werden zudem die Aufgabenbereiche der Mitarbeiter abgesteckt, und zwar streng hierarchisch: vom Direktor über Kaplan und Lehrer bis hin zu Mitarbeitern und Hilfskräften.

Grundsätzlich schwankt die Schülerzahl in den Jahren unter Machs Führung (1874–1899) zwischen 15 und 38, wobei das Angebot stetig ausgebaut wird. Neben der weinbaulichen und önologischen Ausbildung werden etwa auch Kurse zur Rebveredelung angeboten. Darüber hinaus führt der Reblaus-Befall dazu, dass man am Versuchszentrum mit der Zucht von auf Amerikaner-Reben aufsetzenden Sorten beginnt. Das Agrarinstitut ist also von Anfang an imstande, mit der Entwicklung Schritt zu halten.

Die Anfänge einer neuen Schule

Am neuen Agrarinstitut konnten die Schüler einen zweijährigen Lehrgang besuchen, wobei von Anfang an auf die Kombination von Theorie und praktischer Arbeit gesetzt wurde. Der Tag der Schüler begann um fünf Uhr früh, bis auf acht Wochen Sommerferien war das ganze Jahr mit Schule ausgefüllt. Unterrichtet wurde durchgehend zweisprachig, Abgänger der Schule konnten daher im ganzen Habsburgerreich eine Anstellung finden. Auffallend ist zudem, dass es unter der Leitung Machs eine enge Verzahnung zwischen Schule und Versuchszentrum gibt, Forscher und Lehrer ist man meist in Personalunion. Der Schwerpunkt der Arbeit im Versuchszentrum liegt auf der Auswahl geeigneter Rebsorten, wobei vorwiegend mit autochthonen Sorten experimentiert wird. Aber auch „feinere" Rebsorten aus Bordeaux, Burgund oder dem Rheingau werden getestet. Die Qualität im Weinbau sollte zudem durch Wanderlehrer des Instituts gehoben werden, die die Bauern vor Ort weiterbilden konnten – direkt vor deren Haustüre.

Von allem Anfang an ist die Nachfrage nach der Ausbildung in San Michele groß. Anstatt der vorgesehenen 15 Schüler werden schon in den ersten Schuljahren 18 gezählt, dazu kommen acht Schüler, die außerordentlich unterrichtet werden.

Neustart in einem neuen Staat

Wie für ganz Tirol bringt der Erste Weltkrieg auch für das Agrarinstitut von San Michele eine Zäsur. In den Kriegsjahren liegen Unterricht und Versuchstätigkeit weitgehend auf Eis, nach dem Krieg gilt es, in einem neuen Staat neu zu starten. Führungsriege und Lehrpersonal werden zum größten Teil ausgetauscht, der Unterricht ist nun nur noch einsprachig. Trotzdem bleiben Südtiroler Schüler an der Schule. So werden von 1919 bis 1923 jährlich sieben bis zehn Schüler aus Südtirol gezählt, die damit rund 10 bis 15 Prozent der Schülerschaft stellen.

Die 1920er-Jahre bringen eine Reihe von Neuerungen. So musste sich die Schule an die Reform von Unterrichtsminister Giuseppe Gentile anpassen, zudem wurde das Institut 1926 in ein Konsortium umgewandelt, in dem Staat und Provinz vertreten waren und das nicht weniger als 62 Jahre Bestand haben sollte. 1933 folgt eine zweite Reform, mit der das Triennium aufgespalten wird, und zwar in ein Vorbereitungsjahr, in dem das Niveau der Schüler angeglichen werden sollte, sowie ein Biennium in der Landwirtschaftlichen Fachschule. Im Versuchszentrum stand dagegen weiter die Rebsorten-Forschung im Fokus, während sich das Analyselabor von San Michele auf die für den Weinexport nötigen Untersuchungen spezialisierte.

In den 1990er-Jahren hat das Institut einen innovativen Weg eingeschlagen, indem mit der Fachhochschule Geisenheim eine grenzüberschreitende Ausbildung zum „Diplom-Ingenieur für Weinbau und Önologie“ angeboten wurde.

Ein zweiter Neuanfang steht nach Faschismus und Zweitem Weltkrieg an, er ist aber vor allem personeller Natur. Präsidenten und Direktoren wechseln, bis 1957 Bruno Kessler Präsident wird und dieses Amt 20 Jahre lang innehaben wird – länger als jeder andere vor und nach ihm. An der Schule werden weiter Vorbereitungsjahr und Biennium angeboten, das Versuchszentrum befasst sich mit Grundlagenarbeit, vor allem mit Blick auf den Qualitätsschub, der im Weinbau ab den 1980er-Jahren folgen sollte. 1988 wird das Konsortium aufgelöst, unter dessen Dach das Institut bis dahin geführt worden war, mit Landesgesetz Nr. 28 vom 5.11.1990 wird das neue „Agrarinstitut San Michele“ aus der Taufe gehoben, das auf zwei Säulen ruht: Schule und Versuchszentrum.

30 Jahre, drei Entwicklungen

Die jüngsten 30 Jahre am Agrarinstitut San Michele sind von drei Entwicklungen geprägt. Die erste betrifft das Ausbildungsangebot, das schrittweise erweitert wurde. So werden nicht mehr „nur“ Weinbautechniker, sondern auch Önologen ausgebildet. In den 1990er-Jahren hat das Institut dabei einen innovativen Weg eingeschlagen, indem mit der Fachhochschule Geisenheim eine grenzüberschreitende Ausbildung zum „Diplom-Ingenieur für Weinbau und Önologie“ angeboten wurde. Ein zweiter Entwicklungsschritt wurde mit der Einverleibung der ESAT gesetzt, der Körperschaft für die technische Entwicklung der Landwirtschaft im Trentino.

Und schließlich wurde 2005 aus dem landeseigenen Agrarinstitut eines, das unter dem Dach der Edmund-Mach-Stiftung geführt wird. Die Stiftung ist eine privatrechtliche, wenn auch 95 Prozent des Kapitals vom Land Trentino gehalten werden. Das „neue“ Agrarinstitut San Michele ist heute in drei Zentren aufgeteilt, CIF (Schule), CTT (Technikzentrum) sowie CRI (Forschungs- und Innovationszentrum), unterhält einen Landwirtschaftsbetrieb mit Sitzen in San Michele und Faedo und weiteren peripheren Standorten sowie nicht zuletzt eine Kellerei und eine Brennerei.

\\

Versuchswesen, Berufsausbildung, Landwirtschaftsbetrieb

Die Laimburg

// 1975 wird als landwirtschaftliche Forschungseinrichtung des Landes Südtirol das Versuchszentrum Laimburg gegründet. Seine Anfänge gehen allerdings auf das Jahr 1958 zurück, als ein landwirtschaftlicher Schul- und Demonstrationsbetrieb für die spätere Obst- und Weinbauschule Laimburg errichtet wurde. Bis heute fördert das Zusammenspiel von Versuchswesen, Praxisbetrieb und Ausbildungsstätte die Nachhaltigkeit und Wettbewerbsfähigkeit der Südtiroler Landwirtschaft.

Michael Oberhuber

1975, drei Jahre nach Verabschiedung des Zweiten Autonomiestatuts, wurde das Versuchszentrum Laimburg als landwirtschaftliche Forschungseinrichtung des Landes Südtirol gegründet. Seine Errichtung war die Antwort des Landes auf die Forderung der Südtiroler Bauernschaft nach Unterstützung bei der Lösung vieler anstehender Probleme in der Landwirtschaft, insbesondere im Obst- und Weinbau. Die Geschichte der Laimburg ist untrennbar mit der Südtiroler Qualitätsweinentwicklung verbunden.

„Die Laimburg", benannt nach der darüberliegenden Burgruine, liegt am Fuße des Mitterbergs in der Gemeinde Pfatten und ist heute das führende Forschungs- und praxisbezogene Bildungszentrum der Südtiroler Landwirtschaft und Lebensmittelverarbeitung. Dort liegen neben Versuchszentrum Laimburg und Landesweingut auch die Fachschule Laimburg und der landwirtschaftliche Betrieb der Agentur Landesdomäne.

Südtirols Wein-Kaderschmiede: Die Fachschule

Parallel zum strukturellen Aufbau der Laimburg und der Institutionalisierung des Versuchswesens wurde eine moderne, praxisnahe Ausbildung geschaffen, die die Jugendlichen auf die Führung eines landwirtschaftlichen Betriebes vorbereiten sollte. 1962 begann der Unterricht an der zweijährigen Obst- und Weinbauschule Laimburg mit angegliedertem Heim

Von oben sind die Veränderungen an der Laimburg kaum zu erkennen, nur bei einem genaueren Blick offenbart sich, wie sich Versuchszentrum und Fachschule in den letzten 30 Jahren auch baulich entwickelt haben.

Vergleicht man die beiden Bilder oben, wird deutich, wie sich Schule und Versuchszentrum an der Laimburg in den letzten 30 Jahren entwickelt haben.

Von der Ruine oberhalb des Versuchszentrums (hier im Archivbild) leitet sich dessen Name ab. Mittlerweile denkt bei der Erwähnung „der Laimburg“ allerdings kaum noch jemand an die Turmruine.

mit einer ersten Klasse und 27 Schülern. 1992/93 wurde die Berufsausbildung in Vollzeit auf drei Jahre erweitert, 2007 führte ein viertes Spezialisierungsjahr zum Abschluss als „Landwirtschaftlicher Betriebsleiter“ bzw. „Landwirtschaftliche Betriebsleiterin“ und seit 2014/15 bietet ein maturaführendes fünftes Jahr auch den Zugang zur höheren Ausbildung an. Neben der Vermittlung von Kenntnissen und Fertigkeiten in Obst- und Weinbau, Betriebslehre, Kellerwirtschaft, Pflanzenschutz und Landtechnik wird seit jeher ein starker Fokus auf den Praxisbezug gelegt. So umfasst die Ausbildung auch Baum- und Rebschnitt, Baum- und Rebveredelung, kellerwirtschaftliche Übungen und Maschinenpflege, stets unter der Leitung von erfahrenen Praxislehr- und Fachkräften, die oft auch im Versuchswesen tätig sind. Auch ein Praktikum in einem Fremdbetrieb ist vorgesehen. Intensive Schüleraustausche und eine breite Vernetzung im lokalen wie europäischen Umfeld in den letzten 20 Jahren zeugen von der Öffnung der Fachschule nach außen.

In den sechzig Jahren ihres Bestehens hat die Fachschule Laimburg den Großteil der Obst- und Weinbäuerinnen und -bauern Südtirols durch ihre fundierte Ausbildung auf die erfolgreiche Bewirtschaftung ihrer Betriebe vorbereitet und maßgeblich zur Qualitätsentwicklung im Weinbau beigetragen.

Angewandte Forschung im Fachbereich Weinbau

Das Versuchszentrum Laimburg bearbeitet mit wissenschaftlichen Methoden alle Glieder der Wertschöpfungskette des Weins, berücksichtigt dabei die besonderen pedoklimatischen Bedingungen Südtirols und kann heute auf Flächen und Betriebs-Know-how von 20 landeseigenen Höfen zurückgreifen. Die Forschungsarbeit ist eng mit den Interessenvertretern in Weinbau und Kellerwirtschaft abgestimmt und wird so effizient in die Praxis übertragen. Galt es in den 1960er-Jahren, ertragssichere Klone zu selektionieren, die frei von den wichtigsten Rebvirosen waren, so traten ab 1980 die Qualitätseigenschaften der Traube in den Vordergrund. Eine Organisation des Südtiroler Rebschulwesens brachte parallel dazu den Südtiroler Weinbäuerinnen und Weinbauern gesundes, zertifiziertes Pflanzgut.

Aktuelle Schwerpunkte der Arbeitsgruppe „Rebsorten und Pflanzgut“ bilden die Selektion neuer Klone sowie die Ermittlung der Anbaueignung aktueller Klone, Sorten und Unterlagen. Mit dem Auftreten der Essigfäule verlagerte sich das Hauptziel der Selektionsarbeiten hin zu lockerbeerigen Klonen. Die Anpassung an den Klimawandel sucht als Selektionsziel spät reifende Klone mit höheren Säuregehalten bei gleichzeitig hoher Weinqualität sowie Unterlagen mit verbesserter Trockenheitsverträglichkeit. Eine weitere Priorität in der Selektionsarbeit sind Unterlagen mit einer reduzierten Virusübertragung und ihre Auswirkungen auf die Weinqualität. Bei der Sortenprüfung stehen Neuzüchtungen mit erhöhter Widerstandsfähigkeit gegenüber Pilzkrankheiten (sogenannte PIWI-Sorten) sowie über 30 spät reifende, qualitativ hochwertige Rot- und Weißweinsorten mit erhöhter Hitze- und Trockenheitsverträglichkeit im Zentrum des Interesses. Zur Erhaltung der Biodiversität werden alte, heimische Sorten gesammelt, molekularbiologisch untersucht und im Sortenquartier erhalten. Die landeseigenen Gärten von Schloss Trauttmansdorff in Meran bieten hierzu einen botanischen Schaugarten der besonderen Art.

Der Klimawandel und sein Einfluss auf die Weinqualität sowie Maßnahmen gegen physiologische Störungen wie Stiellähme, Traubenwelke und grüne Beeren bei Gewürztraminer bilden Versuchsschwerpunkte in der Arbeitsgruppe „Physiologie und Anbautechnik“. Auch unterschiedliche Sorten-Lagen-Studien werden durchgeführt. Bereits seit den 1970er-Jahren werden zudem verschiedene Erziehungsformen als ökonomische Alternativen zur Pergl geprüft. Neben der klassischen Spaliererziehung werden derzeit das niedrige, in Burgund verwendete Spalier für Blauburgunder und das Minimalschnittsystem als extensives und reifeverzögerndes System geprüft.

Die Entwicklung eines Bewertungsmodells auf der Grundlage von Wärmesummen erlaubt es, die optimalen Anbauzonen für die einzelnen Sorten und für die Erzeugung bestimmter Weintypen auszuweisen und an die fortschreitende Klimaänderung anzupassen. Auch Versuche zum Humusaufbau mittels Herbsteinsaaten und zum Einsatz von Pflanzenkohle zugunsten einer langfristigen Kohlenstoffbindung im Boden sollen zur Eingrenzung des Klimawandels beitragen.

Nachhaltigkeit: Forschungsziel im Fachbereich Pflanzenschutz

Im Pflanzenschutz hat sich der Schwerpunkt von Wirksamkeitsprüfungen chemischer Handelsprodukte hin zur Entwicklung von nachhaltigen Pflanzenschutzstrategien verlagert. Wissenschaftliche Basis für die Arbeitsgruppen „Phytopathologie“, „Entomologie“ und „Mittelprüfung“ bilden eine profunde Kenntnis der Biologie von Schadorganismen und lokal erhobene Daten zur Wirksamkeit von Pflanzenschutzmitteln mit besonderem Fokus auf Präparate mit geringem toxikologischen Profil sowie die Prüfung innovativer Pflanzenschutzmethoden. So wird beispielsweise an Prognosemodellen und nachhaltigen Behandlungsstrategien bei neuen Schädlingen wie der seit 2010 auftretenden Kirschessigfliege (*Drosophila suzukii*) durch Netze sowie durch ein sogenanntes Attract-&-Kill-Verfahren gearbeitet, bei dem der Schädling mit natürlichen Lockstoffen angelockt wird.

Die Arbeitsgruppe „Virologie und Diagnostik“ führt phytodiagnostische Untersuchungen auch mit molekularbiologischen Methoden durch und begleitet seit Jahren das Monitoring zum Auftreten von *Scaphoideus titanus*, dem Überträger der Goldgelben Vergilbung (Flavescence dorée). Hinsichtlich der durch Viren übertragenen Reisig- und Ruländerkrankheit wird nach Maßnahmen gesucht, um nach dem Roden einer virenbefallenen Rebanlage eine gesunde und robuste Neuanlage errichten zu können. Ein nachhaltiger Umgang mit Pflanzenschutzmitteln ist ein weiteres Kernthema im Pflanzenschutz: Abdrift-mindernde Düsen, neue Ausbringtechniken etwa über fix im Weinberg montierte Düsen, ein einfaches und effizientes Abwasserrecycling und Hecken als Abdriftschutz sind aktuell bearbeitete Themen zur Reduzierung der Abdrift. Im neuen digitalen Freilandlabor „LIDO“ (Laimburg Integrated Digital Orchard) werden digitale Technologien, beispielsweise über sensorgesteuerte Bewässerungssysteme, zum Weinberg der Zukunft zusammengeführt.

Angewandte Forschung im Fachbereich Önologie

Seit den wissenschaftlichen Anfängen des Fachbereichs „Kellerwirtschaft“ 1984 werden die im Weinanbau bearbeiteten Fragestellungen im Keller fortgeführt und bis zum Endprodukt Wein hin untersucht. So ermittelt die Arbeitsgruppe „Weinbereitung in Anbaufragen“ mit Mikrovinifikationen, Analysen und sensorischen Bewertungen die Auswirkungen von Klonen- und Unterlagenwahl sowie von verschiedenen Bewirtschaftungstechniken auf die Weinqualität. Sorten-Lagen-Studien bildeten einen weiteren Schwerpunkt der kellerwirtschaftlichen Tätigkeit, ebenso die Auswirkungen

Der Felsenkeller ist nicht nur ein klassischer Weinkeller, sondern auch einer der Repräsentationsräume des Landes Südtirol.

Versuchsarbeit ist Knochenarbeit: Daran ändert auch die technische Aufrüstung kaum etwas.

Mit viel Geschick sind die Experten des Versuchszentrums Laimburg auch in den Weinbergen zugange.

Das Aufgabenspektrum des Versuchszentrums Laimburg reicht vom Weinberg bis in den Keller. An allen Stationen geht's dabei um neue Erkenntnisse, die Weinbau und Kellerwirtschaft – nicht nur in Südtirol – voranbringen.

Reben im Labor: Mit umfassendem Know-how und ausgefeilter Technik ist man am Versuchszentrum Laimburg dem Genom der unterschiedlichen Rebsorten auf der Spur.

der Ertragsreduzierung oder des Tragrutenschnittes mit anschließendem Nachtrocknen der Trauben an den nicht mehr mit dem Rebstock verbundenen Trieben. Aktuell werden die Einflüsse verschiedener Faktoren auf die Weinqualität geprüft: vom austriebsverzögernden Rebschnitt über den Einsatz der Traubenbürste (eine Eigenentwicklung zur Förderung der Lockerbeerigkeit) bis zu Hagelschlag. Auch die Auswirkungen von Pflanzenschutzmitteln auf Aspekte der Weinbereitung, Gärung und Sensorik der Weine werden untersucht.

Die Arbeitsgruppe „Verfahren und Wissenstransfer“ beschäftigt sich mit kellertechnischen Themen wie Filtrationstechnik, Prüfung von önologischen Hilfsmitteln, Hefen, Bakterien und neu zugelassenen Produkten, Reduzierung des Alkoholgehalts sowie Maischestandzeiten, Traubenkühlung und Presstechnik und deren Einfluss auf die Weinqualität. Digitale Technologien unterstützen heute auch die Kellerwirtschaft, etwa durch eine automatische, sensorunterstützte Trennung von Traubenbeerenqualitäten nach der Traubenannahme im Kellereibetrieb oder für die Herstellung unterschiedlicher Weinstilistiken. Bereits seit Längerem wird an der Entwicklung eines Bewertungsmodells für die Weinqualität auf der Basis von Mostinhaltsstoffen gearbeitet.

Seit seinen Anfängen bietet das Versuchszentrum Laimburg auch kellerwirtschaftliche Einzel- und Gruppen-Beratung für Südtiroler Weinproduzenten und Buschenschankbetriebe an und organisiert mit externen Partnern Aus- und Weiterbildungen. Die Themen reichen von der Traubenverarbeitung über die Weinbereitung bis zur Weinsensorik.

Wein unterm Mikroskop: Forschung in den Laboren

Die Versuche im Weinberg und im Versuchskeller werden von modernster chemischer, mikrobiologischer und molekularbiologischer Analytik begleitet. Das „Labor für Wein- und Getränkeanalytik“ ist auf Routineanalysen aller gängigen Weinparameter spezialisiert, die für die Klärung von Versuchsfragen und die Qualitätssicherung in den Kellereien unverzichtbar sind. Chemisch-physikalische Analysen von Traubenmost, Wein, Fruchtsäften und Destillaten werden allen Fachbereichen der Laimburg und privaten Betrieben als Dienstleistung angeboten. Alljährlich führt dieses Labor auch die Reifeverlaufsprüfung der wichtigsten Südtiroler Rebsorten als wichtige Hilfestellung für die Planung der Erntearbeiten durch.

Die Fachbereiche „Mikro- und Molekularbiologie“ sowie „Lebensmittelchemie“ liefern mit Ansätzen der Genomik und Metabolomik detaillierte Daten über die Weinproben bis auf die Ebene qualitätsbestimmender Moleküle. Die Typizität und Authentizität Südtiroler Weine wird beispielsweise mittels NMR-Spektroskopie charakterisiert. Modernste Massenspektrometer garantieren für die Sicherheit der Produkte. Unverzichtbar bleiben die sensorische Bewertung der Weine und der damit verbundene Eindruck auf die menschlichen Sinne. Dazu

Seit seinen Anfängen 1960 als Betriebs- und späterer Schulkeller sowie Ausbildungsstätte vieler Südtiroler Kellermeister wurden die Erkenntnisse der weinbaulichen und kellerwirtschaftlichen Versuchstätigkeit laufend in die Praxis umgesetzt.

betreibt das Versuchszentrum Laimburg ein modernes Labor für Lebensmittelsensorik, in dem die Weine von geschulten Expertinnen und Experten des Landes bewertet werden.

Umsetzung in die Praxis: das Landesweingut

Seit seinen Anfängen 1960 als Betriebs- und späterer Schulkeller sowie Ausbildungsstätte vieler Südtiroler Kellermeister wurden die Erkenntnisse der weinbaulichen und kellerwirtschaftlichen Versuchstätigkeit laufend in die Praxis umgesetzt. Das Landesweingut flankiert heute das Versuchswesen mit einer Eigenproduktion von Weinen mit Repräsentations- und Vorbildfunktion für das Weinland Südtirol.

Wein in Stein gemeißelt: der Felsenkeller

Als besonderes Beispiel traditioneller und zugleich zeitgemäßer Weinarchitektur ist der Felsenkeller der offizielle Repräsentationsraum Südtirols und der Ort, an dem die Südtiroler Weinkultur und das hohe Qualitätsniveau der Südtiroler Weine gelebt werden. Über 200.000 Gäste haben den Felsenkeller seit seiner Eröffnung 1990 besucht und über Führungen, Verkostungen und Veranstaltungen dieses besondere Weinerlebnis hautnah erfahren.

Die Trauben des Landesweingutes für insgesamt 90.000 Flaschen Wein stammen von den landeseigenen Weinbergen aus allen Weinbaugebieten Südtirols mit ihren unterschiedlichen Böden in Höhenlagen von 200 bis 750 Metern. Es gilt, einerseits den typischen Charakter der Südtiroler Rebsorten und andererseits Innovationen aus dem Versuchswesen in bester Qualität ins Glas zu bringen. Neben den „Gutsweinen“ und der „Burgselektion“ sind die „Besonderen Weine“ das Ergebnis neuzeitiger Rebzucht und pilzwiderstandsfähiger Rebsorten wie Solaris oder Cabernet Cortis: eine Entwicklung, die zusätzliche Weichen für die Weinzukunft Südtirols stellt.

2016 und 2017 wurde das Versuchszentrum neu organisiert. Seither stehen die vormals selbst geführten landwirtschaftlichen Kulturflächen der Höfe und das praktische Know-how ihrer Betriebsleiter dem Versuchswesen über den Agrarbetrieb Laimburg der Agentur Landesdomäne zur Verfügung.

Laimburger Köpfe

Der Önologe und Weinkommunikator **Klaus Platter**, Direktor der Gutsverwaltung Laimburg von 1970 bis 2010, gilt als maßgeblicher Entwickler der Laimburg und Erfinder des Felsenkellers. Er war zudem langjähriger Lehrer für Kellerwirtschaft und auch in dieser Funktion einer der Wegbereiter für den Qualitätsweinbau in Südtirol. Auch der Weinbaupionier **Andreas Weiss** war langjähriger Fachlehrer für Weinbau und zudem der erste Leiter des Fachbereichs Weinbau an der Laimburg. Diese Funktion hat heute **Barbara Raifer** inne, die sich als Wissenschaftlerin auf Anbausysteme und die Physiologie der Rebe spezialisiert hat. **Martin Aurich, Armin Kobler** und **Ulrich Pedri** haben schließlich im Laufe der Jahre den Fachbereich „Kellerwirtschaft“ bzw. „Önologie“ geleitet. Sie haben die Südtiroler Weinwirtschaft mit kellertechnischen Versuchen, Aufbauarbeit in der sensorischen Beurteilung der Weine sowie mit fachlicher Weiterbildung und Beratung gefördert.

\\

Beratung von Praktikern für Praktiker

Der Südtiroler Beratungsring für Obst- und Weinbau

// Weil man die Beratung nicht den Pflanzenschutzmittelfirmen überlassen will, wird 1957 der Südtiroler Beratungsring für Obst- und Weinbau gegründet. Anfangs noch ein Einmannbetrieb, entwickelt sich der Ring über die Jahrzehnte zu einem modernen, kapillar organisierten Dienstleister, der ein breites Spektrum an Themen abzudecken imstande ist.

Hansjörg Hafner

Nahezu unbemerkt von der Öffentlichkeit gründen Burggräfler Obst- und Weinbauern am 20. Dezember 1957 den Südtiroler Beratungsring für Obst- und Weinbau, damals noch Versuchs- und Beratungsring genannt. Eine Gruppe von jungen, dynamischen Landwirten unter der Führung von Sepp Innerhofer ist damals überzeugt, dass es im wirtschaftlich aufstrebenden Obst- und Weinbau eine unabhängige, neutrale, im Interesse der Bauern arbeitende Organisation brauche. Bis dahin lag die Pflanzenschutzberatung der Bauern in den Händen des Südtiroler Hauptverbandes, des „Consorzio Agrario" und der in Südtirol tätigen Pflanzenschutzmittelfirmen. Ab Anfang Dezember 1958 steht Hermann Oberhofer als erster hauptamtlicher Berater zur Verfügung, im November 1964 erscheint die erste Nummer des Fachmagazins „obstbau*weinbau". Es ist der Beginn einer sich über Jahrzehnte entwickelnden Beratungsorganisation.

Während allerdings in den ersten Jahren die Obstbauberatung im ganzen Land Fahrt aufnimmt, fehlt vielen Praktikern ein ähnliches Beratungsangebot auch für den Weinbau. Einige engagierte Obst- und Weinbauern aus dem Überetsch nehmen daher Kontakt zum Ringbüro in Lana auf und machen sich daran, Mitglieder in Kaltern, Eppan, Tramin und Kurtatsch anzuwerben. Nach mehreren Aussprachen und den notwendigen Vorbereitungen wurde am 12. Februar 1965 in Kaltern der

Weinbaubezirk Überetsch gegründet, ab 1967 wurden die Weinbauflurbegehungen auf ganz Südtirol ausgedehnt. Zudem erschienen eigene Rundschreiben und ein Spritzplan für die Weinbau-Mitglieder, für die auch verschiedene Versuche durchgeführt wurden. Großen Anklang fand auch die Weinbauwoche, die 1967 zum ersten Mal in Kaltern abgehalten wurde. Während dieser Schulungsveranstaltung wurden grundlegende Vorträge über Düngung, Pflanzenschutz, Mechanisierung, Weingesetz und betriebswirtschaftliche Themen gehalten. Damit verschaffte sich der Beratungsring bei den Weinbauern zunehmend fachliche Akzeptanz, was sich auch in der steigenden Mitgliederzahl und -fläche zeigte. So betrug die zu betreuende Weinbaufläche Ende 1967 bereits 885 von 7.035 Hektar Gesamtfläche in Südtirol.

Eine Gruppe von jungen, dynamischen Landwirten unter der Führung von Sepp Innerhofer ist Mitte der 1950er überzeugt, dass es im wirtschaftlich aufstrebenden Obst- und Weinbau eine unabhängige, neutrale, im Interesse der Bauern arbeitende Organisation brauche.

Berater als angewandte Forscher

Um die Einzelberatung effektiver zu gestalten, wurde in Bozen-Gries ein wöchentlicher Beratertag eingeführt. Obwohl der Ring längst seinen ehemaligen Namen „Versuchs- und Beratungsring“ in Beratungsring geändert hatte, wurden im Weinbau auch weiterhin Spritzversuche gegen pilzliche und tierische Schaderreger, gegen Stiellähme und zur Unkrautbekämpfung durchgeführt. Dies war auch unbedingt notwendig, da es damals noch kein offizielles Versuchszentrum gab und für die Praxis verwertbare Ergebnisse nur im Weinbauinstitut in San Michele eingeholt werden konnten. Seit dem Weinbaujahr 1968 wurden darüber hinaus regelmäßig Kostenerhebungen im Weinbau durchgeführt. Ziel war, den Weinbauern Vergleichsmöglichkeiten zur Einsparung von Produktionskosten anzubieten.

Auch in der Bekämpfung des Traubenwicklers ging man neue Wege. So wurden im Frühjahr 1972 am Kalterer See zum ersten Mal Ködergläser zur Kontrolle des Falterfluges in die Pergln gehängt. Damit konnten der Flugverlauf beobachtet und anhand dessen terminlich genauere Bekämpfungsempfehlungen an die Weinbaumitglieder gegeben werden. Ein weiterer Schwerpunkt der Beratungstätigkeit wurde auf die Mechanisierung in Steillagen gelegt. So wurde zur Kosteneinsparung und gleichzeitigen Arbeitserleichterung empfohlen, Rebanlagen in den Hanglagen auf Querterrassen anzulegen, die eine Bearbeitung mit Kleintraktoren oder -raupen zuließen. Im Winter 1975/76 wurden darüber hinaus die ersten Rebschnittbegehungen abgehalten, die auf reges Interesse stießen.

Weg vom Gift!

Ähnlich wie im Obstbau stand auch die Tätigkeit im Weinbau 1983 unter dem Motto „Weg von der Giftklasse I!“. Man hatte beschlossen, im Interesse des Anwenders, der Umwelt und des Konsumenten auch im Weinbau generell auf

Präparate der höchsten Giftklasse zu verzichten. Dass dies die richtige Entscheidung war, zeigten die positiven Erfahrungen ab 1983 und die Ergebnisse einer im Herbst 1984 unter den Mitgliedern anonym durchgeführten Umfrage über die Anzahl der Spritzungen gegen die wichtigsten Krankheiten und Schädlinge im Weinbau. So wurde etwa der Heuwurm von 80 Prozent der Befragten nicht mehr bekämpft, die Spinnmilbenspritzungen waren von durchschnittlich 2 auf 0,2 Behandlungen pro Jahr zurückgegangen. Diese Ergebnisse wurden auch auf der Südtiroler Weinbautagung 1985 vorgestellt.

Eine Ausweitung der Dienstleistungen des Beratungsrings erfolgte mit der Einführung des Peronospora-Warndienstes zu Vegetationsbeginn 1991. Mit Unterstützung der Landesabteilung Landwirtschaft wurden 29 Wetterstationen im gesamten Südtiroler Weinbaugebiet aufgestellt. Jede Wetterstation wurde von einem Weinbauer betreut, der bei Regenfällen dem zuständigen Berater die Wetterwerte telefonisch mitteilen musste. Dieser hatte die Infektionsgefahr zu berechnen und über den telefonischen Anrufbeantworter einen aktuellen Lagebericht über Witterung und Infektionsrisiko sowie Empfehlungen zur Peronosporabekämpfung zu geben, die von den Mitgliedern des Beratungsrings abgerufen werden konnten. Das neue System wurde von den Mitgliedern gut angenommen. Besonders in der Zeit vom Austrieb bis zur Blüte konnten so mehrere Spritzungen eingespart werden.

Qualität und neue Methoden

Um die Weinbaumitglieder verstärkt zum Qualitätsweinbau zu motivieren, organisierte das Weinbaubüro im Mai 1997 in Girlan eine Frühjahrstagung zum Thema „Qualitätsorientierte Laubwandpflege". Vor vollbesetztem Saal stellten dabei namhafte Referenten aus Deutschland, Österreich und vom Versuchszentrum Laimburg Versuchsergebnisse und neueste Erkenntnisse zur Durchführung der Laubarbeiten vor. Auf neue Erkenntnisse setzte man auch 1998, als zum ersten Mal auf einer Fläche von 10 Hektar am Kalterer See und 12 Hektar in Siebeneich der Traubenwickler mit der Verwirrungsmethode bekämpft wurde. Während die Ergebnisse in Siebeneich durchwegs positiv waren und die Verwirrung in den nächsten Jahren auf einer erweiterten Fläche fortgeführt wurde, blieb der Befall am Kalterer See über der Schadensschwelle.

Im Herbst 1998 wurden von den Beratern zum ersten Mal verschiedene Methoden der Ertragsschätzung erprobt. So wurde das Einzelbeeren- und Traubengewicht bereits kurz vor dem Färben der Trauben erhoben, um Voraussagen auf das spätere Lesegewicht machen zu können. Weil zudem das Thema Bewässerung für die Weinbauern immer interessanter wurde, organisierte der Beratungsring im März 1999 in Eppan eine Tagung zum Thema „Wasser im Weinbau". Dabei wurden sowohl physiologische Aspekte der Rebe als auch bodenkundliche Voraussetzungen behandelt.

Stetige Ausweitung: thematisch und geografisch

Seit Anfang der 1960er-Jahre organisiert der Verein der Absolventen Landwirtschaftlicher Schulen (A.L.S) in Zusammenarbeit mit der Landesabteilung Landwirtschaft, dem Südtiroler Beratungsring für Obst- und Weinbau sowie dem Versuchszentrum Laimburg die jährlich stattfindende Südtiroler Weinbautagung. Von den Beratern selbst werden auf dieser landesweiten Tagung Vorträge oder Referate über aktuelle Themen aus allen Bereichen gehalten. Im Eisacktal und Burggrafenamt werden zudem jährliche Bezirks-Weinbautagungen veranstaltet. Auch im Komitee

„Tag der Technik im Weinbau" und in der Arbeitsgruppe für die Organisation des ALS-Weinbauseminars sind die Weinbauberater vertreten.

Blickt man auf die Entwicklung des gesamten Beratungsangebots, fällt nicht nur dessen stetiger Ausbau auf. Lag der Schwerpunkt der Betreuung früher auf dem Pflanzenschutz, legte man ab der Jahrtausendwende viel mehr Wert auf qualitätsverbessernde Maßnahmen. Diese umfassen z. B. die Reberziehung, die Ertragsreduzierung oder die Steuerung des Wachstums. Zugleich hat sich der Südtiroler Beratungsring über die Jahrzehnte von einem Einmannbetrieb zu einem modernen, verlässlichen und im Land kapillar aufgestellten Dienstleister für die Südtiroler Obst- und Weinwirtschaft entwickelt. 2023 beträgt die gemeldete Weinbau-Mitgliedsfläche rund 4.500 Hektar (davon 288 Hektar Bioweinbau), das sind knapp 80 Prozent der gesamten Weinbaufläche Südtirols. Diese Mitgliedsfläche teilt sich auf rund 2.800 Mitglieder auf. Das Weinbauteam ist im Laufe der Jahre auf acht Mitarbeiterinnen und Mitarbeiter angewachsen und auch das Beratungsangebot ist überaus vielseitig. So finden in rund 40 Ortschaften regelmäßige Treffen mit den Mitgliedern statt. Zudem besteht über alle digitalen Kanäle ein reger Informationsfluss und Erfahrungsaustausch zu und mit den Weinbau- und Kellereibetrieben.

\\

Der Südtiroler Beratungsring hat sich von einem Einmannbetrieb zu einem modernen, verlässlichen und im Land kapillar aufgestellten Dienstleister für die Obst- und Weinwirtschaft entwickelt. 2023 beträgt die gemeldete Weinbau-Mitgliedsfläche rund 4.500 Hektar.

Gemeinsam stark sein

Die Kellereigenossenschaften

// Als Einzelkämpfer wären zahllose Südtiroler Weinbauern Ende des 19. Jahrhunderts vor dem Aus gestanden. Ihre Rettung kam in Form der Kellereigenossenschaften, die nicht nur die Entwicklung des Weinbaus in den letzten 125 Jahren geprägt haben, sondern auch heute noch eine zentrale Rolle spielen. Das Motto „Gemeinsam stark sein" gilt also noch immer, auch wenn sich die Rahmenbedingungen geändert haben – radikal.

Walter Schullian

Der genossenschaftlich organisierte Weinbau nimmt in Südtirols Weinlandschaft eine herausragende Stellung ein. Auf 14 Kellereigenossenschaften entfielen 2020 3.491 Hektar, also 62,8 Prozent der Weinbaufläche und 65 Prozent der Weinproduktion. Gegründet wurden die ersten Kellereigenossenschaften 1893. In ihrer Tragweite sind die vielfältigen Beweggründe dafür nur im geschichtlichen Zusammenhang zu verstehen. Nach der Auflösung der Maierhofwirtschaft (Leibeigene) im 11. und 12. Jahrhundert trat in Tirol an deren Stelle die hochmittelalterliche Grundherrschaft mit Einführung des Zinsgutes. Der Grund lag in der erhofften Produktionssteigerung, da der Bearbeiter des Grundes vom Leibeigenen zum freien Bauern aufsteigen konnte. Dies war auch einer der wesentlichen Gründe für die Entstehung eines einheitlichen, wenn auch nicht immer freien Bauernstandes ab etwa 1500.

Es ist bemerkenswert, dass in der von Otto Stolz vorgenommenen Erhebung der „freien Güter" in Tirol der vom Weinbau geprägte Bezirk Überetsch-Unterland in den Jahren von 1775 bis 1778 mit 46 Prozent freien Gütern deutlich vor allen anderen Bezirken lag (Vinschgau 33 Prozent, mittleres Etschtal 4 Prozent, Eisacktal 7 Prozent, Pustertal 9 Prozent). Mitterdorf und Kaltern Markt waren mit 61 Prozent deutlich Spitzenreiter im Bezirk vor Girlan und Neumarkt mit jeweils 49 Prozent. Da Weinbau immer schon zu den ertragreichen Wirtschaftsformen zählte, kann angenommen werden, dass Weingüter früh zu den freien Gütern in Tirol zählten bzw. diese früh zu freiem Bauerntum beitrugen.

Harte Rahmenbedingungen für Weinbauern

Allerdings mussten die Bauern durch die Grundentlastung von 1848 bis 1853 für die Güter, die noch einer Grundherrschaft unterworfen waren, ein Drittel des Schätzwertes in 20 Jahresraten übernehmen. Ab Anfang der 1850er-Jahre kamen zudem in regelmäßigen Abständen große Ernteausfälle durch Pilzkrankheiten und später die Reblaus hinzu. Im Winter 1879/80 verursachten gewaltige Schneefälle und große Kälte Ausfälle von Stützgerüst und Reben, 1868, 1882 und 1885 wurde die Etschtalsohle überschwemmt. Durch die Umstellung von Seidenraupenzucht auf Weinbau im Trentino entstand zusätzliche Konkurrenz, dazu wurde 1892 der Zoll für Weinimporte aus Italien stark gesenkt, die Maischepreise der exportabhängigen Südtiroler Weinbranche fielen um bis zu 40 Prozent. Als zusätzliches Problem ist zu nennen, dass sich das Gewohnheits-Anerbenrecht in Südtirol territorial nicht überall durchgesetzt hat, was die Kleinteiligkeit in großen Teilen des Weinbaugebietes erklärt.

Edmund Mach berichtet 1894, dass größere und mittlere Produzenten ihr Produkt zum großen Teil noch selbst verarbeiteten und verkauften. Die restlichen, vor allem die kleinen Weinbauern waren aber weitgehend auf die Vermarktung durch größere Produzenten, in der Regel Weinherren, angewiesen. Zudem zählten Wirte zu den Abnehmern von Wein der Bauern. Die Eröffnung der Bahnlinien hat den Handel befördert, Weinhändler stiegen in das Geschäft ein. Diese Konkurrenz zu den Weinherren war zum Nachteil des klein strukturierten Weinbaus. In vielen Fällen wurde der Maischepreis so tief angesetzt, dass sich Weinbauern aufgrund der schlechten wirtschaftlichen Lage, steigender Zinsen und fallender Grundpreise verschuldeten und zum Teil gepfändet wurden. Die meisten Kleinbauern konnten Wein kaum auf Vorrat halten und waren marktunkundig, womit sie spätestens vor der Ernte zum Verkauf gezwungen waren. Bei großen Erntemengen wurden sie abgewiesen oder mussten um jeden Preis verkaufen. So kamen von 1868 bis 1892 in Tirol 28.052 Bauerngüter, natürlich nicht nur Weingüter, unter den Hammer.

Der genossenschaftlich organisierte Weinbau nimmt in Südtirols Weinlandschaft eine herausragende Stellung ein. Auf 14 Kellereigenossenschaften entfielen 2020 3.491 Hektar, also 62,8 Prozent der Weinbaufläche und 65 Prozent der Weinproduktion.

Weil ähnliche, mitunter noch gravierendere Verhältnisse auch im restlichen deutschen Sprachraum herrschten, nahmen sich Friedrich Wilhelm Raiffeisen und Hermann Schulze-Delitzsch des Problems an. Sie forderten eine Lösung im genossenschaftlichen Zusammenschluss, in einer gemeinschaftlichen, solidarischen Selbsthilfe und Selbstverwaltung, wenn die Kraft des Einzelnen nicht ausreichte. Schulze-Delitzsch hat dazu 1867 die gesetzlichen Grundlagen in Preußen gelegt, die als Vorlage für das Österreichische Genossenschaftsgesetz vom 9. April 1873 dienten.

Geboren aus der Not

Es war also die Notlage, die das Bedürfnis der Kleinbauern nach selbstständiger und gemeinschaftlicher Verwaltung und Vermarktung des eigenen Produkts gefördert hat. Die Krise war auch Auslöser für Maßnahmen für die Landwirtschaft und die gezielte Förderung von Genossenschaftsgründungen nach dem Modell Raiffeisen. Dazu kam die Enzyklika „Rerum Novarum" von 1891, die zahlreiche Kleriker veranlasste, sich diesem Anliegen anzuschließen. Sie waren maßgeblich an der Gründung der ersten landwirtschaftlichen Genossenschaften beteiligt und haben zum Teil auch selbst an der Führung mitgewirkt.

Genossenschaften sind Kapitalgesellschaften mit variabler Anzahl von Kapital und Mitgliedern; dies bedingt bei Kellereigenossenschaften eine variable Mitgliederfläche und Produktion. Der Zweck ist nicht die Erzielung einer hohen Dividende, sondern die Erwirtschaftung angemessener Auszahlungspreise für die Traubenanlieferung. Jedes Mitglied hat grundsätzlich ein Stimmrecht, ein beschränkt an der Beteiligung gewichtetes Stimmrecht sieht aber sowohl das alte österreichische als auch das aktuelle italienische Gesetz vor. Genossenschaften eignen sich nicht für feindliche Übernahmen, was die genossenschaftliche Verwaltung unabhängig von der Höhe der Beteiligung macht und das Diktat eines einzelnen Investors verhindert.

Pioniere um die Jahrhundertwende

Erste landwirtschaftliche Genossenschaften in Südtirol waren Sennereigenossenschaften in Niederdorf (1878) sowie Innichen und Toblach (1889), während die Gründung der Kellereigenossenschaften in drei Phasen erfolgte. 18 Kellereigenossenschaften wurden von 1893 bis 1909, sieben von 1923 bis 1934 und sieben weitere von 1951 bis 1993 errichtet, also insgesamt 32. In Kurtatsch bestand in den 1930er-Jahren eine Bauernkellerei, von der leider keine Daten aufzutreiben waren. In vielen Fällen konnten die Pioniere der

18 Kellereigenossenschaften wurden von 1893 bis 1909, sieben von 1923 bis 1934 und sieben weitere von 1951 bis 1993 errichtet, also insgesamt 32.

Kellereigenossenschaften für einen Teil der Finanzierung auf bereits kurz vorher gegründete Raiffeisenkassen zurückgreifen. Am 25. April 1893 wurde die KG Andrian als „Erste Tiroler Kellereigenossenschaft" von 31 Mitgliedern gegründet. Im selben Jahr folgten die Kellereigenossenschaften in Terlan und Neumarkt-Montan. In allen drei Fällen mag auch der nahe gelegene Bahnanschluss die Gründung erleichtert haben. Da die Überetscher Bahn erst 1898 ihren Betrieb aufnahm, erfolgten Genossenschaftsgründungen im Überetsch entsprechend später. Bis 1900 wurden noch die Kellereigenossenschaften in Missian (1894), Auer (1897), Tramin (1898) sowie 1900 die „Kellereigenossenschaft in Kaltern" (ex-Erste) und die KG Kurtatsch errichtet. In dieser ersten Gründungsphase wurden zudem die KG Marling und KG Margreid (jeweils 1901), die Bauernkellerei Kaltern (1906), die KG Frangart, die KG Eppan (St. Michael) und St. Pauls (1907), die KG Gries und die Jubiläumskellerei Kaltern (1908) sowie die KG Algund (1909) gegründet. Im Trentino entstanden von 1890 bis 1898 mit acht Kellereigenossenschaften doppelt so viele wie in Südtirol, auf dem heutigen österreichischen Gebiet wurde die erste Winzergenossenschaft 1898 in Traismauer (Niederösterreich) gegründet.

Alle Kellereigenossenschaften mussten dem „Anwaltschaftsverbande der deutschtirolischen Spar- und Darlehenskassenvereine" beitreten und sich der Revision derselben unterziehen. Die noch in der

K.-u.-k.-Zeit entstandenen Genossenschaften erhielten vom Tiroler Landeskulturrat einmalige Gründungsbeiträge und zum Teil unverzinste Darlehen. Der allergrößte Teil der Mitglieder waren Kleinbauern, die sich von den Weinhändlern trennten, während sich in der zweiten Gründungsphase ab Ende des Ersten Weltkriegs auch Weinhandel betreibende Erzeuger den Kellereigenossenschaften angeschlossen haben.

Frauen konnten die Mitgliedschaft erwerben, durften aber das Stimmrecht in der Vollversammlung erst nach dem Anschluss Südtirols an Italien, also nach dem 10. Oktober 1920 ausüben (Gesetz 1776/1919). Zuvor war dies nur mittels Vertretung durch einen „großjährigen" Mann möglich gewesen, entweder ein männliches Familienmitglied oder anderes Mitglied. Davon waren vor allem viele Frauen in den Realteilungsgebieten betroffen, in denen diese durch Erbteilung Eigentum an Weingütern erlangen konnten. Diese Bestimmung betraf auch die Witwen. Durch den Männermangel in den Kriegsjahren wurden diese Bestimmungen allerdings auch übergangen.

Um 1900 waren die Anlieferungsmengen noch bescheiden (KG Tramin 8.500 Hektoliter, Erste KG 6.871 Hektoliter Maische), allerdings wuchsen die Genossenschaften. So konnten die 14 bis 1909 verbliebenen Kellereigenossenschaften von der Gründung bis zum Jahr 1928 413 Mitglieder dazugewinnen (+46 Prozent) und einen Zuwachs der Maischeanlieferung von 21 Prozent verzeichnen. Von 1924 bis 1928 erreichte die Maischeproduktion dieser Genossenschaften im Schnitt 101.000 Hektoliter. Unter Einbeziehung der von 1923 bis 1925 neu gegründeten KG Girlan, Überetscher Kellerei und Neue KG Kaltern erreichte die Maischeproduktion im selben Zeitraum 122.000 Hektoliter. Bei zehn von 14 Kellereigenossenschaften hat die Anlieferung im Zeitraum 1918 bis 1922 deutlich abgenommen, was teilweise auch auf Mitgliederaustritte zurückzuführen war.

In den Zwischenkriegsjahren kam es zur Gründung der KG Girlan (1923), der Überetscher Kellerei Eppan (1925), der Neuen KG Kaltern (1925), der KG St. Magdalena-St. Justina-Leitach (1930), 1932 der KG Josef Baron Di Pauli sowie der KG Nals und schließlich zur Wiedergründung der KG Kurtasch 1933. 1951/52 kamen die KG Dorf Tirol und KG Meran dazu, gefolgt von der KG Margreid-Entiklar 1954, der KG Schreckbichl 1960, der Eisacktaler KG und der Weinproduzentengenossenschaft Brixen-Neustift 1961 sowie als Letzter der KG Salurn 1993.

Die Leistungen der Pioniere

Die Gründer mussten geeignete Standorte für das Betriebsgebäude finden und ankaufen, den Bau planen, realisieren und einrichten sowie erhebliche Geldmittel für die Finanzierung aufbringen und die Haftung für dieselbe sicherstellen oder Keller und Einrichtungen anmieten. In der Regel wurden auch Wohnungen für den Kellermeister und andere Bedienstete, etwa Fassbinder, errichtet. Einige Betriebsgebäude nutzten bereits die Schwerkraft bei der Einkellerung, weshalb Rampen erbaut wurden, die allerdings für Ochsen- und Pferdefuhrwerke nicht leicht zu bewältigen waren. Für einige

> Die Tätigkeit der ersten Kellereigenossenschaften erstreckte sich auf die Herstellung und Vermarktung von Wein, auf die Verwertung der Trester zur Herstellung von Branntwein und auf den Verkauf von Trauben.

Genossenschaften war es naheliegend, den Standort in Bahnhofsnähe zu suchen und eigene Schleppgeleise zu errichten, etwa in Kaltern und St. Michael. Vielfach haben die Mitglieder beim Bau Eigenleistungen erbracht, um Kosten zu sparen. Durch die Verschuldung nach der ersten Bauphase waren einige Kellereigenossenschaften allerdings gezwungen, eine Austrittssperre mit Pflichtanlieferung für die darauffolgenden zehn Jahre einzuführen.

Einige Kellereigenossenschaften konnten ihre Betriebsstätten innerhalb weniger Jahre nach der Gründung errichten oder erwerben, andere hingegen warteten weit länger. Das Fassungsvermögen der meisten Betriebe war relativ bescheiden, in St. Michael betrug es 1908 etwa 9.000 Hektoliter, in St. Pauls 1909 15.000, in Terlan 1925 8.000. Eine Ausnahme bildete die Jubiläumskellerei mit 21.429 Hektolitern im Jahr 1909. Die Tätigkeit der ersten Kellereigenossenschaften erstreckte sich auf die Herstellung und Vermarktung von Wein, auf die Verwertung der Trester zur Herstellung von Branntwein und auf den Verkauf von Trauben. Letzterer betraf die Sorte Vernatsch, die als sogenannte Meraner oder Kalterersee-Kurtrauben exportiert wurden. Beinahe in Vergessenheit geraten ist die Vermittlung an die Mitglieder von Bedarfsartikeln wie Kupfer, Schwefel oder auch Kartoffeln in schwierigen Jahren.

Die allermeisten Genossenschaftspioniere hatten kaum Erfahrung in der Führung eines solchen Unternehmens, trotzdem wagten es immer mehr Weinbauern, ihr Produkt in die Hände dieser neuen Einrichtungen zu legen. Aus heutiger Sicht kann man den Idealismus dieser Männer nur bewundern, arbeiteten sie doch weitgehend ehrenamtlich oder nur um einen Bruchteil der Entlohnung vergleichbarer Posten. In den Satzungen der Gründerzeit wurde bereits bestimmt, dass „die Trauben sorgfältig gelesen und nur gesunde Trauben angeliefert werden dürfen". Sie erlaubten auch Zukäufe für Verschnitte und bei Ernteausfällen, diese mussten aber über den Verband der Kellereigenossenschaften erfolgen. Mehrere Jubiläumsschriften aus dem Hauptanbaugebiet berichten, dass bereits Mitte der 1920er-Jahre Mitglieder angehalten wurden, „Sorten" zu pflanzen und nicht nur Vernatsch. Allerdings wurde nach dem Zweiten Weltkrieg generell auf Produktionssteigerung gesetzt, wofür sich Vernatsch besonders eignete.

Besondere Herausforderungen: Krieg und Zwischenkriegszeit

Die Pflichtanlieferung der Trauben aus den zur Mitgliedschaft gehörenden Grundstücken war schon in den ersten Satzungen vorgesehen. Diese Tatsache unterscheidet die Südtiroler Kellereigenossenschaften entscheidend von den Winzergenossenschaften in Österreich, aber auch in Italien. In der Regel ist eine beschränkte Einkellerung für den Eigengebrauch satzungsmäßig zulässig, allerdings hat es noch bis vor nicht allzu langer Zeit auch Probleme mit Mitgliedern gegeben, die einen Buschenschank geführt oder im Tourismus tätig waren. Versuche einzelner Mitglieder, die besten Trauben selbst zu keltern und zu verkaufen, hat es auch in den Kriegsjahren gegeben.

Von Beginn an war es eine große Herausforderung, die Risiken in der Weinbereitung zu minimieren und nach Qualität zu streben. In den Gründerjahren musste an bestimmten Standorten sogar

Von Beginn an war es eine große Herausforderung, die Risiken in der Weinbereitung zu minimieren und nach Qualität zu streben.

auf elektrischen Strom verzichtet werden, weil kein Anschluss an das Stromnetz möglich war. Nicht allen Genossenschaften ist es gelungen, die Betriebe fortlaufend kellertechnisch gut auszustatten, wegen Platzmangels mussten einige immer wieder Keller und Ausrüstung anmieten.

Darüber hinaus mussten die Gründerväter einen vollkommen neuen Kundenstock in Südtirol und außerhalb aufbauen, was durch Kontakte zu Wiederverkäufern in der Monarchie, in Deutschland und in der Schweiz gelang. Werbeinserate kamen zum Einsatz und Filialen wurden eröffnet. Für die drei ältesten Kellereigenossenschaften ist für den Jahrgang 1893 jeweils der Verkauf von Tischwein dokumentiert. Anfänglich wurde nicht nur Wein, sondern auch Maische verkauft, womit Lagerplatz gespart und schnelle Einnahmen verbucht werden konnten.

In den Kriegsjahren von 1915 bis 1918 wurden die Genossenschaften gedrängt, Kriegsanleihen zu zeichnen, was zu erheblichen Verlusten geführt hat. Dazu kamen auch Missernten. Die Chronik der KG Tramin etwa berichtet, dass im schlimmsten Kriegsjahr 1917 nur 500 Hektoliter Maische anstatt der durchschnittlichen 6.700 eingekellert wurden. Der Weinversand erfolgte fast ausschließlich in Fässern. Bis Ende des Ersten Weltkriegs ging der Hauptabsatz über den Brenner. Nach dem Anschluss an Italien brach das natürliche Absatzgebiet der Österreichisch-Ungarischen Monarchie weg, Verkäufe konnten zum Teil nur mehr auf Kommission vorgenommen werden, auch die Währungsumstellung verursachte Verluste. Die starke Anhebung der Branntweinsteuer 1923 machte zudem das Schnapsbrennen unrentabel.

Es brauchte sehr viel Einsatz, um neue Absatzkanäle zu finden und den Export wiederzubeleben. Südtirols Anteil an der italienischen Fassausfuhr betrug im Jahrzehnt von 1919 bis 1928 in die Schweiz 20 Prozent, nach Österreich 50 und in das Deutsche Reich 60 Prozent, woran aber vor allem die Handelsbetriebe beteiligt waren. 1949 exportierten die Kellereigenossenschaften rund ein Viertel ihrer Einkellerungsmenge.

Um die Abhängigkeit vom Großhandel zu verringern, begannen einige Genossenschaften bereits in den 1930er-Jahren, Vertreter einzustellen und Wirte mit Lkw zu beliefern. In dieser Zeit stellten die Folgen der Weltwirtschaftskrise und die faschistische Herrschaft die Kellereigenossenschaften vor sehr große Herausforderungen. Einige standen vor dem Ruin, da einerseits der Schuldenberg stark angewachsen war und andererseits Kundenforderungen wegen Insolvenzen kaum eingebracht werden konnten. Damit den Mitgliedern ein Minimum an Einnahmen zum Lebensunterhalt garantiert werden konnte, wurden Vorratsbewertungen hoch angesetzt, was zur weiteren Verschuldung führte. So erreichte 1936 die Verschuldung der KG Neumarkt den Wert von rund drei Ernten. Von den Forderungen der Ersten KG Kaltern im Jahr 1934 waren knapp 60 Prozent uneinbringlich. In Kurtatsch musste die 1900 mit unbeschränkter Haftung gegründete Kellereigenossenschaft 1934 die Liquidation beantragen, parallel dazu wurde die „Cantina sociale cooperativa di Cortaccia“ mit beschränkter Haftung gegründet. In all diesen beispielhaft angeführten Fällen haben die Mitglieder große Opfer gebracht, um die Schulden sogar mittels Grundverkauf abzutragen, wobei es im Einzelfall auch gelungen ist, dazu Beiträge und bezuschusste Darlehen aus Rom zu bekommen.

In den 1930er-Jahren wurden einige Kellereigenossenschaften von faschistischen Kommissaren verwaltet, etwa St. Michael 1935, die Großkellerei 1937/38, St. Magdalena 1940 und Tramin von 1939 bis 1942. Auch die erzwungene Namensänderung der Jubiläums- in Großkellerei fällt in diese Zeit, weil der ursprüngliche Name an das 60-jährige Thronjubiläum von Kaiser Franz Joseph erinnerte. In der Optionszeit standen einige

Genossenschaften vor der Existenzfrage, da nur eine Minderheit fürs Bleiben optiert hatte. Als Beispiel sei die Situation der KG St. Michael genannt, in der 110 von 124 Mitgliedern für die Abwanderung gestimmt hatten und niemand wusste, wer den Anteil der Optanten ablösen würde.

Neuanfang nach dem Zweiten Weltkrieg

Nach dem Zweiten Weltkrieg kamen Kompensationsgeschäfte mit der Schweiz zustande und ab 1949 konnte der Export nach Nordtirol und Vorarlberg in einem vorgegebenen Rahmen über das „Accordino" abgewickelt werden. Durch die massiven Ertragssteigerungen in den 1950er- und 1960er-Jahren gelang es, den günstigen Südtiroler Rotwein (vor allem Vernatsch) verstärkt Richtung nördliche Weißweinländer und Biergebiete zu exportieren und gleichzeitig auch vom einsetzenden Tourismus im eigenen Lande zu profitieren. Diese Entwicklung hatte die Vergrößerung von Lagerraum zur Folge und einige Genossenschaften füllten verstärkt in Literflaschen ab. In diese Zeit fallen auch der um sich greifende unlautere Wettbewerb mit Weinzukäufen und der Streit um die Bezeichnung „Kalterersee".

Ende der 1960er-Jahre ersetzte die Traubenannahme die Maischeanlieferung, was neue Abladestationen erforderte, aber die Erntearbeit erleichterte und die Weinqualität verbesserte. Keller wurden klimatisiert, Stahltanks, moderne Pressen und Maschinen für die Weinverarbeitung angekauft sowie Detailgeschäfte und Verkostungsräume errichtet. 1970 trat die erste DOC-Bestimmung für den Kalterersee in Kraft, gefolgt von St. Magdalener und Meraner 1971, was sich teilweise preisstabilisierend und -erhöhend auswirkte. Zudem stellten einige Weinhandelsbetriebe in den 1970er-Jahren ihre Tätigkeit ein, was eine Flächenerweiterung bei den Kellereigenossenschaften bewirkte. In den 1980er-Jahren war dann ein Flächenrückgang zu verzeichnen, der auf die starke Konkurrenz des Obstbaus, den Einbruch der Großhandelspreise, ausgelöst durch die Weinüberschüsse in der Europäischen Gemeinschaft, und auf die zunehmende Bautätigkeit im Weinbaugebiet zurückzuführen war. Ab Anfang und Mitte der 1980er-Jahre wird verstärkt auf Beratung und Betreuung der Mitglieder hinsichtlich der lagenbezogenen Sortenwahl, Anbaumethoden, Pflegemaßnahmen und Mengenreduktion gesetzt und zusätzlich großer Wert auf den Weinausbau gelegt.

Zusammenarbeit und verlässliche Daten

Schon am 11. Dezember 1900 hatten sich sieben Genossenschaften zum Verband der Kellereigenossenschaften Deutschtirols zusammengeschlossen. Seine Aufgaben bestanden in der Revisionstätigkeit, dem Abschluss der Haupt- und Nebenbücher der angeschlossenen Genossenschaften, der Vermittlung von Weinverkäufen, der Koordinierung von Weinpreisen, Eingaben an Behörden, der Belieferung mit Drucksorten, Kellereibedarf und Maschinen. Durch die zwangsweise errichteten faschistischen Syndikate wurde der Verband 1927 dem „Ente Nazionale Fascista delle Cooperazioni" in Modena unterstellt und die Unterlandler Kellereigenossenschaften verwaltungsmäßig dem Trentino zugeschlagen. 1946 erfolgte die Neugründung des Verbandes.

Es gab auch Bestrebungen zur Errichtung einer Zentralkellerei. 1971 wurde von zwölf Kellereigenossenschaften die Vereinigte Winzerkellerei RAETIA errichtet, die jedoch nie aktiv wurde. 1984 wurde dann von sieben Genossenschaften der Südtiroler Weinbauernverband zum Zweck der gemeinsamen Abfüllung und Vermarktung gegründet, der nach mehrjährigen Zielkonflikten 2018 allerdings aufgelöst wurde.

Aus der Gründerzeit bis Anfang der 1970er-Jahre sind keine Daten bekannt, die einen Gesamtüberblick über Vermögenslage, Erfolgsrechnung, Kosten, Vermarktung, Weinbauflächen, Auszahlung und technische Strukturen der Kellereigenossenschaften geben. Diese gibt es seit rund 50 Jahren, als der Raiffeisenverband Südtirol begann, diese Daten zu erheben, auszuwerten und den Genossenschaften zur Verfügung zu stellen. Diese „Weinstatistik" wurde laufend detaillierter und gilt als einzigartige Fundgrube zum Weinbau in Südtirol und darüber hinaus. Tabelle 1

Aus den Daten ist ersichtlich, dass die Erntemenge seit 1972 nur um 15 Prozent gestiegen ist, obwohl die Fläche um 65 Prozent zugenommen hat, was eine massive Qualitätssteigerung zur Folge hatte, die sich seit Jahren in zahlreichen nationalen und internationalen Auszeichnungen niedergeschlagen hat. Dabei ist hervorzuheben, dass die prämierten Genossenschaftsweine in der Regel keine Nischenprodukte sind, sondern Weine von erheblicher Menge, was das Qualitätsstreben auf breiter Basis und den genossenschaftlichen Mitgliedergeist widerspiegelt. Dem allgemeinen Trend in Südtirol folgend, ist der Vernatsch-Anteil von 1982 bis 2020 von 71,4 auf 14,3 Prozent gefallen, während der Weißweinanteil von 11,7 auf 66,1 Prozent gestiegen ist. Von den ursprünglich 32 Kellereigenossenschaften wurden zwölf durch Fusion zusammengeschlossen und sechs aufgelöst, sodass derzeit 14 verblieben sind. Tabelle 2

Der Blick auf Geschichte und Entwicklung zeigt: Die Kellereigenossenschaften haben einen herausragenden Beitrag zur Stabilisierung des Weinbaus und zur wirtschaftlichen Unabhängigkeit des Weinbauernstandes in Südtirol geleistet und somit auch einen unschätzbaren sozialen Auftrag erfüllt. Es wäre heute undenkbar, Weinbau in Südtirol zu den Bedingungen im freien Weinmarkt wie in Teilen Österreichs oder Italiens zu betreiben.

\\

Tabelle 1

Beschreibung	1972	2020	%
Mitgliederanzahl	2.417	3.249	+ 34
Angeschlossene Fläche (in ha)	2.112	3.491	+ 65
Flächenanteil in Südtirol (in %)	38,9	62,8	+ 61
Traubenanlieferung (in dt)	249.817	286.717	+ 15
Exportanteil (in %)	21,0	27,1	+ 29
Lagerkapazität (in hl)	422.712	530.004	+ 25
Bedienstete	269	364	+ 35
Anteil Personalkosten (in %)	42,4	27,1	– 36
Anteil Abschreibung (in %)	13,6	10,4	– 24
Anteil Betriebs- u. Vertriebskosten (in %)	12,5	34,5	+ 176
Anteil Flaschen u. Verpackung (in %)	11,8	19,8	+ 68

Tabelle 2

	Liste der Kellereigenossenschaften	Gründung	Namens-änderung	Fusion	aufgelöst
A	**bestehende**				
1	Terlan	1893		2008	
2	Tramin	1898		1971	
3	Marling = Kellerei Meran Burggräfler	1901		1984, 2010	
4	Eppan = Kellerei St. Michael-Eppan	1907	1907		
5	St. Pauls	1907			
6	Jubiläumskellerei = Großkellerei = Kellerei Kaltern	1908	1927, 1992	1992, 2016	
7	Girlan	1923			
8	St.Magdalena, St.Justina, St.Peter und Leitach = Kellerei Bozen	1930		2001	
9	Nals = Kellerei Nals Margreid Entiklar	1932		1985	
10	Kurtatsch mit beschränkter Haftung	1934			
11	Schreckbichl	1960		1972	
12	Eisacktaler Kellerei	1961			
13	Weinproduzentengenossenschaft Brixen-Neustift u. Umgebung	1961			
14	Salurn	1993			
B	**nicht mehr bestehende**				
15	Erste Tiroler Kellereigenossenschaft = KG Andrian	1893		2008	
16	Neumarkt-Montan	1893		1971	
17	Missian	1894			1895
18	Auer	1897			1934
19	Kellereigenossenschaft in Kaltern = Erste Kellereigenossenschaft Kaltern = Erste & Neue	1900	1926, 1986	1986, 1990, 2016	
20	Kurtatsch mit unbeschränkter Haftung	1900			1941
21	Margreid	1901			1926
22	Lana	1903			1904
23	Bauernkellerei Kaltern	1906		1992	
24	Frangart	1907			1931
25	Gries	1908		2001	
26	Algund	1909	2000	1984	
27	Überetscher Kellereigenossenschaft Eppan	1925		1972	
28	Neue Kellereigenossenschaft Kaltern	1925		1986	
29	Josef Baron Di Pauli Kaltern	1932		1990	
30	Dorf Tirol	1951		1959	
31	Meran	1952		1959, 2010	
32	Margreid-Entiklar	1954		1985	

Unabhängig davon, welch turbulente Entwicklung Südtirols Kellereigenossenschaften in den letzten rund 130 Jahren durchlaufen haben, hat sich doch eines nicht verändert: Im Mittelpunkt stand – und steht immer noch – der Wein, im Bild jener im Puntay-Keller der Kellereigenossenschaft Kaltern. Dieser wurde zum 100. Geburtstag der Ersten Kellereigenossenschaft Kaltern von Robert Scherer ausgemalt. 2016 kam es zur Fusion der Kellerei Kaltern mit der Genossenschaft Erste+Neue.

Vordenker und Vorreiter
Die Weingüter Südtirols

// Die Wurzeln der Weingüter Südtirols reichen bis ins 19. Jahrhundert zurück. Als private Kellereien und Unternehmer dominieren sie lange den Weinhandel im Land. Erst in der jüngeren Geschichte entwickeln sie sich immer mehr zu klassischen Winzerbetrieben, deren Trauben aus eigenen Weinbergen und von ausgewählten Partnern stammen. Als flexible, wendige Betriebe übernehmen die „Weingüter" seit eh und je bei vielen Entwicklungen in Südtirol die Rolle der Vordenker und Vorreiter.

Martin Foradori

Die Gründung der ersten privaten Weinkellereien geht auf die Mitte des 19. Jahrhunderts zurück. Damals findet die von Adel und Klöstern ausgeübte Grundherrschaft ein Ende, die Bauern werden selbst Herren über ihre Weinberge - und auch über ihren Wein. Diese Doppelrolle - zu jener des Weinbauern kommt nun auch jene des Kellermeisters - ist für viele Bauern neu, sie sind damit schlicht und einfach überfordert. Deshalb treten vermarktende Winzerfamilien und Geschäftsleute auf den Plan. Sie verarbeiten künftig nicht mehr nur die Trauben aus den eigenen Weinbergen, sondern beziehen auch von Bauern Lesegut, Maische oder „losen" Wein, veredeln das Produkt und vermarkten die daraus entstehenden Weine. Zwar können sich die Bauern so auf ihre Arbeit im Weinberg konzentrieren, es ergibt sich aber auch eine Art Monopolstellung der vermarktenden Kellereien.

Große Winzerfamilien sind in dieser Zeit die unumstrittenen Platzhirsche in Südtirols Weinlandschaft. Sie geben die Leitlinien im Anbau vor, drücken der Kellerwirtschaft ihren Stempel auf und dominieren den Markt. Mit der wachsenden Nachfrage nehmen auch die Herausforderungen zu, die die Privatkellereien 1880 erstmals gemeinsam zu lösen versuchen. Der „Club der Weinhändler" wird gegründet, in den 1890ern wird dieser zum „Verein der Weinhändler und Weinproduzenten". Die Namensänderung spiegelt auch das sich wandelnde Selbstverständnis der Privatkellereien wider. So versteht man sich Ende des 19. Jahrhunderts nicht mehr nur als Händler, also als einfacher Mittler zwischen Produzenten und Konsumenten, sondern unterstreicht auch die eigene Produktion - und damit die tiefe Verwurzelung in der Welt des Weinbaus.

Handel vor Produktion

Dieses Selbstverständnis macht in der ersten Hälfte des 20. Jahrhunderts einen erneuten radikalen Wandel durch. In den Vorkriegs-, Kriegs- und Nachkriegsjahren gewinnt von den beiden Standbeinen der Privatkellereien – dem Handel einerseits und der eigenen Produktion andererseits – der Handel die Oberhand. Die Privatkellereien finden sich daher 1946 in einer neuen Vereinigung zusammen: dem Verband der Weingroßhändler. Der Verband widmet sich der Förderung des freien Handels und des Weinexports, der in den Jahren zuvor nahezu gänzlich zum Erliegen gekommen war.

Aus den vermarktenden Betrieben werden nun also Weingroßhändler, deren Hauptaugenmerk auf dem Offenweinverkauf liegt und die im Übrigen auch ein wichtiges Ventil für die Kellereigenossenschaften sind. Nicht selten vermarkten die Genossenschaften nämlich eine beträchtliche Weinmenge über die privaten Kellereien, die sich dank ihrer langen Tradition und persönlicher Verbindungen europaweit (und vor allem im deutschsprachigen Raum) ein dichtes Abnehmernetz aufgebaut haben.

Die Konzentration auf den Offenweinverkauf passt zum Wein-Zeitgeist der Jahre zwischen 1950 und 1980, in denen es vor allem darum geht, möglichst große Mengen zu produzieren und noch weit größere Mengen zu verkaufen.

Die Konzentration auf den Offenweinverkauf passt zum Wein-Zeitgeist der Jahre zwischen 1950 und 1980, in denen es vor allem darum geht, möglichst große Mengen zu produzieren und noch weit größere Mengen zu verkaufen. Aus dem Verband der Weingroßhändler wird 1971 zwar der Südtiroler Weinverband, die Wende hin zur Qualität bringen aber erst die späten 1980er-Jahre. Und diese Wende wird auch und vor allem von den Privatkellereien vorangetrieben, die schnell und wendig auf Veränderungen von Zeitgeist und Konsumgewohnheiten und auf die Anforderungen des Marktes reagieren.

Die Krise der 1980er-Jahre

Nach vielen Jahrzehnten des Erfolgs mit dem Verkauf von Vernatsch, Kalterer See und St. Magdalener zeigen sich in den späten 1980er-Jahren erste dunkle Wolken am Horizont. Die klassischen Absatzländer dieser Weine – die Schweiz, Nordtirol, Vorarlberg und Süddeutschland – wenden sich schrittweise von diesen Weinen ab. Die Ursachen dafür liegen im geänderten Geschmack des Endverbrauchers, der nun vollere und dunklere Weine bevorzugt. Zudem – so selbstkritisch muss man sein – waren auch die Qualitäten der damals angebotenen Vernatsch-Weine oft unterdurchschnittlich.

Die damalige Situation ist dramatisch: Der Absatz stagniert, die Keller sind voll. Viele Handelskellereien können dem finanziellen Druck nicht standhalten und sehen sich außerstande, vor allem qualitativ unterdurchschnittliche Trauben weiterhin von Winzern abzunehmen. So müssen sich viele Weinbauern wenige Wochen vor der Lese um neue Abnehmer ihrer Trauben kümmern, eine erste Abwanderung vieler Traubenlieferanten in Richtung Genossenschaften nimmt ihren Anfang. Diese haben allerdings aus Kapazitätsgründen zum Teil große Schwierigkeiten, die zusätzlichen Mengen zu verarbeiten. Die Südtiroler Politik tritt auf den Plan und unterstützt die Genossenschaften finanziell großzügig bei der Vergrößerung der Kellerräumlichkeiten und beim Ankauf maschineller Ausstattung.

Der Druck eines verzerrten Wettbewerbs

In den Folgejahren wird der Druck auf die Privatkellereien immer größer, ausgelöst vom rasanten Wachstum der Genossenschaften. Dieses Wachstum wird von der Politik durch die gezielte Vergabe von Fördergeldern vorangetrieben, Gelder, die den Privatkellereien verwehrt bleiben. Indirekt wirkt sich diese großzügige, aber einseitige öffentliche Unterstützung auch auf die Traubenpreise aus. Vor allem in den 1990er-Jahren gehen den Handelskellereien Hunderte Lieferanten verloren, auf deren Trauben die Privatkellereien zuvor jahrzehntelang zählen konnten – abgeworben von den Kellereigenossenschaften.

Diese Entwicklung wirkt sich gleich doppelt auf die Privatkellereien aus. Zum einen sinkt ihre Anzahl, so manch eine verabschiedet sich vom Markt, zum anderen verändert sich – erneut – ihre Rolle. So vollzieht sich in den späten 1990er-Jahren so etwas wie ein „Zurück zum Ursprung“, indem aus Offenweinhändlern wieder Weinproduzenten werden, deren Fundamente die eigenen Weinberge sowie jene ausgewählter und treuer Partner bilden. Zudem werden die Weine nun auch nicht mehr im Tank verkauft, sondern kommen als Erzeugerabfüllungen in die Flasche.

Die Geburt der Weingüter

Konsolidiert wird dieser Wandel Anfang des neuen Jahrtausends durch eine – nicht völlig freiwillige – Kehrtwende der Politik und eine Anpassung der

Beim Blick auf die Südtiroler Wein-Zeitgeschichte fällt auf, dass die Privatkellereien/Weingüter bei großen Entwicklungen in der Weinwirtschaft sehr oft eine Vorreiterrolle einnehmen.

Förderrichtlinien an die EU-Vorgaben. In den Genuss der öffentlichen Förderungen können nun auch Privatkellereien kommen. Der Beginn der neuen Ära wird 2004 mit einer Umbenennung des Südtiroler Weinverbands vollzogen: Mit der neuen Bezeichnung „Die Weingüter Südtirols“ wird der Staub der 1970er-Jahre abgeschüttelt und das neue (alte) Selbstverständnis der Privatkellereien unterstrichen. Es ist jenes individueller, zumeist familiengeführter Weingüter, die die jeweils ganz eigene Handschrift der Besitzer tragen. Und diese Besitzer stehen wiederum mit Leib und Seele im Weinberg und hinter der Weinproduktion und halten die Winzertradition ihrer Familien hoch.

„Die Weingüter Südtirols“ vereinen heute 33 private Weinkellereien und verstehen sich als Interessenvertreter der privaten Weinwirtschaft in Südtirol. Zugleich bilden sie auch ein gesundes Gegengewicht zu den genossenschaftlich organisierten Mitbewerbern.

Flexibel und der Zeit voraus

Beim Blick auf die Südtiroler Wein-Zeitgeschichte fällt auf, dass die Privatkellereien/Weingüter bei großen Entwicklungen in der Weinwirtschaft sehr oft eine Vorreiterrolle einnehmen. Das ist schon bei der Wende „von Masse zu

Klasse, weg von der erdrückenden Vernatsch-Dominanz" in den 1980er-Jahren so. Auch die ersten Drahtrahmenanlagen werden in den Weinbergen privater Kellereien errichtet und die ersten Barriquefässer stehen in deren Kellern. Nicht zuletzt sind es in erster Linie die Weine der privaten Weingüter, die die Spitzenpositionen in den nationalen und internationalen Weinführern erklimmen, als diese gerade an Bedeutung gewinnen. Die Winzerfamilien zählen bei all diesen Entwicklungen zu den Vordenkern. Und auch heute sind sie bei wichtigen Neuerungen federführend mit dabei, etwa bei der Abgrenzung der Lagen sowie der „Vigna – Weingarten"-Klassifizierung, beides zentrale Weinthemen unserer Zeit.

Die Situation heute

Berücksichtigt man nicht nur die Weingüter Südtirols, also die Entwicklung seit 2004, sondern auch all ihre vielen Vorgängervereinigungen seit 1880, fällt auf, dass die angesprochene Flexibilität nicht nur für die einzelnen Weingüter gilt, sondern durchaus auch für deren Vereinigungen. So vollzieht man den Wandel von Rolle und Selbstverständnis der privaten Kellereien über die Jahrzehnte auch stets mit einem Wandel der übergeordneten Struktur nach, um den Weingütern effiziente Interessenvertreter und Dienstleister zur Seite zu stellen.

Das ist im Übrigen bis heute noch so. Die Vereinigung „Die Weingüter Südtirols" verzichtet heute allerdings auf eine eigene Verwaltungsstruktur und hat sich eng an das „Konsortium Südtirol Wein" gebunden. Insofern hat sich in den letzten fast 200 Jahren zwar so ziemlich alles im Weinland Südtirol geändert, eines aber ist geblieben: Die privaten Kellereien, die Handelskellereien, die Weingüter – oder wie auch immer man sie nennen will – sind eine tragende Säule der Südtiroler Weinwelt.

\\

Die Winzerfamilien zählen bei all diesen Entwicklungen zu den Vordenkern. Und auch heute sind sie bei wichtigen Neuerungen federführend mit dabei, etwa bei der Abgrenzung der Lagen sowie der „Vigna – Weingarten"-Klassifizierung, beides zentrale Weinthemen unserer Zeit.

Alles aus einer Hand

Freie Weinbauern Südtirol

// Ein gutes halbes Jahr vor der Jahrtausendwende, am 11. Mai 1999, wurde die Vereinigung der „Freien Weinbauern Südtirol“ gegründet. Heute zählt dieser Zusammenschluss über 100 Mitgliedsbetriebe, die – wie die Vereinigung selbst sagt – von „den Individualisten unter den Südtiroler Winzern“ geführt werden. Individualisten, die ihren Wein nicht nur von der Rebe bis ins Glas begleiten, sondern auch selbst vermarkten – mit allen Herausforderungen, die ein solcher Ansatz bietet.

Peter Robatscher

Die Geschichte der Freien Weinbauern Südtirol hat ihre Wurzeln rund um Bozen. Der St. Magdalener Hügel gilt als historisches Weinbaugebiet kleiner unabhängiger Weingüter. Die Dichte der dort ansässigen Selbstvermarkter ist größer als anderswo in Südtirol, seit Generationen wird hier im eigenen Keller Wein erzeugt. 1999 beschlossen zwölf Winzer, sich zusammenzuschließen, um die Erzeugnisse der heimischen Weingüter direkt zu vermarkten und zugleich ein Netzwerk aufzubauen, sich auszutauschen und so die eigenen, nachhaltig erzeugten Weine zu etablieren. Die Freien Weinbauern Südtirol waren geboren.

Die Gründung des Vereins stieß auf großes öffentliches Interesse, jedoch nicht auf ungeteilte Zustimmung. Der Grund dafür liegt auf der Hand: Südtirol ist ein Land klein strukturierter Erbhöfe und Weingüter, die im Zusammenschluss zu Genossenschaften erfolgreich auf dem internationalen Markt bestehen. Darum wurde die Sinnhaftigkeit einer Organisation eigenständiger kleiner Weinbauern in Frage gestellt und deren Zukunftsfähigkeit und Markt-Resilienz bezweifelt. So vermuteten Skeptiker, dass „die Musterabfüller mit ihren paar Flaschen“ in der großen Welt des Weines nicht bestehen könnten.

Zehnmal mehr Mitglieder in 20 Jahren

Trotz aller Zweifler wuchs die Vereinigung in nicht einmal 20 Jahren auf über 100 Mitglieder an. Über die Jahre machten sich harte Arbeit und Willensstärke bezahlt – manche würden es Sturheit nennen, wir nennen es Pioniergeist. So ist es kein Zufall, dass die Freien Weinbauern Südtirol auch zu den Gründungsmitgliedern des Konsortiums Südtirol Wein und der FIVI (Federazione Italiana Vignaioli Indipendenti) gehören, die heute italienweit über 1.600Mitglieder zählt.

Die Leitung der Freien Weinbauern Südtirol obliegt dem Verwaltungs- und Aufsichtsrat sowie dem Präsidenten. Dieser wird wie die Gremien alle drei Jahre direkt von der Vollversammlung gewählt. Bisher stand jeder Präsident für zwei Amtsperioden zur Verfügung. Auf diese Weise werden frische Ideen und differenzierte Projekte, aber auch Kontinuität und Stabilität gewährleistet.

Die Mitgliedsbetriebe decken indes eine breite Palette ab – von traditionellen Weingütern und historischen Erbhöfen bis zu neuen Produzenten – und sind auf alle Landesteile verteilt. Freie Weinbauern gibt es von Mühlbach am Eingang ins Pustertal bis nach Salurn an der Grenze ins Trentino, im Westen über das Etschtal bei Meran bis nach Matsch im Vinschgau und damit hinauf in Höhenlagen, wo früher nicht an Weinbau zu denken war. Insgesamt werden derzeit rund sieben Prozent der Südtiroler Rebfläche von Freien Weinbauern bearbeitet.

Die zwölf Gründer

Franz von Pfeil, *Kränzelhof (Präsident von 1999 bis 2005)*
Martin Aurich, *Weingut Unterortl-Castel Juval*
Peter Dipoli, *Weingut Peter Dipoli*
Alois Ochsenreiter, *Weingut Haderburg*
Heinrich Plattner, *Ansitz Waldgries*
Peter Pliger, *Kuenhof*
Georg Ramoser, *Weingut Untermoserhof*
Michael Goëss-Enzenberg, *Weingut Manincor (Präsident von 2011 bis 2017)*
Christian Giovanelli-Dürfeld, *Panholzerhof*
Andreas Nicolussi-Leck, *Weingut Stroblhof*
Heinrich Rottensteiner, *Weingut Obermoser*
Josephus Mayr, *Weingut Erbhof Unterganzner (Präsident von 2005 bis 2011)*

(Von 2017 bis 2023 stand Hannes Baumgartner vom Weingut Strasserhof der Vereinigung als Präsident vor, seit 2023 ist es Magdalena Pratzner, Weingut Falkenstein.)

Eigene Handschrift, eigene Weinkost

Alle Mitgliedsbetriebe arbeiten nachhaltig und rund ein Drittel nach biologischen oder biodynamischen Kriterien. Nachhaltigkeit in all ihren Facetten ist zum Bestandteil der Philosophie der Betriebe geworden, wobei jeder Einzelne seine eigene Idee vom perfekten Wein verfolgt. Die Besonderheit dabei ist, dass die Freien Weinbauern alles aus einer Hand produzieren, von der Rebe bis ins Glas. Und so tragen ihre Weine auch ihre ganz eigene, unverwechselbare Handschrift. Diese wird auch bei gemeinsamen Weinverkostungen unterstrichen, etwa der „Vinea Tirolensis“, die von der Vereinigung jährlich im Herbst organisiert wird. Erst kürzlich feierte diese Jahrespräsentation der kleinen Weingüter ihre 20. Ausgabe.

Die Vereinigung der Freien Weinbauern Südtirol bietet ihren Mitgliedern neben einer gemeinsamen Interessenvertretung und weingesetzlicher Betreuung auch eine Reihe fachlicher, themenspezifischer Fortbildungen und Studienreisen in andere Weinbaugebiete. So fungiert der Verein als Netzwerk und zugleich als Plattform, auf der die Mitglieder zusammengeführt werden.

„Wir wurden belächelt“

Dass diese heute überhaupt funktionieren kann, ist letztendlich den Gründern zu verdanken – und ihrer Idee einer eigenen Vereinigung von Selbstvermarktern, die sich, wie es Georg Ramoser vom Untermoserhof in St. Magdalena formuliert,

„heimatlos gefühlt“ hätten. Der Weinverband habe die Interessen der Weinbauern nicht vertreten, weshalb man eine Interessenvertretung durch einen eigenen Angestellten sowie gemeinsame Veranstaltungen und Verkostungen angedacht habe. „Vor allem Peter Dipoli hatte damals die Vision, dass sich die kleineren Betriebe zusammenschließen und gemeinsam präsentieren sollten“, erinnert sich Ramoser. „Er kannte die französischen Vigneron und war von deren Beispiel überzeugt.“

Nach der Gründung der Vereinigung der Freien Weinbauern Südtirol konnten diese ihre Meinung kundtun und hatten relevante Informationen aus erster Hand. Den Beteiligten war es wichtig, in Fragen rund um Anbautechnik, Produktionsvorschriften oder Vermarktung direkt mitreden zu können. Auch Qualitätskriterien für die Mitglieder waren von Anfang an vorgesehen. „So wurden Statuten und Ethikregeln geschaffen, aus denen hervorging, dass alle Mitglieder einen hervorragenden Wein produzieren sollten“, erklärt Ramoser. Auch sollte ein Betrieb vorwiegend von den eigenen landwirtschaftlichen Erzeugnissen aus dem Weinbau leben.

„In der Aufbruchsstimmung nach dem Crash begannen die Produzenten damit, ihre Produktion nur mehr auf Qualität auszurichten, und auch die Abnehmer haben diese mutige Entscheidung gewürdigt.“

Trotzdem: Mit offenen Armen empfangen wurde der neue Player in der Südtiroler Weinwelt nicht. „Man wurde anfangs belächelt und immer wieder daran erinnert, dass Südtirol ja ein sehr gut funktionierendes Genossenschaftssystem habe“, so Ramoser. „Die Diskussionen waren deshalb oft hart, man brauchte ein dickes Fell und leider kam es auch zum Bruch von so mancher Freundschaft. Mit den Jahren haben sich die Differenzen aber gelegt, wir wurden als Partner wahrgenommen und geschätzt.“

Wandel des Selbstverständnisses

Nicht nur das Standing der Freien Weinbauern Südtirol ändert sich über die Zeit, auch sie verändern sich. Wurden anfangs noch Offenweine produziert und in Tankwaggons per Zug in die Schweiz und nach Österreich geliefert, ermutigen interessierte Gastronomen die Selbstvermarkter, auch in Flaschen abzufüllen. Der Vorschlag trifft vor allem nach dem Zusammenbruch des Offenweinmarktes in den frühen 1980er-Jahren auf offene Ohren. „In der Aufbruchsstimmung nach dem Crash begannen die Produzenten damit, ihre Produktion nur mehr auf Qualität auszurichten, und auch die Abnehmer haben diese mutige Entscheidung gewürdigt“, so Ramoser.

Was man dabei systematisch nutzt, ist Südtirols Lage zwischen deutschem und italienischem Sprachraum. Diese erleichtert vor allem anfangs den Export, der nach der Umstellung auf Qualität stetig anstieg und heute einen bedeutenden Anteil beim Verkauf der Weine ausmacht. Über die Jahre ist auch das Interesse an Verkostungen gestiegen, bei denen Weine systematisch verglichen werden konnten. „Die Verkostungen und Veranstaltungen haben zwischen den Produzenten für einen positiven Wettbewerb gesorgt, der bis heute anhält“, erklärt der Weinbauer vom Untermoserhof.

Fokus auf das Terroir

Gerade in den letzten Jahren schreiben die Freien Weinbauern dem Terroirgedanken einen immer größeren Stellenwert zu. „Unsere Weine sollten immer die Lage, die Sorte und auch den Jahrgang widerspiegeln“, so Ramoser, der anfügt: Eine Marke könne zeitlich und auch marktbedingt begrenzt bestehen, eine Lage dagegen immer. „Das Burgund gibt hier eine klare Richtung vor, der auch die Freien Weinbauern folgen.“

Als Richtschnur für die Freien Weinbauern Südtirol gilt: Jeder sollte seine Lagen und Sorten schätzen und auf die Qualität der daraus gewonnenen Erzeugnisse achten. „Der Grundgedanke sollte immer die richtige Sorte in der richtigen Lage sein, auch wenn diese vielleicht nicht dem aktuellsten Trend entspricht“, sagt dazu Florian Ramoser, Georgs Sohn, der den Untermoserhof heute bewirtschaftet. Eine Rebe habe oft eine Lebenszeit von weit über 100 Jahren, die besten Weine stammten von Reben mit 20 Jahren und mehr. „Bereits deshalb ist eine trendorientierte Anbaupolitik wenig sinnvoll.“

Der Terroirgedanke spiegle laut Ramoser jun. einen nachhaltigen Gesamtgedanken im Weinbau wider. „Unsere Aufgabe besteht auch darin, den Kunden über die Lage und die Herkunft sowie über die Sorte zu informieren. Sobald die Kunden diese Zusammenhänge verstehen, schätzen sie diese auch.“ Ebenso geschätzt werde eine nachhaltige Produktion. Und das heißt: Der Pflanzenschutz wird so sorgsam wie möglich durchgeführt, man versucht generell, so wenig wie möglich Einfluss auf die Natur zu üben, und auch sonst gilt der größtmögliche Respekt vor dem, was man besitzt und bearbeitet. „Ein Hof wird über Generationen geführt und jede Generation ist somit Eigentümer auf Zeit“, so Florian Ramoser. „Die nächste Generation muss ein intaktes Umfeld vorfinden, alles andere ist undenkbar.“

Weltgewandte Junge

Ein besonderes Augenmerk kommt bei den Freien Weinbauern auch der Ausbildung zu, gerade die junge Generation könne auf eine solide Fachausbildung, oft auch auf Fachstudien aufbauen“, so Ramoser jun. Dazu kommen Praktika in aller Welt, dank derer man über den Tellerrand hinausschauen könne. „Vieles vom Gelernten versucht man dann, zu Hause umzusetzen, manches gelingt, manches überhaupt nicht“, so Florian Ramoser.

Die Praktika erfüllten noch einen zweiten Zweck: die Entwicklung internationaler Netzwerke, in denen man sich austausche und Verkostungen organisiere. „Jeder hilft jedem, der Austausch bringt die Akteure zusammen, gemeinsame Ideen werden zu Projekten und erfolgreich umgesetzt, so Ramoser, der auch weiß, welche Herausforderungen auf die Freien Weinbauern Südtirol warten: „eine noch bessere Wahrnehmung der selbstvermarktenden Freien Weinbauern, ein rigoroser Weg in Bezug auf Qualität, die Nachhaltigkeit mit ihren vielen Bereichen und das Prinzip, mit dem Gegebenen respektvoll umzugehen.“

\\

Gebündelte Vielfalt

Das Konsortium Südtirol Wein

// So vielfältig Südtirols Weinwirtschaft ist, so groß ist die Schnittmenge aller Akteure. So geht es um den Schutz der Südtiroler DOC-Weine, die Qualitätssicherung, eine gebündelte Vertretung der Interessen, die Unterstützung der rund 4.800 Winzer und – nicht zuletzt – um Imagepflege und einen einheitlichen Auftritt. Um all dies kümmert sich seit 2007 das Konsortium Südtirol Wein als Dachorganisation aller relevanten Wein-Akteure im Land.

Eduard Bernhart

Das Weinland Südtirol lebt von seinen Kontrasten, von der fast schon unglaublichen Vielfalt, die es – trotz der vergleichsweise geringen Fläche – allen anderen Weinanbaugebieten voraushat. Ein Ausdruck dieser Vielfalt ist nicht zuletzt die Vielzahl an Akteuren, die der Südtiroler Weinwirtschaft ihren Stempel aufdrücken. Schließlich bilden nicht weniger als 5.000 Weinbauern die Basis unseres Weinlandes – jeder mit seinem eigenen Wissen, seiner eigenen Erfahrung, seiner eigenen Kompetenz. Und jeder mit seinem eigenen Kopf.

Kein Wunder also, dass sich in den letzten 150 Jahren verschiedenste Organisationsformen entwickelt haben. So konnten Weinbauern ihr Produkt schon früh über Handelshäuser vermarkten. In der zweiten Hälfte des 19. Jahrhunderts wurden dann die ersten Genossenschaftskellereien gegründet, die zum Erfolgsmodell wurden und es verstanden, den allergrößten Teil der Weinbauern unter ihren Dächern zu sammeln. Daneben gab es aber stets auch Winzer, die ihr Produkt nicht aus der Hand geben und es von der Rebe bis ins Glas selbst begleiten wollten.

Eine solche Vielfalt an Akteuren ist zuallererst ein Reichtum, sie kann aber auch schon einmal zur Herausforderung werden, und zwar immer dann, wenn ein gemeinsames Vorgehen sinnvoll und notwendig ist.

Viele Akteure, ein Dach

All dies wird vor allem im Zuge der Qualitätswende der Südtiroler Weinwirtschaft in den 1980er-Jahren klar. Mit ihr geht ein professionellerer, vor allem aber gemeinsamer Auftritt auf den Märkten einher. Die Grundlagen dafür schafft man mit der Südtiroler Weinwerbung in der

Handelskammer Bozen, später bauen die Exportorganisation Südtirol (EOS) und die IDM Südtirol auf dieser Basis auf.

Das Rückgrat eines erfolgreichen Auftritts auf den Märkten bilden die Südtiroler DOC-Weine. Ihr Schutz ist der Grund, warum die Weinwirtschaft 2007 das „Konsortium zum Schutze der Südtiroler Qualitätsweine" – es firmiert heute unter „Konsortium Südtirol Wein" – aus der Taufe hebt. Die neue Institution verfolgt den Zweck, die Interessen rund um die Südtiroler DOC-Weine „zu schützen, zu fördern und zu wahren", wie es im Gründungsakt heißt. Und auch im aktuellen Statut ist nach wie vor „die Ausübung des Schutzes" der Weine mit Ursprungsbezeichnung als Erstes genannt, wenn es um die Hauptaufgaben des Konsortiums geht.

Über die Jahre sind diese Aufgaben allerdings gewachsen, das Konsortium hat sich zur gemeinsamen Plattform der drei großen Wein-Akteure im Land entwickelt: der Kellereigenossenschaften, der Weingüter Südtirols und der Freien Weinbauern. Derzeit vertreten diese 70, 25 bzw. 5 Prozent der Produktion.

Die Vielfalt an Akteuren ist zuallererst ein Reichtum, sie kann aber auch schon einmal zur Herausforderung werden, und zwar immer dann, wenn ein gemeinsames Vorgehen sinnvoll und notwendig ist.

Umkämpfter Markt, gemeinsamer Auftritt

Werfen wir noch einen zweiten Blick auf das Statut des Konsortiums, fällt auf, dass nach dem Schutz „die Verkaufsförderung, die Aufwertung, die Information der Konsumenten" als weitere Hauptaufgaben genannt werden, kurz Marketing und Kommunikation. Hier werden kurz-, mittel- und langfristige Marketingstrategien entwickelt, die Kommunikation der Marke Südtirol Wein läuft über das Konsortium und auch das Beackern der Zielmärkte oder das Erschließen neuer Märkte fällt in den Aufgabenbereich der Dachorganisation.

Mit gezielten Maßnahmen zur Absatzförderung ist das Konsortium in den unterschiedlichen Märkten und Zielgruppen präsent und kommuniziert die Südtiroler Weinkultur weltweit. Darüber hinaus kommt dem Konsortium als Plattform aller Akteure die Aufgabe zu, die Südtiroler Weinwelt mit allen relevanten Playern in den Zielmärkten zu vernetzen, Kontakte zu knüpfen und das Produkt Südtirol Wein genauso wie Südtirol als Weinland im Gespräch zu halten.

Eine solche umfassende Aufgabe kann das Konsortium Südtirol Wein selbstverständlich nicht allein bewältigen. Es ist auf Unterstützung angewiesen, die von verschiedensten Seiten kommt, allen voran von der öffentlichen Hand, etwa in Gestalt der Landesverwaltung, von IDM Südtirol oder der Handelskammer Bozen. Ohne diese Partner wäre es nicht möglich, die Zielmärkte ebenso strukturiert wie massiv zu bearbeiten: durch Messeauftritte, Marktforschungen, Seminare, Verkostungen, Pressereisen, Fortbildungsveranstaltungen, eine professionelle Website, einen massiven Auftritt in den sozialen Medien und eine gezielte Medienarbeit – in klassischen genauso wie in neuen Medien.

Jahr für Jahr führt die Südtiroler Weinreise dabei um den gesamten Globus. So macht das Konsortium mit seinen Veranstaltungen Station in allen großen Märkten, allen voran jenem in Italien, aber auch in Deutschland und der Schweiz, im Vereinigten Königreich, in den Niederlanden und in Belgien, in den USA und Kanada, in Japan und Südkorea. Südtiroler Weinmarketing ist demnach eine weltumspannende Aufgabe, die von einzelnen Winzern oder auch einzelnen Genossenschaften nur schwerlich gestemmt werden könnte.

Vom Schutzschild- zum Kompetenzzentrum

War das Konsortium Südtirol Wein ursprünglich „nur" als Schutzschild auf dem Weinmarkt entwickelt worden, wurde ihm über die Jahre ein immer breiteres Aufgabenspektrum übertragen. Das Erfolgsrezept auf dem Markt – Kräfte bündeln, Synergien schaffen, das Gemeinsame vor das Trennende stellen – konnte und sollte auch auf andere Bereiche übertragen werden. So wurde das Konsortium immer mehr zu dem, was es heute ist: Als Kompetenzzentrum des Südtiroler Weins schafft es die Voraussetzungen dafür, dass den Weinbauern faire Erlöse, eine hohe Wertschöpfung und eine nachhaltig erfolgreiche Zukunft gesichert werden können.

Grundlage dafür ist die Qualität des Produkts Südtirol Wein. Auch deren Sicherung liegt heute bis zu einem bestimmten Grad in den Händen des Konsortiums. So entwickeln seine Experten mit den Produzenten die Erzeugungsvorschriften für die unterschiedlichen Ursprungsbezeichnungen, die in einem zweiten Schritt vom zuständigen Ministerium in Rom genehmigt werden müssen. Die Ursprungsbezeichnungen sind dabei nur der sichtbarste Teil einer Neuausrichtung, die die Südtiroler Weinwirtschaft seit der Qualitätsoffensive in den späten 1980er-Jahren konsequent verfolgt: die Konzentration auf das Terroir. Südtiroler Weine sollen demnach Landschaft, Klima, Böden und Kultur ihrer jeweiligen Anbaugebiete widerspiegeln, eine Standardisierung und Nivellierung, wie es sie noch in den 1970er- und frühen 1980er-Jahren gegeben hat, sollte es nicht mehr geben.

Gerade weil dem Terroir eine derart hohe Aufmerksamkeit zukommt, ist auch die richtige Sortenwahl fundamental. Welche Sorte wo am besten gedeiht, welche wo Tradition hat und welche wo die besten Voraussetzungen vorfindet: All diese Fragen beantwortet eine umfangreiche Studie zur Lageneinteilung, die unter Federführung des Konsortiums ausgearbeitet wurde. Sie bildet die Grundlage eines entsprechenden Verfahrens in Rom, an dessen Ende eine rechtlich abgesicherte Auszeichnung der Lage auf den Etiketten der Südtiroler Weine stehen sollte.

Die Aussicht auf 2030

Der Qualität gilt ganz ohne Zweifel eines der Hauptaugenmerke des Konsortiums Südtirol Wein. Allerdings ist klar, dass der Qualitätsbegriff heute mehr umfasst als „nur" jene des Produkts; es geht auch um die Qualität der Produktion. Um diese langfristig zu sichern und kommenden Generationen eine solide Weinwirtschaft und deren natürliche Grundlagen zu erhalten, hat das Konsortium 2020 mit einer ganzen Reihe von Partnern die „Südtirol Wein Agenda 2030" auf den Weg gebracht.

Die Agenda gilt dabei als so etwas wie ein Fahrplan in die Zukunft der Südtiroler Weinwirtschaft – eine rundum nachhaltige, zukunftsorientierte Weinwirtschaft. Ausgangspunkt sind dabei die fünf Säulen, auf denen die Weinwirtschaft ruht: Boden, Reben, Wein, Land und Menschen. Für all diese Säulen wurden Ziele und konkrete Maßnahmen entwickelt, mit denen der Nachhaltigkeit in all ihren Aspekten zum Durchbruch verholfen werden soll. So enthält die Agenda 2030 Maßnahmen wie den Umstieg auf eine rein organische Düngung, das Ersetzen von Einweg-Kunststoffen durch biologisch abbaubare Materialien oder die genaue Erhebung und nachfolgende Optimierung des Wasserverbrauchs. Ein besonderes Augenmerk gilt zudem der Biodiversität in den Weinbergen.

Weil Nachhaltigkeit auch und vor allem den Klimaschutz umfasst, unternimmt die Südtiroler Weinwirtschaft auch in diesem Bereich enorme Anstrengungen. So gilt der Fokus der Verkleinerung des eigenen CO_2-Fußabdrucks, einem Klimaschutzprogramm und einer Strategie, wie der Weinbau sich für die Folgen des Klimawandels rüsten kann. Dazu kommt die Schaffung und Förderung regionaler Kreisläufe, die nicht nur ökologische, sondern auch wirtschaftliche Nachhaltigkeit sichern soll.

Die Südtirol Wein Agenda 2030 ist damit ein Musterbeispiel dafür, wie und woran das Konsortium arbeitet: Alle Akteure vernetzend, Know-how sammelnd, Synergien bündelnd, werden Strategien entwickelt, auf die die Produzenten ihre Arbeit stützen können.

Offenes Ohr und helfende Hand

Als Schutzkonsortium gegründet, zum Kompetenzzentrum geworden: Das Konsortium Südtirol Wein hat seit seiner Gründung 2007 eine beachtliche Entwicklung durchlaufen. Dabei ist allerdings eines gleich geblieben: Das Konsortium steht im Dienst seiner Mitglieder, vertritt sie nach außen, berät sie, informiert sie über Neuigkeiten aus der Welt des Weins, gibt rechtliche Unterstützung und steht den Betrieben auch in allen weinwirtschaftlichen Belangen mit handfester Hilfe zur Seite.

Neben dem Kompetenz- ist das Konsortium Südtirol Wein also auch Servicezentrum. Und es ist die Plattform, auf der alle Akteure der Südtiroler Weinwelt zusammenkommen, und zwar unabhängig davon, aus welchem Bereich sie kommen.

Als Kompetenzzentrum des Südtiroler Weins schafft das Konsortium die Voraussetzungen dafür, dass den Weinbauern faire Erlöse, eine hohe Wertschöpfung und eine nachhaltig erfolgreiche Zukunft gesichert werden können.

Politische Akteure tauschen sich hier also mit Produzenten aus, Wissenschaftler mit Marketingfachleuten, Rechtsexperten mit der öffentlichen Verwaltung. Ziel dieses komplexen Netzwerkes ist, die Grundlage zu festigen, auf der der Südtiroler Weinbau seit Jahrhunderten aufbaut, und diese Grundlage für die Zukunft zu erhalten. Das Konsortium Südtirol Wein heißt damit nicht umsonst so: Es ist Südtirol Wein.

\\

Aus Exoten werden gesuchte Fachleute

Sommeliervereinigung und Weinakademie

// Waren Sommeliers in den 1970er-Jahren in Südtirol noch weitgehend exotische Wesen, sind sie heute aus der Gastronomie nicht mehr wegzudenken. Über ihre Aus- und Weiterbildung wacht seit 1972 die Sommeliervereinigung Südtirol, die den Aufstieg der Weinwirtschaft im Land mit fachkundigen Partnern begleitet hat. Für alle, die sich für Wein interessieren, aber nicht Sommelier werden wollen, hat die Vereinigung zudem die Weinakademie gegründet.

Christine Mayr

Sommelier? Wer? Was? Ist das der steife Herr mit Gurgelpropeller und belehrender Stimme, der betuchten Gästen in der gehobenen Gastronomie Weine erklärt, serviert und zu Speisen reicht? Weit gefehlt! Seit der „Demokratisierung" des Weins versteht man unter Sommeliers nicht nur Servicefachkräfte mit Schwerpunkt Wein in Gastronomie und Hotellerie, sondern auch geschulte Mitarbeiter in Weinkellereien, Weinbaubetrieben und im Weinfachhandel sowie Weinmoderatoren. Aber auch der eine oder andere weinaffine Journalist drückt die Schulbank der Sommeliervereinigung Südtirol. Auf alle Fälle handelt es sich um ein geschütztes Berufsbild, das laut der internationalen Weinvereinigung OIV (Organisation Internationale de la Vigne et du Vin) einen vorgeschriebenen Bildungsweg samt Prüfung zur Voraussetzung hat.

Die Sommeliervereinigung Südtirol ist seit nunmehr 50 Jahren der Ansprechpartner für die berufliche Ausbildung von Sommeliers im Land. 1972 wurde sie als autonome Sektion der italienischen Sommeliervereinigung AIS (Associazione Italiana Sommeliers) gegründet. Gründungsmitglieder waren der erste Präsident Arthur Winkler und dessen unerschrockene Mitstreiter Bruno Weger, Franz Zelger und Jakob Lezuo. Sie hatten damals die Zeichen der Zeit erkannt und mit Hilfe der Handelskammer Bozen einen ersten Sommelierkurs organisiert. Am 12. Jänner 1973 wurden die ersten Diplome überreicht.

Regionale Trennung

Anfangs waren die Sektionen Trient und Bozen noch unter einem Dach vereint, erst 1975 wurden sie in zwei Vereine getrennt. Die Trennung wurde unter Adolf Dissertori vollzogen, der die Präsidentschaft der Vereinigung im Herbst 1972 übernommen und acht Jahre innehatte, bevor er 1980 von Erwin Blaas abgelöst wurde, der den Südtiroler Sommeliers zehn Jahre vorstand. Blaas organisierte anlässlich der 66. Bozner Weinkost erstmals einen reinen Südtiroler Wettbewerb zum „Sommelier des Jahres" im Hotel Greif. Als Erster errang Franz Waldner aus Schenna diesen Titel.

Nach dem Rücktritt von Erwin Blaas 1990 übernahm zunächst Ferdinand Pichler aus Auer interimsmäßig und nach ihm Sigi Dissertori für ganze elf Jahre die Führung der Vereinigung, der unter anderen der frühere deutsche Landwirtschaftsminister Josef Ertl und Landeshauptmann a. D. Luis Durnwalder als Ehrenmitglieder angehören. In Dissertoris Amtszeit wurden erstmals mehrere Kursbücher vom Italienischen ins Deutsche übersetzt und 1995 die Vereinszeitschrift DIONYSOS geboren. Nach ihrer Neugestaltung im Jahre 2018 ist sie heute Südtirols einziges Weinmagazin.

Die Experten-Schmiede

Ab 2002 hatte die Autorin dieses Beitrags die Ehre, dem Verein 20 Jahre lang vorzustehen. Seine Hauptaufgabe ist weiterhin die berufliche Schulung von Fachkräften für die Gastronomie, die Weinwirtschaft und den Weinhandel. In 12 bis 13 Kursen werden Jahr für Jahr rund 400 Weininteressierte geschult. Die Schulungen sind weit gefächert und umfassen Seminareinheiten wie die Aufgaben des Sommeliers, Weinbau und Kellertechnik, Verkostungstechnik, Bier und Destillate, Gesetzgebung und Etiketten, die Weinbauregionen Italiens, die Weinländer dieser Welt sowie Speisen- und Weinanpassung. Die Sommelierausbildung mündet in einer Prüfung, die es in schriftlicher und mündlicher Form abzulegen gilt. Dabei sind auch mehrere Weine zu verkosten und eine gelungene Speisen-Wein-Anpassung zu präsentieren. Der Preis für die „Plackerei" unserer Kursteilnehmer ist das staatlich anerkannte Sommelierdiplom.

Wer sich das nicht antun, trotzdem aber alles Wissenswerte zum Wein lernen möchte, hat seit zehn Jahren eine neue Anlaufstelle: die Weinakademie Südtirol. Die Sommeliervereinigung hat sie mit institutionellen Partnern in Kaltern ins Leben gerufen. Ziel der Weinakademie war und ist, Weininteressierte und Quereinsteiger zum Wein zu führen, ohne die langwierige Laufbahn eines Sommeliers einschlagen zu müssen. Verschiedene Module und unterschiedliche Themenkreise – vom Wein über Bier und Englisch für Weinfreaks bis zum Südtiroler Genuss – bieten Abwechslung und Spaß. Für Ambitionierte sind zudem die Highlight-Verkostungen mit verschiedenen Masters of Wine ein Muss.

\\

Hüter der Keller und Gesichter der Kellereien

Der Verband der Südtiroler Kellermeister

// Als die Südtiroler Kellermeister 1957 einen Verband gründen, ist das nicht Ausdruck ihres Selbstwertgefühls, sondern Notwendigkeit. Gemeinsam wollte man sich in der Kellertechnik auf den neuesten Stand bringen und die Aus- und Weiterbildung organisieren. Was man damals nicht ahnen konnte: Der Verband wird maßgeblich zur Qualitätsentwicklung der Südtiroler Weine beitragen.

Hans Terzer

Am 18. Mai 1957 trafen sich 32 Kellermeister im Gasthof „Schwarzer Adler" in Kaltern zur Gründungsversammlung des Verbandes der Südtiroler Kellermeister. Als grundlegende Ziele schrieb sich der Verband „die technische Beratung, Ausbildung und Fortbildung der Mitglieder auf dem Gebiet der Kellerwirtschaft, die Verbesserung der Kellerwirtschaft im allgemeinen sowie die Durchführung und Förderung von Versuchen, welche der Weinerzeugung dienlich sein können" ins Gründungsstatut. Zum ersten Obmann wurde der Chemiker Bruno Weger gewählt, der dem Verband 36 Jahre lang vorstehen sollte und von Anfang an eine Schlüsselrolle spielte. Als einer der wenigen fachlich Ausgebildeten war er es, der den Anstoß zur Schulung der Kellermeister gab und im Absolventenverein Landwirtschaftlicher Schulen den formellen Rahmen fand, in dem sich der Kellermeisterverband entwickeln konnte. Weger, der in Bozen ein privates Labor betrieb, erhielt bei der Gründung des Verbandes den Auftrag, „am 1., 2. und 3. August einen Kurz-Kurs in Bozen zu halten". Anschließend sollte eine Lehrfahrt ins Rheinland stattfinden.

Aufbruchsstimmung und neue Visionen

1993 trat der Autor dieses Beitrags das Erbe von Bruno Weger als Obmann des Verbandes an, in einer Zeit der Aufbruchsstimmung in der Südtiroler Weinwirtschaft. Die Krisen der 1980er-Jahre hatten wir hinter uns, nun ging es mit neuen Visionen an die Arbeit. Bereits in den ersten Jahren konnten wir gute Ergebnisse bei den Bewertungen der verschiedenen Weinführer einfahren. Das Rezept war, auf Qualität zu setzen und uns in erster Linie auf dem italienischen Markt neu zu präsentieren. Dadurch stieg vor allem die Nachfrage nach unseren Weißweinen stark, weshalb auch weiter konsequent in deren An- und Ausbau investiert wurde.

Die Kellermeister haben in den letzten Jahrzehnten wesentlich dazu beigetragen, dass Südtirol heute in einem Atemzug mit den besten Weinbauregionen der Welt genannt wird und vor allem auf gesamtstaatlicher Ebene ausgezeichnet dasteht. Unsere Stärke sind dabei die Weißweine, vor allem die aromatischen Sorten rund um Gewürztraminer und Sauvignon sowie die Burgunder-Sorten Weißburgunder, Pinot Grigio und Chardonnay. Bei den Rotweinen ist der autochthone Lagrein das wichtigste Südtiroler Aushängeschild. Der Blauburgunder entwickelt sich immer mehr zur Sorte der Zukunft und der Vernatsch wird weiterhin eine Rolle als lokale Spezialität spielen. Platz für Nischenprodukte – wie etwa die Eisacktaler und Vinschger Weißweinsorten sowie Cabernet und Merlot – wird es zudem immer genügend geben.

Die Kellermeister haben in den letzten Jahrzehnten wesentlich dazu beigetragen, dass Südtirol heute in einem Atemzug mit den besten Weinbauregionen der Welt genannt wird und vor allem auf gesamtstaatlicher Ebene ausgezeichnet dasteht.

Macher im Keller und darüber hinaus

Früher war der Kellermeister der Hüter des Kellers, seine Arbeit spielte sich hauptsächlich dort ab. Das hat sich grundlegend verändert. Kellermeister sind heute nicht mehr nur die Macher im Keller, sondern in vielen Fällen auch Gesicht der Betriebe und Botschafter der jeweiligen Kellerei. Die Rolle des Kellermeisters ist in den letzten Jahrzehnten also weit über den Keller hinausgewachsen und zeigt sich heute auch in einer starken Verbindung mit dem Weinbau und den Weinbauern. Im Keller bleibt es Aufgabe der Kellermeister, die Weine so auszubauen, dass sie immer mehr zum Spiegelbild unseres Terroirs und unserer Landschaft werden, ihnen also einen klaren, unverwechselbaren Charakter zu geben.

Seit über sechs Jahrzehnten setzt sich der Verband der Südtiroler Kellermeister dafür ein, dass die Typizität und Eigenart der Südtiroler Weine erhalten bleibt. In Zukunft sollten wir in Südtirol verstärkt versuchen, das zu produzieren, was zu jedem einzelnen Betrieb und zu jedem einzelnen kleinen Weinbaugebiet passt. Eine Profilierung ist nur mit den jeweiligen Leitsorten sinnvoll, mit denen verstärkt gearbeitet werden muss. Und auch die Qualität kann noch weiter gesteigert werden. Eine besondere Herausforderung stellt schließlich der Klimawandel dar, dem im Weinbau und hier vor allem bei Neuanpflanzungen Rechnung zu tragen ist. So können etwa Rebsorten-Klone gepflanzt werden, die später reifen. Aber auch mit weinbaulichen Maßnahmen, etwa den Laubarbeiten, kann auf die klimatische Entwicklung gezielt reagiert werden.

Erinnerungen an die Gründerzeit

Einzelkämpfer ohne fundierte Ausbildung: Das waren die Südtiroler Kellermeister in den Nachkriegsjahren. „Wir waren verstreut in den Südtiroler Weingegenden, im Überetsch, Unterland, in Bozen und im Burggrafenamt", so Alfons Giovanett, der im ersten Vorstand vertreten und von 1973 bis 1993 Kassier des Verbandes der Südtiroler Kellermeister war. „Die meisten hatten zwar eine Ausbildung, ein paar Schuljahre in San Michele oder einen Grundausbildungskurs in Muri-Gries, aber wir waren alle keine diplomierten Önologen, wie die heutigen Kellermeister", so Giovanett. Der „einzige wirkliche Fachmann im Land" sei Bruno Weger gewesen, der den Kellermeistern nicht nur beratend zur Seite gestanden, sondern auch die Laboruntersuchungen und Analysen durchgeführt habe.

Entsprechend seien Aus- und Fortbildung wesentliche Punkte in den Gründungsstatuten des Verbandes gewesen. Zudem habe der Verband eine Öffnung gebracht und einen wichtigen Gedanken- und Erfahrungsaustausch ermöglicht. „Früher hatte jeder seine Geheimnisse und in seinem Keller herumexperimentiert", so Giovanett. „Wir haben Weinverkostungen organisiert, zu denen jeder zwei, drei Musterflaschen mitgebracht hat. Dann wurde geprüft, beraten, aber auch kritisiert, und es wurden Verbesserungsvorschläge gemacht." Der Verband wurde zudem zum wichtigen Informationsorgan, über das die Kellermeister über neue Richtlinien, Bestimmungen und Gesetze informiert wurden. „Interessant und verbindend waren natürlich die jährlichen Lehrfahrten, etwa zu Kellereien im Elsass, den Seitzwerken in Deutschland oder zu einer Korkfabrik auf Sardinien", so Giovanett.

Der Verband sollte also eine Lücke schließen, gab es für die Kellermeister doch kaum Möglichkeiten zur Aus- und Weiterbildung und auch die Kellertechnik war auf einem sehr einfachen Niveau. Nur an der Landwirtschaftlichen Lehranstalt in San Michele wurde das Fach Kellerwirtschaft unterrichtet. Wer gute Kontakte hatte, bekam einen Ausbildungsplatz in Klosterneuburg, Veitshöchheim, Weinsberg oder Geisenheim. Eine Ausbildung in Südtirol fehlte gänzlich – selbst nach Aufnahme des Schulbetriebs an der Laimburg 1963. Die Wende kam erst Mitte der 1980er-Jahre mit der Einrichtung der Sektion Kellerwirtschaft im Versuchszentrum Laimburg unter der Leitung von Martin Aurich. Damit bekamen die Kellermeister erstmals eine Anlaufstelle für Beratung und Information.

\\

Rettung vor dem Aus
Der Vinschger Weinbauverein

// **Nach Jahrzehnten des Niedergangs stand der Weinbau im Vinschgau in den 1980er-Jahren vor dem Aus. Ein Aus, das eine Gruppe engagierter Weinbauern nicht einfach hinnehmen wollte. Im Februar 1981 gründeten sie den Vinschger Weinbauverein, der seither mit viel Beharrlichkeit und Know-how seinen Beitrag zum Wiederaufstieg des Weinbaus im Tal geleistet hat – einen wesentlichen.**

Monika Unterthurner

Die Entwicklung des Weinbaus im Vinschgau stand im 20. Jahrhundert im Vergleich zum restlichen Südtirol unter keinem guten Stern. Durch eine zunehmende Zerstückelung der Besitzverhältnisse wurde die Kultivierung der Rebe unrentabel. Man verpasste den Anschluss an die moderne Entwicklung und so ließ auch die Qualität des Weins zu wünschen übrig. Zahlreiche Weinberge wurden im Laufe der Jahre aufgelassen und vielerorts zugunsten von Apfelanpflanzungen gerodet. Weinbau wurde nur noch hobbymäßig betrieben. So reduzierte sich die Rebfläche ab den 1930er-Jahren in nur fünf Jahrzehnten auf ein Viertel des ursprünglichen Bestandes. In den 1980er-Jahren waren spärliche 48 Hektar Weinberge im Tal übrig geblieben.

Um dieser Entwicklung entgegenzuwirken, schlossen sich 65 Weinbauern aus dem Vinschgau zusammen und gründeten am 25. Februar 1981 den Vinschger Weinbauverein. Aufgabe der Vereinigung sollte die Entwicklung des Weinbaus sein, vor allem durch verbessertes Fachwissen bei den Bauern sowie durch die Förderung der Pflege der Kulturlandschaft, die unter dem Brachlegen der traditionellen Weinterrassen gelitten hatte. Nicht zuletzt wollte man das Weingebiet Vinschgau gebietsmäßig abgrenzen, was mit der Einführung des DOC-Gebiets „Südtirol Vinschgau" 1995 auch gelungen ist.

Start mit rustikalen Weinen

Durch regelmäßige Seminare, Lehrfahrten, Flurbegehungen und Beratungen konnte viel Fachwissen vermittelt werden. In Dorfweinverkostungen wurden die Weine der Mitglieder unter fachkundiger

Anleitung analysiert und besprochen. Auch die vom Verein beinahe jährlich organisierte Gebietsweinkost bot die Möglichkeit, die eigenen Weine zu vergleichen, aber auch eine Bühne für die Weine des Tales. Während dort anfangs durchwegs rustikale Weine präsentiert wurden, konnte man mit den Jahren eine kontinuierliche Qualitätssteigerung beobachten. So entstand mit der Zeit eine Aufbruchsstimmung auch bei vielen Jungbauern. Weinberge wurden wieder neu angelegt und geeignete Rebsorten gepflanzt. Der Weinbau im Tal wurde in vielerlei Hinsicht modernisiert. So ist es auch der regen Tätigkeit des Vereins zu verdanken, dass sich die Qualität der Vinschger Weine enorm verbessert hat und die Rebfläche im Tal heute bei 83 Hektar liegt.

Mittlerweile ist die Zahl der Vereinsmitglieder auf fast 200 angewachsen. Neben einigen wenigen gewerblichen Weinbauern finden sich darunter großteils engagierte Hobbywinzer, die die steilen Vinschger Weinbergterrassen mit viel Leidenschaft bearbeiten. Fast vier Jahrzehnte stand Gründungsobmann Leo Forcher dem Verein vor. 2020 hat er nach 39 Jahren den Vorsitz abgegeben, die Vereinstätigkeit wird jedoch von einer Gruppe junger Vinschger Weinbauern unter dem neuen Obmann Matthias Bernhart mit viel Engagement weitergeführt.

\\

Mittlerweile ist die Zahl der Vereinsmitglieder auf fast 200 angewachsen. Neben einigen wenigen gewerblichen Weinbauern finden sich darunter großteils engagierte Hobbywinzer, die die steilen Vinschger Weinbergterrassen mit viel Leidenschaft bearbeiten.

Südtiroler Standesvertretung

Der Verband der Önologen und Weintechniker

// Als gesamtstaatliche Vertretung der Önologen und Weintechniker sieht sich der Verband ASSOENOLOGI. Er hat seit mehr als 40 Jahren auch einen Südtiroler Ableger, der mehr ist als „nur" eine Standesvertretung. Die Südtiroler Sektion des Önologenverbands ist vielmehr auch ein sicht- und greifbarer Ausdruck eines neuen Selbstverständnisses und Selbstbewusstseins im Südtiroler Weinbau der frühen 1980er-Jahre.

Stephan Filippi, Klaus Platter

ASSOENOLOGI, Associazione Enologi Enotecnici Italiani (AEI), nennt sich die staatsweite Interessenvertretung der im Weinbau und in der Kellerwirtschaft tätigen Önologen und Weintechniker. Der Verband, der heute 4.300 Mitglieder zählt, wurde 1891 gegründet und hat seinen Sitz in Mailand. Er wird regional über 16 Außensektionen organisiert und verwaltet. Jede Sektion wählt aus ihren Mitgliedern für vier Jahre ein Führungskomitee von vier bis sechs Personen und einen Präsidenten sowie einen Vizepräsidenten, die die Ansprechpartner für den Hauptsitz sind.

Die Mitglieder werden über die monatlich erscheinende Verbandszeitschrift „L'Enologo" und digital über Gesetzgebung, Gesetzesänderungen und deren Interpretation ebenso informiert wie über neue Forschungsergebnisse in Weinbereitung, Weinanalytik, Weintechnologie, Qualitätswahrnehmung und Weinbau sowie über Weinentwicklungen aus aller Welt. Zudem werden Angebote zu Weiterbildung und Arbeitsstellen publiziert oder Rechtsauskünfte und Auskünfte zum Arbeitsschutz gegeben. Die AEI organisiert nationale und internationale Weinbewertungen, beruft aus ihren Verbandsmitgliedern Juroren für deren Wettbewerbe und legt Qualitätsstandards für die Weinbewertung fest.

Seit 1981 autonom

Die Südtiroler Önologen und Weintechniker waren bis 1981 als Sektion „Trentino-Alto Adige" in den AEI eingebunden. Auf Initiative von Hubert Romaner, Absolvent des Weinbauinstitutes von Conegliano, und Carlo Fedrizzi, Absolvent des Weinbauinstitutes von San Michele all'Adige, wurde dem Land Südtirol allerdings eine eigene Sektion zugestanden. Am 5. April 1981 wurde sie als 16. Sektion des Verbandes der italienischen Önologen und Weintechniker im Hotel Steiner in Leifers offiziell gegründet. Sitz der neugegründeten Sektion ist das Versuchszentrum Laimburg in Pfatten. Die Initiatoren Romaner und Fedrizzi wurden zum ersten Präsidenten und Vizepräsidenten der lokalen Sektion gewählt. Nach dem Tod Romaners 1990 folgte ihm Fedrizzi als Präsident nach, Klaus Platter, Absolvent der Höheren Bundeslehranstalt Klosterneuburg bei Wien, wurde zum Vizepräsidenten gewählt.

Allerdings war bis dahin die Berufsbezeichnung „Önologe" nicht rechtlich geschützt, weshalb das Parlament in Rom am 10. April 1991 – auch mit Zutun der Südtiroler Parlamentarier – die Position des Önologen bzw. der Önologin neu definiert hat. Per Gesetz wurden nun all jenen, die über die notwendigen fachlichen Voraussetzungen verfügten, also einen Oberschulabschluss und eine Spezialisierung in Weinbau/Kellerwirtschaft, die Berufsbezeichnung „Önologe" bzw. „Önologin" zugestanden. Zugleich vertritt der Verband ASSOENOLOGI auch die Interessen der Weintechniker und Weintechnikerinnen mit Oberschulabschluss und kellerwirtschaftlicher Spezialisierung.

Anfang 2022 hatte die Südtiroler Sektion der ASSOENOLOGI 46 Mitglieder, seit 2001 steht ihr Stephan Filippi, Absolvent des Weinbauinstitutes von San Michele, als Präsident vor. Filippi ist zudem im gesamtstaatlichen Verbandsvorstand vertreten: seit 1999 als Mitglied und von 2013 bis 2021 auch als Vizepräsident der ASSOENOLOGI.

\\

Bis Anfang der 1990er war die Berufsbezeichnung „Önologe" nicht rechtlich geschützt, weshalb das Parlament in Rom am 10. April 1991 – auch mit Zutun der Südtiroler Parlamentarier – die Position des Önologen bzw. der Önologin neu definiert hat.

Ein neues Fundament für den Weinbau

Das Südtiroler Rebschulwesen

// Gesundes, starkes Pflanzmaterial ist die Voraussetzung für große Weine und wirtschaftliche Sicherheit. Für dieses Pflanzmaterial zeichnen seit über 70 Jahren die Südtiroler Rebschulen verantwortlich, die als Bindeglied zwischen Rebenzüchtung und Weinbauern fungieren. Damit haben die Rebschulen den Südtiroler Weinbau auf ein neues Fundament gestellt. Im wahrsten Sinne des Wortes.

Klaus Platter

Rund einen Millimeter groß ist die Reblaus und doch hat sie den Weinbau in Europa auf den Kopf gestellt. Oder besser: auf ein neues Fundament. Seit dem Reblausbefall im 19. Jahrhundert werden Edelrebsorten auf amerikanischen Wildreben veredelt („aufgepfropft"), weil deren Wurzelwerk widerstandsfähig gegen den Reblausbefall ist. Bis in die 1950er-Jahre wurden die Pfropfreben („Raseln") auf den Weinhöfen zum Teil noch selbst erzeugt. Dafür wurde jährlich ein „Stoaß", etwa 1.000 bis 1.500 Quadratmeter Rebfläche erneuert, der Boden also bis zu 40 Zentimeter tief umgeackert und im Frühjahr mit Jungreben bepflanzt.

Die in Südtirol gebräuchlichsten Unterlagen waren Kreuzungen zwischen den beiden wichtigsten reblausresistenten Amerikaner-Reben Berlandieri und Riparia, die bekanntesten waren Teleki 5 C und Kober 5 BB. Die Edelreiser wurden im Frühjahr von jungen, reichtragenden Reben geschnitten, die Veredelung fand dann in warmen Stuben oder oberirdischen Kellerräumen statt. Dabei wurde auf einer 30 Zentimeter langen Unterlagsrebe, deren Augen geblendet, also weggeschnitten wurden, mit Hilfe eines Zungenschnitts ein Auge (Edelreis) aufgesetzt. Das veredelte Rebmaterial wurde dann zwischen nassem Sägemehl in Kisten verpackt, mit Glasfenstern abgedeckt und in einem Raum bei 25 Grad Celsius vorgetrieben. Die Ausbeute an gut angewachsenen Pfropfreben lag damals bei rund 30 Prozent, heute sind es 85 bis 90 Prozent. In der Regel lag der Bedarf für eine Junganlage bei 500 bis 1.000 Pfropfreben.

Kooperation als Startschuss

Mitte der 1950er-Jahre gab es in Südtirol rund 15 haupt- oder nebenberufliche Rebveredler („Rebschuler"). Allerdings war die Unsicherheit über die Sortenechtheit und den phytosanitären Zustand einer Rebsorte groß, der erste Traubentrieb nach der Pflanzung brachte manche Überraschung. Trotzdem waren die Rebschuler die wichtigsten Ansprechpartner der Weinbauern, die erst mit zunehmender Ausbildung der Jungbauern an der Obst- und Weinbauschule Laimburg damit begonnen haben, Rebsorten und Unterlagen differenzierter nach Mikroklima und Markt auszuwählen.

Ende der 1950er-Jahre wurde auf Druck des Südtiroler Bauernbundes und im Auftrag des damaligen Landesrats für Landwirtschaft, Peter Brugger, der Weinbauingenieur Andreas Weiss beauftragt, das Rebschulwesen zu organisieren, Sorten- und Unterlagenversuche durchzuführen und die Klonenzucht bei den einzelnen Rebsorten aufzubauen. Einer seiner ersten Schritte war, alle Rebschuler – als Genossenschaft organisiert – im „Bund Südtiroler Rebschuler" (BSR) zusammenzuführen. Der Bund, der 1993 in das „Konsortium Südtiroler Rebschuler" umgewandelt wurde, zählte 1958 16 Gründungsmitglieder, erster Obmann war Josef Mair-Larch aus Terlan, die fachliche Betreuung lag in den Händen von Weiss und seinem Team (Heinrich von Mörl, Eduard Spitaler).

Schon bald nach seiner Gründung hatte der BSR drei Hektar Buschwald in Kaltern gepachtet, gerodet und einen Muttergarten mit den wichtigsten und zu Südtirols Verhältnissen passenden Amerikaner-Reben angelegt. Zugleich begann Weiss mit Unterstützung der Forschungsanstalt Geisenheim, sortenechtes und gesundes Unterlagenmaterial zu beziehen. Wegen der steigenden Nachfrage nach Pfropfreben hatten zudem etliche Rebschulbetriebe begonnen, eigene Muttergärten für Unterlagen im oberitalienischen Raum anzupflanzen. Damit konnten die Südtiroler Weinbauern ab Mitte der 1960er-Jahre standardisierte, also sortenechte wie visuell virusfreie Pfropfreben mit Rebsorten auf Unterlagen ihrer Wahl kaufen.

> **Ende der 1950er-Jahre wurde der Weinbauingenieur Andreas Weiss beauftragt, das Rebschulwesen zu organisieren, Sorten- und Unterlagenversuche durchzuführen und die Klonenzucht bei den einzelnen Rebsorten aufzubauen.**

Versuche mit neuen Klonen

Zugleich begann Weiss mit seinem Team die züchterische Bearbeitung der Südtiroler Edelsorten, die Klonenzucht. Das bedeutete, dass von jeder Rebsorte verschiedene Rebstöcke über mehrere Jahre auf Gesundheitszustand, Ertragssicherheit, Reife und Zuckergehalt geprüft und nach Kontrolle der Weinqualität vermehrt wurden. Dafür wurden in unterschiedlichsten Anbaugebieten im Land Klonenanlagen mit verschiedenen Unterlagen kombiniert ausgepflanzt. Das führte dazu, dass Mitte der 1970er-Jahre in Südtirol die ersten Klone mit bestimmten Sorteneigenschaften auf den Markt kamen.
Mit der EWG-Richtlinie Nr. 68/193 von 1968 über den Verkehr von vegetativem Vermehrungsgut von Reben wurde die Selektion und Vermehrung des Rebpflanzgutes zudem erstmals gesetzlich geregelt, wobei die Kontrolle in den Händen des Landwirtschaftsressorts des Landes unter der Leitung von Franz Zelger und Luis

Oberhammer lag. Mit der Übernahme des Binnenlandhofes durch die Gutsverwaltung des Versuchszentrums Laimburg wurden später für das Land Südtirol erste Edelreisschnittgärten für die exklusive Produktion nach EU-Richtlinien zertifizierten Edelreisschnittmaterials aller Südtiroler Rebsorten angelegt. Aus ihnen beziehen die Südtiroler Rebschuler bis heute einen Großteil ihrer zertifizierten Edelreiser.

Bis Anfang der 1980er-Jahre wurde in der Selektionsarbeit vorwiegend auf Ertragssicherheit hingearbeitet, wobei es dem Produzenten überlassen war, auf Qualität oder Masse zu setzen. Zudem fehlte eine klare gesetzliche Regelung von Herkunftsbezeichnung und Qualitätskontrolle, was in den 1960er- und 1970er-Jahren dazu führte, dass vor allem Klone gekauft wurden, die große Erträge versprachen und auch in Südtirol zu Massenerträgen von mäßiger Qualität führten.

Aufbau Eisacktal

Wie eng öffentliche Hand und Rebschuler zusammengearbeitet haben, zeigt die Entwicklung des Weinbaugebiets Eisacktal. Für die Eisacktaler Weinbauern wurde eine jährliche Lieferung von 30.000 bis 80.000 Pfropfreben unterschiedlichster Rebsorten sichergestellt, finanziert wurden diese über Fördergelder des Staates.

Bis Anfang der 1980er-Jahre wurde in der Selektionsarbeit vorwiegend auf Ertragssicherheit hingearbeitet, wobei es dem Produzenten überlassen war, auf Qualität oder Masse zu setzen.

Durch die Versuchstätigkeit der „Laimburg" und ihre Ausbildung der Südtiroler Bauern sowie als Reaktion auf den sich verändernden Weinmarkt geht man von dieser Entwicklung ab: mit weinqualitätsbezogenem Klonmaterial, reduzierten Erträgen und der Prüfung von Klonen aus verschiedenen europäischen Herkunftsgebieten. Im Fokus stehen von nun an qualitätsverbessernde Initiativen und Maßnahmen zur Erzeugung hochwertigen Pflanzmaterials sowie die Zusammenarbeit mit dem Versuchszentrum Laimburg und anderen Züchtungsinstituten.

PIWI-Pionier und Südtirols Stimme in Europa

Eine ganze Reihe zukunftsweisender Initiativen zur Qualitätsverbesserung des Rebmaterials und der grenzüberschreitenden Kooperation gingen von der Rebschule Erhard Tutzer aus. Tutzer vertrat Südtirol im Nationalverband der Rebschulen und diesen von 1980 bis 2003 in der beratenden Kommission der EU. Seine Reben stehen heute in den berühmtesten Weinbaubetrieben Italiens, während ihn sein mittlerweile 25-jähriger Einsatz für die Resistenzzüchtung zum PIWI-Pionier in Südtirol macht.

\\

Schulen nach der Schule
Absolventenverein und Weinbautagung

// Die Erkenntnis, dass das Lernen nicht mit dem Abgang aus der Schule endet, liegt dem Verein der Absolventen Landwirtschaftlicher Schulen zugrunde. Er wurde 1947 (wieder-)gegründet und hat in vielerlei Hinsicht das Fundament für die weinbauliche Weiterbildung gelegt – nicht zuletzt mit einem Pflichttermin für die Südtiroler Weinwelt: der Weinbautagung, die seit 1963 jährlich über die Bühne geht.

Helmuth Scartezzini

Nach einer Schulausbildung, wie sie die Landeslehranstalt in San Michele ab 1874 gewährleistete, sollten die Abgänger nicht in alle Winde zerstreut werden, sondern Kontakt halten und sich gemeinsam fortbilden. Daher wurde ab 1897 über die Gründung eines Vereins beraten, wobei dieser noch in erster Linie der Pflege der Kameradschaft gelten sollte. Zehn Jahre später wurde der Verein aus der Taufe gehoben, vorerst blieb er allerdings deutschsprachigen Absolventen der Lehranstalt von San Michele vorbehalten. Der Verein überstand zwar den Ersten Weltkrieg, von 1930 bis 1946 musste die Tätigkeit wegen der faschistischen Verbote aber ruhen. Bemerkenswert ist, dass die ersten Obmänner des Vereins alle aus dem Weinsektor kamen: Josef Zipperle etwa, Kellermeister der Fa. Lun und später der Kellereigenossenschaft Terlan, Max Egger von der Kellerei Freiberger oder der Weinhändler Luis Lageder, beide aus Bozen.

1947 hinterlegten ehemalige Mitglieder die Statuten zur Wiedergründung des Absolventenvereins, der offiziell „Verein der Absolventen Landwirtschaftlicher Schulen“ (ALS) heißt, nun auch Abgängern anderer landwirtschaftlicher Schulen offenstand und sich die Förderung des Obst- und Weinbaus auf die Fahnen geschrieben hatte. So trat man etwa mit einem Weinkostwettbewerb zur Prämierung der besten Weinverkoster an die Öffentlichkeit. Weil eine spezifische Schule im Land aber immer noch fehlte, galt ein besonderes Anliegen des ALS der fachlichen Ausbildung der bäuerlichen Jugend. So fanden ab 1947 mehrmonatliche landwirtschaftliche Kurse am Doblhof in Meran statt. Auch im Benediktinerkloster Muri-Gries gelang es auf Anregung des Vereins, einen mehrmonatlichen Kurs für Obst- und Weinbau abzuhalten, der nach sechsjähriger Fortführung 1953 in die erste einjährige Landesschule für Obst- und Weinbau mündete. Zudem übernahm Bruno Weger, der nicht nur Vereinsmitglied, sondern auch Chemiker und Önologe war, 1954 die Fortbildung der Kellermeister bei zehntägigen theoretisch-praktischen Kursen. Für die praktischen Übungen stellte Weger dabei sein eigenes Labor in Bozen zur Verfügung. Er sollte die Leitung und Beratung der Kellermeister über 35 Jahre innehaben. Schon 1957 schlossen sie sich zu einem Verband zusammen, bildeten aber bis 1993 eine eigene Sektion des Absolventenvereins.

Ein Pflichttermin: Die Weinbautagung

Anfang der 1950er-Jahre hielt der ALS erstmals „Beobachtungskurse" ab, aus denen sich freiwillige Beobachtungsdienste für Krankheiten und Schädlinge im Obst- und Weinbau in den Ortschaften entwickelten. Während der Wintermonate gelang es zudem, sechstägige Weinbaukurse in Terlan, Tramin, Kurtatsch und Montan abzuhalten. Auch organisierte der Verein von 1954 bis 1960 jeweils einzelne weinbauliche Fachvorträge und Betriebsleiterschulungen, bevor man sich am Beispiel der Ostbautagungen orientierte und dieses seit 1953 erfolgreich vom ALS genutzte eintägige Format auch auf den Weinbau übertrug. 1963 konnte von Handelskammer Bozen und ALS unter Federführung der Landesabteilung Landwirtschaft die 1. Südtiroler Weinbautagung organisiert werden, eine Veranstaltung, die seitdem zum Pflichtprogramm im Südtiroler Weinsektor gehört. Die Weinbautagung wurde in den Wintermonaten Jänner oder Februar meist in Kaltern oder Eppan abgehalten, der Tagungsverlauf beinhaltete neben Anleitungen zu Anbau und Pflegemaßnahmen für die Weinbauern immer auch Informationen zum Weinmarkt und über das sich wandelnde Weinrecht.

Zur Organisation der Weinbautagung stieß später auch der Südtiroler Beratungsring für Obst- und Weinbau hinzu, nachdem seine Fachleute wie auch jene des Versuchszentrums Laimburg gefragte Referenten waren. Die Organisationsaufgaben der Tagungen übernahm Mitte der 1980er-Jahre der ALS, finanziell unterstützt wurde und wird er dabei vom Land. Die Tagungen entwickelten sich zum Jahresereignis für den Sektor Weinbau, das jährlich von 400 bis 600 Teilnehmern genutzt wird. Verschiedene richtungsweisende Impulse, etwa die Dauerbegrünung der Anlagen oder die Umstellung auf internationale Rebsorten, gingen von den Referaten der Tagungen aus. An kleineren Weinbautagungen in den einzelnen Weinbaugebieten sticht jene des Eisacktals hervor, die, beginnend mit 1962, bereits 58-mal stattgefunden hat. Unter der Führung der Landesabteilung Landwirtschaft wurden mit den Kellereien des Tals in halbtägigen Tagungen spezifische Ansprüche des im Aufbau befindlichen Weinbaugebiets angesprochen. Ab Mitte der 1980er-Jahre gesellten sich die Weinbautagungen im Burggrafenamt und Vinschgau hinzu.

Das Angebot zur Weiterbildung im Absolventenverein erweiterte sich um die Programme der Weinbauseminare, die ab 1991 im kleineren Teilnehmerkreis jährlich im „Haus der Familie" in Lichtenstern am Ritten abgehalten werden. Zu erwähnen bleibt noch der „Tag der Technik", eine weitere Veranstaltung des ALS in Form einer Maschinenvorführung und -ausstellung im Weinbaugelände, die alle zwei Jahre stattfindet. Ab 1965 fand die Veranstaltung gemeinsam mit jener des Obstbaus statt, 1993 trennten sich die Ausstellungen wieder. Dadurch konnten die spezifischen Anforderungen der Mechanisierung im Weinbau in den Steillagen besser berücksichtigt werden.

\\

Mit der Zeit ändert sich alles. Und doch nichts.

// Im Weinbau ist die Natur das Metronom, das den Takt vorgibt. Im Winter wird vorbereitet, was im Frühjahr wächst, im Sommer gehegt wird und im Herbst Früchte bringt. Im wahrsten Sinne des Wortes. Dabei geht der Blick der Winzer stets gen Himmel, manchmal dankbar, wenn die Sonne Böden, Reben und Trauben wärmt oder lang ersehnter Regen fällt. Und manchmal auch besorgt, wenn sich dunkle Wolken heranschieben, die Hagel, Sturm oder Starkregen ankündigen.

Egal aber, wie das Wetter kurzfristig war, ist und wird: Die Arbeit im Weinbau und im Keller folgt Rhythmen, die sich an den Jahreszeiten ausrichten und daran, was darin alles zu erledigen ist. Und wenn sich im Weinbau und in der Kellerwirtschaft in Südtirol in den letzten hundert Jahren auch so ziemlich alles geändert hat, ist der Jahreslauf doch weitgehend derselbe geblieben.

Schließlich sind es Reben, Trauben und Wein, die das Jahr bestimmen. Das war in den Anfängen so, das war in der turbulenten Phase des Immer-Mehr so und das ist – seit mittlerweile rund 40 Jahren – auch in einer Ära nicht anders, die die Qualität von Trauben und Wein vor Augen hat. Und die Freude, die dieser bringt – egal zu welcher Jahreszeit. \\

Eine verschneite Rebenlandschaft ist ein durchaus nicht alltägliches Bild. Schließlich reicht der Schnee vor allem in Südtirols Süden nur selten bis in den Talboden herab. Wenn er es aber tut, unterstreicht er die Ruhe, die im Winter über den Weinbergen liegt. Es ist die Zeit durchzuatmen: für die Reben genauso wie für die Winzer.

Während in den Weinbergen noch weitgehend Ruhe herrscht, kommt Bewegung in die Keller. So manch ein Wein ist schon in den ersten Frühlingstagen bereit, in Flaschen abgefüllt zu werden. Es ist der Lohn aus dem Vorjahr, bevor der Kreislauf außerhalb des Kellers wieder von vorn beginnt.

Noch im Winter geht's in den Weinbergen an den Rebschnitt und ans Rebenbinden – beides war und ist, egal ob heute oder wie im rechten Bild in den frühen 1950ern, Handarbeit. Und beides dient einem optimalen Wachstum, zwingt man die Rebe doch in die gewünschte Form und sorgt dafür, dass alle Triebe gleichmäßig mit Nährstoffen versorgt werden.

Weinberge sind kein Werk für die Ewigkeit. Und das heißt: Neben der stetigen Pflege müssen sie auch in regelmäßigen Abständen neu angelegt werden. Während früher noch hauptsächlich auf Vernatsch und fast ausschließlich auf die Pergl gesetzt wurde, heißt es heute: Welche Rebsorte? Und welches Erziehungssystem?

Was nach gemütlichem Beisammensein aussieht, ist professionelle Arbeit: Regelmäßig müssen Fassproben gezogen und verkostet werden, um die Qualität des Weins zu überprüfen und sicherzustellen, dass er auf dem richtigen Weg ist.

Es gibt Zeiten, da müssten sich Winzer teilen können. Im Frühjahr etwa, wenn die Weinberge wieder erwachen, stand früher der Abtransport des Weins aus dem Vorjahr an: mit Fuhrwerk und Pferden, meist aber einem Ochsengespann wie im Bild rechts bei Wilhelm Walch in Tramin (um 1900).

Die Tendenz ist eine klare: Der Austrieb der Reben erfolgt immer früher, der Klimawandel macht sich auch hier bemerkbar und zwingt die Weinbäuerinnen und -bauern, dem neuen Rhythmus zu folgen – selbst dann, wenn sie an der traditionellen Pergl als Erziehungssystem festhalten.

Im späten Frühjahr bilden die Reben ihren Blütenstand aus, die sogenannten Gescheine. Werden die zahllosen Knospen befruchtet, bilden sich daraus Weinbeeren. Ein prüfender Blick darauf lohnt sich demnach.

Südtirol Wein
Vini Alto Adig
EMILIA ROMAG
GARDA
LUGANA
VALTÉNESI
GIACOBAZZI
POLETTI

Ein großes Produkt braucht eine große Bühne: Im Frühjahr stehen für den Südtiroler Wein die Leitmessen auf den wichtigsten Märkten an. So präsentiert man sich bereits seit Jahrzehnten im März auf der *Prowein* in Düsseldorf und im April auf der *Vinitaly* in Verona – und zwar stets gemeinsam.

Damit der Wein überhaupt auf die Reise Richtung Kunden gehen kann, früher wie hier in Girlan in Transportfässern und auf Fuhrwerken, heißt es, Vorarbeit zu leisten. Auch solche, die Laien nicht auf dem Schirm haben, wie die Bodenbearbeitung.

Die Weinwirtschaft in Südtirol speist sich aus der Tradition, aus Generationen, die die rebengeprägte Kulturlandschaft geschaffen haben, aber auch aus jeder Menge Know-how und Innovation. Deshalb heißt es für die Weinbäuerinnen und -bauern auch: immer ajour bleiben und sich stetig weiterbilden – am besten, wie das Bild links zeigt, am Ort des Geschehens.

Fließender Übergang: Über Jahrhunderte hat man in Südtirol auf die Pergl gesetzt, die auch heute noch ihre Daseinsberechtigung hat, obwohl sich auch neue Erziehungsformen durchsetzen. Hauptsache, sie kommen mit den steilen Lagen in Südtirol zurecht.

Wein ist ein Kulturgut, entsprechend wichtig ist es, Interessierten all das zu zeigen, was hinter dem Wein steckt: an Arbeit, an Wissen, an Aufwand. Deshalb werden Jahr für Jahr Tausende Besucherinnen und Besucher durch Südtirols Kellereien geführt und bei Verkostungen in die Geheimnisse des Weins eingeweiht.

Zur Südtiroler Geselligkeit gehört ein Glas Wein. Weil dieser auch ein wichtiger Wirtschaftsfaktor und ein gutes Argument ist, um Gäste ins Land zu ziehen, drehen sich zahllose Veranstaltungen um den Wein, über den man sich austauschen, philosophieren und durchaus auch streiten kann – am besten, wenn's draußen warm ist.

Eine der wichtigsten Maßnahmen zur Qualitätssicherung ist das Ausdünnen der Trauben im Frühsommer. Schließlich kann nur durch das gezielte Reduzieren des Ertrags sichergestellt werden, dass die Trauben das volle Potential der Rebe ausschöpfen können.

Schöne Kulisse, harte Arbeit: Im Frühherbst beginnt die Ernte, die auch mit dem Postkartenblick auf Kloster Säben nicht leichter wird. Schließlich ist das Wimmen seit jeher Handarbeit.

Die Weinlese, auf gut Südtirolerisch „es Wimmen“, ist eine jener Tätigkeiten, auf die die Technik kaum Auswirkungen hat. Und für die – egal ob vor hundert Jahren oder heute – die ganze Familie eingespannt wird.

Während heute nur intakte Trauben den Weg in die Kellerei finden, wurden die Trauben früher noch im Weinberg zerstampft, im „Gonzal“ geschultert und im „Kastlet“ in die Kellerei transportiert.

Nicht nur eine Frage der Pferdestärken: Über Jahrhunderte wurde die Ernte im Transportfass, dem „Kastlet“, in die Kellerei gebracht. Heute werden die Trauben möglichst schonend in Kisten gepackt. Und die Arbeit der Pferde haben Traktoren übernommen.

Auch wenn zwischen den Bildern ein ganzes Menschenleben liegen dürfte, so hat sich doch eines beim Wimmen nicht geändert: die Freude darüber, endlich den Lohn der Arbeit im Weinberg einfahren zu dürfen.

Zuerst schwitzen, dann anstoßen: Auch weil die Topografie den Südtiroler Winzern die Arbeit oft schwer macht, ist die Arbeit im Weinberg – vor allem bei der Ernte – nur als Team zu schaffen. Und darauf darf man dann auch gern einmal anstoßen.

Ein lang ersehnter Moment: Mit dem Abliefern der (letzten) Trauben in der Kellerei geht das Arbeitsjahr im Weinberg zu Ende. Bevor es allerdings so weit ist, ging es (links bei J. Hofstätter in Tramin) und geht es auch heute noch auf die Waage – nur mit den schönsten Trauben, wie rechts in der Kellerei Girlan.

Vorsicht, Rücksicht und Umsicht ist heute im Umgang mit dem Traubenmaterial gefragt und der gesamte Prozess der Weinbereitung kontrolliert und überwacht. In den 1950ern und 1960ern lief im Keller noch viel nach Instinkt – und nur manchmal konnte dieser wie hier mit einfachen Messmethoden unterstützt werden.

Nur makelloses Traubenmaterial findet heute seinen Weg in den Wein. Das heißt, Augen auf bei der Kontrolle, müssen Trauben, die nicht den Ansprüchen genügen, doch konsequent aussortiert werden.

Noch bis in die 1970er-Jahre hinein war die Technik in Südtirols Weinkellern eine einfache, die zudem auf eine rationelle Rotweinbereitung abgestimmt war. Heute kommt – je nach Sorte und angestrebtem Ergebnis – maßgeschneiderte Technik zum Einsatz.

Trotz der Hilfe durch jede Menge Technologie ist – ähnlich wie die Arbeit im Weinberg – auch jene im Keller auch heute noch Handarbeit. Angst, sich die Hände schmutzig zu machen, dürfen die Mitarbeiterinnen und Mitarbeiter der Kellereien also keine haben.

Die Mode mag sich seit den 1980ern geändert haben, nach wie vor spielen klassische Fässer aus Holz – egal ob große oder kleinere Barriques – in der Weinbereitung aber eine zentrale Rolle. Holz lässt nicht nur ein „Atmen“ des Weins zu, es gibt auch Gerbstoffe an den Wein ab und beeinflusst sein Aroma.

Fassbinder waren in Südtirol seit jeher gefragt, ihre Zünfte spielten im Stadtleben eine wichtige Rolle, und zwar über Jahrhunderte. Auch Anfang des 20. Jahrhunderts stapelt man Dauben für Transportfässer noch kirchturmhoch und posiert vor der Fertigstellung eines großen Holzfasses stolz für den Fotografen.

Zwei Bilder, zwei Philosophien des Weingenusses. Während das Glas Wein für die Herren links der Lohn nach getaner Arbeit ist, ist es für die professionellen Verkoster (rechts) Teil ihrer Arbeit. Das heißt indes nicht, dass die Laien weniger angeregt über Wein fachsimpeln als die Profis.

... und alles beginnt wieder von vorn: Wenn die Ernte eingebracht ist und die kalten Monate über Südtirol hereinbrechen, beginnt für die Winzer die neue Saison mit dem Rebschnitt. Auch auf den Hügeln rund um Bozen, wo die Grundlagen für den nächsten St. Magdalener Jahrgang geschaffen werden.

Egal ob nun moderne Drahtrahmen-Erziehung oder traditionelle Perglgerüste – der Weinbau prägt Südtirols Landschaftsbild selbst dann, wenn die Weinberge sich bereits auf ihre Winterruhe einstellen und das Jahr zu Ende geht.

Anhang

Leo Andergassen, Kunsthistoriker und Denkmalpfleger, Direktor des Südtiroler Landesmuseums für Kultur- und Landesgeschichte auf Schloss Tirol

Burton Anderson, freier Wein-, Food- und Reiseautor aus den USA, ehemaliger Herausgeber der „International Herald Tribune“ in Paris

Walter Angonese, Architekt, Professor an der Accademia dell'Architettura in Mendrisio (Schweiz), Mitglied des Wissenschaftlichen Beirats der Stiftung Dolomiten UNESCO

Eduard Bernhart, Agronom, Landwirt, Sommelier, seit 2018 Direktor des Konsortiums Südtirol Wein

Alexandra Cembran stammt aus einer Weinbauern- und ehemaligen Weinhändlerfamilie, fast zehn Jahre Leiterin der EU-Agrarabsatzförderungsprojekte in EOS und IDM, seit 2020 Marketingleiterin im Konsortium Südtirol Wein

Daniele Cernilli, Journalist und Weinkritiker, Mitbegründer von „Gambero Rosso“, langjähriger Herausgeber von „Vini d'Italia“, Direktor der Plattform DoctorWine

Peter Dipoli, Absolvent der Landwirtschaftlichen Oberschule in San Michele, Winzer und Weinhändler, Ideator diverser Wein-Events, darunter der „Sauvignon Experience“ und der „Blauburgundertage“

Lukas Egarter Vigl, Landschaftsökologe, Senior Researcher am Institut für Alpine Umwelt von Eurac Research mit Forschungsschwerpunkt in der Analyse der Wechselwirkungen zwischen (Agrar-)Ökosystemen, Gesellschaft und Klima

Stephan Filippi, Önologe, seit 2001 Kellermeister der Kellerei Bozen, seit 2004 Präsident des Südtiroler Verbandes der Önologen und Weintechniker

Martin Foradori, Winzer in vierter Generation des Weingutes J. Hofstätter in Tramin, Präsident der Weingüter Südtirols, Vizepräsident des Konsortiums Südtirol Wein

Hansjörg Hafner, Bereichsleiter Weinbau im Südtiroler Beratungsring für Obst- und Weinbau, Vizeobmann der Kellerei Terlan

Paul Hafner, Weinbauberater im Südtiroler Beratungsring für Obst- und Weinbau

P. Plazidus-Karl Hungerbühler OSB, Philosoph und Theologe, seit 1961 im Kloster Muri-Gries, 1965 zum Priester geweiht

Andreas Kofler, Obst- und Weinbauer, Obmann der Kellerei Kurtatsch und Präsident des Konsortiums Südtirol Wein

Martin Kilchmann, Germanist und freier Weinjournalist aus der Schweiz, Autor zahlreicher Weinbücher, u.a. über Südtirol

Andreas Lesti, Germanist und Alpinist, Redakteur bei der „Frankfurter Allgemeinen Sonntagszeitung“, beschäftigt sich vor allem mit Tourismus und Kultur in den Alpen und in anderen Bergregionen und hat darüber drei Bücher geschrieben

Elmar Locher, Literaturwissenschaftler, 1992–2016 Professore Associato für Deutsche Literatur an der Universität Verona, Präsident des Vereins der Bücherwürmer Lana/Literatur Lana und des Internationalen Komitees Lyrikpreis Meran.

Ivo Maran, Naturwissenschaftler, Winzer am Remichhof in Kaltern, wissenschaftlicher Beirat für Südtirol der Gesellschaft für Geschichte des Weines e.V.

Catrin Marzoli, Archäologin und Frühgeschichtlerin, seit 2013 Direktorin des Südtiroler Landesamtes für Archäologie

Christine Mayr, Sommelière, Obfrau der Südtiroler Weinakademie, langjährige Präsidentin der Sommeliervereinigung Südtirol

Manfred Alois Mayr, Bild- und Baukünstler mit eigenem Atelier in Bozen, ausgebildet an der Akademie für Bildende Künste in Wien

Stefan Morandell, Historiker mit Schwerpunkt Weingeschichte, Bibliothekar

Ignaz Niedrist, ehemaliger Kellermeister der Kellerei Schreckbichl, seit 1991 Weinbauer am Weingut Ignaz Niedrist in Girlan

Josef Nössing, Archivar und Historiker mit Schwerpunkten Wirtschafts-, Verkehrs-, Siedlungs- sowie Landesgeschichte, Burgen- und Archivkunde, darüber zahlreiche Veröffentlichungen. Mehr als 20 Jahre Leiter des Südtiroler Landesarchivs

Michael Oberhuber, Forschungsdoktorat in Naturstoffchemie, Forschung zu RNA-Molekülen u. a. in San Diego, seit 2009 Leiter des Versuchszentrums Laimburg, an dem er zu Pflanzeninhaltsstoffen und Lebensmittel-Qualität forscht, Lehrtätigkeit an der Freien Universität Bozen

Christof Pichler, Landwirtschaftstechniker, Sommelier, Sekretär der DOC-Weinverkostungskommissionen und Direktor des Amtes für Rebbau und Weinwirtschaft der Handelskammer Bozen

Klaus Platter, Önologe, langjähriger Direktor der Gutsverwaltung Laimburg und des Landesweinguts, 25 Jahre lang Sekretär/Obmann der Rebschuler-Genossenschaft (BSR), Mitbegründer der Sektion Südtirol im Nationalen Fachverband der Önologen

Siegfried de Rachewiltz, Volkskundler und Literaturwissenschaftler, langjähriger Direktor des Landesmuseums für Kultur- und Landesgeschichte auf Schloss Tirol, Gründer und Leiter des Landwirtschaftsmuseums Brunnenburg

Barbara Raifer, Agronomin, Fachbereichsleiterin für Weinbau am Versuchszentrum Laimburg

Josef Reiterer, Kellermeister, Gründer der Sektkellerei Arunda in Mölten, langjähriger Präsident der Südtiroler Sektvereinigung

Peter Robatscher, seit 2010 Geschäftsführer der Freien Weinbauern Südtirol

Helmuth Scartezzini, Agronom, Sammler von Weinbauliteratur, Autor von Abhandlungen zum Weinbau Südtirols, fast 30 Jahre lang Direktor des Südtiroler Landesamtes für Obst- und Weinbau

Walter Schullian, Buchhalter im Obst- und Weinhandel, ehemaliger Revisor im Raiffeisenverband Südtirol, 16 Jahre Leiter der Abteilung Betriebswirtschaft Sparte Ware, zwölf Jahre Mandatar in zwei Kellereigenossenschaften, Nebenerwerbsbauer

Francesco Spagnolli, Biologe, Universitätsdozent und mehr als 20 Jahre lang Direktor des Agrarinstituts von San Michele

Hubert Steiner, Archäologe und Frühgeschichtler, stv. Direktor des Südtiroler Landesamtes für Archäologie

Hans Terzer, seit 1977 Kellermeister der Kellerei St. Michael-Eppan, seit 1993 Präsident des Verbandes der Südtiroler Kellermeister, kompromissloser Qualitätsverfechter, wenn es um den Südtiroler Wein geht

Martin Thalheimer, Agronom, wissenschaftlicher Mitarbeiter am Institut für Obst- und Weinbau des Versuchszentrums Laimburg, Leiter der Arbeitsgruppe Boden, Düngung und Bewässerung

Simon Tscholl, Ökologe, Post-Doc-Researcher am Institut für Alpine Umwelt von Eurac Resarch mit Forschungsschwerpunkt in der räumlichen und zeitlichen Analyse von (Agrar-)Ökosystemen im Zuge des Klimawandels

Alexandra Untersulzner, Volkskundlerin und Germanistin, seit 2004 Direktorin des Südtiroler Weinmuseums und der Landesmuseen für Volkskunde Dietenheim sowie für Jagd und Fischerei in Schloss Wolfsthurn

Monika Unterthurner, Betriebswirtin, Sommelière, Weinakademikerin und Ambassador Aquae Nobilis, sieben Jahre lang Präsidentin der Rieslingtage Naturns

Irmgard Windegger, Winzerin am Bio-Weingut Zollweghof oberhalb von Lana, ehemalige Vorsitzende des Vereins für Kultur und Heimatpflege Tisens

Roland Zwerger, Historiker mit Schwerpunkt auf die Dorfgeschichte von Tramin

1.2 Klimafaktoren, Reifegruppen und der Klimawandel

Harlfinger, O.: Klimahandbuch der österreichischen Bodenschätzung. Teil 2: Strahlung, Weinbau, Phänologie, Innsbruck 2002, 259.

IPCC: Summary for Policymakers. In: Climate Change 2021: The Physical Science Basis. Contribution of Working Group I to the Sixth Assessment Report of the Intergovernmental Panel on Climate Change [V. Masson-Delmotte, P. Zhai, A. Pirani, S. L. Connors, C. Péan, S. Berger, N. Caud, Y. Chen, L. Goldfarb, M. I. Gomis, M. Huang, K. Leitzell, E. Lonnoy, J. B. R. Matthews, T. K. Maycock, T. Waterfield, O. Yelekçi, R. Yu, and B. Zhou (eds.)]. Cambridge University Press, Cambridge 2021, S. 3–32, doi:10.1017/9781009157896.001.

Jones, G. V.: Terroir and the importance of climate to winegrape production. 2015. https://www.guildsomm.com/public_content/features/articles/b/gregory_jones/posts/climate-grapes-and-wine [zugegriffen am 02/03/22].

Nicholas, K. A.; William, H. D.: Farm-scale adaptation and vulnerability to environmental stresses: Insights from winegrowing in Northern California. Global Environmental Change. Band 22, Ausgabe 2, 2012, S. 483–494.

Winkler, A.; Cook, J.; Kliewer, W.; Lider, L.: General Viticulture, University of California Press, Berkeley 1974, 740.

2.1 Zeremonialgetränk und Statussymbol

Acconcia, Valeria; Piergrossi, Alessandra: L'archeologia del vino nella penisola italiana e nelle grandi isole del Tirreno tra il neolitico e la romanizzazione: tematiche, dati e approcci possibili, in: Bollettino di Archeologia On line Direzione Generale Archeologia. Belle Arti e Paesaggio XII/2, 2021, S. 184–230.

Ciurletti, Gianni: Vite e vino dalla preistoria all'età romana, in: Calò, Antonio; Bertoldi Lenoci, Liana; Pontalti, Michele; Scienza, Attilo: Storia regionale della vite e del vino in Italia, Trentino, San Michele all'Adige 2012, S. 43–77.

Eibner, Alexandra: Feste und Rituale in der Situlenkunst, in: Mitt. Anthr. Ges. Wien 2015, Bd. 145, S. 55–84.

Locatelli, Daniela: Il cerimoniale del banchetto a Sud delle Alpi nell'Età del Ferro, in: Marzatico, Franco; Gebhard, Rupert; Gleirscher, Paul (Hrsg.): Le grandi vie delle civiltà. Relazioni e scambi fra Mediterraneo e il centro Europa dalla Preistoria alla Romanità, Ausstellungskatalog, Trient 2011, S. 269–273.

Lunz, Reimo: Urzeitliche Weinkultur und Weinwirtschaft im Raum Siebeneich-Terlan, in: Terlan und der Wein: Ursprung und Entwicklung des Terlaner Weinbaus, Terlan 1993, S. 15–44.

Marzatico, Franco: La cultura del vino nel mondo retico: aspetti ideologici ed archeologici, in: Storia regionale delle vite e del vino in Italia – Trentino, 1993, S. 21–42.

Marzoli, Catrin; Wiel Marin, Federica: Der ausgedehnte jüngereisenzeitliche Kultplatz von Siebeneich (Südtirol), in: Álvarez, J. M.; Nogales, T.; Rodà, I. (Hrsg.): ACTAS XVIII Congreso Internacional Arqueología Clásica, Merida 2014, S. 593–598.

Pisoni, Luca; Tecchiati, Umberto: Il vino nell'età del Ferro atesina come paradigma delle diversità tra Alpi e Mediterraneo. In: Forni, G.; Kezich, G.; Scienza, A.: Le frontiere nascoste della cultura del vino. Annali di San Michele 25, 2014, S. 113–131.

2.5 Guter Wein aus dem Süden

Ebnicher, Gottfried: Die Grundherrschaft des Stiftes Wilten in Südtirol bis ins 18. Jahrhundert. Diss. phil. Innsbruck 1970.

Heitmeier, Irmtraud: Verkehrsorganisation und Infrastruktur an alpinen Passstraßen im Mittelalter, in: Christian Later, Michaela Helmbrecht und Ursina Jecklin-Tischhauser (Hrsg.), Infrastruktur und Distribution zwischen Antike und Frühmittelalter. SAFM Studien zu Spätantike und Frühmittelalter 8, S. 7–35.

Liebhart, Wilhelm: Die Reichsabtei St. Ulrich und Afra in Südtirol, in: Wolfram Baer, Pankraz Fried und Bernhard Hagel, Schwaben-Tirol. Historische Beziehungen zwischen Schwaben und Tirol von der Römerzeit bis zur Gegenwart. Beiträge zur Ausstellung der Stadt Augsburg und des Bezirkes Schwaben (7. Juli–15. Oktober 1989), Augsburg 1989, S. 141–146.

Loose, Rainer: Das Hochstift Augsburg am Oberen Weg, in: Der Schlern 74 (2000), S. 578–584.

Nössing, Josef: Die Bedeutung der Tiroler Weine im Mittelalter, in: Christhard Schrenk und Hubert Weckbach (Hrsg.), Weinwirtschaft im Mittelalter. Quellen und Forschungen zur Geschichte der Stadt Heilbronn 9, Heilbronn 1997, S. 193–203.

Stolz, Otto: Geschichte des Zollwesens, Handels und Verkehrs in Tirol und Vorarlberg von den Anfängen bis ins 20. Jahrhundert. Schlern-Schriften 108, Innsbruck 1953.

Stutzer, Dietmar: Weingüter bayerische Prälatenklöster in Südtirol. Rosenheim 1980.

Terzer, Simon Peter: „Etschwein und S. Magniobst“. Grundherrschaft und Besitz des Klosters St. Mang (Füssen) in Südtirol bis zur Säkularisation. Diplomarbeit Innsbruck 2005.

Tumler, Franz: Herkunft und Terminologie des Weinbaues im Etsch- und Eisacktale. Schlern-Schriften 4, Innsbruck 1924.

Weber, Andreas Otto: Studien zum Weinbau der altbayerischen Klöster im Mittelalter. Altbayern – österreichischer Donauraum – Südtirol. Vierteljahresschrift für Sozial- und Wirtschaftsgeschichte, Beihefte 141, Stuttgart 1999.

Wolfram, Herwig: Österreichische Geschichte 378–907. Grenzen und Räume. Geschichte Österreichs vor seiner Entstehung. Wien 1995.

Wüst, Wolfgang: Hochstift und Domkapitel Augsburg in Tirol, in: Wolfram Baer, Pankraz Fried und Bernhard Hagel, Schwaben-Tirol. Historische Beziehungen zwischen Schwaben und Tirol von der Römerzeit bis zur Gegenwart. Beiträge zur Ausstellung der Stadt Augsburg und des Bezirkes Schwaben, Augsburg 1989, S. 103–116.

3.1 Von Tugend und Pestilenz

Locher, Elmar (Hrsg.): Hippolytus Guarinonius. Die Grewel der Verwüstung Menschlichen Geschlechts. Reprint der Ausgabe Ingolstadt 1610. edition sturzflüge, Bozen 1993.

Locher, Elmar: Von der Bewegung. Frühneuzeitliche Reflexionen zu Raum und Zeit in den „Greweln“ des Hippolyt Guarinoni. In: Elmar Locher (Hrsg.), Hippolytus Guarinonius im interkulturellen Kontext seiner Zeit. edition sturzflüge/Studien-Verlag, Bozen-Innsbruck 1995, 81–96.

Locher, Elmar: Beglaubigungsstrategien als rhetorisch-topische Verfahren in den „Greweln der Verwüstung Menschlichen Geschlecht“. In: Klaus Amann u. Max Siller (Hrsg.), Hippolytus Guarinonius. Universitätsverlag Wagner, Innsbruck 2008, 139–154.

Locher, Elmar: Hippolytus Guarinonius, in: Wilhelm Kühlmann, Jan-Dirk Müller u. a. (Hgg.), VL 16, 3. Band. Walter de Gruyter Berlin-Boston 2014, Sp. 125–132.

3.2 „Dem Etschländer Wein Ruhm verschaffen“

Hungerbühler, Plazidus-Karl; Maran, Ivo; Morandell, Stefan: Der Weinbau im Etschlande von Augustin Nagele, Propst zu Gries (1753–1815), in: Schriften zur Weingeschichte, hrsg. von der Gesellschaft für Geschichte des Weines, Nr. 187, Wiesbaden 2015.

Hungerbühler, Plazidus-Karl; Maran, Ivo; Morandell, Stefan: Augustin Nagele (1753–1815), Propst in Gries bei Bozen und Autor der ersten Monographie über den Weinbau in Südtirol im Jahr 1808, in: Der Schlern, 89. Jg., 2015, Heft 11, S. 46–53.

3.8 Zum Schutz von Wein und Konsumenten

AIS Südtiroler Sommeliervereinigung: Der Sommelier. Allgemeine Grundbegriffe 1C, 1998.

Lezuo, Jakob: Die DOC-Regelung, Vortrag, Handelskammer Bozen 1993.

Pichler, Christof: Die Weingesetzgebung, Vortrag, Handelskammer Bozen, 2008.

Zanotti, Helmuth: Gesetzgebung und Önografie der italienischen Weine, Vortrag, Handelskammer Bozen 2004.

4.1 Weintraubenmadonna, Weinheilige und Trinkgelage

Amonn, Walther (Hrsg.): Südtiroler Weinmuseum. Katalog, Bozen o. J.

Andergassen, Leo: Wein und Rebe in der Kunst, in: Vom Wein in Kaltern. 100 Jahre Erste und Neue Kellereigenossenschaft, Kaltern 2000, S. 29–40.

Andergassen, Leo: Wein und Rebe im sakralen Kontext, in: WeinKunst. Weinland Südtirol in der Kunst, Ausstellungskatalog Lanserhaus Eppan, Eppan 2013, 11–22.

Andergassen, Leo: Traubenmadonnen, in: Weinbruderschaft 1996–2016, Auer 2016, S. 202–205.

Andergassen, Leo: Die Trinkstube im Rothaler unter den Meraner Lauben, in: Weinbruderschaft 1996–2016, Auer 2016, S. 220–223.

Andergassen, Leo: Himmlische Schutzherren über Wein und Keller, in: Tiroler Bauernkalender 2022, 205–209.

De Jongh, Eddy: Grape symbolism in paintings of the 16th and 17th centuries, in: Simiolus 7 (1974), S. 166–191.

Emmerling, Ernst: Der Wein auf Münzen und Medaillen, Wiesbaden 1969.

Frowein, Peter: Wein und Leben. Zur Symbolik der antiken und frühchristlichen Kunst. Unter Mitwirkung von Grete Schäfer, Bonn 1976.

Gössmann, F.: Die Traube St. Urbanus – gehört sie dem Papst oder dem Bischof gleichen Namens?, in: Der Schlern 53 (1979), S. 372/373.

Graff, Dieter: Weinheilige und Rebenpatrone, Saarbrücken 1988.

Graff-Höfgen, Gisela; Graff, Dieter: Maria in den Reben, Brauchtum und Bekenntnis, Saarbrücken 1990.

Grießmair, Hans: Das Südtiroler Weinmuseum, Bozen 1989.

Hamdorf, Friedrich Wilhelm: Dionysos, Bacchus, Kult und Wandlungen des Weingottes, München 1986.

Hofmann, Werner (Hrsg.): Wasser und Wein. Zwei Dinge des Lebens. Aus der Sicht der Kunst von der Antike bis heute, Ausstellungskatalog Krems, Wien-Köln 1995.

Jung, Hermann: Unsterblicher Bacchus, Weindenkmäler aus zwei Jahrtausenden, Duisburg 1955.

Jung, Hermann: Wein in der Kunst, München 1961.

Lechner, Gregor Martin: Wasser und Wein, Funktion und Bedeutung in Kunst und Liturgie der Barockzeit, in: Ausstellungskatalog Wasser & Wein, Krems 1995, S. 77–89.

Leitermann, Heinz: Der Heilige Urbanus am Mittelrhein, in: Heimat-Jahrbuch Landkreis Bingen 10 (1965), S. 79–82.

Lühmann, Werner: St. Urban, Beiträge zur Vita und Legende, zum Brauchtum und zur Ikonographie, Würzburg 1968.

Nussbaum, Otto: Die große Traube Christus, in: Jahrbuch für Antike und Christentum 6 (1963), S. 136–143.

Schreiber, Georg: Zur Symbolik, Sprache und Volkskunde des Weines, in: Beiträge zur sprachlichen Überlieferung, Berlin 1953, S. 208–232.

Schreiber, Georg: Deutsche Weingeschichte. Der Wein in Volksleben, Kult und Wirtschaft, Köln 1980.

Thomas, Alois: Die Darstellung Christi in der Kelter (Forschungen zur Volkskunde 20/21), Düsseldorf 1936.

Thomas, Alois: Brauchtum um Winzer und Wein an der Mittelmosel, in: Zeitschrift des Rheinischen Vereins für Denkmalpflege 1957, S. 28–38.

Thomas, Alois: Maria die Weinrebe, Kurtrierisches Jahrbuch 10 (1970), S. 30–55.

Walzer, Albert: St. Urban, Patron der Weingärtner, in: Schwäbische Heimat 2 (1951), S. 189–192.

Weckwerth, Alfred: Der in der weinumrankten Kelter Gekreuzigte, in: Festschrift für Alois Thomas, Trier 1967, S. 469–473.

4.2 Mode vergeht, Stil bleibt

Allmaier, Michael: Wein ohne Alkohol, in: Die Zeit, 15. Oktober 2020, Nr. 43.

Hubert, Wolfgang; Reith, Heike: Wein und Kunst, Busse + Seewald Verlag 1993.

Mayr, Manfred Alois: Über Transparenz und Verdeckung, The Black Tower 01/2022.

Moser, Peter: Best of originelle Wein-Etiketten, in: Fasltaff, 19. April 2021.

Piffer-Damiani, Marion: Wahlverwandtschaften zwischen Kunst und Keller, in: Arunda Nr. 83 (2012).

Sager, Peter: Edle Drucksache – Bilder für den Flaschenbauch, in: Zeitmagazin Nr. 37, September 1994.

4.5 Schaufenster in die Geschichte

Grießmair, Hans: Fünfzig Jahre Südtiroler Weinmuseum. Ein Rückblick, in: Der Schlern, 79. Jg., 2005, Heft 8/9, S. 4–11.

Grießmair, Hans: Das Südtiroler Weinmuseum. Bozen 1989.

4.6 Wein als Motor der Stadtentwicklung

Grass, Nikolaus: Fragmente zur Geschichte der Tiroler Weinkultur, in: Aus Wirtschaft und Geschichte, Festschrift für Ferdinand Ulmer. Tiroler Wirtschaftsstudien 17, Innsbruck 1963, S. 137–168.

Irsigler, Franz: Weinstädte an der Mosel im Mittelalter, in: Ferdinand Opll (Hrsg.), Stadt und Wein. Beiträge zur Geschichte der Städte Mitteleuropas, Band XIV, Linz 1996, S. 165–180.

Landsteiner, Erich: Weinbau und bürgerliche Hantierung. Weinproduktion und Weinhandel in den landesfürstlichen Städten und Märkten Niederösterreichs in der frühen Neuzeit, in: Ferdinand Opll (Hrsg.), Stadt und Wein. Band XIV, Linz 1996, S. 17–51.

Nössing, Josef: Die Bedeutung der Tiroler Weine im Mittelalter, in: Christhard Schrenk und Hubert Weckbach (Hrsg.): Weinwirtschaft im Mittelalter. Quellen und Forschungen zur Geschichte der Stadt Heilbronn, Band 9, Heilbronn 1997, S. 193–204.

Nössing, Josef: Wo bester Wein in Fülle wächst. Über die Weinleiten und den Bozner Wein im Mittelalter, in: Heinz Tiefenbrunner: Häusergeschichte von Zwölfmalgreien, hrsg. vom Heimatschutzverein Bozen, Bozen 211, S. 320–329.

Opll, Ferdinand (Hrsg.): Stadt und Wein. Beiträge zur Geschichte der Städte Mitteleuropas, Band XIV, Linz/Donau 1996.

Schneider, Walter: Weinverkauf des Heilig-Geist-Spitals in Bozen im 16., 17. und 18. Jahrhundert, in: Der Schlern, Jahrgang 70 (1996), S. 195–211.

Schneider, Walter: Das Heilig-Geist-Spital in Bozen. Aufriß zu einer Geschichte des Spitals von den Anfängen bis 1922, in: Walter Schneider und Giorgio Delle Donne: Das Krankenhaus Bozen einst und jetzt. Bozen 1992, S. 1–76.

Stampfer, Cölestin: Geschichte von Meran, der alten Hauptstadt des Landes Tirol, von den ältesten Zeiten bis zur Gegenwart. Innsbruck 1889.

Wohlgemuth, Alfred: Beiträge zur Geschichte des Weinbaues und der Gastwirtschaft in und um Meran von den Anfängen bis zum Beginn des 20. Jahrhunderts. Dissertation Innsbruck 1979.

4.7 Ein Hochgenuss:Der Wein und die Berge

Berger, Frank: Julius Payer – Die unerforschte Welt der Berge und des Eises, Tyrolia 2015.

De Saussure, Horace-Bénédict: Kurzer Bericht von einer Reise auf den Gipfel des Mont Blanc, im August 1787, 1788.

Meyers Reisebücher: Deutsche Alpen, Zweiter Teil, Leipzig und Wien, Bibliographisches Institut, 1900.

Poeten des Abgrunds, Panico Alpinverlag 2010.

Runggaldier, Ingrid: Gezahnt wie der Kiefer eines Alligators – Was Reisende über die Dolomiten schrieben, Edition Raetia, Bozen 2023.

Stephen, Leslie: Der Tummelplatz Europas, 1871.

Twain, Mark: Bummel durch Europa, 1880.

von Eschenbach, Wolfram: Willehalm. W. Schröder (Hrsg.), Berlin-New York 1878, S. 174, Strophe 136, 10.

von Goethe, Johann Wolfgang: „Italienische Reise", Goethe Werke, Bd. VI, Insel Verlag 1993.

von Wolkenstein, Oswald, zitiert in der Originalfassung, publiziert bei Anton Schwob, Oswald von Wolkenstein, S. 108.

White, Walter: Holidays in Tyrol, Kufstein, Klobenstein and Paneveggio, Chapman and Hall, London 1876.

Whymper, Edward: Matterhorn. AS Verlag, Zürich 2005.

5.1 Pioniere in der Nachbarregion

Baldessari, M.; Benetti, V.; Ferrari, S.; Todeschini, E.: Cento anni di vivaismo viticolo nel Trentino. Vivai cooperativi di Padergnone (Hrsg.), 1985.

Corsini, V.: Storia di un Istituto nella storia di un paese autonomo. Istituto Agrario Provinciale (Hrsg.), 1974.

Giacomoni, F.: L'Istituto Agrario di S. Michele all'Adige. Editrice Saturnia, Trient 1994.

Segnana, A.: L'Istituto nel ventennio fascista. La direzione di Enrico Avanzi. Annuario C.I.F.S. Michele, 11, 2021, S. 14–21.

Spagnolli, Francesco: S. Michele e la spumantistica trentina: storie intrecciate di monasteri, uomini e bollicine. Annuario C.I.F.S. Michele, 8, 2017, S. 94–99.

Tafner, S.: S. Michele. La storia parla al futuro. IASMA (Hrsg.), TEMI, Trient 2004.

5.4 Gemeinsam stark sein

Mach, Edmund: Der Weinbau und die Weine Deutschtirols, 1894.

Pichler, Walter; Walter, Konrad: Zwischen Selbsthilfe und Marktlogik, Edition Raetia, Bozen 2007.

Schmertzing, Michaela: Die Kellereigenossenschaften in Südtirol, 1991.

Ulmer, Ferdinand: Die Weinwirtschaft Südtirols, Wagner, Innsbruck 1931.

Zemmer, Erich: Die Kellereigenossenschaften Südtirols und Vergleich derselben mit den Winzergenossenschaften Niederösterreichs, 1953

Südtirol Wein, Florian Andergassen: S. 12/13, 16/17, 446, 461, 462, 470/471
Südtirol Wein, Tiberio Sorvillo: S. 14/15, 18/19, 20/21, 178, 444, 464/465, 472/473
Südtirol Wein, Benjamin Pfitscher: S. 22/23
Weingut J. Hofstätter, Antie Braito: S. 24, 449, 489
Martin Thalheimer: S. 31
Kellerei Tramin, Günther Facchinelli: S. 55 (o.)
Versuchszentrum Laimburg: S. 55 (u.), S. 58 (o.)
Weingut Tiefenbrunner: S. 58 (u.), 480
Irmgard Windegger: S. 67, 68
Geobrowser des Landes Südtirol: S. 79 (o.)
Stadtarchiv Bozen, Bestand Urkundenreihe: S. 79 (Mitte)
Südtirol Wein: S. 79 (u.)
Südtiroler Weinmuseum, Hermann Maria Gasser: S. 88/89, 186/187, 355 (o.), 356 (r. o.)
Landesamt für Archäologie: S. 92, 95 (Mitte und u.)
Wikimedia Commons: S. 101
Museum Zeitreise Mensch: S. 102 (o. und l. u.), 173 (r. u.)
Tiroler Landesmuseum Ferdinandeum: S. 102 (r. u.)
aus Oberhofer, H. et. al.: Obst- und Weinbau im Wandel der Zeit. Südtiroler Beratungsring für Obst- und Weinbau, Lana 2007: S. 126
Fotoarchiv Girlan: S. 135 (o.), 209 (o.), 246 (r. o.), 249 (u.), 447, 460
Südtiroler Beratungsring für Obst- und Weinbau: S. 135 (Mitte und u.), 136 (o.), 173 (o. und l. u.), 174, 177 (o.), 179 (u.)
Fotoarchiv Hugo Atzwanger, Südtiroler Landesmuseum für Volkskunde: S. 136 (u.), 160 (u.)
Sammlung Ivo Maran: S. 142, 143, 146, 156 (o.), 189, 215
Barbara Raifer: S. 150 (l. o.)
Roland Zwerger: S. 150 (r. o.)
Kellerei Tramin, Florian Andergassen: S. 150 (u.), 328/329
Lorenz Fränzl: S. 153
Sammlung Helmuth Scartezzini: S. 159, 160 (o.)
Manincor, Alex Filz: S. 177 (u.), 324/325, 488, 492, 493, 495
Sammlung Hansjörg Hafner: S. 178
Edgar Baumgartl: S. 195 (r. o.)
Peter Daldos: S. 195 (l. o. und u.)
Fotoarchiv Girlan, KG Girlan: S. 208, 249 (l. o.)
Fotoarchiv Girlan, Hartmuth Spitaler: S. 209 (u.), 251 (l. und r. o.), 474, 487, 490, 494, 497
Sammlung Münchner Stadtmuseum: S. 233 (o.)
Fotoarchiv Girlan, Hilde Wöth: S. 246 (l. o. und u.)
Fotoarchiv Girlan, Hedwig Andergassen: S. 249 (r. o.)
Fotoarchiv Girlan, Anneliese Oberrauch Weger: S. 251 (u.), 476, 477 (l.), 478
Handelskammer Bozen: S. 256, 257
Südtiroler Weinmuseum, Irene Tomedi: S. 262/263
Leo Andergassen: S. 265 (l. und r. o.), 267 (o.), 268, 269
Landesmuseum für Kultur und Landesgeschichte Schloss Tirol: S. 265 (u.)
Diözesanmuseum Hofburg Brixen, Andrea Terza: S. 267 (Mitte und u.)
Kellerei St. Michael-Eppan: S. 276, 277, 278/279
Südtirol Wein, Armin Huber: S. 280/281, 297 (u.)
Weingut J. Hofstätter: S. 282/283, 284/285, 484/485
Manincor, Walter Niedermayr: S. 286, 287
Manincor: S. 288/289, 452, 466, 467
Weingut Alois Lageder, John McDermott: S. 290/291
Weingut Alois Lageder: S. 292/293
Klosterkellerei Muri-Gries: S. 298 (o.), 361 (u.)

Château Mouton Rothschild: S. 298 (u.)
Südtirol Wein, Klaus Peterlin: S. 302–309
Kellerei Kurtatsch, Florian Andergassen: S. 316/317, 486
Weinhof Kobler: S. 318/319
Elena Walch, Tobias Kaser: S. 320/321
Kellerei Bozen: S. 322/323, 448, 456/457, 463, 481, 500/501
Nals Margreid: S. 326/327
Kellerei Kaltern, Alex Filz: S. 330/331
Weingut Pacher Hof: S. 332/333
Franz Gojer – Glögglhof, Jan Kusstatscher: S. 334/335
Weingut J. Hofstätter, Sabine Jellasitz Jackson: S. 336/337
Arthur Scheler (um 1930), Archiv Brunnenburg: S. 342 (u.)
Fotoarchiv Erika Groth-Schmachtenberger, Südtiroler Landesmuseum für Volkskunde: S. 353 (l. o.), 355 (u.)
Südtiroler Weinmuseum: S. 353 (r. o. und u.), 355 (Mitte), 356 (l. o. und u.)
Südtiroler Weinmuseum, Gerd Eder: S. 386/387
Fondazione Edmund Mach: S. 389 (r. o. und u.)
Archivio della C.C.I.A.A. di Trento/Romano Magrone: S. 389 (Mitte)
Archiv Versuchszentrum Laimburg: S. 393 (o. und r. u.), 396 (u.)
Versuchszentrum Laimburg, Ivo Corrà: S. 393 (l. u.), 396 (o. und Mitte), 397
Kellerei Kaltern: S. 413
TV Kaltern, Helmuth Rier: S. 442/443, 468/469, 504/505
Castelfeder, HerbMedia: S. 445
Südtirol Wein, Tobias Kaser: S. 450/451, 498, 499
Fotoarchiv Wilhelm Walch: S. 453, 477, 483, 496
Manincor, Bernhard Mayr: S. 454/455
Südtirol Wein, Sven Schomburg Fotografie: S. 458/459
Kellerei Meran, Helmuth Rier: S. 475
Kellerei Terlan: S. 479
Südtirol Wein, F-Tech Production: S. 482
Kellerei Girlan: S. 485
Weingut J. Hofstätter, Peter Koren: S. 491
TV Kaltern, Marion Lafogler: S. 502
Fotoarchiv Girlan, Luis Tapfer: S. 503

DRUCKVERMERK

Wein in Südtirol.
Geschichte und Gegenwart
eines besonderen Weinlandes

2. Auflage 2025
© Athesia Buch GmbH, Bozen (2024)
Weinbergweg 7, I-39100 Bozen
buchverlag@athesia.it

Das Werk, einschließlich seiner Teile, ist urheberrechtlich geschützt. Jede Verwertung ist ohne Zustimmung des Herausgebers und der Autorin/des Autors unzulässig. Dies gilt insbesondere für die elektronische oder sonstige Vervielfältigung, Übersetzung, Verbreitung und öffentliche Zugänglichmachung.

Das Konsortium Südtirol Wein als Herausgeber dieses Buches hat keinerlei Einfluss auf die Inhalte der veröffentlichten Kapitel genommen, für sie und ihre Richtigkeit sind die Autorinnen und Autoren deshalb vollumfänglich selbst verantwortlich. Auch die in einzelnen Kapiteln vertretenen Meinungen sind jene der Autorinnen und Autoren und spiegeln nicht in jedem Fall die vom Konsortium Südtirol Wein vertretenen Positionen wider.

Bibliografische Information der Deutschen Nationalbibliothek:
Die Deutsche Nationalbibliothek verzeichnet diese Publikation in der Deutschen Nationalbibliografie; detaillierte bibliografische Daten sind im Internet abrufbar: http://dnb.d-nb.de

ISBN 978-88-6839-696-1

Die Drucklegung dieses Buches wurde ermöglicht durch die Südtiroler Landesregierung/ Abteilung Deutsche Kultur.

AUTONOME PROVINZ BOZEN SÜDTIROL – PROVINCIA AUTONOMA DI BOLZANO ALTO ADIGE
Deutsche Kultur

Herausgeber:
Konsortium Südtirol Wein

Idee:
Peter Dipoli, Ivo Maran

Projektleitung Konsortium Südtirol Wein:
Eduard Bernhart, Heidi Schweigkofler

Redaktionelle Leitung:
J. Christian Rainer

Buchkonzeption und grafische Ausstattung, Infografiken:
himmel. Studio für Design und Kommunikation, Scheffau-Innsbruck/Tirol
(Kurt Höretzeder, Lisa Arzberger, Valentina Recheis)

Papier Innenteil:
Mondi Pergrafica Natural Rough

Schrift:
Walbaum 12/Walbaum 6 (Monotype)

Falls der Herausgeber trotz intensiver Recherche nicht alle Inhaber von Urheberrechten ausfindig machen konnte, ist er bei Benachrichtigung gerne bereit, Rechtsansprüche im üblichen Rahmen abzugelten.

Umschlagabbildung:
Südtirol Wein/Tobias Kaser (Vorderseite); Südtiroler Landesmuseum für Volkskunde (Rückseite)

Druck: **Printer Trento**

Auflage: **1.500 Stück**

Gedruckt auf umweltfreundlichem, chlor- und säurefrei gebleichtem Papier.

Gesamtkatalog unter
www.athesia-tappeiner.com